Telecommunications

Veröffentlichungen des/Publications of the

Münchner Kreis

Übernationale Vereinigung für Kommunikationsforschung,
Supranational Association for Communications Research

Band/Volume 16

Glasfaser bis ins Haus
Fiber to the Home

Vorträge des am 14./15. November 1990
in München abgehaltenen Kongresses

Proceedings of a Congress
Held in Munich, November 14/15, 1990

Herausgeber/Editor: W. Kaiser

Springer-Verlag
Berlin Heidelberg NewYork
London Paris Tokyo
Hong Kong Barcelona Budapest

Münchner Kreis
Übernationale Vereinigung für Kommunikationsforschung
Supranational Association for Communications Research
Tal 70, D-8000 München 2, Telefon: (089) 22 32 38

Wissenschaftliche Leitung des Kongresses:

Prof. Dr.-Ing. Dr.-Ing. E. h. Wolfgang Kaiser
Institut für Nachrichtenübertragung der
Universität Stuttgart
Breitscheidstraße 2, D-7000 Stuttgart 1

ISBN-13: 978-3-540-53724-3 e-ISBN-13: 978-3-642-95654-6
DOI: 10.1007/978-3-642-95654-6

Die Deutsche Bibliothek - CIP Einheitsaufnahme
Glasfaser bis ins Haus: Vorträge des am 14./15. November 1990 in München abgehaltenen Kongresses
Fiber to the home/Hrsg.: W. Kaiser.
Berlin ; Heidelberg ; New York ; London ; Paris ; Tokyo ; Hong Kong ; Barcelona ; Budapest :
Springer, 1991
(Telecommunications ; Bd. 16)
ISBN-13: 978-3-540-53724-3

NE: Kaiser, Wolfgang [Hrsg.]; PT; GT

Satz: Reproduktionsfertige Vorlagen der Autoren

62/3020-543210 - Gedruckt auf säurefreiem Papier

Inhalt/Contents

Der zweitgenannte Titel ist jeweils eine übersetzte Kurzfassung des Originalbeitrages.
The second title is a condensed translation of the original contribution.

Vorwort

W. Kaiser

Systeme zur optischen Übertragung in Glasfaserkabeln sind im Nachrichten-Weitverkehr bereits heute wirtschaftlicher als entsprechende Kupferkabelsysteme. Hier kommen die beiden großen Vorteile der optischen Übertragung in Glasfasern, nämlich die geringe Dämpfung und die große Bandbreite, voll zum Tragen.

Im Teilnehmeranschlußnetz wirken sich diese beiden Eigenschaften dagegen weniger aus. So ist die große Bandbreite nur dann von Vorteil, wenn die Teilnehmer Breitbanddienste, z.B. Bildfernsprechen, wünschen oder wenn die Glasfaser auch zur Verteilung von Fernseh- und Hörfunkprogrammen eingesetzt wird.

Die Möglichkeit einer Breitbandkommunikation mit Integration der verschiedensten Dienste auf der Basis von Glasfaser-Teilnehmeranschlußleitungen wird seit einer Reihe von Jahren intensiv untersucht. Darüberhinaus werden weltweit große Anstrengungen unternommen, durch Fortschritte in den optischen Komponenten, der Kabel- und Verbindungstechnik und insbesondere durch den Einsatz der Mikroelektronik und integrierten Optik Teilnehmeranschlüsse in Glasfasertechnik auch für Schmalbanddienste, also z.B. für Fernsprechen, genau so wirtschaftlich zu machen wie die herkömmlichen Anschlüsse in Kupfertechnik. Ein zu diesem Problemkreis veranstalteter Konzeptwettbewerb der Deutschen Bundespost TELEKOM wurde im Sommer 1990 mit der Entscheidung zu Pilotnetzen in Köln, Nürnberg und Leipzig abgeschlossen. Gerade für das Gebiet der bisherigen DDR, in dem sehr viele Teilnehmerkabel neu verlegt werden müssen, ist diese Fragestellung ganz besonders aktuell.

Ziel des Kongresses war es, die im In- und Ausland beschrittenen Wege zu wirtschaftlichen Teilnehmeranschlüssen in Glasfasertechnik aufzuzeigen und damit einen Beitrag zur baldigen Einführung dieser zukunftsorientierten Technik zu leisten. Der Bogen des zweitägigen Kongresses führte über einen ersten Vortragsblock zum Stand der optischen Übertragung zu mehreren Vorträgen über Glasfasernetze für die Verteilung von Fernsehen und Hörfunk, dann zur Vorstellung der verschiedenen Konzepte für deutsche Pilotprojekte und zu den Plänen im Ausland bis hin zu den Einführungsüberlegungen und den Nutzungsaspekten. Das Programm wurde im Forschungs-Ausschuß des MÜNCHNER KREISES gestaltet.

Der vorliegende Band 16 der Reihe Telecommunications enthält alle auf dem Kongreß gehaltenen Vorträge. Da die Referate in deutscher oder in englischer Sprache, jeweils mit Simultanübersetzung, vorgetragen wurden, ist auch dieser Band weitgehend zweisprachig gestaltet. Jedem Vortrag in deutscher Originalfassung ist eine gekürzte Darstellung in englischer Sprache beigefügt und umgekehrt.

Den Vortragenden und Diskussionsleitern und all den anderen, die in so vielfältiger Weise zum Gelingen dieses Kongresses beigetragen haben, möchte ich meinen ganz besonderen Dank aussprechen.

Preface

W. Kaiser

Already today optical transmission systems on glass fiber cables are for long distance traffic more economical than equivalent copper systems. This is due to the most important advantages of optical transmission on glass fiber, namely low attenuation and large bandwidth.

In the subscriber line network these two features are of less importance. The large bandwidth is advantageous only in case the subscriber desires to use broadband services such as video telephony or if the fiber is used for the distribution of TV and audio programs, too.

Broadband communication with integration of various services on the basis of glass fiber subscriber lines is being investigated since a number of years. In addition, worldwide efforts are being undertaken to make optical subscriber lines even for narrowband services such as telephony just as economical as customary copper lines due to advances in optical components, in cabling and connection techniques and, above all, in microelectronics and integrated optics. In summer 1990, the Deutsche Bundespost TELEKOM concluded a contest for concepts to investigate this problem area and decided to have pilot networks installed in Cologne, Nürnberg and Leipzig. To the area of the former German Democratic Republic these projects are most important since an exceptionally high amount of subscriber cables have to be laid there in the near future.

The congress intended to show the ways undertaken in Germany and abroad for economical solutions to optical subscriber lines and thereby wanted to contribute to the early introduction of this future-oriented technique. The two-day congress covered the status of optical transmission technology, optical fiber distribution networks for TV and audio, the concepts for pilot networks in Germany as well as abroad and finally the introduction strategies and possible applications. The Research Committee of the MÜNCHNER KREIS has prepared the program.

This book which is edited as volume 16 in the row "Telecommunications" contains all the papers presented at this congress. Since the talks have been given either in German or in English with simultaneous interpretation, this volume, too, has been composed bilingually. Each full text paper presented in German is accompanied by an abbreviated version in English and vice versa.

I want to express my sincere thanks to the authors, the session chairmen and all the others who have in so many ways contributed to the success of this congress.

Grußwort

Chr. Schwarz-Schilling

Der Glasfasereinsatz im Fernnetz hat gezeigt, daß Glasfasersysteme dort wirtschaftlicher sind als die bisher verwendeten Kupferleitungssysteme. Deshalb wurden die Fernkabelliniennetze der Deutschen Bundespost seit 1983 in steigendem Umfang und bereits ab 1987 ausschließlich mit optischen Übertragungssystemen ausgebaut.

Ein erneuter eindrucksvoller Beweis für das Vertrauen in Glasfasersysteme ist die Entscheidung, das neue digitale Overlaynetz in den fünf neuen Bundesländern in modernster Glasfasertechnologie auszuführen.

Auch im Ortsnetzbereich sind erhebliche Anstrengungen gemacht worden, um die Einsatzmöglichkeiten von Glasfasersystemen zu testen und weiter zu entwickeln. Weitere vorgesehene Pilotprojekte in Köln, Nürnberg und Leipzig sind Beispiele für diese Aktivitäten.

Wenn es gelingt, die Glasfaser bis zum Teilnehmer in wirtschaftlicher Weise auszubauen, dann ist damit der Durchbruch zu neuen breitbandigen Telekommunikationsdiensten, die über Kupfersysteme nicht bis zum Teilnehmer gebracht werden können, möglich. Dies setzt voraus, daß zum einen technisch-betrieblich geeignete Systeme entwickelt werden und zum anderen eine wirtschaftlich vertretbare Einführungsstrategie gefunden wird. Insbesondere für das Gebiet der fünf neuen Bundesländer ergibt sich eine gute Chance für den Ausbau der Glasfasernetze bis zum Teilnehmer.

Nicht zu unterschätzen sind hierbei die positiven Impulse für die deutsche Wirtschaft, für die sich durch die frühzeitige Einführung und Weiterentwicklung neuer Dienste Wettbewerbsvorteile im internationalen Bereich ergeben werden.

"Fiber to the home" ist die große Chance für alle Industrienationen, ihre nationalen Kommunikationssysteme den künftigen Telekommunikationserfordernissen anzupassen und damit jedem Bürger ein Höchstmaß an Lebensqualität in diesem Bereich anzubieten.

Vor diesem Hintergrund bin ich überzeugt, daß der heute eröffnete Kongreß neue Impulse geben wird, die einer zukunftsorientierten Entwicklung und einem wirtschaftlichen Einsatz der Glasfasersysteme dienlich sind.

Dem Kongreß wünsche ich einen guten und erfolgreichen Verlauf.

Dr. Christian Schwarz-Schilling

Bundesminister für Post und Telekommunikation

Begrüßung

August R. Lang

Herr Vorsitzender, Prof. Dr. Witte,
lieber Herr Lämmle,
verehrte Kongreßteilnehmer,
meine Damen und Herren!

Im Namen der Bayerischen Staatsregierung, insbesondere unseres Ministerpräsidenten, heiße ich Sie hier in München herzlich willkommen. Besonders begrüße ich Sie, Herr Prof. Witte, als Vorsitzenden des Vorstandes des MÜNCHNER KREISES. Ich möchte mich ausdrücklich bei Ihnen bedanken, daß Sie diese Tagung ermöglicht haben. Ich darf Sie, Herr Prof. Kaiser als den wissenschaftlichen Leiter dieses Kongresses recht herzlich begrüßen, und ich begrüße als Ehrengast den Vizepräsidenten des Bayerischen Senats, Herrn Senator Wrede. Ich begrüße die Referenten, die sich für die beiden Tage zu Vortrag und Diskussion zur Verfügung gestellt haben. Ich freue mich über das internationale Interesse an diesem Kongreß, und ich begrüße besonders unsere Gäste aus dem nahen und fernen Ausland. Zu den besonderen Gästen gehören natürlich unsere Freunde und Mitbürger aus den neuen Bundesländern - seien Sie herzlich willkommen! Und ich begrüße Sie, die Damen und Herren der Medien.

Glasfaser bis ins Haus ist der Leitspruch dieses Kongresses. Man ist versucht zu fragen:
"Wer kommt denn da schon wieder ins Haus?
- in mein Haus!
- in meine Wohnung!

Ist es der elektronische Postbote?
- Bringt er Briefe? Vielleicht auch ein Telegramm?
- Hat er den Versandhauskatalog dabei?
- die Bankabrechnung?
- die Reisebestätigung?
- unerwünschtes Werbematerial?
- die Urlaubsfotos?
- die Fernkursunterlagen?
- die Rundfunkgebührenrechnung?
- den Steuerbescheid?

Ist es der elektronische Gasmann?
- der Strom- oder Wasserzählerableser?

Kommt ein Helfer, ein Beschützer oder ein Einbrecher?

Kann das nicht lästig werden wie so vieles, was heute schon ungefragt ins Haus kommt?"

Beileibe nicht! Es kommt die Glasfaser ins Haus anstelle von Kupferkabeln und mit ihr kommen die Ihnen bereits vertrauten und eine Reihe neuer Dienstleistungen.

Nun könnte die Frage sein, geht sie auch wieder hinaus, diese Glasfaser, und was nützt uns das?

Wie medizinische Endoskope Licht in den menschlichen Körper bringen und Bilder zur ärztlichen Diagnose nach außen übermitteln, ohne daß es einer Operation bedarf, wird die Glasfaser auch ins Haus Licht hinein- und hinausbringen und die Kommunikationsmöglichkeiten der Bewohner erheblich erweitern.

Sehen und Hören, meine Damen und Herren, sind zwei der fünf **Ursinne des Menschen**, die ihn schützen und zu großen Leistungen befähigen. Hinzu kommt die Sprache, mit deren Hilfe er sich verständigen kann und verstanden wird. Von jeher jedoch hat der Mensch die von der Natur vorgegebenen Nutzungsmöglichkeiten dieser Gaben als unzulänglich empfunden und danach getrachtet, sie durch technische Hilfsmittel zu erweitern.

Dort wo ihm dies gelang, begannen neue Epochen menschlicher Zivilisation und Kultur. Die Hochkulturen des Altertums, wo Papyrus das Festhalten und Überliefern menschlicher Erfahrungen und Ideen in einem bis dahin nicht gekannten Umfang erlaubte, sind so entstanden. Die Buchdruckerkunst hat zu Beginn der Renaissance ungeahnte neue Informationsmöglichkeiten für breite Schichten geschaffen. Rundfunk und Datenverkehr erlauben uns heute, nahezu überall auf der Welt mit dabei zu sein und Ereignisse, die ganz weit weg stattfinden, aktuell mitzuerleben.

Ich bin fest davon überzeugt, daß die tiefgreifenden Änderungen in den Ost-West-Beziehungen und die friedliche Überwindung alter Machtstrukturen auch deswegen möglich wurden, weil die Menschen dank der heutigen Kommunikationsmöglichkeiten - viel mehr voneinander wissen und trotz Diktatur Freiheit und Demokratie nicht als abstraktes Denkmodell, sondern als gelebte Praxis erfahren konnten.

Kommunikation wird immer stärker zu einem Schlüsselfaktor erfolgreichen Wirtschaftens. Ich übertreibe sicher nicht mit der Behauptung, daß die deutsche Wirtschaft ihre Spitzenstellung in der Welt auch deshalb einnimmt, weil sie die Möglichkeiten moderner Kommunikationstechnologien Zug um Zug rasch und gründlich nutzt.

Auch in Zukunft müssen wir hier die Nase unbedingt vorn haben!

Denn die **klassischen** Rationalisierungspotentiale in Produktion und Vertrieb sind weitgehend ausgeschöpft; neue Chancen, wie sie beispielsweise Telematiksysteme eröffnen, müssen genutzt werden. Nur so bleiben wir international wettbewerbsfähig!
Die Europäische Gemeinschaft sieht dies ähnlich. Bis zum Jahr 2000 rechnet sie mit einem Wirtschaftswachstum im Bereich der Information und Kommunikation von jährlich 7-8 Prozent, einem Wachstum also, das deutlich über der allgemeinen wirtschaftlichen Entwicklung liegt!

Und daran wollen wir teilhaben! Die Ausgangslage ist nicht schlecht:

Dieser Kongreß findet vor einem **wirtschaftlichen Hintergrund** statt, der gerade in Bayern nach wie vor wenig zu wünschen übrig läßt. 5 % reales Wachstum im ersten Halbjahr 1990 untermauern unsere Führungsposition in puncto wirtschaftlicher Dynamik unter den Bundesländern. Nach den vorliegenden Indikatoren hat sich das hohe Wachstumstempo über die Jahresmitte hinaus fortgesetzt: Der Boom ist ungebrochen.

Natürlich wäre es blauäugig, einige offenkundige Belastungsmomente für die Konjunktur zu ignorieren. Ich nenne hier nur

- das langsamer werdende Tempo der weltwirtschaftlichen Expansion
- den Golfkonflikt und die daraus resultierende krisenhafte Entwicklung des Ölpreises
- das hohe Zinsniveau sowie
- die ausgeprägte Dollarschwäche.

Das heißt, im Export werden wir wohl einen Gang zurückschalten müssen.

Gleichwohl halte auch ich die Prognosen im kürzlich vorgelegten Herbstgutachten der wirtschaftswissenschaftlichen Forschungsinstitute für zu vorsichtig. Die vorhergesagten 2,5 % Wachstum für die westdeutschen Bundesländer 1991 mögen den möglichen unteren Rand in der Entwicklung markieren. Für den wahrscheinlichen mittleren Expansionspfad stehen sie sicher nicht.

Ich halte die inländischen Auftriebskräfte jedenfalls für stark genug, um die Konjunktur weiter kräftig unter Dampf zu halten.

Vor allem der wirtschaftliche **Wiederaufbau in Ostdeutschland** sorgt für gewaltigen Schub, von dem gerade die hochmoderne bayerische Wirtschaft mit ihrer starken Stellung im Investitionsgüterbereich überdurch-schnittlich profitieren dürfte.

Besonders die unmittelbar an Bayern angrenzenden Länder Thüringen und Sachsen bringen ja als traditionelle Wirtschafts- und Industriezentren gute Voraussetzungen mit, um den wirtschaftlichen Anschluß zu schaffen.

Damit könnte die "Südschiene" von Baden-Württemberg über Bayern und Hessen, nunmehr verlängert um Thüringen und Sachsen zu einem wirtschaftlichen Gravitationszentrum des vereinigten Deutschlands werden. Wir werden diesen Gesichtspunkt jedenfalls im Auge behalten.

Eines muß uns aber auch klar sein: Gerade weil durch den bevorstehenden Aufholprozeß der ostdeutschen Länder, sowie durch die wirtschaftliche Öffnung Osteuropas und auch durch die Schaffung des EG-Binnenmarktes die internationale Standortkonkurrenz noch härter werden wird, muß die Verbesserung der Rahmenbedingungen für unsere Wirtschaft konsequent und auf breitester Front weitergehen.

Dazu gehört an vorderer Stelle der weitere Ausbau und die Verbesserung der Infrastruktur im Telekommunikationsbereich. Der MÜNCHNER KREIS hat sich mit seinen vielfältigen Initiativen und Veranstaltungen seit nunmehr über 16 Jahren um die Verbreitung des Wissens über die Möglichkeiten der neuen Kommunikationstechnologien große Verdienste erworben.

Die Entdeckung, daß in **Glasfasern** geführtes Licht Informationen wesentlich besser und wirtschaftlicher übertragen kann als herkömmliche Kupferkabel, bezeichnen selbst die sonst eher nüchternen Ingenieure als den zweitgrößten Schritt in Richtung auf die informationsorientierte Gesellschaft nach dem Mikroprozessor.

Hier findet eine **technische Revolution** statt!

Wie bei allen Revolutionen herrschte zunächst die Euphorie, die Freude am kühnen Gedanken. Dann wich die euphorische Erwartung der Verwirrung Konzepte wurden aufgestellt und wieder verworfen, Köpfe wackelten. Schließlich folgte die Ernüchterung und mündete in eine sachliche Betrachtungsweise. Fehler wurden korrigiert, ursprünglich Verworfenes - auch Altes - neu entdeckt und integriert. Und wie bei jeder geglückten Revolution obsiegte letztlich das Evolutionäre: Die Glasfaser wird das Kupferkabel ablösen!

Dies wird aber nicht sprunghaft geschehen, sondern nach und nach, weil eben eine Vielzahl von Unwägbarkeiten das Tempo einer Entwicklung bestimmt. Grundlegendes muß ergänzt, Detailliertes untersucht, Unvorhersehbares integriert werden.

Wo stehen wir heute?

Die Glasfasertechnik hat unstreitig den Fernbereich der Kommunikationsnetze erorbert. Ihr wirtschaftlicher Einsatz im Nahbereich ist umstritten. Hier bedarf es noch der Überlegung, der Entwicklung und Erprobung, ggfs. in Pilotprojekten. Auch der heutige Kongreß ist ein wichtiger Beitrag hierzu.

Kongresse werden gelegentlich als "Frühbeete der Wissenschaft" bezeichnet. Mir gefällt dieses Bild! Um aber Mißverständnissen vorzubeugen: Ich meine damit nicht etwa, daß erst eine Menge Mist zusammengetragen werden muß, bis etwas Brauchbares entsteht, sondern daß im geschützten Klima eines Kongresses unter optimalen Randbedingungen neue Ideen geboren werden können, die in der rauhen Alltags-Atmosphäre keine Startchancen haben.

In diesem Sinne wünsche ich Ihnen interessante Vorträge, gute Gespräche und eine Vielzahl wertvoller Anregungen für ihre weitere tägliche Arbeit!

Infrastruktur und Innovation

E. Witte

Der Titel dieses Kongresses enthält eine Aufforderung: Glasfaser bis ins Haus! Es wird zu diskutieren sein, ob damit eine Prognose gemeint ist oder die Frage, welche Probleme entstehen, wenn wir Übertragungswege der Telekommunikation in Glasfasertechnik bis zum Teilnehmer führen. Auf jeden Fall aber wird behauptet, daß mit dieser Entwicklung eine Innovation stattfindet.

Gleichzeitig wird klar, daß mit der Glasfasertechnik eine Infrastruktur zur Verfügung stehen wird, die es erlaubt, neue Telekommunikationsformen und Nutzungsmerkmale zu realisieren.

Damit wird die grundsätzliche Frage des Zusammenhangs zwischen Infrastruktur und Innovation aufgeworfen. Ich will versuchen, die in der Wirtschaftswissenschaft und in der Fortschrittsforschung entwickelten Systeme vorzustellen und auf unsere spezielle Fragestellung zuzuschneiden. Damit soll die Diskussion auf diesem Kongreß vorbereitet und Klarheit angestrebt werden, welche Argumentationslücken und Widersprüche noch bestehen. Vielleicht sind wir am Ende dieses Kongresses in der Lage, das Problem besser zu verstehen und seine Lösung voranzutreiben.

1. Invention - Innovation - Diffusion

Ausgangspunkt eines auf Neuheit zielenden Prozesses ist die Erfindung (Invention). Sie kann selbst wieder aus einem langwierigen Prozeß der Grundlagen- und Zweckforschung sowie der darauf aufbauenden Entwicklung bestehen. Oft handelt es sich - wie im vorliegenden Falle - um eine technische Invention. Aber auch gesellschaftliche, politische und juristische Neuheiten sind eingeschlossen, wie die neuen Strukturen der Telekommunikation (Trennung von Monopol und Wettbewerb, Pflichtleistungen, Infrastrukturrat, duales Rundfunksystem etc). zeigen.

Damit wird deutlich, daß die Invention zur Innovation wird, wenn sie das Nadelöhr der Wirtschaftlichkeit überwindet, d.h. die Aufwendungen (auch die Abschreibung auf die Forschungsinvestition) durch Erträge deckt. Inventionen, denen dieses nicht gelingt, bleiben in der Welt der Wirtschaft unrealisiert; sie verharren als Zeugnisse menschlicher Erfindungskunst in den Akten der Patentämter.

Auf die Innovation folgt die Diffusion als allgemeine Verbreitung des Neuen und damit die allseitige wirtschaftliche Nutzung. Dann erst hat sich die Erfindung wirklich durchgesetzt. Trotz aller Bedeutung des Innovationsschrittes als erster Eintritt in die Realität richtet sich das nachhaltige wirtschaftliche Interesse auf die Diffusion. Das Automobil und das Telefon sind heute jedermann zugänglich und im Rahmen der Kaufkraft erschwinglich. Darauf zielt letztlich der Gesamtprozeß der Einführung einer technischen und wirtschaftlichen Neuerung. Die Innovation ist lediglich die Schnittstelle zwischen Erfindung und Verbreitung; sie ist die Lackmusprobe dafür, ob eine Chance zur Diffusion besteht.

2. Prozeß- und Produktinnovation

Eine wichtige Unterscheidung, die auch am Beispiel der Lichtwellenleiter bedeutsam ist, betrifft die Anwendung der Invention auf der Aufwandsseite oder auf der Ertragsseite. Soweit das Glasfaserkabel lediglich die traditionellen Übertragungswege ersetzt, aber noch keinen Einfluß auf ein neues Leistungsangebot ausübt, handelt es sich um eine Prozeßinnovation. Diese kann durchaus wirtschaftlich sinnvoll sein, wenn sie - wie bisher bereits im Weitverkehr - eine drastische Senkung der Aufwendungen (Kosten) bewirkt. Damit ist indirekt auch ein Nutzen für den Kunden möglich, weil sich mit dem Kostensenkungspotential auch ein Preissenkungspotential ergibt. Die wirtschaftliche Wirkung bezieht sich in diesem Falle auf die quantitative Steigerung des Telekommunikationsverkehrs.

Wenn die Innovation dagegen auf das Angebot neuer Leistungen oder neuer Leistungsmerkmale gerichtet ist, dann handelt es sich um eine Produktinnovation. Diese wird vom Abnehmer unmittelbar als etwas Neues erkannt und löst deshalb eine höhere Aufmerksamkeit als die Prozeßinnovation aus.

Wenn die Glasfaser bis zum Teilnehmeranschluß geführt wird, dann können Dienstleistungen, wie der schnelle Datenverkehr oder das Bildfernsprechen, als spektakuläre Innovationen realisiert werden. Der qualitative Aspekt des Neuen tritt in den Vordergrund.

Soweit sich eine Innovation sowohl durch Aufwandssenkung als auch durch erhöhtes Leistungsangebot bewährt, wird der Schritt zur Diffusion erheblich erleichtert.

Eine Kombination von Prozeßinnovation und Produktinnovation liegt vor, wenn der Glasfaserteilnehmeranschluß sich als Prozeßinnovation noch nicht wirtschaftlich lohnt, jedoch im Hinblick auf zusätzliche Nutzungsformen gewagt wird. Es handelt sich in diesem Falle um eine antizipierte Produktinnovation. Sie enthält Risiken, die wirtschaftlich zu quantifizieren und in der Wahrscheinlichkeit ihres Erfolges zu begründen sind. Unser Kongreß ist insbesondere unter diesem Gesichtspunkt hochaktuell.

Damit wird auch die innovative Kraft einer Infrastruktur deutlich. Wenn man anerkennt, daß eine Invention den Schritt zur Innovation nur unter dem Nachweis der wirtschaftlichen Tragfähigkeit übersteht, dann wird deutlich, daß eine Infrastruktur sich nur über ihre produktive Nutzung rechtfertigt. Übertragungswege der Telekommunikation sind lediglich die Grundlage für wirtschaftliche Leistungen. Die Glasfaserstrecken können die Infrastruktur herkömmlicher Übertragungswege ablösen, wenn sie geeignet sind, mindestens dieselbe Nutzung zu niedrigeren Aufwendungen zu gestatten, oder wenn sie ein zusätzliches Leistungsangebot erlauben. Die Entscheidung über Innovation und Diffusion fällt letztlich in der Gewinn- und Verlustrechnung des Telekommunikationsbetriebes. Die Abwälzung auf den Subventionshaushalt des Staates ist in einer Marktwirtschaft kein Ausweg der Innovationspolitik. Auch Quersubventionen verschleiern nur die Einsicht in das wirtschaftlich Tragfähige und behindern andere Innovationen.

3. Komposition und Derivation

Ein vertiefender Schritt der Analyse richtet sich auf die Struktur der Innovation. Es kommt selten vor, daß eine Erfindung nur aus einem einzigen Gedanken der Neuerung besteht. Zumeist handelt es sich um eine Kombination verschiedener Inventionen oder verschiedener Nutzungen einer Invention.

In komplexen technischen Systemen werden mehrere Komponenten zusammengefügt, um eine innovationsfähige Invention hervorzubringen. Selbst bei der Erfindung des Buchdrucks durch Gutenberg handelte es sich um eine Komposition. Neben den seit langem bekannten beweglichen Lettern, dem Papier und der Druckfarbe wurde die Weinpresse als mechanische Maschine hinzugefügt, um den Buchdruck zu ermöglichen. In diesem Falle wurden mehrere für diesen Zweck noch ungenutzte Inventionen zu einer kompositen Innovation verbunden. Dabei sind Verfeinerungen und gegenseitige Abstimmungen zwischen den Komponenten durchaus als Innovationsleistung zu würdigen.

Auch im Falle des Glasfasernetzes der Telekommunikation ist es nicht nur der Lichtwellenleiter selbst, sondern auch seine Einbindung in die Kabeltechnik, die elektronischen Bausteine, die Vermittlungsanlagen und die Optimierung des Gesamtsystems, die zu einer Innovation zusammengefügt werden. Die Formalstruktur des Neuen besteht also aus einer sternförmigen Zusammenführung mehrerer Komponenten zu einer Resultante.

Das Gegenstück zur Komposition stellt die Derivation dar. Hier wird aus einem neuen technischen System - das durchaus wiederum aus Komponenten bestehen kann - eine Mehrzahl innovativer Nutzungen abgeleitet. Aus einer Invention entstehen mehrere Innovationen.

Während dieses Kongresses werden wir uns bewußtmachen, auf welcher Teilstrecke der Komposition und der Derivation wir uns jeweils befinden und welche Auswirkung auf das Ganze erwartet werden kann.

4. Innovationsketten im Zeitablauf

Die Innovation ist hochempfindlich hinsichtlich der Zeitachse. Wenn wir uns vergegenwärtigen, daß über Glasfaserstrecken der Telekommunikation bereits 1973 in der Kommission für den Ausbau des technischen Kommunikationssystems (KtK) diskutiert wurde, daß die Einführung des Kabelfernsehens zu Beginn der achtziger Jahre mit dem "Warten auf die Glasfaser" verzögert werden sollte, und wenn wir heute überlegen, ob fibre to the home oder fibre near to the home sinnvoll ist, dann wird die Zeitabhängigkeit überdeutlich.

Die Schwierigkeit einer zeitgerechten Entscheidung, also die Feststellung, wann "die Zeit reif" ist, ergibt sich dadurch, daß die Formalstruktur des neuen Systems aus verschiedenen Kompositionen und Derivationen besteht. Aber auch innerhalb jedes einzelnen Detailproblems handelt es sich nicht lediglich um eine Invention und eine darauffolgende Innovation. Vielmehr haben wir es mit Innovationsketten zu tun.

Im Falle der Lichtwellenleiter sind mehrere Schritte der abwechselnden Invention und Innovation vollzogen worden, bevor die neue Technik zunächst im Weitverkehr und dann in den unteren Ebenen der Netzhierarchie eingesetzt werden konnte. Der Fortschritt in der Mikroelektronik hat weitere Kettenglieder im Innovationsprozeß hervorgebracht. Wenn nun in Ostdeutschland erwogen wird, die Glasfasertechnik sofort bis zum Teilnehmeranschluß zu führen, dann wird sogar der Tiefbau in die Betrachtung einbezogen.

Die dadurch bewirkte Komplexität des Gesamtproblems macht die zeitliche Planung nicht leichter. Aber wir müssen auf exakte Zeitangaben für das Innovationsmanagement drängen. Bevor Investitionen in Milliardenhöhe verantwortet werden können, müssen die Ausgaben für die Errichtung und die Kosten für das Betreiben des Systems nicht nur in ihrer Höhe, sondern auch in ihrer zeitlichen Erstreckung geplant sein.

Innovationen bieten stets den Reiz, Neuland zu betreten und auf Erfolg zu hoffen. Sie tragen also durchaus Elemente des Abenteuers. Aber dieser Reiz ist zu zügeln durch eine möglichst exakte Kalkulation des Innovationsrisikos. Gerade deshalb ist der MÜNCHNER KREIS, der Vertreter verschiedener Fachgebiete und verantwortlicher Instanzen zusammenfügt, der passende Ort, das Problem aufgeschlossen und distanziert zu beraten.

Infrastructure and Innovation

E. Witte

Summary

Fiber to the home is an innovation (first-time application of an invention). Technical feasability alone, however, does not guarantee an innovation's success. Rather, economic profitability is the dominant precondition: An innovation will be used only if

(a) old technology is replaced by less expensive processes (process innovation) or
(b) customers benefit from new features (product innovation).

So far, optical fiber is profitable only in long distance communication/traffic. Will fiber to the home meet an unsatisfied demand for new services? In order to answer that question, two aspects need to be examined:

(a) When is the new technology available commercially?
(b) What features are customers willing to pay for?

Einführungsvortrag: Auf dem Weg zu Teilnehmeranschlüssen in Glasfasertechnik

W. Kaiser

1. Einleitung

Vor etwa 25 Jahren begann das Zeitalter der optischen Nachrichtenübertragung mit Laserdioden, deren Lebensdauer trotz Kühlung auf wenige hundert Stunden begrenzt war, mit Glasfasern, die infolge der mangelnden Reinheit des Glasmaterials eine Dämpfung von mehr als 1000 dB/km aufwiesen und mit Photodioden, die für die optische Nachrichtenübertragung wenig geeignet und teuer waren. Auch die für die wirtschaftliche Gestaltung so notwendige Mikroelektronik steckte noch in den Kinderschuhen.

Heute, 25 Jahre danach, hat die optische Nachrichtenübermittlung einen beeindruckend hohen Entwicklungsstand erreicht. Die Dämpfung der Lichtwellen in Glasfasern ist auf weniger als 1 dB/km abgesenkt worden und liegt bereits sehr nahe an der theoretisch erreichbaren Grenze. Durch die Entwicklung von Glasfasern, in denen sich nur noch 1 Wellentyp (Mode) ausbreiten kann, wurde auch die Impulsdispersion so stark verringert, daß monatlich neue Rekordmeldungen über erzielte Bitraten und Streckenlängen zu lesen sind. So wird von Bitraten von 10 Gbit/s, also 10 Milliarden Lichtblitzen pro Sekunde, und Distanzen von mehr als 100 km ohne Zwischenverstärker berichtet. Dazu gehören selbstverständlich moderne, sog. DFB-Laserdioden, die eine ganz geringe spektrale Bandbreite, lange Lebensdauer und eine breitbandige Modulierbarkeit aufweisen. In den letzten Jahren hat sich auch die Linearität solcher Laserdioden so weit verbessert, daß heute schon 35 und mehr Fernsehsignale gleichzeitig auf einer einzigen Glasfaser übertragen werden können. Schließlich hat sich in diesen 25 Jahren auch die Mikroelektronik zu einer ganz entscheidenden, innovativen Kraft entwickelt.

Vorteile:

- Geringe Dämpfung ⟶ wenige oder keine Zwischenverstärker
- Große Bandbreite ⟶ große Übertragungskapazität
- Geringes Gewicht und geringer Faserdurchmesser
- Unempfindlich gegenüber elektromagnetischen Störquellen
- Kein Übersprechen auf Nachbarfasern

Nachteile:

- Zusätzlicher Aufwand für elektro-optische und opto-elektrische Wandlung
- Schwierigere Verbindungstechnik
- Fernspeisung der Fernsprechapparate praktisch nicht möglich

Bild 1: Vor- und Nachteile der optischen Nachrichtenübertragung

Die großen Vorteile der optischen Übertragung (Bild 1), insbesondere die geringe Dämpfung und die große Bandbreite, aber auch die Unempfindlichkeit gegenüber äußeren Störquellen und die Tatsache, daß die in den Fasern eines Kabels geführten Lichtsignale keine gegenseitige Kopplung aufweisen, haben dazu geführt, daß optische Weitverkehrssysteme heute wirtschaftlicher sind als entsprechende Kupferkabelsysteme. Daher kommen für Neuinstallationen im Fernnetz heute ausschließlich Glasfasersysteme zum Einsatz.

Während normales Fensterglas bei einer Dicke von 1 m nahezu undurchsichtig ist, nimmt die Intensität eines Lichtstrahls in einer aus hochreinem synthetischem Quarzglas geformten Glasfaser auf einem Kilometer Länge nur um etwa ein Drittel ab. In Bild 2 kann man den wellenlängenabhängigen Verlauf dieser Dämpfung erkennen. Dieses Bild zeigt auch die große Breite der drei Bereiche (Fenster) I-III im nahen und mittleren Infrarot, die für die optische Nachrichtenübertragung genutzt werden.

Auch die Tiefseekabel werden in steigendem Maße als Glasfaserkabel ausgeführt. Durch spezielle (fluorierte) Glassorten kommt man bei Wellenlängen oberhalb von 1.6 μm sogar zu Dämpfungen von weniger als 0,01 dB/km, so daß allgemein erwartet wird, daß die optische Übertragung in derartigen Kabeln so dämpfungsarm gemacht werden kann, daß Distanzen von mehr als 1000 km ohne Zwischenverstärkung überbrückt werden können.

Die große Bandbreite von Glasfaserverbindungen im Vergleich zu den Frequenzgängen einer Fernsprech-Anschlußleitung (0,4 mm Kupfer-Doppelader) und eines in Kabelfernsehnetzen ver-

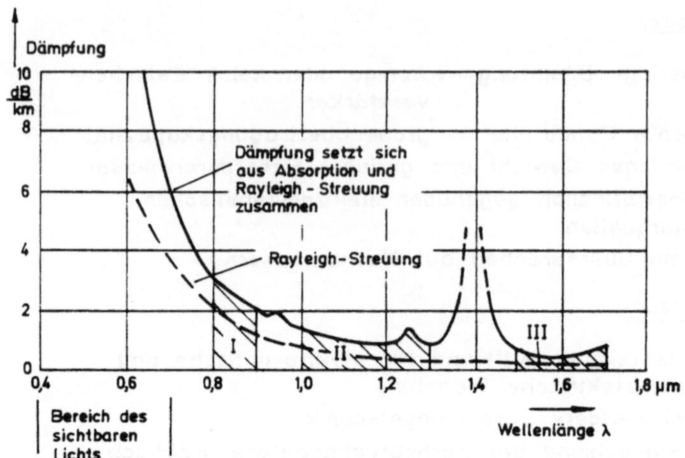

Bild 2: Optische Dämpfung in einer Glasfaser in Abhängigkeit von der Wellenlänge

wendeten Koaxialkabels wird aus Bild 3 deutlich. Die Einmodenfaser, die in der Netzplanung als LWL-Übertragungsmedium ausschließlich vorgesehen ist, weist bei der Verwendung von Laserdioden als Sendequellen durch das weitgehende Fehlen von Modendispersion ein Bandbreite-Länge-Produkt von weit mehr als 10 GHz · km auf.

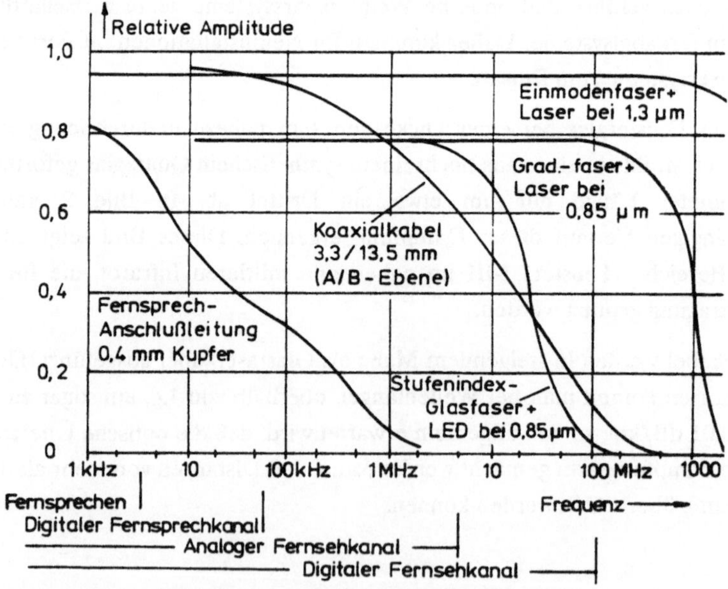

Bild 3: Amplitudengang verschiedener Leitungen einschl. des Modulationssignals einer Glasfaserverbindung von je 1 km Länge

Von Nachteil im Vergleich zu entsprechenden Kupferkabelsystemen ist der zusätzliche Aufwand für die elektro-optischen und opto-elektrischen Wandler mit der zugehörigen Ansteuerelektronik, der aber durch weitere Fortschritte in der Mikroelektronik und Massenfertigung deutlich vermindert werden kann. Auch in der Kabel- und Verbindungstechnik wurden große Fortschritte erzielt. Ein besonderes, derzeit noch nicht gelöstes Problem stellt allerdings die Fernspeisung der Fernsprechapparate dar. Hier wird man wohl eine Umstellung auf das örtliche Stromnetz ins Auge fassen müssen. Bei Stromausfall könnte dann über Batterien ein eingeschränkter Fernsprechdienst ermöglicht werden.

- Erhöhung der Übertragungskapazität
- Erhöhung des Verstärkerabstandes
- Verringerung der Kosten
- Wellenlängen - Multiplex
- Kohärente Detektion (Heterodyn-Empfang)
- Elektrooptische Komponenten
- Integrierte Optik (Lichtverstärker)

Bild 4: Entwicklungsperspektiven der optischen Nachrichtenübertragung

Bild 4 gibt einen Überblick über einige Entwicklungsperspektiven der optischen Nachrichtenübertragung. Neben den Bestrebungen, die Übertragungskapazität sowie die Verstärkerabstände zu erhöhen, ist man auch bemüht, die Kosten zu verringern und die Glasfaser mehrfach zu nutzen. Durch die gleichzeitige Einkopplung von Lichtstrahlen unterschiedlicher Wellenlänge in die Faser -beim sichtbaren Licht entspräche dies der Verwendung unterschiedlicher Farben- kann die nutzbare Übertragungskapazität einer Glasfaser weiter erhöht werden. Von besonderem Interesse für die Mehrfachausnutzung sind die Forschungsanstrengungen, den Überlagerungsempfang einsatzreif zu machen. Dabei findet ähnlich dem in Rundfunkempfängern angewandten Heterodynprinzip eine Mischung des empfangenen Lichts mit der von einem örtlichen Laseroszillator abgegebenen Strahlung statt, wodurch in bekannter Weise ein Zwischenfrequenzsignal entsteht, das eine größere Selektivität und höhere Empfindlichkeit erlaubt. Auch das Gebiet der integrierten Optik und Optoelektronik bis hin zu den Aspekten der direkten optischen Verstärkung und der optischen Vermittlungen gibt zu großen Hoffnungen für zukünftige Übermittlungssysteme Anlaß.

2. Glasfaser-Teilnehmeranschlüsse für die Breitbandkommunikation

Im Fernnetz sind optische Übertragungsysteme bereits heute den bisherigen Koaxialkabelsystemen wirtschaftlich und technisch überlegen, da dort die wesentlichen Vorteile dieser Technik, nämlich die geringe Dämpfung und die große Bandbreite der Glasfaser, voll zum Tragen kommen (Bild 5). Daher werden für Neuinstallationen im Fernnetz nur noch optische Übertragungssysteme eingesetzt.

Fernebene:

- Optische Übertragungssysteme wirtschaftlicher als entsprechende Kupferkabelsysteme
- Vermittelndes Breitbandnetz VBN: Glasfaser-Overlay-Netze in 29 Städten durch Wählnetz miteinander verbunden

Anschlußebene:

- Mehrere Feldversuche mit unterschiedlicher Technik (BIGFON, BERKOM) für digitale breitbandige Teilnehmeranschlüsse (B-ISDN) mit einer Glasfaser pro Teilnehmer
- Intensive Anstrengungen, um den Aufwand annähernd auf denjenigen herkömmlicher Kupfersysteme zu verringern
- Konzeptwettbewerb der DBP TELEKOM

Bild 5: Stand optischer Übertragungssysteme

Darüberhinaus hat, wie Bild 6 zeigt, die Deutsche Bundespost TELEKOM im Jahr 1989 ein Glasfaser-Breitband-Wählnetz VBN in Betrieb genommen, das die Glasfaser-Overlay-Netze in 29 deutschen Städten durch Wählverbindungen miteinander verbindet. Dieses Netz weist eine Bitrate von 139,264 Mbit/s auf und erlaubt damit die Übertragung von digitalisierten Bewegtbildsignalen nach dem PAL-Farbfernsehstandard sowie anderer Formen der Breitbandkommunikation für einige tausend Teilnehmer.

Das VBN gestattet auch die Vernetzung von lokalen, breitbandigen Datennetzen (LAN). Wie Bild 7 zeigt, werden in zunehmenden Maße Hochgeschwindigkeits-LAN's (z.B. FDDI, DQDB, Ultranet) eingeführt, die über Datenverbindungen miteinander gekoppelt werden sollen. Hier bietet sich das VBN als Trägernetz an. Bild 8 zeigt eine solche Verbindung zwischen den lokalen Rechnernetzen an den Universitäten Stuttgart und Karlsruhe (mit Weiterführung nach Kaiserslautern) durch den Einsatz von Multiplexern (F-MUX).

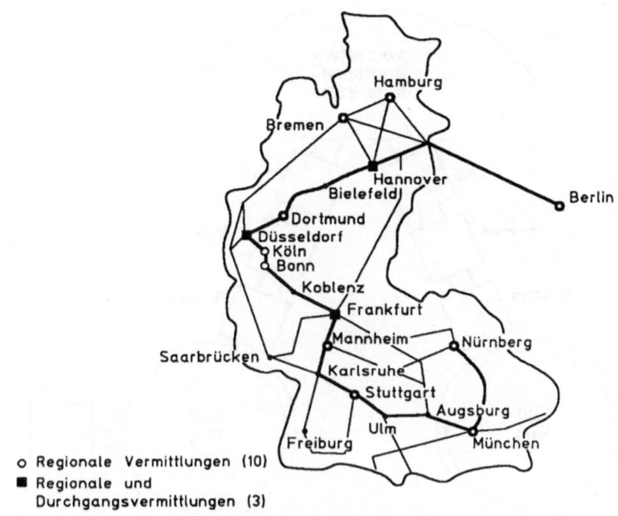

Bild 6: Glasfaser-Breitband-Wählnetz VBN

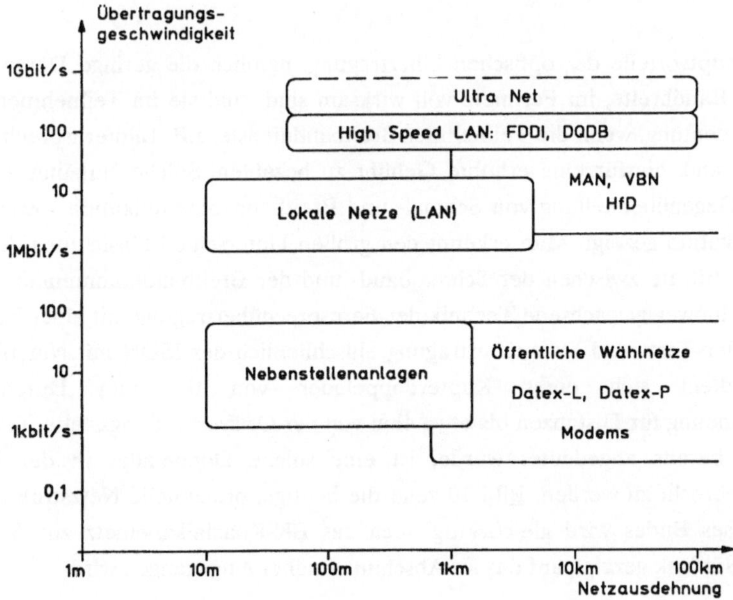

Bild 7: Einsatzfelder der Netze für Datenkommunikation

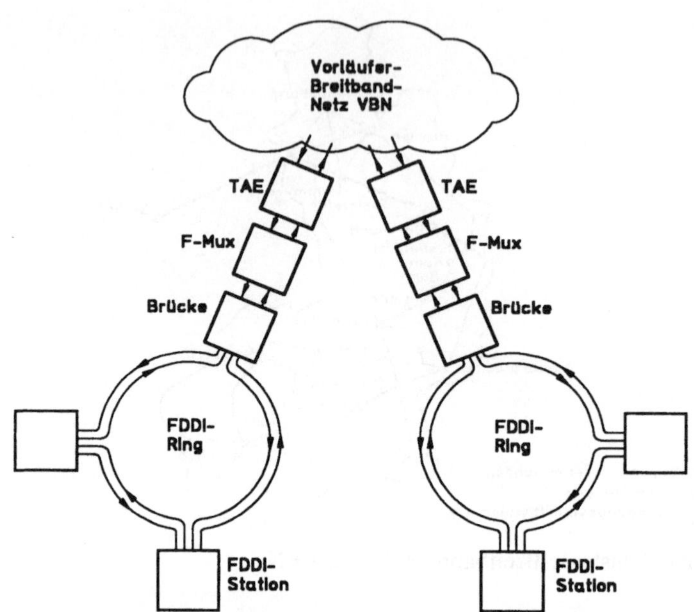

Bild 8: Kopplung von FDDI-Netzen über das Vorläufer-Breitbandnetz VBN

Während die Hauptvorteile der optischen Übertragung, nämlich die geringe Dämpfung und vor allem die große Bandbreite, im Fernnetz voll wirksam sind, sind sie im Teilnehmeranschlußnetz nur dann von Bedeutung, wenn die Teilnehmer Breitbanddienste, z.B. Bildfernsprechen, wünschen und auch bereit sind, hierfür eine erhöhte Gebühr zu bezahlen. Solche Nutzungsformen sind in Bild 9 in einer Gegenüberstellung von Schmal- und Breitbandkommunikation sowie Dialog- und Verteilkommunikation gezeigt. Man erkennt den großen Unterschied hinsichtlich des Bedarfs an Bandbreite bzw. Bitrate zwischen der Schmalband- und der Breitbandkommunikation. Die über viele Jahrzehnte hinweg gewachsene Technik der Fernsprechübertragung mit einer Bandbreite von 3400 Hz sowie der Text- und Datenübertragung einschließlich des ISDN mit Nutzbitraten bis zu 64 kbit/s bedient sich einer Kupferdoppelader von 0,4 mm Durchmesser pro Teilnehmerverbindung für Distanzen bis etwa 4km von der Ortsvermittlungsstelle (OVSt) entfernt. Wie in Bild 3 bereits angedeutet wurde, ist eine solche Doppelader in der Lage, diesen Anforderungen gerecht zu werden. Bild 10 zeigt die heutige, prinzipielle Netzstruktur hierfür. Im oberen Teil dieses Bildes wird gleichzeitig auch das BK-Koaxialkabelnetz zur Verteilung von Fernsehen und Hörfunk gezeigt, auf das im Abschnitt 4 näher eingegangen wird.

Sollen nun Formen der Breitband-Dialog- bzw. -Individualkommunikation hinzutreten, so muß für die Übertragung ein Glasfaserkabel zur Verfügung stehen. Die Möglichkeit einer Breitbandkommunikation mit Integration einer ganzen Palette verschiedenartigster Dienste über

	Nachrichtenart	Schmalbandkommunikation: Telekommunikationsform	Schmalbandkommunikation: Bandbreite bzw. Bitrate	Breitbandkommunikation: Telekommunikationsform	Breitbandkommunikation: Bandbreite bzw. Bitrate
Dialogkommunikation	Sprache	Fernsprechen	300-3400Hz bzw64kbit/s		
	Text	Fernschreiben Teletex Telefax Bildschirmtext	50 bit/s 2400 bit/s 300-3400 Hz 1200 bit/s		
	Daten	Datex-L Datex-P	0,3-48 kbit/s 2,4-48 kbit/s		
				Datentransfer, LAN-Vernetzung	2...140 Mbit/s
	Stillst. Bilder			Computergraphik	2.....8 Mbit/s
	Bewegte Bilder			Bildfernsprechen Videokonferenz	2...140 Mbit/s 140 Mbit/s
	Multimedia			Workstations	2...140 Mbit/s
Verteilkommunikation	Text			Videotext	5 MHz
	Stillst. Bilder			Bildabruf	2....34Mbit/s
	Bewegte Bilder			Fernsehen Fernsehen mit erhöht. Auflösung	6 MHz bzw. 140 Mbit/s 25(11)MHz
	Musik	Hörfunk	50kHz bzw. 1 Mbit/s		

Bild 9: Formen der Schmal- und Breitbandkommunikation

Glasfaser-Teilnehmeranschlußleitungen wird unter dem Begriff Breitband-ISDN seit 1984 in Projekten wie z.B. BIGFON und BERKOM intensiv untersucht. Selbstverständlich ist dieses

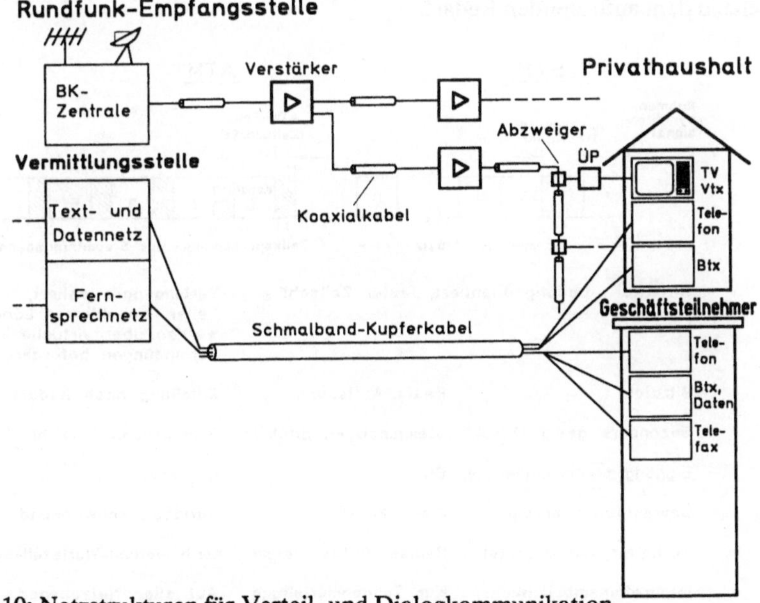

Bild 10: Netzstrukturen für Verteil- und Dialogkommunikation

Glasfaserkabel dann in der Lage, auch die Signale für die Schmalbanddienste zu übertragen. Es ist jedoch anzunehmen, daß für eine gewisse Übergangszeit ein Nebeneinander von Kupfertechnik und Glasfasertechnik in den Anschlußleitungsbereichen in Kauf genommen werden muß (Bild 11).

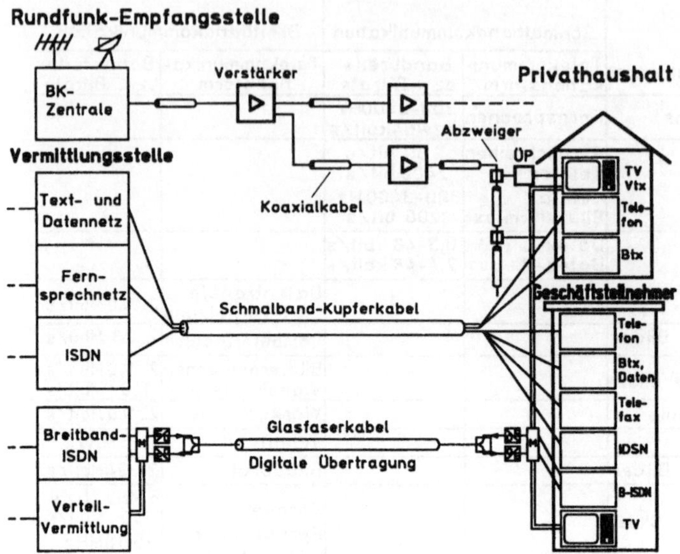

Bild 11: Einführung von Breitband-ISDN

Die Entwicklung des B-ISDN hat in den letzten Jahren große Fortschritte gemacht. Von besonderer Bedeutung ist dabei der Übergang von der bisherigen synchronen Übermittlung STM zur asynchronen Zeitmultiplextechnik ATM. Wie Bild 12 zeigt, erlaubt das ATM-Prinzip durch die Verwendung von Nachrichtenzellen einheitlicher Länge eine flexible Zuteilung der Bitraten entsprechend dem auftretenden Bedarf.

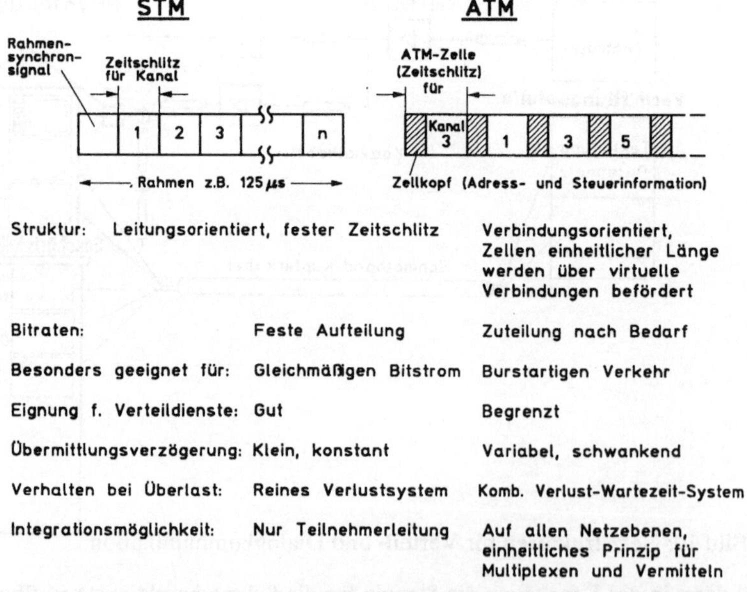

Bild 12: Vergleich von synchroner Übermittlung (STM) und asynchroner Übermittlung (ATM) in Zeitvielfachsystemen

3. Glasfaser-Teilnehmeranschlüsse für Schmalbanddienste

Trotz großer Fortschritte ist der Durchbruch zu dem Fernziel eines einheitlichen Breitband-ISDN, das dann auch noch Verteilfunktionen übernehmen kann, aus wirtschaftlichen Gründen bis jetzt noch nicht gelungen. Daher werden - national und international - große Anstrengungen unternommen, durch Fortschritte in den optischen Komponenten, der Kabel- und Verbindungstechnik und insbesonders durch den Einsatz der Mikroelektronik, die auch hier eine Schlüsselfunktion einnimmt, Teilnehmeranschlüsse in Glasfasertechnik zunächst für Schmalbanddienste (Fernsprechen, Text, Daten und andere eingeführte Dienste) wirtschaftlich zu machen.

- **Bedarf an Breitbanddiensten, der über Kupferkabel nicht befriedigt werden kann**
- **Neue Kabel müssen verlegt werden infolge**
  - **Neubaugebiete**
  - **Netzerneuerungen (besonders aktuell: ehemalige DDR)**
  - **Netzerweiterungen**
- **Verbund Verteilnetz / Dialognetz bringt Kostenvorteile**
  Prinzip: Offene Kabelgräben nutzen

Bild 13: Gründe für den Einsatz von Glasfaser-Anschlußleitungen

Vor wenigen Monaten wurde ein zu diesem Problemkreis veranstalteter Konzeptwettbewerb der Deutschen Bundespost TELEKOM abgeschlossen und es wurden Pilotprojekte in Köln, Nürnberg und Leipzig beschlossen, über die in diesem Kongreß berichtet wird. Denn gerade für das Gebiet der ehemaligen DDR, in dem sehr viele Kabel neu verlegt werden müssen, ist diese Fragestellung von besonderer Aktualität. Da einerseits die Fachwelt der einhelligen Überzeugung ist, daß die Glasfaser das Übertragungsmedium der Zukunft ist, andererseits aber die Wirtschaftlichkeit von Glasfaserleitungen bis zum Teilnehmer im Vergleich mit den Kupfer-Doppeladerleitungen noch nicht gesichert ist, sollten alle Anstrengungen gemacht werden, diese Situation zu verbessern. Dies bedeutet, wie Bild 13 andeuten will, daß eine Substitution bestehender, in gutem Zustand befindlicher Kupferkabel wirtschaftlich (noch) nicht gerechtfertigt ist, daß aber Glasfaserkabel immer dann verlegt werden sollten, wenn neue oder zusätzliche Kabel nötig werden.

Die derzeitige Ausbausituation im Ortsanschlußliniennetz stellt sich nach Angaben des FTZ wie in Bild 14 gezeigt dar. In dem von der Ortsvermittlungsstelle zum Kabelverzweiger führenden Hauptkabelbereich liegen im seitherigen Gebiet der Bundesrepublik Deutschland ca 80 Mio. km Kupfer-Doppeladern (bei im Mittel 1,5km Länge) und im Bereich der Verzweigungskabel ca. 20 Mio. km Doppeladern (bei im Mittel 300m Länge). Der Wiederbeschaffungswert dieses Netzes wird auf 70...90 Mrd. DM geschätzt, wobei etwa 64% auf Tiefbauarbeiten (Kabelgräben), 14% auf Montage und Verlegung sowie 22% auf die Kabel selbst entfallen. Damit stellt das Ortsanschlußliniennetz einen wesentlichen Anteil am Gesamtwert des Fernsprechnetzes dar, der den des Fernnetzes weit übertrifft. Im Vergleich hierzu sind bis jetzt nur 0,075 Mio. km an Glasfasern im Anschlußleitungsbereich verlegt.

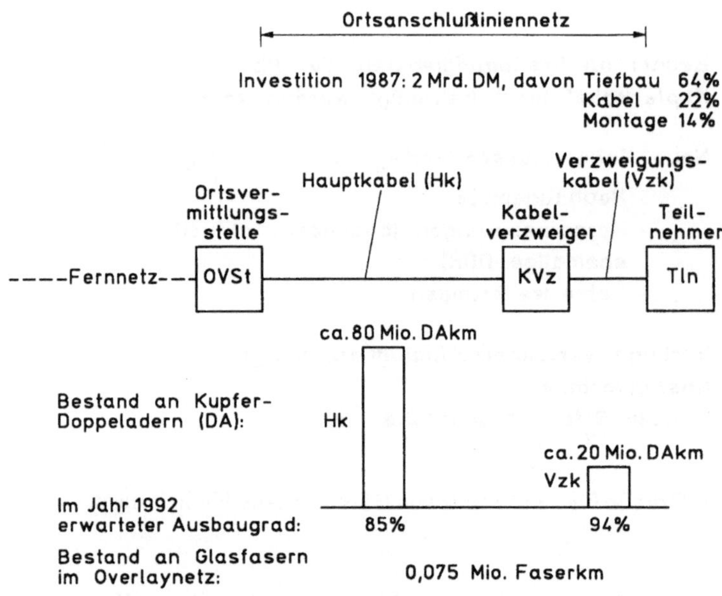

Bild 14: Derzeitige Ausbausituation im Ortsanschlußliniennetz der DBP TELEKOM(seitheriges Gebiet der BRD)

Bei Beibehaltung der vorhandenen Infrastruktur (Fernmeldegebäude, Kabellinienführung) liegt es zunächst nahe, daß auch das Glasfaser-Anschlußleitungsnetz in Sternstruktur aufgebaut wird, d.h. daß Glasfasern von der Ortsvermittlungsstelle bis zum Teilnehmer oder zumindest bis zum Haus des Teilnehmers führen. Diese Glasfasern könnten dann flexibel, modular und transparent beschaltet werden. Insbesondere wäre teilnehmerindividuell und bedarfsgerecht eine Erweiterung auf zusätzliche Dienste und höhere Bandbreiten bzw. Bitraten möglich und das Fernziel des B-ISDN oder gar des Universal-Breitbandnetzes IBCN wäre unter Verwendung derselben Glasfasern und derselben Netzstruktur erreichbar. Damit ergeben sich die in Bild 15 gezeigten Anforderungen.

- **Wirtschaftlicher Betrieb mit eingeführten Diensten (Fernsprechen, Kabelfernsehen) wird angestrebt**

- **Modulare Erweiterung auf zusätzliche Dienste und höhere Bandbreiten/Bitraten soll teilnehmerindividuell möglich sein**

- **Evolutionsschritte zu B-ISDN und IBCN sollen klar erkennbar sein**

Bild 15: Anforderungen an Glasfaser-Teilnehmeranschluß

Im folgenden wird über einige Ergebnisse aus einer von Herrn Löcklin an meinem Institut durchgeführten Systemstudie berichtet. Ziel dieser Studie war die Untersuchung der Möglichkeiten zur möglichst wirtschaftlichen Übertragung von Fernsprechen, Text und Daten bis hin zum ISDN auf

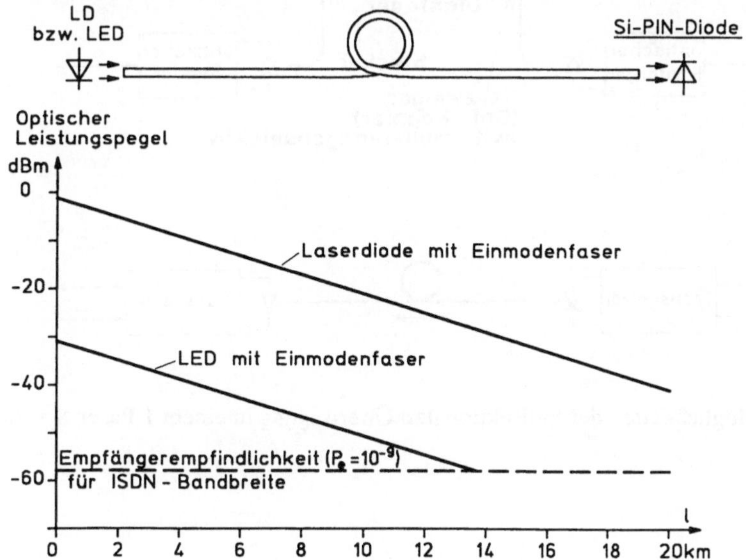

Bild 16: Pegeldiagramm für eine Einmodenfaser-Übertragungstrecke mit LD und LED im Wellenlängenbereich um 800nm

Einmodenfasern in einem Teilnehmeranschlußnetz bisheriger Struktur. Dabei wurde im Hinblick auf die relativ geringe Bandbreite bzw. Bitrate für die Übertragung das Wellenlängenfenster I, also der Bereich um 800nm, der Untersuchung zugrundegelegt, da es für diesen Bereich sehr preisgünstige Sendedioden gibt und die beginnende Mehrmodigkeit der für 1300nm ausgelegten Einmodenfaser noch nicht stört. Die Wahl einer Wellenlänge von etwa 800nm erlaubt es, die Glasfasern in den Bereichen II und III freizügig zu beschalten, z.B. für die Verteilung von Fernsehen und Hörfunk.

Bild 16 zeigt ein typisches Pegeldiagramm für die einseitig gerichtete Übertragung auf einer Einmodenfaser. Man erkennt, daß mit einer einfachen Laserdiode eine Distanz von etwa 29km und selbst mit einer sehr preisgünstigen LED noch etwa 13km überbrückt werden kann. Damit ergibt sich die Möglichkeit, die Einmodenfasern bidirektional zu nutzen, d.h. nur 1 Faser je Teilnehmer vorzusehen.

Bild 17 gibt einen Überblick über die Möglichkeiten der bidirektionalen Übertragung. Bild 18 zeigt noch etwas deutlicher die Funktionsweise des Wellenlängenmultiplex. Bei diesem Prinzip werden zur Richtungstrennung für die beiden Übertragungsrichtungen die Wellenlängen λ_1 und λ_2 verwendet.

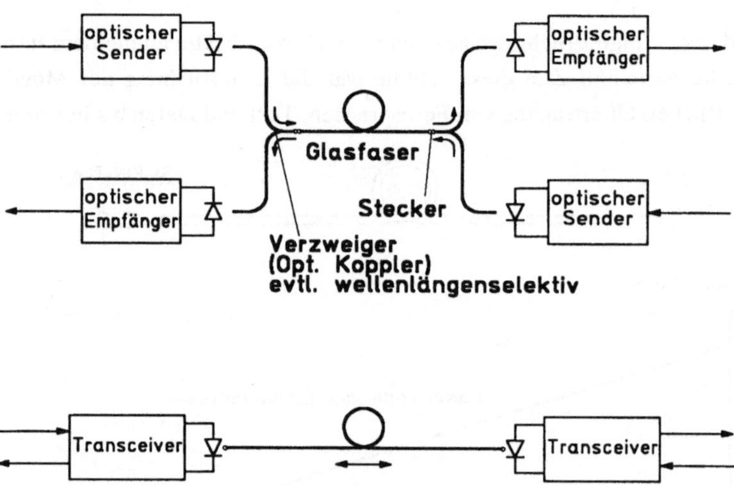

Bild 17: Möglichkeiten der bidirektionalen Übertragung in einem 1-Faser-System

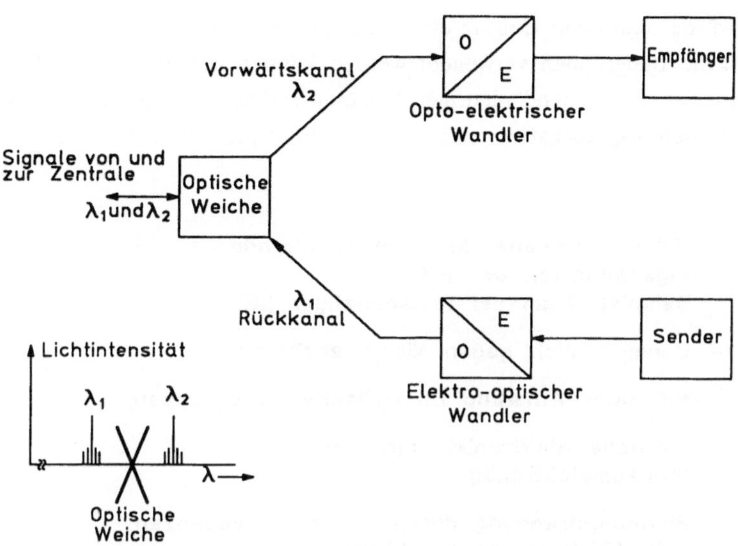

Bild 18: Wellenlängenmultiplex zur Richtungstrennung

Besonders einfach wird die Richtungstrennung, wenn für die Übertragung in den beiden Richtungen von der Ortsvermittlungsstelle zum Teilnehmer und zurück bei gleicher Wellenlänge zwei verschiedene Trägerfrequenzen z.B. 100 kHz und 450 kHz ("Sub Carrier Multiplex") verwendet werden. Bild 19 zeigt das Blockschaltbild eines derartigen Glasfaseranschlusses für Fernsprechen (POTS), bei dem analoge FM-Signale mit den Mittenfrequenzen 100 und 450kHz übertragen werden. Die Bausteine für diese Anordnung können der Konsumelektronik entnommen werden.

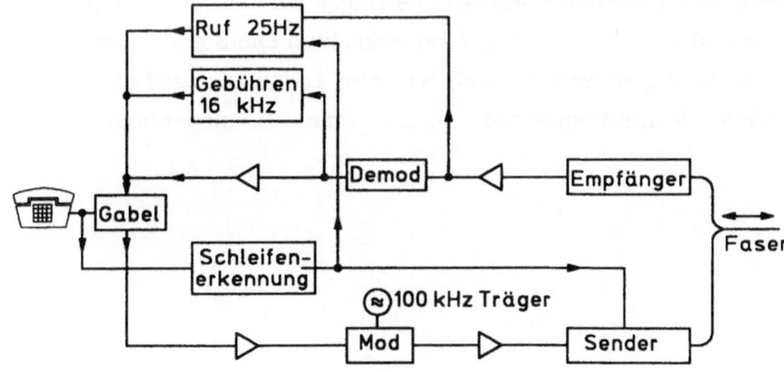

Bild 19: Anschluß eines herkömmlichen Fernsprechapparates an eine in Analogtechnik mit 2 Trägerfrequenzen betriebene Glasfaser

Selbstverständlich würde man beim Einsatz dieser Technik den Fernsprechapparat so gestalten, daß möglichst einfache Baugruppen verwendet werden können und man einen für die lokale Speisung durch Batterien ausreichend niedrigen Leistungsverbrauch erhält. Die theoretisch und experimentell ermittelten Eigenschaften eines solchen Fernsprechanschlusses sind in Bild 20 zusammengestellt.

- Hohe Reichweite durch störmindernde Eigenschaften der FM
  Beispiel: 7 km bei preisgünstiger LED
- Unempfindlich gegen Nichtlinearitäten
- Minimaler Aufwand an optischen Baugruppen
- Einfache Elektronikbaugruppen (Konsumelektronik)
- Richtungstrennung durch 2 Trägerfrequenzen (z.B. 100 kHz und 450 kHz)
- Erweiterungsfähig auf zusätzliche Kanäle
- Signalisierung: Schleifenstrom ersetzt durch Lichtfluß

Bild 20: Eigenschaften einer Fernsprech-Anschlußleitung in analoger bidirektionaler FM-Technik auf einer Glasfaser

Aussichtsreicher ist die digitale Übertragung, wobei hier vorausgesetzt werde, daß ISDN-Signale eines Basisanschlusses (2 B-Kanäle und D-Kanal) übertragen werden sollen. Damit können alle für das ISDN eingeführten und auch die erst später verwirklichten Dienste angeboten werden. Es soll also die Doppelader zwischen dem Netzanschluß NT beim Teilnehmer und dem Leitungsabschluß LT in der digitalen Vermittlungsstelle durch eine Einmodenfaser ersetzt werden (Bild 21).

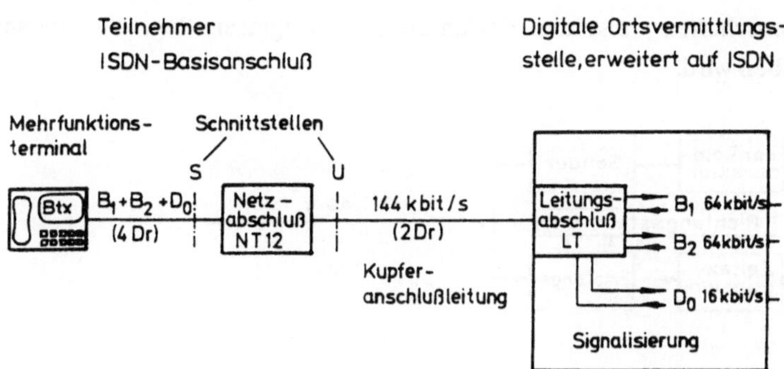

Bild 21: Digitaler Teilnehmeranschluß für ISDN

Dabei zeigt sich, daß zur Verbesserung der Richtungstrennung dieselben Methoden wie bei dem auf Kupfer-Doppeladern verwirklichten ISDN eingesetzt werden können, nämlich Echokompensation und Zeitgetrennlage.

Ein Blockschaltbild für ein optisches Übertragungssystem mit Echo-Kompensation wird in Bild 22 gegeben.

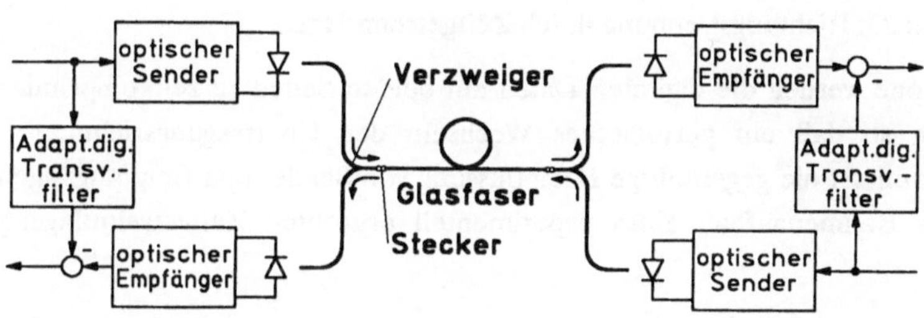

Bild 22: Optisches Übertragungssystem mit Echokompensation

Im Vergleich zu der herkömmlichen ISDN-Übertragung werden an das adaptive digitale Transversalfilter sehr viel geringere Anforderungen gestellt. Im wesentlichen genügt eine Nachbildung des Senders und des Empfängers zusammen mit einer adaptiven Amplitudenregelung, also praktisch das Einstellen eines einzigen Koeffizienten.

Noch bessere Eigenschaften weist das Verfahren der Zeitgetrenntlage auf, dessen Prinzip in Bild 23 wiedergegeben wird.

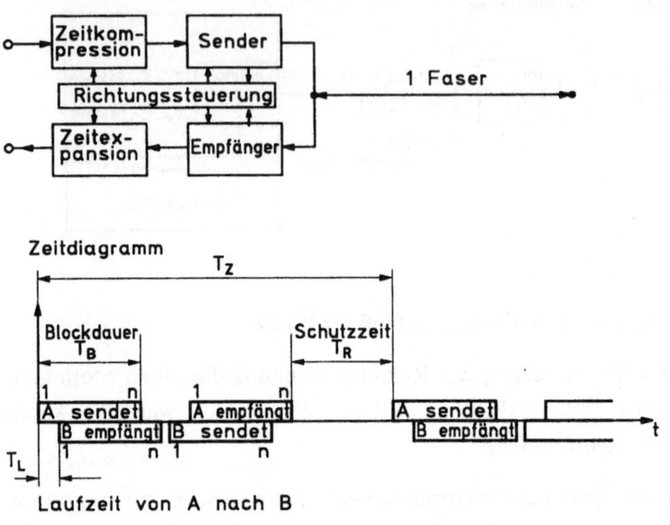

Bild 23: Richtungstrennung durch Zeitgetrenntlage

Bei dieser Methode werden die digitalen Daten auf beiden Seiten zu zeitkomprimierten Blöcken zusammengefaßt, so daß ein periodisches Wechseln der Übertragungsrichtung ("Ping-Pong") möglich wird. Damit ist die gegenseitige Beeinflussung von Sende- und Empfangssignal vollständig vermieden. Den Rahmenaufbau eines experimentell erprobten Zeitgetrenntlagessystems zeigt Bild 24.

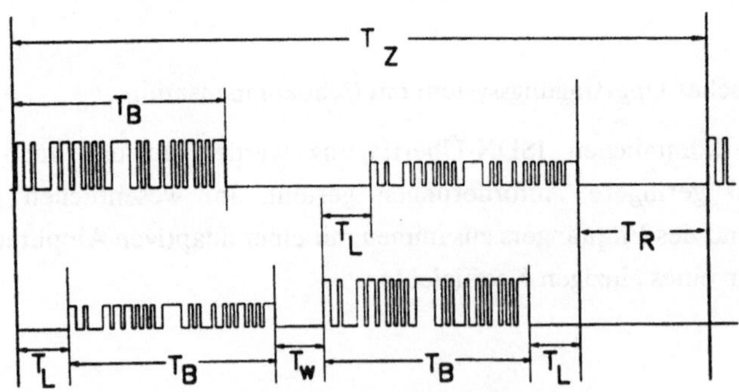

Bild 24: Rahmenaufbau des Zeitgetrenntlagesystems

Für die Rahmenbildung und Zerlegung stehen neuerdings fertige Kommunikationsbausteine in integrierter Form zur Verfügung. Die theoretisch und experimentell ermittelten Eigenschaften eines derartigen Zeitgetrenntlagesystems sind in Bild 25 verzeichnet.

- **Hohe Reichweite, z.B. mit LED 9 km im 800 nm-Bereich**
  bzw. mit LD 15 km auf Einmodenfaser
- **Reflexionen, Faserrückstreuung ohne Einfluß**
- **Preisgünstige optische Baugruppen möglich**
- **Standard-ICs einsetzbar**
- **Besonders geeignet für ISDN-Basisanschluß-Verbindung**
- **Zeitgetrennlagetechnik erlaubt Verwendung von Transceiverelementen, d.h. Laserdiode dient sowohl als Sende- als auch als Empfangselement**
- **Erweiterungsfähig durch Nutzung weiterer Wellenlängen z.B. im Bereich 1300 und 1500 nm**

Bild 25: Eigenschaften einer digitalen Glasfaser-Anschlußleitung in Zeitgetrenntlage-Technik für ISDN

Durch das periodische Umschalten zwischen Senden und Empfangen wird es möglich, die Sendeelemente abwechselnd auch als Empfangselemente zu verwenden. Dazu wird die Diode vom Durchlaß- in den Sperrbereich umgeschaltet, wodurch ein Transceiverbetrieb möglich wird. Bild 26 zeigt typische Kurven für die spektrale Emission einer LED im Sendebetrieb und für ihre spektrale Empfindlichkeit im Empfangsbetrieb. Laserdioden können ebenso vom Senden auf Empfangen und umgekehrt umgeschaltet werden.

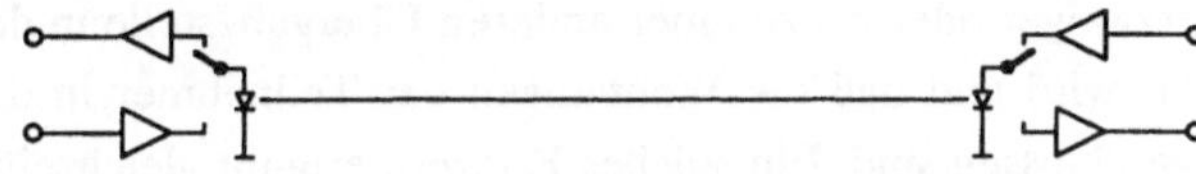

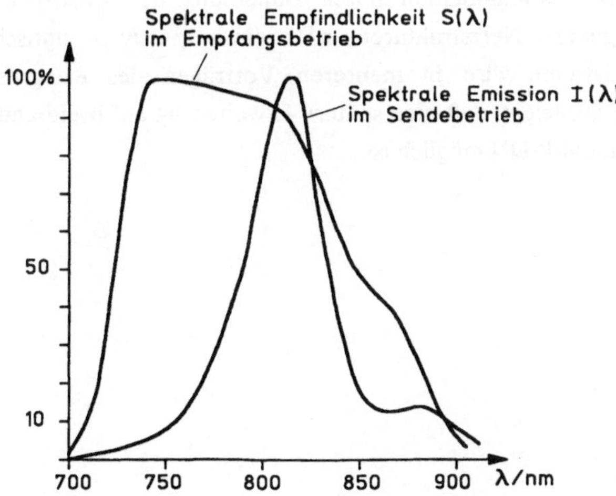

Bild 26: LED als Sender und Empfänger für optischen Halbduplexbetrieb

Reichen die Kostenreduzierungseffekte durch Massenfertigung und den Einsatz hochintegrierter Schaltkreise nicht aus, um Übertragungssyteme mit 1 Glasfaser pro Teilnehmer annähernd auf das Kostenniveau der heute verwendeten Kupfer-Doppelader-Systeme herabzudrücken, so können weitere Schritte zur Verbesserung der Wirtschaftlichkeit von Glasfaseranschlußleitungen unternommen werden, die in Bild 27 aufgelistet sind. Danach können hybride Netze in die Gesamtbetrachtung einbezogen werden. Der Ausdruck Hybrid soll hierbei bedeuten, daß die

- **Hybridsysteme:**
  - Glasfaser nur bis zu einem Verzweigungspunkt verlegt
  - Von dort führen herkömmliche Kupferleitungen zu den Teilnehmern

- **Mehrfachausnutzung der optischen Komponenten:**
  n Teilnehmer an 1 Glasfaser angeschlossen durch
  - Geeignete Netzstruktur, z.B. Passives optisches Verzweigungsnetz, Doppelstern, Bus
  - Einsatz von Multiplexsystemen, z.B. TDM/TDMA

- **Verbund von Dialog- und Verteilkommunikation führt zu teilweise gemeinsamer Nutzung der Kabelanlage**

Bild 27: Schritte zur Verbesserung der Wirtschaftlichkeit von Glasfaser-Anschlußleitungen

Glasfaser beispielsweise bis zum Kabelverzweiger oder bis zu einer anderen Übergabestelle in der Nähe des zu versorgenden Hauses geführt wird und daß die Wohnungen der Teilnehmer in der bewährten Kupferkabeltechnik daran angeschlossen sind. Ein solches Konzept erlaubt gleichzeitig eine Mehrfach-Ausnutzung der optischen Komponenten durch Bündelung der Bitströme in Multiplexern und den Einsatz geeigneter Netzstrukturen z.B. eines passiven optischen Verzweigungsnetzes. Über derartige Systeme wird in mehreren Vorträgen des Kongresses berichtet. Alle hybriden Systeme sind so ausgelegt, daß eine spätere Erweiterung auf breitbandige Nutzungsformen im Rahmen eines Breitband-ISDN möglich ist.

4. Glasfaser-Teilnehmeranschlüsse für die Verteilkommunikation

Im Gegensatz zu der im Fernsprechnetz (und damit auch bei ISDN) verwendeten, sternförmigen Netzstruktur weisen Breitbandkabelanlagen (BK-Netze) zur Verteilung von Fernsehen und Hörfunk eine Baumstruktur auf. Bei diesem Netz werden die Fernseh- und Hörfunksignale, ausgehend von der Zentrale, über ein baumartiges Netz von Koaxialkabeln unterschiedlichen Durchmessers (vergleichbar dem Stamm, den Ästen und Zweigen eines Baumes) bis zu den sog. Übergabepunkten geführt, an die sich dann die Hausverteilanlagen anschließen(oberer Teil von Bild 10). Der Ausbau dieser BK-Netze schreitet schnell voran. Am 30.9.1990 hatten bereits 15,4 Mio, also 58% aller Fernsehhaushalte in der bisherigen BRD die Möglichkeit, an derartige Netze angeschlossen zu werden. Tatsächlich angeschlossen waren zu diesem Zeitpunkt 7,7 Mio, also 50% der anschließbaren Haushalte. Die derzeitigen Ausbaupläne lassen erwarten, daß Mitte der neunziger Jahre mit etwa 20 Mio. (= 80%) anschließbarer Haushalte der Maximalwert des Ausbaus erreicht wird.

Da die Koaxialkabel, wie Bild 3 zeigt, bei hohen Frequenzen eine beträchtliche Dämpfung aufweisen, sind im Abstand von jeweils etwa 300-400m Verstärker angeordnet, um die Signale wieder auf ihren ursprünglichen Pegel anzuheben. Die begrenzte Kaskadierbarkeit der Verstärkerabschnitte limitiert die Reichweite auf ein Quadrat mit der Seitenlänge von etwa 8,5km.

Wie in Bild 3 ebenfalls gezeigt wurde, haben Glasfasern einen sehr viel günstigeren Dämpfungsverlauf. Für die digitale Übertragung von etwa 35 Fernseh- und 30 Hörfunksignalen über solche Glasfasern benötigt man aber Übertragungssysteme mit sehr hoher Bitrate und damit einen beträchtlichen Aufwand. Die Linearität moderner DFB-Laserdioden konnte jedoch in den

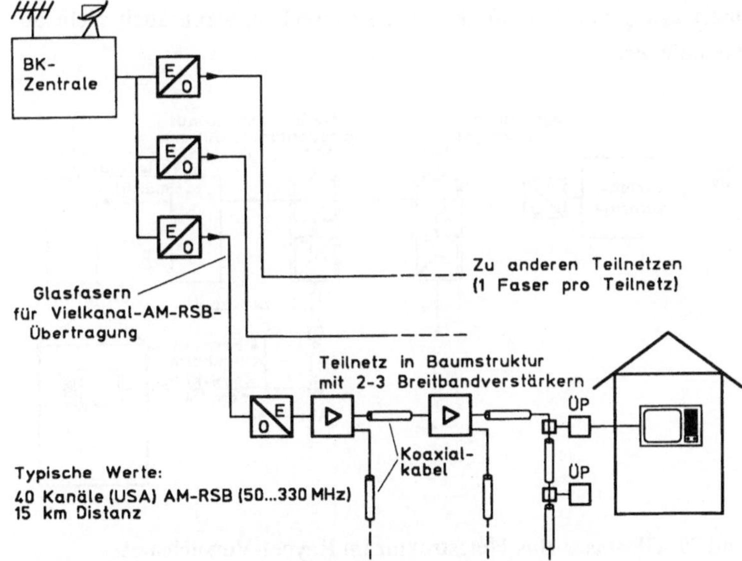

Bild 28: Anschluß weiter entfernt liegender Teilnetze mittels Glasfaser-Zubringerleitung

vergangenen Jahren so sehr verbessert werden, daß die gleichzeitige Übertragung von etwa 40 Fernsehsignalen in der Original-Restseitenband-AM-Technik auf einer einzigen Glasfaser über Entfernungen von 15-20km möglich wird. Damit können derartige Übertragungssysteme, wie Bild 28 zeigt, zur Verknüpfung von BK-Koaxialkabel-Teilnetzen dienen. So führt das Zusammenschalten kleinerer Teilnetze, für die sich eine eigene Rundfunk-Empfangsstelle nicht lohnt, zu wirtschaftlichen Netzen mit größerer Flächendeckung.

Will man die Übergangstelle von Glasfaser- zu Koaxialkabel näher zum Teilnehmer heranrücken, z.B. an eine Stelle hinter dem C-Verstärker in der C/D-Ebene, so bietet sich die Frage der Wirtschaftlichkeit des Gesamtsystems wegen der vielen Abzweiger in dem passiven optischen Verteilnetz nicht so günstig dar. Die Wirtschaftlichkeit kann aber verbessert werden, wenn man einen Kabelverbund oder gar Systemverbund zwischen dem Übertragungssystem für Fernsprechen, Text und Daten einerseits und dem für Fernsehen und Hörfunk andererseits vorsieht. Dabei kann sich der Verbund auf die Nutzung einer gemeinsamen Faser oder zumindest von getrennten Fasern in einem gemeinsamen Kabel erstrecken. Der beträchtliche Aufwand für Tiefbauarbeiten fällt damit nur einmal an. Als Beispiel für eine derartige Verbundlösung zeigt Bild 29 die Verteilnetzstruktur im Raynet-Versuchsnetz. Von der Verteilzentrale gehen sternförmig Glasfaser-Bus-Leitungen aus, in die insgesamt 24 Biegekoppler eingeschleift sind, an die dann nach einer optisch/elektrischen Wandlung der RSB-AM-Signale je 4 (also ingesamt 96) Fernsehhaushalte über kurze Koaxialkabel angeschlossen sind. In denselben Kabeln, aber getrennten Fasern, und zwar je eine für die Sende- und für die Empfangsrichtung, werden in diesem System auf ganz entsprechenden Busleitungen die Signale von 192 Fernsprechteilnehmern in PCM-Multiplexstruktur übertragen. Dabei werden für die Hausanschlüsse die üblichen Kupfer-Doppeladern verwendet. So bietet dieses Netz eine gemeinsame Übertragung von Rundfunk und Fernsprechen, wenn auch nicht auf einer einzigen Glasfaser pro Teilnehmer.

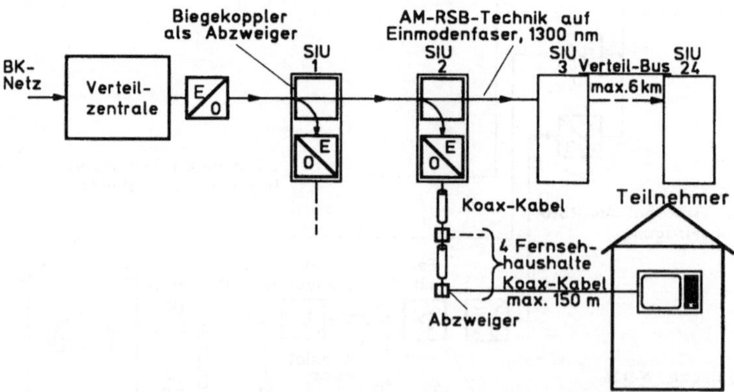

Bild 29: Glasfaser-Bus-Netzstruktur im Raynet-Versuchsnetz

5. Zusammenfassung

Wegen ihrer vielen Vorteile stellt die Glasfaser das Übertragungsmedium der Zukunft dar. So haben sich optische Übertragungssysteme im Fernnetz voll durchgesetzt. Damit die Glasfaser auch in das Teilnehmeranschlußnetz Eingang findet, sind noch große Anstrengungen erforderlich, um die Wirtschaftlichkeitsbarriere zu überwinden. Die Breitbandkommunikation bedarf der Glasfaser, der Wunsch nach Breitbanddiensten ist aber noch sehr wenig ausgeprägt. Deshalb liegt es nahe, Glasfaser-Teilnehmeranschlußleitungen zunächst für Schmalbanddienste (Fernsprechen, Text und Daten bis hin zu ISDN) vorzusehen, wobei derzeit nur hybride Netzstrukturen an die Wirtschaftlichkeitsmarke herankommen. Gleichzeitig kann der Einsatz von Glasfasern auch in Verteilnetzen vorangetrieben werden mit dem Ziel, durch einen partiellen Verbund von Dialog- und Verteilkommunikation Kostenvorteile zu erringen.

Hybride Lösungen sollten aber in dem Maße, in dem sich der Wunsch nach Breitbanddiensten bei einzelnen Teilnehmern herausbildet, eine schlüssige Weiterentwicklung zu einem Breitband-ISDN und möglicherweise zu einem Breitband-Universalnetz IBCN gestatten. Dies ist teilnehmerindividuell und flexibel vor allem dann gegeben, wenn die Glasfasern sternförmig von der Ortsvermittlungsstelle bis zum Haus des Teilnehmers führen. Da man allgemein erwartet, daß sich das Glasfasernetz im Lauf der Zeit wegen seiner universellen Nutzungsmöglichkeit bis zum Teilnehmer erstrecken wird, gleichzeitig aber Fernsprechen noch auf viele Jahre hinaus als die dominierende Telekommunikationsform gilt, wird angeregt, den Ersatz der heutigen Kupfer-Doppelader (a/b) durch eine Einmodenfaser, die bevorzugt für Fernsprechen genutzt wird und damit besonders preisgünstig betrieben werden kann, näher zu untersuchen und zu erproben. Basis dieser Überlegungen für ein vollständig passives optisches Sternnetz sollte die erwartete weitere Verringerung der Herstellkosten von Glasfaserkabeln durch Massenproduktion und der Einsatz sehr kostengünstiger, hochintegrierter Konsumelektronik-Schaltkreise für die Wandler sein. Derartige Teilnehmeranschlüsse wären transparent beschaltbar und mit geringem

Mehraufwand leicht und bedarfsgerecht für Breitbandteilnehmer hochrüstbar. Dabei könnten dann auch Erfahrungen bei der Lösung des Problemkreises Stromversorgung gesammelt werden.

Bild 30 gibt eine graphische Darstellung der beschriebenen Evolutionslinien.

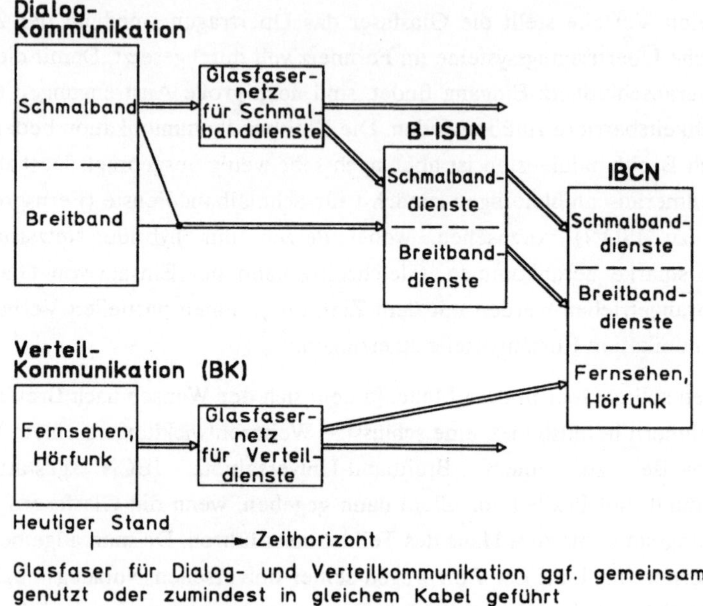

Bild 30: Evolutionslinien bei der Einführung von Glasfaser-Teilnehmeranschlüssen

Introduction to the Congress Topic: On the Way to Optical Subscriber Lines

W. Kaiser

In a time period of only 25 years optical transmission systems based on the combination of laser diode, glass fiber and photo diode have experienced tremendous evolutionary steps and have reached a development stage which leads to the fact that for trunk lines such systems are more economical than the equivalent copper cable systems. Therefore only optical fiber systems are used for new installations in the trunk network. This is mainly due to the following two advantages of optical fiber transmission, namely low attenuation and large bandwidth. In addition to the application of optical fiber trunk lines the Deutsche Bundespost TELEKOM has installed a switched optical network VBN which gives connections between 29 German cities and ,therefore, allows to test new forms of broadband communication on a nationwide basis at a bitrate of 140 Mbit/s.

Optical fibers are more and more used for deep-sea cables, too. Special (fluorized) glass fibers may lead at higher wavelengths to extremely low attenuation values of less than 0,01 dB/km thus allowing optical fiber systems with transmission distances of more than 1000 km without amplification. By using wavelength multiplex the transmission capacity of a glass fiber can be increased further. Of high importance is the worldwide R & D effort to develop the heterodyne and homodyne principle into a system for practical application in networks. Similar to the application of this principle in radio sets the received optical signal is mixed with the lightwave emitted from a local laser diode thus leading to an IF signal which can easily be selected and amplified. Integrated optics and optoelectronics, direct optical amplification and optical switching are fields which also give great hope for advanced optical systems in the future.

The situation in the subscriber loop is entirely different. Over so many decades the technique of telephone transmission on copper two-wire lines has become a very cost efficient system. As fig. 3 shows this system is very well capable of transmitting analog telephone signals with a bandwidth of 3400 Hz or even digital (ISDN) 64 kbit/s signals up to a distance of a least 4 km.

The optical subscriber loop, however, needs not only at least one fiber per subscriber but in addition the opto/electronic converters on both sides with the accompanying electronic circuitry. And one of the main advantages of optical transmission, namely the large bandwidth, is only of value, if the subscriber wants broadband services, for instance video telephony, and is willing to pay for the additional expenditure. Broadband communication with integration of various services using optical fiber subscriber loops has been intensively tested and evaluated in Germany in projects such as BIGFON or BERKOM. Because of economical reasons the move to a widely spread application of broadband communication has not taken place yet.

Therefore, nationally and internationally, a large development effort is untertaken to make optical subscriber loops economical for narrow band services (telephone, text, data) by further progress in optical components, in cabling and splicing and especially by the extensive application of highly integrated microelectronic circuits. Such a system might possibly use the wellknown ping-pong transmission technique shown in fig. 23. The important concepts and main evolution lines (fig. 30) are being presented and discussed in different papers of the congress. In summer 1990 the Deutsche Bundespost TELEKOM made a contest of network concepts and as a result of this contest optical subscriber loop pilot projects have been decided for the cities of Cologne, Nuremberg and Leipzig. For the area of the former German Democratic Republic this issue is a highly actual one since many new subscriber cables have to be installed in this region. In addition to cost reduction by mass production and highly integrated circuits different hybrid network structures might help to overcome the economical barrier. The term hybrid in this connection means that the optical fiber network leads to a point in front of the house (e.g. fiber-to-the-curb) and that several apartements are connected to this point by customary copper wire lines. Such a network structure gives on the one side a bundling of bit streams and thereby a higher utilization of the fiber and the optical components and allows on the other side nevertheless the application of broadband services. The combination of such a structure with a network for the distribution of TV and audio may improve the economical situation.

Stand und Entwicklungstendenzen bei Lichtwellenleitern und den dazugehörenden passiven Bauelementen

G. Zeidler

1. Anforderungen an die Kabelanlage

Je nach Architektur der Ortskabelanlage treten unterschiedliche Anforderungen auf: Will man in einem reinen Sternnetz für jeden Teilnehmer eine individuelle Faser vorsehen (Bild 1), so treten im Hauptkabelbereich Faserzahlen bis 2000 je Kabel auf und eine schnelle Verbindungstechnik, insbesondere eine Mehrfachspleißtechnik wird zwingend. Betrachtet man dagegen eine typische Kabelanlage mit Mehrfachnutzung des Übertragungsmediums (Bild 2), so sind die Faserzahlen je Kabel mäßig, der Mehrfachspleißtechnik kommt keine gesteigerte Bedeutung zu, doch tritt als neues Bauelement im passiven optischen Netz (PON) der Faserkoppler auf. Weltweit ist man heute zunehmend zu der Überzeugung gelangt, daß zunächst das LWL-Netz mit Mehrfachnutzung (Bild 2) eingeführt werden wird, da es sich bereits für die Übertragung der Basisdienste (Telefon und Fernsehen) rechnet, daß man aber für die ferne Zukunft den Übergang zum faserreichen Vollversorgungsnetz (Bild 1) nicht ausschließen darf. Dies ist insbesondere bei den Infrastruktur- und Tiefbaumaßnahmen (Kabelkanäle, Schächte etc.) in Neubau- und Sanierungsgebieten zu beachten, fallen doch ca. 60 % der Kosten einer Ortskabelanlage durch den Tiefbau an. Deutlich wird dieser wichtige Sachverhalt an einer groben Kostenaufstellung für ein klassisches Telefon-Ortsanschlußnetz mit Kupferpaaren (Bild 3) oder am Beispiel eines Kabelfernsehnetzes mit Koaxialkabeln (Bild 4). Die darin ersichtliche Dominanz von Tiefbau- und Montagekosten wird auch in allen zukünftigen LWL-Ortsnetzen, unabhängig von den Varianten der Netzarchitektur, gegeben sein. Diese Zusammenhänge führen zu der Aussage: Möglichst nur einmal aufgraben und dabei die Infrastruktur der Kabelanlage so gestalten, daß ein kostengünstiges Nachrüsten mit Kabeln möglich ist oder daß die aufgrund einer Barwertrechnung sinnvollen Vorleistungen bereits vorab getätigt werden. Das Vorleisten von LWL-Kabel ist bei Kabelerdverlegung, also hauptsächlich im Bereich der Verzweigungskabel sinnvoll. Im Hauptkabelbereich sind Kabelkanäle, eventuell mit

Mehrfachausnutzung der Rohrzüge vorzusehen. Hier können dann, bedarfsgerecht, Kabel nachgezogen werden. Damit wird ein stetiger Übergang von der kostengünstigen, faserarmen Lösung (Bild 2) zu der idealen faserreichen Lösung (Bild 1) möglich. Dem Kabelverzweiger (KVz) kommt dabei nach wie vor eine entscheidende Bedeutung zu: An einem leicht zugänglichen Punkt findet der Übergang vom vermittlungsorientierten Hauptkabelbereich zum teilnehmerorientierten Verzweigungsbereich statt. Die Dynamik der Teilnehmer wird durch Umrangieren (z.B. mit mechanischen Verbindern) abgefangen, zukünftiges Dienstewachstum wird durch Nachziehen von Hauptkabeln und durch Auswechseln oder Herausnehmen der Koppler möglich.

Unter diesen Gesichtspunkten sollen im folgenden die wichtigsten Ortsnetzkomponenten behandelt werden. Kurzfristig ('92) sind dabei niedrigfasrige Kabel, Einzelspleiße und besonders Faserkoppler wichtig. Längerfristig (nach '95) sind hochfasrige Kabel mit höchster Packungsdichte und Mehrfachspleiße zu beachten.

2. Die Faser

Etwa 90 % der Weltfaserproduktion besteht heute aus der für 1300 nm optimierten Standardeinmodenfaser. Mehrmodenfasern werden nur noch im Bereich Datentechnik, LAN und in Industrieanwendungen eingesetzt; dispersionsverschobene Einmodenfasern (optimiert für 1550 nm) haben Nischenanwendungen im Seekabelbereich oder bei Fernnetzen der nächsten Generation gefunden. Bei den meisten Fernmeldeverwaltungen dürfte die installierte Kabelbasis heute fast zu 100 % aus der Standardeinmodenfaser bestehen. Die Kompatibilität zu diesen installierten Fasern und die Berücksichtigung der Volumeneffekte beim Faserherstellen legen es nahe, diese Faser auch für die zukünftigen Ortsnetze als Standard vorzusehen. Mit dieser Faser steht ein leistungsfähiges, breitbandig nutzbares Übertragungsmedium zur Verfügung. Die Ortsnetzqualität dieser Fasern ist zur Zeit mit kleiner 0,47 dB/km im Band von 1285 nm bis 1330 nm spezifiziert und bei 1550 nm mit einem Richtwert von 0,35 dB/km versehen, sie ist jedoch sicher auch außerhalb dieser Wellenlängenbänder nutzbar. Von der Faserdispersion her sind im 1300-nm-Band für einen Sender mit der Linienbreite 1 nm Schrittgeschwindigkeits-Längenprodukte von über 200 GBaud · km möglich, im übrigen Wellenlängenbereich fällt diese Kapazität auf etwa ein Fünftel bei 1550 nm ab.

Diese Standardfaser kann auch mit hoher Qualität großtechnisch hergestellt werden. Bei der Produktion der Faservorform setzen sich weltweit die Außenabscheideverfahren (OVD, VAD) durch. Bei dieser Fertigungstechnik können mit leistungsfähigen Gasbrennern rotationssymmetrische, große Vorformen (entsprechend einer Faserlänge über 100 km) zuverlässig aus der Gasphase abgeschieden werden.

3. Kabelaufbau

Die Kabelstrukturen müssen einerseits die Fasern zuverlässig schützen, andererseits die üblichen Anforderungen einer Ortskabelanlage (Faserzahlen, Faseridentifikation, Abzweigbarkeit etc.) erfüllen. Ein bewährtes Beispiel für einen geeigneten Kabelaufbau ist die Bündeladertechnik, die zur Zeit in den USA, in England und in Deutschland Verwendung findet. Bei dieser Aufbautechnik werden z.B. 10 durch unterschiedliche Farben gekennzeichnete Fasern in ein Bündel zusammengefaßt und in eine gefüllte Plastikhohlader eingebracht. Aus diesen sogenannten Bündeladern können dann durch weitere Verseilschritte (Einlagenverseilung, Zweilagenverseilung, Hauptbündelverseilung) Kabel bis zu 2000 Fasern modular aufgebaut werden (Bild 5). Die Fasern sind dabei gegen Längs- und Querkräfte isoliert, was zu einer guten Stabilität der Übertragungseigenschaften führt. Für niedrige Faserzahlen kann man die Fasern dieser Bündeladerkabel einzeln nacheinander spleißen. Dies ist für die in den nächsten Jahren zunächst vorgesehene faserarme Ortskabelanlage das bewährte und empfehlenswerte Montageverfahren. Sollten in Zukunft sehr hohe Faserzahlen (über 100) benötigt werden, dann kann die Montagezeit reduziert werden, indem man die Fasern einer Bündelader mit Hilfe eines Planarisierers in ihren Positionen ordnet und dann diese ganze Einheit mit einer Mehrfachverbindungstechnik auf einmal spleißt. Auch im LWL-Verzweiger (KVz) ergeben sich damit konstruktive Vorteile.

Für diese ferne Zukunft sind auch Kabelstrukturen möglich, bei denen die Fasern im Kabel bereits geordnet vorliegen. Ein Beispiel sind Faserbändchen aus vier (oder acht) nebeneinander geklebten Fasern, die dann in einer Kammerkabelstruktur untergebracht werden (Bild 6). Diese

Kabelstrukturen werden zur Zeit in Japan erprobt. Bei allen Bändchenaufbauten sind Fasertorsionen unvermeidlich, was zu mechanischen Nachteilen (Biegsamkeit, letztlich Glaslebensdauer) führt, aber an der Spleißstelle den Vorteil hat, daß dort die Fasern bereits geordnet vorliegen. Dieser Kompromiß ist dann sinnvoll, wenn viele Fasern je Kabel vorkommen (200 bis 2000) und wenn längs der Kabeltrasse oft gespleißt werden muß. Bei den heute geplanten "faserarmen" Netzen geht man den anderen Weg: Kabel mit geringen Faserzahlen (20 bis 30) werden mit möglichst langer Länge so verlegt, daß Spleiße so gut wie möglich gespart werden.

4. Spleißtechnik

In der Spleißtechnik hat sich heute im wesentlichen die Schweißtechnik durchgesetzt. Es existieren zuverlässige und erprobte LWL-Schweißgeräte in verschiedenen Ausführungsstufen. Bei einfachen, kleinen Geräten werden die geschnittenen LWL-Enden in präzise V-Nuten eingelegt und ohne weitere Justierung stumpf zusammengeführt und in einem fest eingestellten Lichtbogen verschweißt. Bei besseren Geräten wird durch eine mechanische Nachjustierung der Faserführung die Toleranz des Faserpaares ausgeglichen und somit eine niedrigere Spleißdämpfung erreicht. Optimal wird dieser Justiervorgang bei vollautomatischen, mikroprozessorgesteuerten Geräten durchgeführt. Die Regelsignale werden entweder von Videokameras mit digitaler Bildauswertung oder von Biegekopplern geliefert, die links und rechts vom Spleiß an die Faser angezwickt werden und durch Lichtein-und-Auskopplung die Transmission der Schweißverbindung während des Schweißvorganges messen können. Beste Ergebnisse lassen sich mit einem Gerät erzielen, bei dem sowohl Videoauswertung als auch Biegekoppler in einem Gerät kombiniert werden und in einer aufeinander abgestimmten Prozedur den Schweißvorgang führen.

Bei mechanischen Spleißen werden die LWL-Enden über eine mechanische Führung zueinander ausgerichtet und fixiert. Der Luftspalt zwischen den beiden Stirnflächen wird durch ein Immersionsmittel (z.B. Silikonöl) überbrückt. Naturgemäß stellt sich bei diesen mechanischen Verbindern die Frage, ob die Übertragungseigenschaften des Spleißes bei Temperatur- und Feuchteänderungen langzeitlich stabil bleiben. Bei analog betriebenen Fernsehsystemen und bei vielen Digitalsystemen hoher Bitrate muß weiterhin die Reflexion an der Stoßstelle klein bleiben (z.B. unter 50 dB liegen). Umfangreiche Testprogramme sind nötig, um die Stabilität der Eigenschaften über der zu erwartenden Lebensdauer der Kabelanlage (z.B. 30 Jahre) zu garantieren, was mit dazu beigetragen hat, daß mechanische Spleißverbinder noch nicht sehr verbreitet sind.

Ein Beispiel eines zuverlässigen, in allen Tests bewährten Fügeverbinders ist der "Fingerspleiß" (sogenannt, weil er ohne Werkzeuge, nur mit Hilfe zweier Hände montiert werden kann). Bei diesem Spleiß werden die Faserenden in präzisen, durch Vorzugsätzen hergestellten V-Nuten aus Silizium-Einkristallen geführt und durch dauerelastische Federteile geklemmt. Die Formstabilität der Werkstoffe (Silizium) garantiert dabei die Dämpfungsstabilität dieses Spleißes in allen üblichen Lebensdauertests. Der "Fingerspleiß" ist mehrfach zu öffnen und zu schließen und eignet sich deshalb besonders als Rangierverbinder in den Flexibilitätspunkten des Netzes.

Besonders bedeutend für die Zukunft der Ortskabelanlagen mit hohen Faserzahlen ist die Mehrfachverbindungstechnik, erhofft man sich doch damit die Möglichkeit, auch hochfaserige Kabel (z.B. über 100 Fasern) in einer Tagesschicht miteinander zu verbinden. Zur Zeit stehen Prototypen von Mehrfachschweißgeräten und mechanischen Mehrfachverbindern zur Verfügung. Wie die ersten Felderprobungen zeigen, ist das präzise und zuverlässige Mehrfachschneiden der LWL (gleiche Faserlänge, genauer Schnittwinkel, ebene Faserstirnfläche) eines der zentralen Probleme, insbesondere unter den praktischen Bedingungen der Kabelmontage. Hier sind noch weitere Entwicklungsarbeiten zu leisten.

Eine zusätzliche Möglichkeit hochfaserige Kabel mit kurzen Montagezeiten zu installieren, besteht bei vorkonfektionierten Kabeln, d.h., bei Kabeln, die auf Paßlänge geschnitten sind und im Werk mit Mehrfachsteckern versehen werden. Mehrfachstecker sind für diesen Zweck sowohl auf der Basis geätztem Silizium (USA) oder Plastikteilen (Japan) entwickelt worden. Für praxisgerechte Ortsnetzinstallationen dürfte es jedoch vom Aufwand her unmöglich sein, alle benötigten Kabelstücke als Paßlängen einzuplanen, so daß diese eigentlich elegante LWL-Installationstechnik wohl nur für Sonderfälle (einige Hauptkabeltrassen in dichtbebauten und verkehrsreichen Citylagen) in Frage kommt.

Bild 7 zeigt einen Kostenvergleich für verschiedene Spleißverfahren unter realistischen Annahmen. Die thermische Spleißtechnik ist bei einigermaßen sinnvoller Geräteausnutzung (1000 Spleiße je Jahr) das zur Zeit kostengünstige Spleißverfahren der Wahl.

5. LWL-Koppler

In den üblichen PON-Topologien wird in einem Koppler die Lichtleistung gleichmäßig auf mehrere (2 bis 16) abgehende Fasern aufgeteilt. Diese Leistungsteiler werden üblicherweise in einer Faserschmelztechnik (2 bis 8 Fasern werden seitlich aneinandergeschmolzen und dabei dünngezogen) oder in einer Planartechnik (Glassubstrat mit eindiffundierten oder abgeschiedenen Wellenleiterverzweigungen) hergestellt.

Bei den Schmelzkopplern ist die Leistungsaufteilung wegen der Wellenleiterkopplung wellenlängenabhängig. Der Vorteil liegt jedoch darin, daß die Fasern nur verschmolzen und verjüngt, nicht aber unterbrochen werden, was zwei zusätzliche kritische Spleißstellen spart. Bild 8 zeigt den schematischen Querschnitt und die Leistungsteilung als Funktion der Wellenlänge eines 1-auf-6-Kopplers als Beispiel.

Bei den Planarkopplern werden die Wellenleiterstrukturen durch einen photolithographischen Prozeß hergestellt, die Zahl der Verzweigungen ist damit vom Masken-lay-out her frei wählbar, weiterhin werden die Wellenleiter in einzelnen Y-Gabeln verzweigt. Dies führt praktisch zu einem wellenlängenunabhängigen Verhalten, doch muß bei diesem Aufbau als Nachteil die kritische Stoßstelle planarer Wellenleiter - Faser technologisch beherrscht werden. Dies ist unter den Gesichtspunkten Reflexion, Alterung von Klebern etc. keine einfache Aufgabe. Bild 9 zeigt ein Beispiel für diesen Koppler.

Langfristig ist wohl zu erwarten, daß die planaren Koppler mit Weiterentwicklung der integriert-optischen Technologien die insgesamt günstigere Lösung darstellen können.

6. Faserverstärker

In jüngster Zeit macht ein neues LWL-Bauelement von sich reden: Glasfasern, deren Kernbereich mit den Ionen der seltenen Erden (Neodym, Erbium) dotiert sind, können Licht verstärken, wenn sie mit einer geeigneten Leistungslaserdiode gepumpt werden. Am weitesten fortgeschritten, sind die Forschungsarbeiten zu einem Verstärker mit Erbium-dotierter Quarzglasfaser. Es können Verstärkungen von 10 bis 20 dB im Wellenlängenbereich 1,55 µm erzielt werden. Verstärker dieser Art könnten unter anderem dazu dienen, den Ausgangspegel von AM-Fernsehsignalen rauscharm zu erhöhen, so daß bei der Fernsehverteilung mittels LWL ebenfalls eine PON-Struktur mit hohem Aufteilfaktor möglich wird.

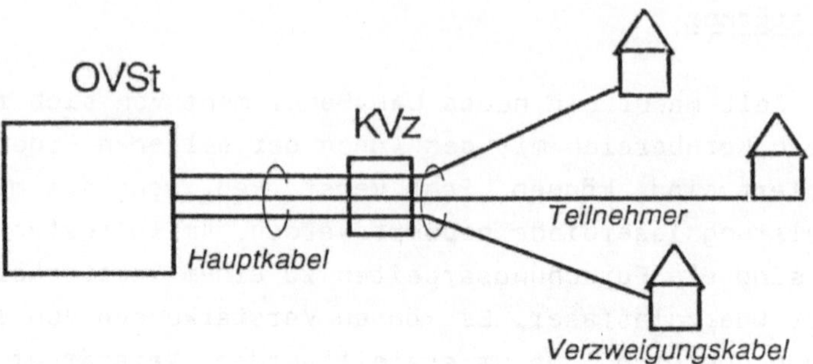

Bild 1
Sternnetz mit Hauptkabel (HK), Kabelverzweiger (KVz) und Verzweigungskabel (VZK)

Anlagenkonzept LWL-Ortsnetz
- PON für Telekommunikationsdienste und Breitbandverteildienste -
am Bsp. Einfamilienhäuser

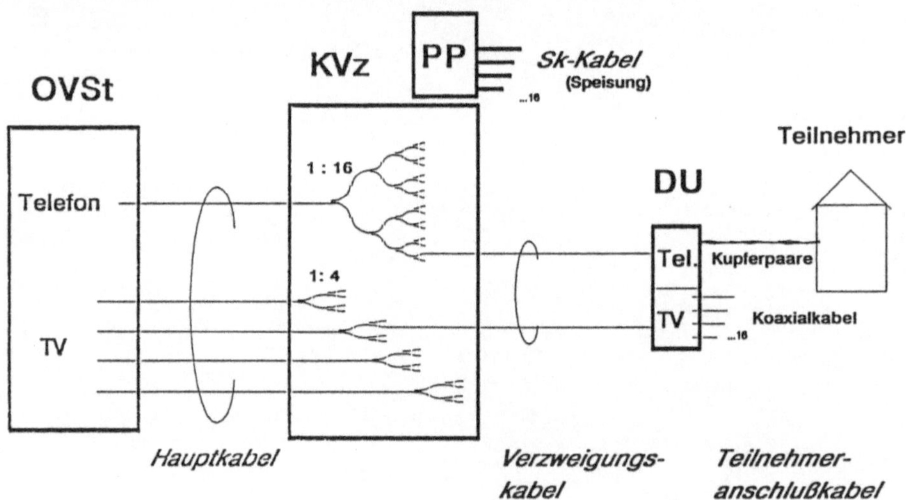

Bild 2

Kostenabschätzung für einen Hauptanschluß im Ortsanschlußnetz mit Kupferkabel

Tiefbau

Montage

Muffen
Abschlußeinrichtungen
Kabel

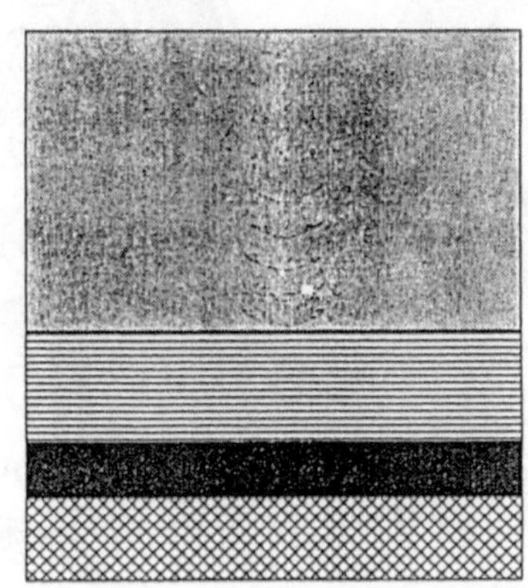

Bild 3

Kostenabschätzung für einen Bk-Kabelanschluß (WE) im Bk-Verteilnetz mit Kupferkabel

Tiefbau

Montage

Verstärker, Abzweige, Üp
Zentrale Einrichtungen
Kabel

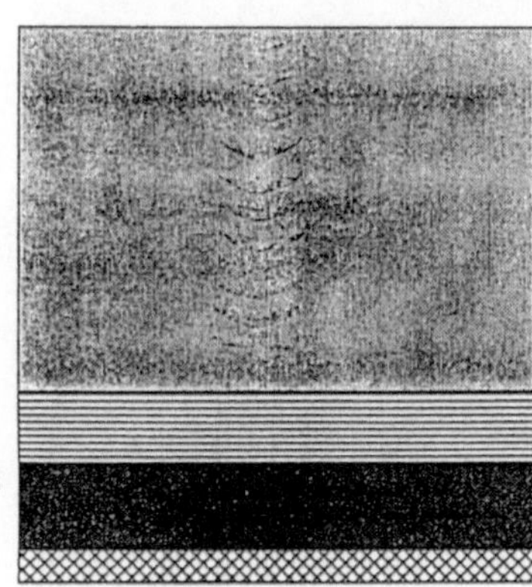

Bild 4

Lagenkabel mit einer Lage

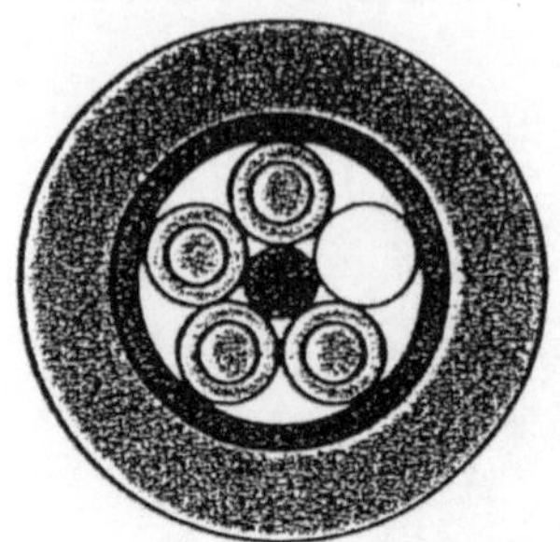

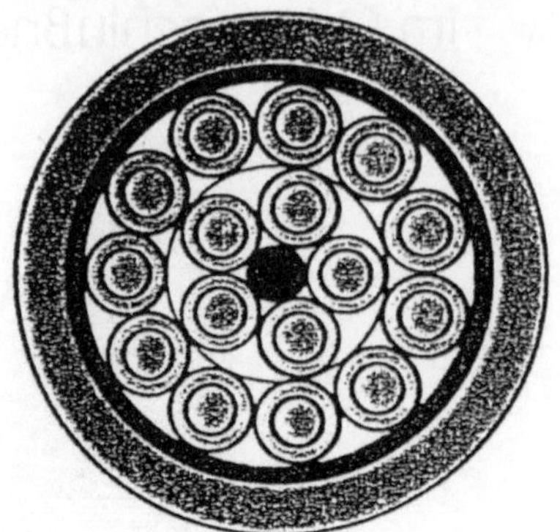

Lagenkabel mit Bündeladern

Bündelkabel

Bild 5 Verschiedene Bündeladerkabel

500-Fiber Multi-Element Slotted Core Ribbon Cable

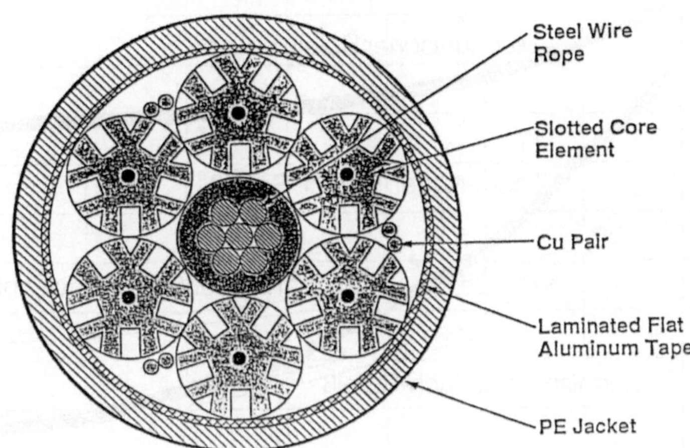

40-Fiber Single Element Slotted Core Ribbon Cable

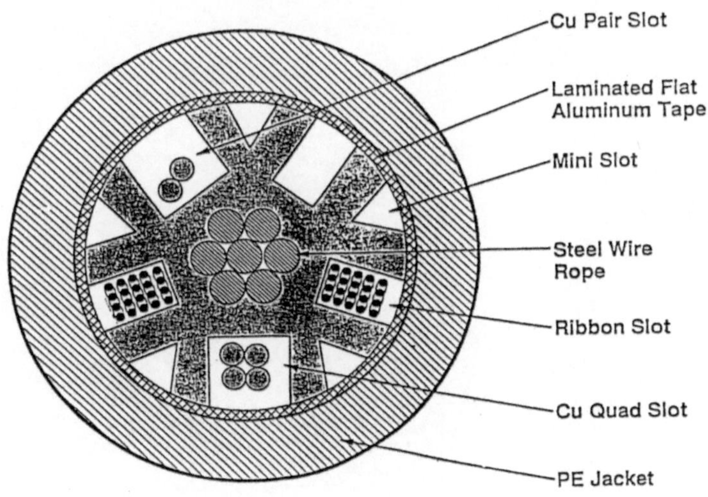

Bild 6 Kammerkabel mit Faserbändchen

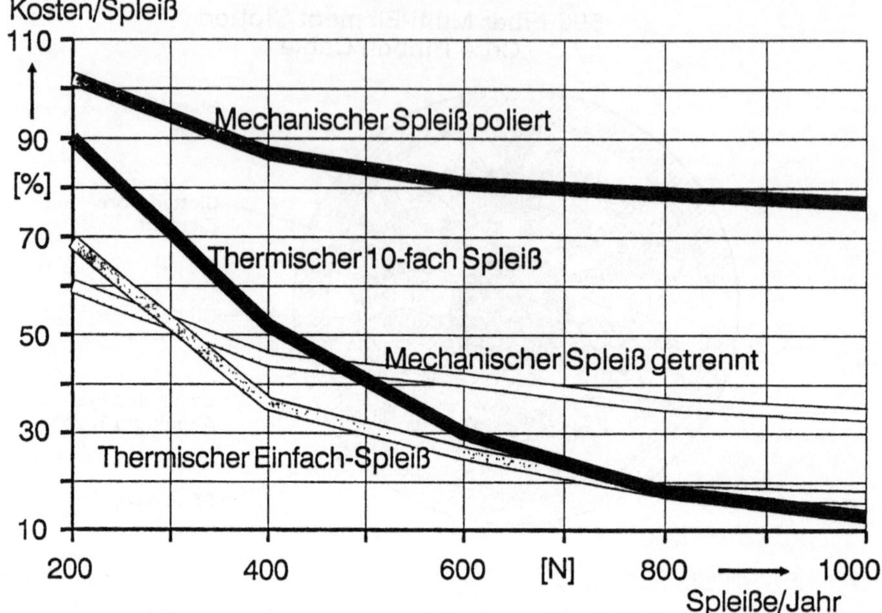

Kostenvergleich unterschiedlicher Spleißverfahren

Bild 7

Integrierter 1 x 6 - Schmelzkoppler:
Querschnitt vor dem Ziehvorgang

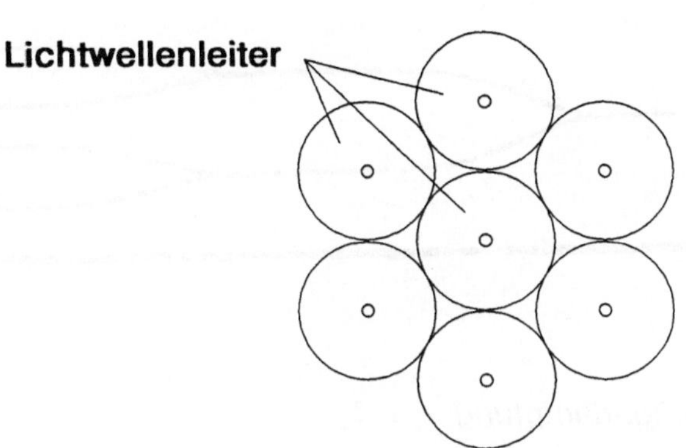

1 x 6 Koppler: Einfügedämpfung

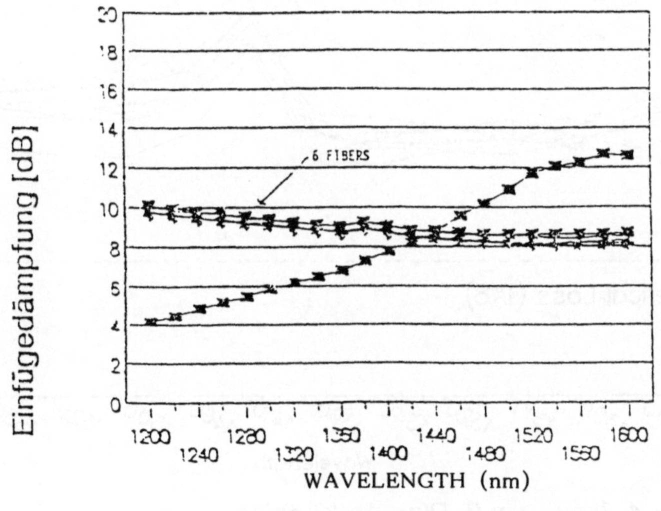

Bild 8 1 x 6 bzw. 1 x 7 - Schmelzkoppler

1 x 4 Planarer Koppler: Wellenleiterstruktur

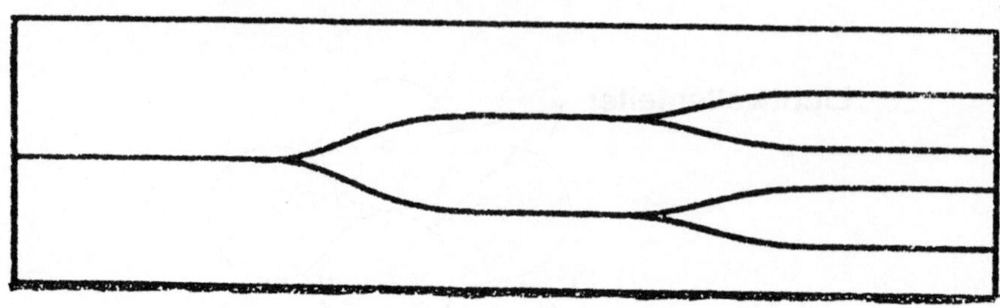

1 x 8 Koppler: Einfügedämpfung

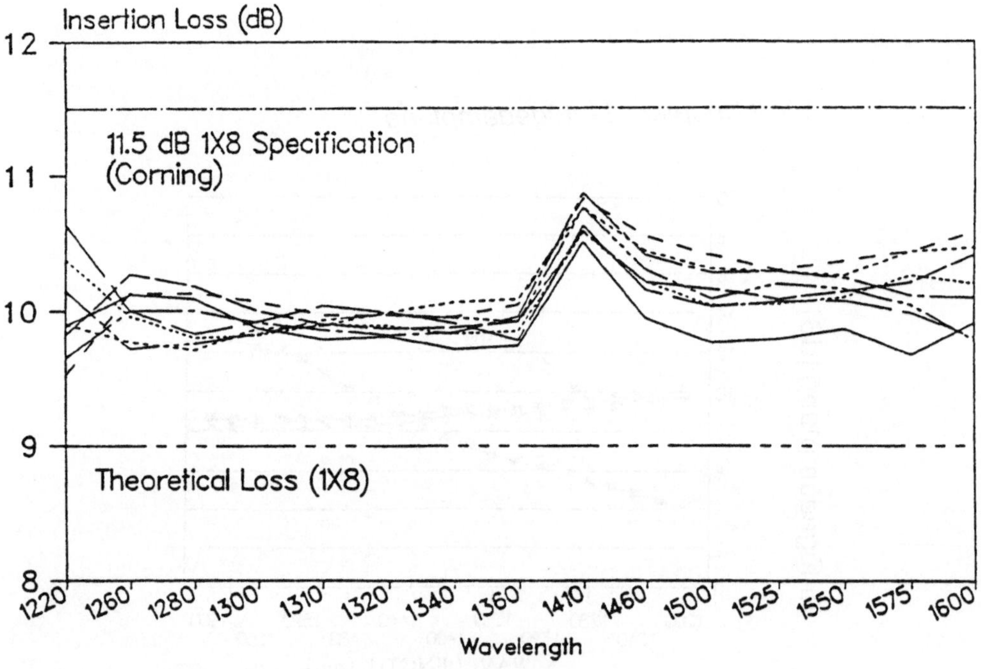

Bild 9 1 x 4 bzw. 1 x 8 Planare Koppler (IonenaustauSch-Verfahren)

Status and Future Trends in Fiber Optic Cables and Related Components

G. Zeidler

Summary

In future subscriber loop systems the fiber has to transport the information between central office and subscriber. Depending on the loop architecture either high fiber count cables and mass splice technology are required in the case of fiber rich solutions (like the star network, Fig. 1) or low-count cables together with fiber splitters are used in fiber sharing scenarios (passive optical network, Fig. 2). The infrastructure costs (digging, ducts, manholes, poles etc.) are dominating in all subscriber loop installations. This can be seen in a typical cost break-down of a classical telephony cable installation (Fig. 3) or in a typical CATV-installation with coaxial cables (Fig. 4). Because of the importance of the infrastructure cost segment it is necessary that the fiber loop technology solves the following problem: start with a fiber sharing system (which proves in one first installed cost bases for the classical services, like telephony and TV) and allow for a transition to a future fiber rich architecture with a minimum of extra infrastructure expenditure. This means, that cabling technologies are required, which work both for low and high count, that splicing hardware is available for individual fiber splicing and later on for array type mass-splices and that couplers are used in flexibility points (like the service area interface) to allow for easy upgrading.

In the cable technolgy, minibundle cables are a good and reliable example for a design family both for low and high count cables (Fig. 5), also slotted core ribbon cables (Fig. 6) as used in Japan are candidates although fiber torsion and life limits by static fatigue of the glass may be a concern in all fiber ribbons.

In cable jointing fusion splicing is dominating because of cost (Fig. 7) and splice reliability. Also single fiber splicing and in future ribbon splicing seems to be feasible.

Two technologies are used to manufacture fiber couplers: fiber fusion technology to make taper couplers (an exiting and new 1 by 6 coupler is shown in Fig. 8) and planar integrated optics technology (an example of ion diffusion made couplers is shown in Fig. 9). Right at present fusion couplers have the advantage, that continuous fibers are used whereas in planar couplers two extra mechanical splice points (planar to fiber waveguide) are required with the problems of reflection and reliability. In the long run however it is expected, that integrated optics technologies will provide the complex waveguide circuits needed in the flexibility points of the outside plant.

Entwicklungslinien optischer Weitverkehrssysteme und Komponenten

R. Heidemann

1. Einleitung

Für zukünftige Netze der Breitbandkommunikation (B-ISDN, IBCN) sind leistungsfähige Weitverkehrssysteme unabdingbar. Leistungsfähigkeit bedeutet in diesem Zusammenhang im wesentlichen: Möglichst niedrige Kosten pro übertragenem Bit/s. Dieses Ziel ist erreichbar durch Verwendung einer hohen Bitrate pro Glasfaser, einer großen Verstärkerfeldlänge und durch eine hohe Zuverlässigkeit der Zwischenregeneratoren. Hochgeschwindigkeitssysteme sind sowohl für die Übertragung von (Breitband-) Dialogdiensten als auch von Verteildiensten (TV, HDTV, Rundfunk) erforderlich.
Der vorliegende Beitrag diskutiert zunächst die verschiedenen Techniken der kohärenten Übertragung. Im zweiten Teil wird, ausgehend von den physikalisch bedingten Begrenzungen des Bitraten-Längen-Produktes auf Grund von Faserdämpfung und -Dispersion untersucht, wie sich diese Grenzen weiter hinaus schieben lassen. Neben Verbesserungen an den Laser- und Photodioden werden Techniken vorgestellt, wie z. B. optische Verstärkung, optische Pulskompression mittels Pre-Chirping und optische Frequenzmodulations mit denen die Leistungsfähigkeit optischer Direkt-Detektions-Systeme wesentlich zu steigern ist. Besonderes Schwergewicht liegt hierbei auf der Demonstration des außergewöhnlichen Potentials, das in den optischen Verstärkern auf der Basis Erbium-dotierter Einmodenfasern liegt.

2. Perspektiven kohärenter Übertragungstechnik

Weltweit werden z. Zt. optische Übertragungssysteme für eine Bitrate von 2,5 Gbit/s und eine Streckenlänge (zwischen zwei Regeneratoren) von 40 km zur Produktreife entwickelt. Hier findet die gut eingeführte Technik der direkten Lasermodulation und der direkten Detektion Anwendung.
Um die nächst höhere Stufe, das sind 10 Gbit/s (STM-64), mit einer Reichweite von z. B. 100 km zu erschließen, müssen direkte und kohärente Verfahren verglichen werden (Bild 1). Der Vergleich muß das Multiplexverfahren und die Verfügbarkeit der benötigten Komponenten und Basistechnologien mit einbeziehen.

Die kohärente Übertragungstechnik stellt besonders große Anforderungen an die Wellenlängen-Stabilität der Sende- und Empfangslaser (Überlagerungsoszillator). Da diese aber technologisch und insbesondere kostengünstig nur schwer bereitzustellen ist, wurden Verfahren entwickelt die auch mit geringer Stabilität (großer Linienbreite) eine gute Übertagungsqualität gewährleisten.

Evolution von Weitverkehrs-Systemen

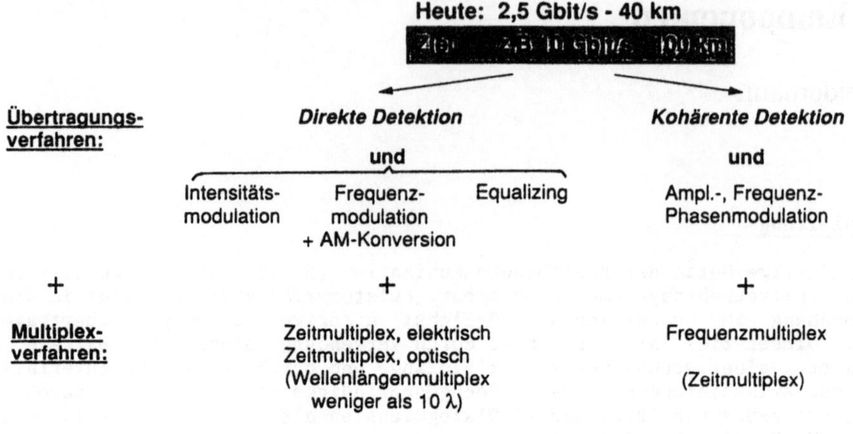

Bild 1

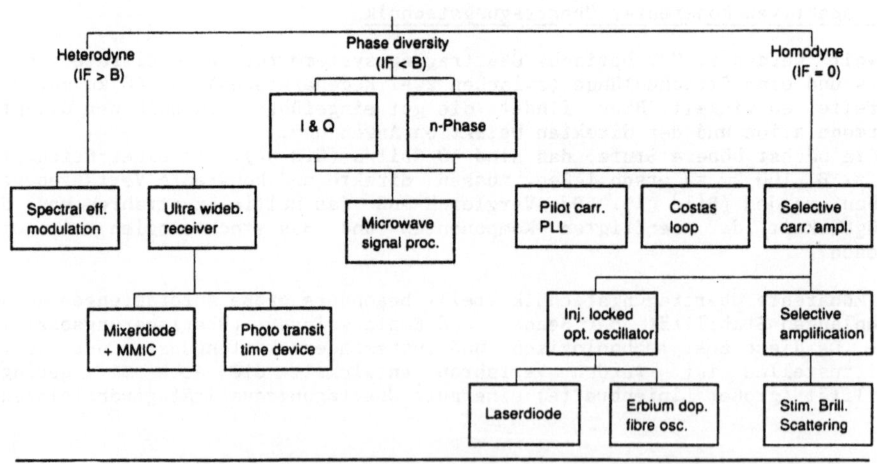

Bild 2

Bild 2 zeigt für alle drei Basistechniken: Homodyn-, Phase-Diversity- und Heterodyn-Empfang, beispielhaft einige Methoden zur Implementierung dieser Techniken. Obwohl in den Labors weltweit recht gute Resultate erzielt wurden (Bild 3), ist es z. Zt. aus Gründen der Verfügbarkeit geeigneter und zuverlässiger Bauelemente noch offen, wann mit der Produktentwicklung von kohärenten Hochgeschwindigkeitssystemen für terrestrische Anwendungen begonnen werden kann.

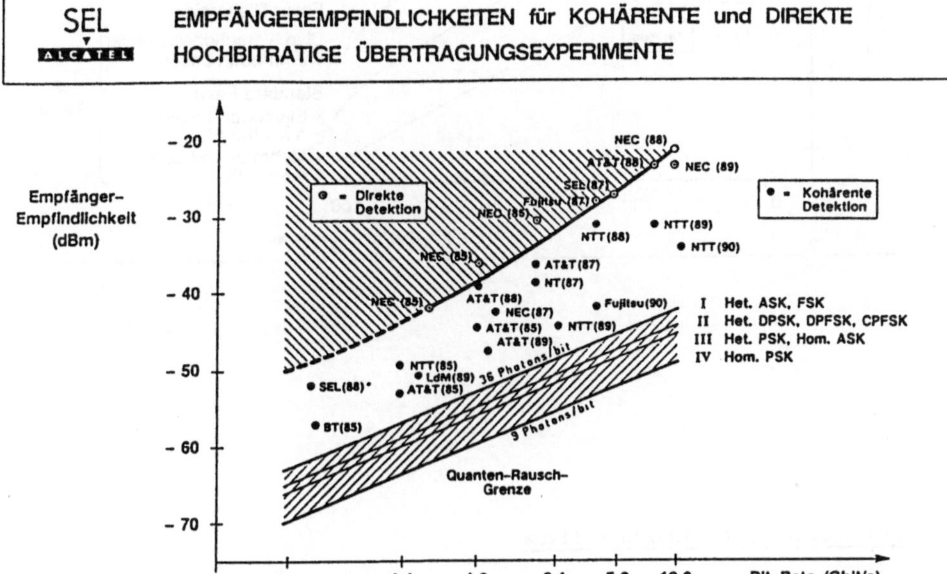

Bild 3

3. Verbesserung der Leistungsfähigkeit von Systemen mit direkter Detektion

Die Reichweite (Verstärkerfeldlänge, Repeaterabstand) und die Übertragungsgeschwindigkeit sind durch die Faserdämpfung und -Disperion begrenzt. Für typische Faser- und Komponenteneigenschaften ist dieses im Bild 4 dargestellt. Es wird deutlich, daß bei 10 Gbit/s prinzipiell ein Repeaterabstand von 100 km realisierbar ist, dieser aber bei Einbeziehung der zwingend erforderlichen System-, Alterungs- und Reparaturreserven deutlich unter 100 km absinken wird.

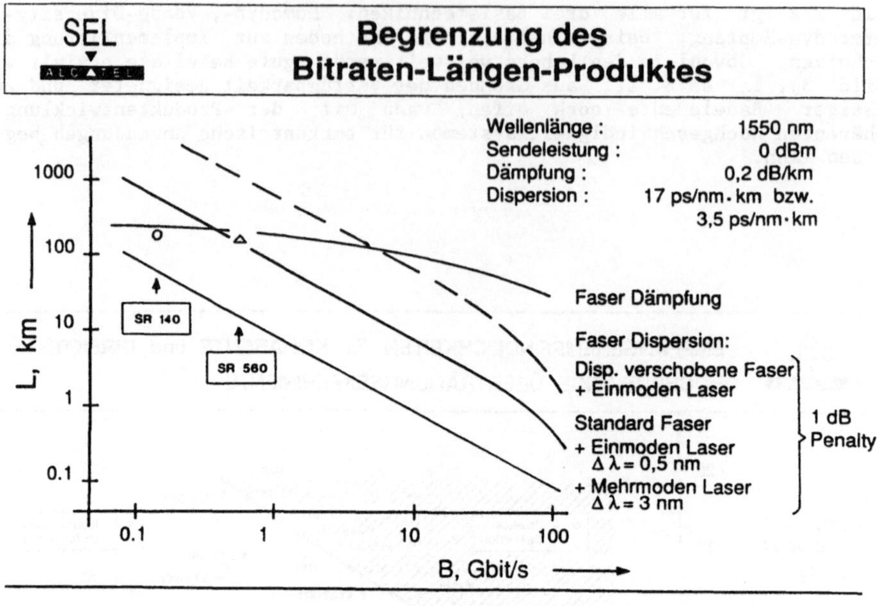

Bild 4

3.1 Verbesserung der Dämpfungsbilanz

Da die Dämpfung der Quarzglasfaser, der optischen Steckverbinder und Spleiße nicht weiter herabzusetzen ist, läßt sich der Repeaterabstand nur durch eine Vergrößerung der Senderausgangsleistung bzw. der Empfängerempfindlichkeit erweitern. Der Stand der Technik bezgl. der dazu benötigten Hochgeschwindigkeitslaser und Photodioden ist in den Bildern 5 und 6 dargestellt.

SEL ALCATEL

HOCHGESCHWINDIGKEITS - LASER, Beispiele

	structure	epitaxy / technology	bandwidth	bit rate	year	lab
λ ~ 1300 nm	BH	VPE	22 GHz	-	1987	GTE
	BC	MOVPE	11 GHz	-	1988	Bellcore / AT&T
	BH-DFB	LPE?	13 GHz	5 Gb/s	1988	Fujitsu
	SIBH-DFB	LPE/VPE	18 GHz	8 Gb/s	1989	AT&T
	SIBH	LPE/MOVPE	14 GHz	8 Gb/s	1989	SEL-ALCATEL
	SIBH-DFB	? / VPE	12 GHz	16 Gb/s	1989	AT&T
	BH	MOVPE	15 GHz	-	1990	Thomson
λ ~1500 nm	SIBH	MOVPE/Polymide	19 GHz	-	1987	AT&T
	BH λ/4-DFB	LPE/Polyimide	17 GHz	16 Gb/s	1989	Hitachi
	SIBH MQW	GSMBE/MOVPE	9 GHz	5 Gb/s	1989	ALCATEL
	BH λ/4-DFB	LPE	10 GHz	8 Gb/s	1989	Fujitsu
	SIBH	MOVPE	13 GHz	8 Gb/s	1989	SEL- ALCATEL
	SACM-DFB	MOVPE	15 GHz	-	1989	Toshiba
	BH	MOVPE	10 GHz	-	1990	Thomson
	SIBH MQW DFB	MOVPE	7 GHz	5 Gb/s	1990	NEC
	SIBH-DFB	MOVPE	10 GHz	10 Gb/s	1990	SEL-ALCATEL
	? MQW DFB	?	10 GHz	10 Gb/s	1990	NEC

Bild 5

SEL ALCATEL

HOCHGESCHWINDIGKEITS - DETEKTOREN, Beispiele

structure		epitaxy / technology	quantum efficiency (M=1) 1300 nm	1550 nm	max. bandwidth	gain x bandwidth	year	lab
planar	APD	LPE / D / I	80%		5 GHz	50 GHz	1987	Fujitsu
mesa	APD	CBE / p.- substrate	90 %	50%	7 GHz	70 GHz	1987	AT&T
planar	APD	VPE / D / I	80%		7 GHz	72 GHz	1988	AT&T
planar	APD	LPE / D / I		65%	7.5 GHz	75 GHz	1988	NEC
mesa	APD	LPE / D	75%		7 GHz	70 GHz	1988	SEL-ALCATEL
planar	APD	VPE / D / I	80%		7 GHz	86 GHz	1990	AT&T
mesa	PIN	LPE / D	55%		22 GHz	-	1985	GTE
mesa	PIN	LPE / D	45%	30%	67 GHz	-	1986	AT&T
semiplanar	PIN	MOVPE / D	90%	80%	> 25 GHz	-	1989	BTRL
mesa	PIN	MOVPE / D	80%	65%	> 15 GHz	-	1990	SEL-ALCATEL
MSM		MBE	50%		23 GHz	-	1989	Fujitsu

D = Diffusion I = Implantation

Bild 6

Bild 7 zeigt den Aufbau eines 10 Gbit/s Prototyp-DFB-Lasermodules zusammen mit dem gemessenen Augendiagramm und dem Spektrum des Ausgangssignales. Bei einer Emissionswellenlänge von 1536 nm konnte unter 10 Gbit/s NRZ-Modulation eine gute Augenöffnung und eine relative geringe spektrale Breite von 0,6 nm (-20 dB-Wert) gemessen werden. Die optische Ausgangsleistung liegt bei 0 dBm. Zusammen mit gleichermaßen verfügbaren pin-Photodiodenmodulen lassen sich Enfernungen von rund 100 km im Labor überbrücken.

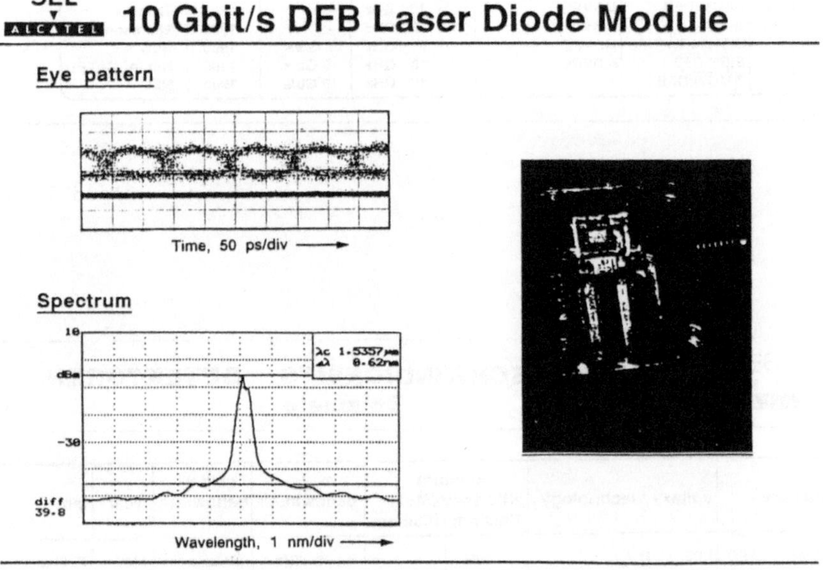

Bild 7

Aus Bild 8 ist ersichtlich, daß weltweit der optische Verstärker zunehmend bei Hochgeschwindigkeitsexperimenten eingesetzt wird, um noch größere Reichweiten, bzw. noch größere Bitraten-Längen-Produkte zu demonstrieren.

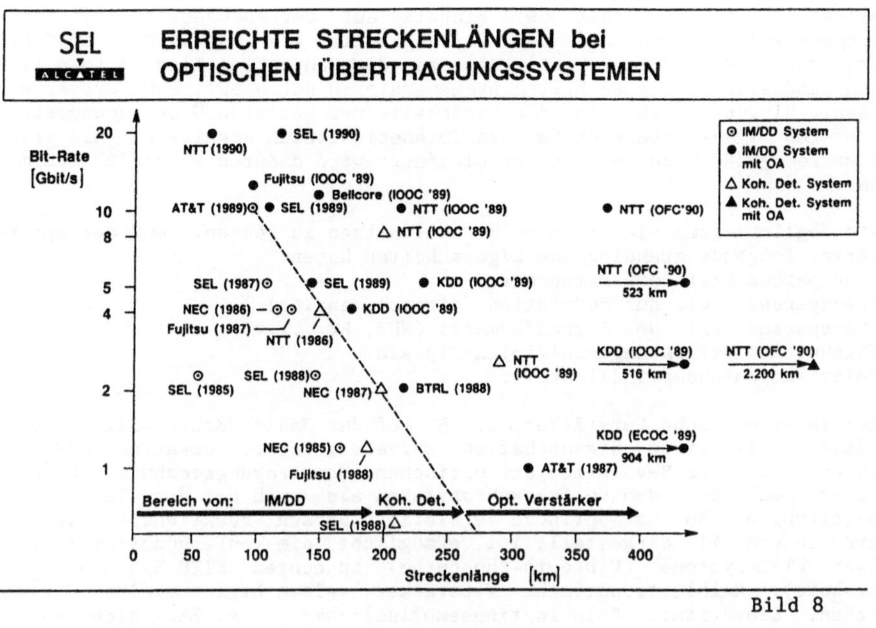

Bild 8

Bild 9 verdeutlicht die Einsatzmöglichkeiten des optischen Verstärkers in Weitverkehrssystemen.

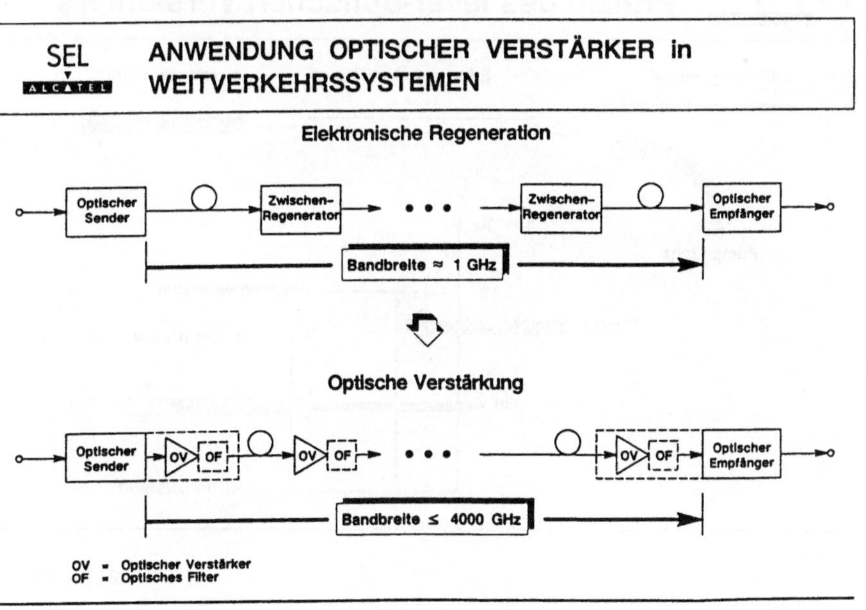

Bild 9

Offensichtlich ist zunächst der Einsatz auf der Sendeseite als Senderleistungsverstärker und auf der Empfangsseite als rauscharmer Empfängervorverstärker. Besonders lukrativ ist es die konventionellen opto-elektronischen und elektronischen Zwischenregeneratoren durch optische Verstärker zu ersetzen. Hierdurch läßt sich die Bandbreite der gesamten Übertragungsstrecke vom unteren Gigahertzbereich in den Terahertzbereich erweitern. Die prinzipiell extrem große Bandbreite einer Glasfaser wird dadurch erstmals ökonomisch nutzbar.

Um die Möglichkeiten dieser Technik voll nutzen zu können, muß der optische Verstärker folgende grundlegende Eigenschaften haben:

- Transparenz bzgl. der Datenrate
- Transparenz bzgl. der Modulation (digital, analog)
- Transparenz bzgl. des Signalformates (NRZ, RZ, ...)
- Eignung für Wellenlängenmultiplex-Signale
- Polarisationsunempfindlichkeit.

Da der faser-optische Verstärker, z. B. auf der Basis Erbium-dotierter Einmodenfaser, alle diese Eigenschaften aufweist, ist zu erwarten, daß dieses Bauelement zu einer Revolution der optischen Übertragungstechnik führen wird und zwar sowohl bei den Weitverkehrssytemen als auch bei den Teilnehmeranschlußleitungen. Nur der optische Verstärker, dessen Funktionsprinzip in den Bildern 10 und 11 dargestellt ist, ermöglicht die kostengünstige Evolution heutiger FTTC-Systeme (Fibre-to-the-curbe) zu echten FTTH-Systemen (Fibre-to-the-home). Halbleiteroptische Verstärker weisen bzgl. einiger Parameter (Rauschen, Linearität, Polarisationsempfindlichkeit) z. Zt. nicht so gute Werte auf; aber auch hier sind weitere Fortschritte zu erwarten.

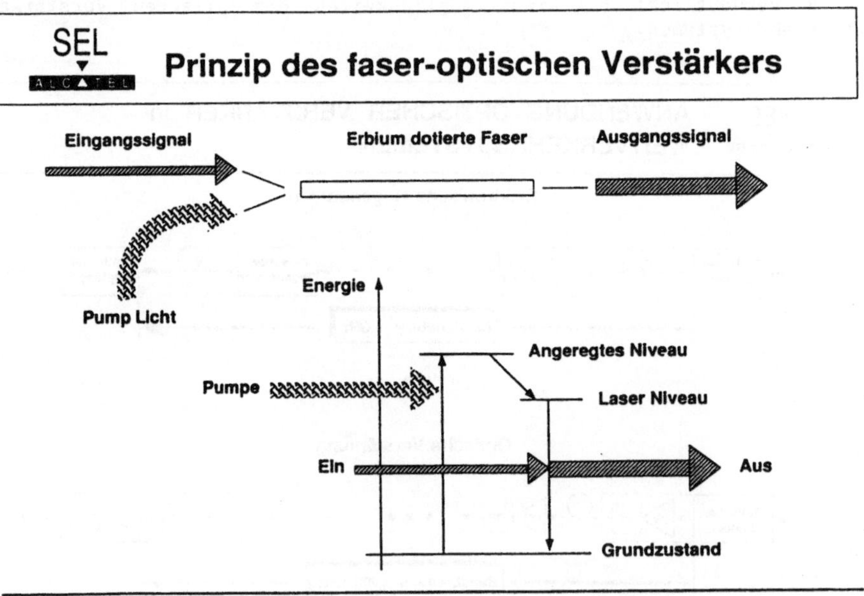

Bild 10

SEL ALCATEL **PRINZIP des OPTISCHEN VERSTÄRKERS mit ERBIUM-DOTIERTER FASER**

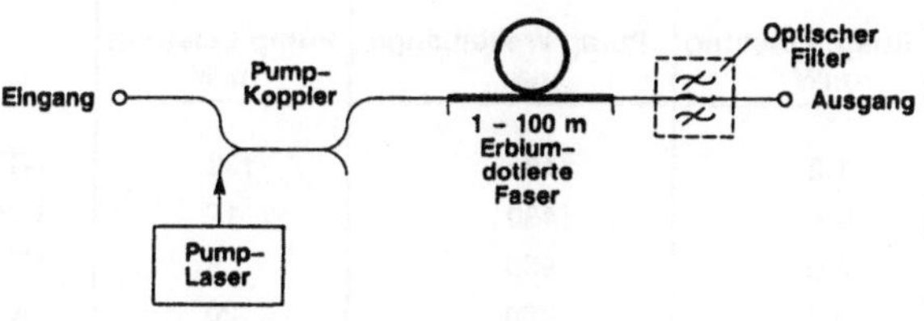

Eigenschaften:
- Verstärkung: bis zu 40 dB (10 000)
- Ausgangsleistung: ~ 30 mW
- Bandbreite: maximal 1 530 ... 1 560 nm (~ 4 800 GHz)
- Polarisationsunempfindlich
- Geeignet für **analoge** und digitale Übertragung
- Geeignet für bidirektionale Übertragung
- Mechanische Abmessungen: ≤ 1 dm^3
- Leistungsaufnahme: ≤ 5 W

Bild 11

Aus der in Bild 12 gezeigten Tabelle ist zu entnehmen, daß sowohl Leistungsverstärker als auch rauscharme Empfängervorverstärker mit sehr guten Eigenschaften im Labor realisiert wurden. Sobald Pumplaser für 980 bzw. 1480 nm Wellenlänge als hinreichend qualifizierte Komponenten zur Verfügung stehen, können optische Verstärker zur Anwendung in Produkten bzw. Betriebssystemen auf den Markt gebracht werden.

SEL ALCATEL

Erbium Dotierter Faser Verstärker, State-of-the-Art

Verstärker, dB	Ausg. Leistung mW	Pump Wellenlänge nm	Pump Leistung mW	
46.5	1.2	1480	133	NTT (1989)
33	0.6	1480	17	LdM (1990)
38	2.0	980	9	NTT (1990)
31	3.4	980	20	SEL (1990)
34.5	1.3	822	150	NTT (1990)
25.5	0.8	806	150	SEL (1990)
21.5	140	1480	180	BTRL (1990)
33	32.4	1480	133	NTT (1989)
-	20	1480	35	LdM (1990)
28.2	530	980	1100	BTRL (1990)
-	31	980	100	SEL (1990)

Bild 12

Da die Dämpfungsbilanz und damit die Streckenlänge eines optischen Übertragungssystemes sich mit Hilfe des optischen Verstärkers deutlich verbessern läßt, wird jetzt die Faserdispersion zum begrenzenden Parameter. Daher werden im folgenden geeignete Maßnahmen zur Verringerung der Dispersionspenalty zu vorgestellt (s. Bild 4).

3.2 Verringerung der Dispersionspenalty

Prinzipiell eignen sich zu diesem Zweck zwei Strategien: Zum einen kann der, die Dispersionsbegrenzung hervorrufende, Wellenlängenchirp des Lasersenders so weit wie möglich unterdrückt werden, zum anderen kann der evtl. unvermeidliche Chirp gezielt ausgenutzt werden.
Zur Unterdrückung des Wellenlängenchirp eignen sich folgende Techniken:

- (kohärente Übertragung)
- Direkt modulierter Laser mit geringer Linienbreite
- Externe optische Modulation eines Dauerstrichlasers (z.B. mit einem $LiNbO_3$-Modulator)
- Sender mit FM-AM-Umwandlung.

Beispielhaft sei hier das Verfahren mittels FM-AM-Umwandlung herausgegriffen, da es sich für die Multigigabit/s-Übertragung besonders zu eignen scheint. Das Prinzip und erste experimentelle Ergebnisse bei einer Bitrate von 5 Gbit/s zeigt Bild 13.

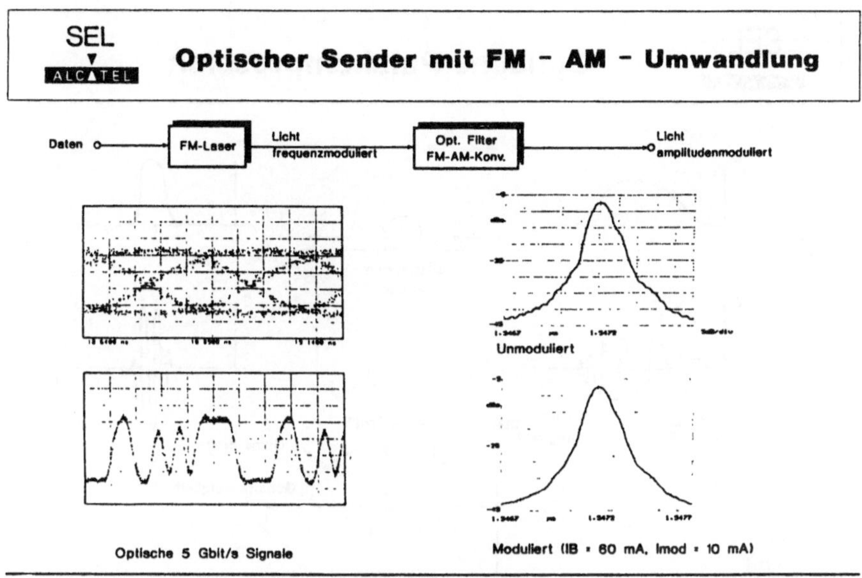

Bild 13

Bei dieser Technik wird nicht die Lichtintensität des Lasers moduliert, sondern die Wellenlänge bzw. die Frequenz. Die Umwandlung des frequenzmodulierten Lichts in amplitudenmoduliertes Licht, das dann mit einer konventionellen pin-Diode detektierbar ist, erfolgt in einem nachgeschalteten optischen Filter, z. B. einem Mach-Zehnder Interferometer. Gegenüber der direkten bzw. externen Modulation weist dieses Verfahren folgende Vorteile auf:

- Der Laser wird nahezu bei der Oberstrichleistung betrieben. Hierdurch ist der Wellenlängenchirp, bis auf die beabsichtigte Frequenzmodulation, nahezu unterdrückt (s. Spektren in Bild 13).
- Die erforderlichen Modulationsstromhübe liegen nur im mA-Bereich, was den Einsatz monolithisch integrierter Lasertreiberschaltungen wesentlich erleichtert.

Um andererseits den Wellenlängenchirp in Verbindung mit der Faserdispersion gezielt nutzen zu können, z. B. zum Zwecke der optischen Pulskompression, muß sowohl die Betriebswellenlänge des Lasersenders als auch der zugehörige optische Chirp in bestimmter Weise zur wellenlängenabhängigen Faserdispersion eingestellt werden. Das Prinzip der optischen Pulskompression ist in Bild 14 dargestellt. Im Falle der sog. Rotverschiebung des Laserlichtes bei Intensitätsmodulation erfolgt Pulskompression, da die "roten" Spektralanteile auf der Faserstrecke schneller laufen als die "blauen" Anteile. Bild 15 zeigt entsprechende Meßergebnisse an einer 130 km Strecke aus dispersionsverschobener Einmodenfaser, gemessen mit einem 70 GHz Streak-Kamera-System.

Optische Pulskompression

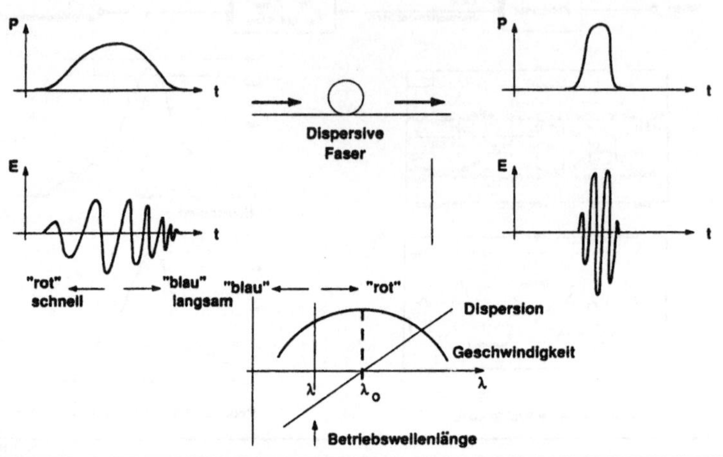

Bild 14

OPTISCHE PULSKOMPRESSION

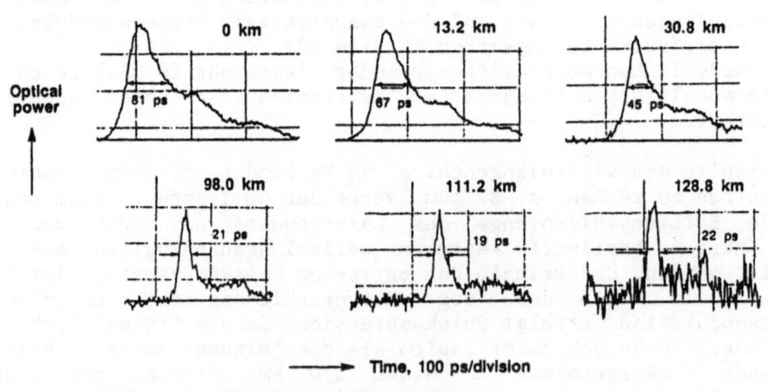

Bild 15

Die zeitliche Kompression des Eingangspulses von 81 ps um den Faktor 4 auf 19 ps nach 111 km Streckenlänge läßt sich auf eine Dispersion von -1 ps$\cdot$nm$^{-1}\cdot$km^{-1} zurückführen. Bevor jedoch diese Technologie einsatzreif ist, ist zu klären welche Maßnahmen erforderlich sind, um die mögliche, z. Zt. weitgehend unbekannte, Alterung von DFB-Lasern hinsichtlich ihres Chirp zu kompensieren.

In zukünftigen Weitverkehrssystemen werden zweckmäßigerweise die bisher beschriebenen Techniken in geeigneter Kombination eingesetzt, da sie sich in hervorragender Weise gegenseitig ergänzen. Exemplarisch wurde zu diesem Zweck das in Bild 16 gezeigte 20 Gbit/s Übertragungsexperiment im SEL-Forschungszentrum durchgeführt. Es vereinigt in sich die Verfahren:

- elektrisches Zeitbereichsmultiplex zur Erzeugung zweier 10 Gbit/s Signale
- direkte Lasermodulation bei 10 Gbit/s
- optisches Zeitbereichsmultiplex, 2 x 10 Gbit/s auf 20 Gbit/s
- optische Senderausgangsverstärkung
- optische In-Line-Verstärkung und
- direkte Detektion bei 20 Gbit/s mit einer schnellen pin-Photo-Diode.

Insbesondere durch Anwendung der optischen Pulskompression auf dispersionsverschobener Einmodenfaser konnte so eine Reichweite von 115 km erzielt werden. Das Potential der optischen Multiplextechnik liegt in der Erreichbarkeit noch wesentlich höherer Bitraten; 40 Gbit/s erscheinen kurzfristig möglich.

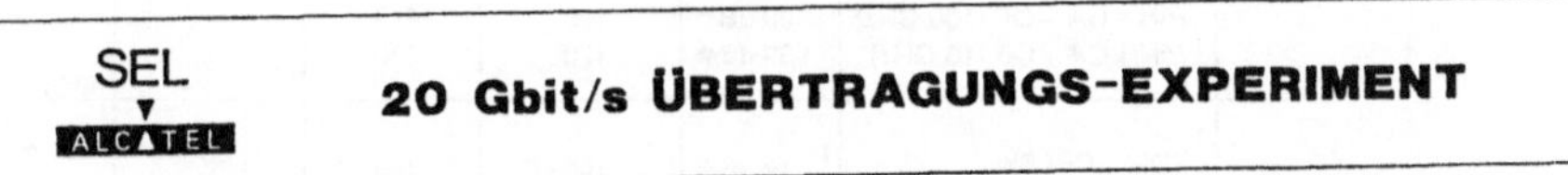

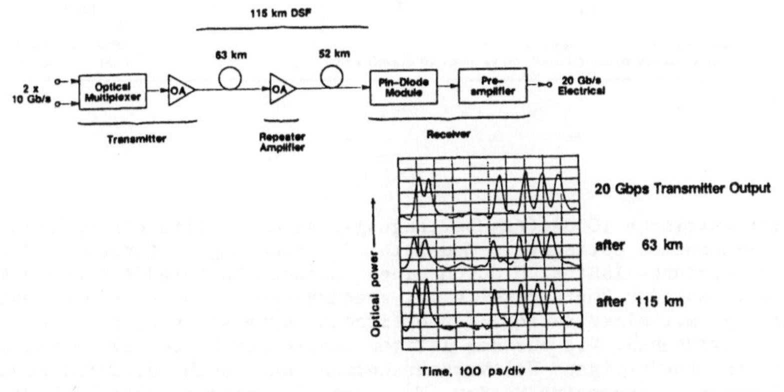

Bild 16

4. Zusammenfassung und Ausblick

Die nächst höhere Stufe in der eingeführten Bitraten-Hierarchie, d. h. 10 Gbit/s, kann durch optische Übertragungssystem mit direkter Detektion erschlossen werden, insbesondere für terrestrische Anwendungen. Wie aus Bild 17 ersichtlich ist, bietet die kohärente Detektion in Verbindung mit Wellenlängenmultiplex (4 x 2,5 Gbit/s, DPSK) extrem große Reichweiten, wie sie evtl. für zukünftige Unterwassersysteme benötigt werden.

SEL ALCATEL

Maximale Verstärkerfeldlänge von 10 Gbit/s Weitverkehrs-Systemen

Sender mit externem optischen Modulator

	Empfänger Typ	S	Feldlänge [km] P = 0 dBm	P = 10 dBm (Booster)	Dispersionsbegr. [km] SEMF 15 ps nm⁻¹ km⁻¹	DSEMF 3 ps nm⁻¹ km⁻¹
Direkte Detektion	PIN-Diode	- 20 dBm	75	125		
	APD	- 22 dBm	85	135		
	PIN + OA	- 32 dBm	135	185	80	410
	PIN + OA + OF (1THz)	- 35 dBm	150	200		
	PIN + OA + OF (100 GHz)	- 38 dBm	165	215		
	PIN + OA + OF (10 GHz)	- 39 dBm	170	220		
Kohärente Detektion	TDM + CPFSK	- 43 dBm	190	240	30	120
	TDM + DPSK				80	390
	FDM : 4x2,5 Gbit/s					
	CPFSK	- 49 dBm	220	270	480	2400
	DPSK				1300	6200

Systemreserve: 3 dB, 2 optische Stecker mit je 1 dB
S = Empfängerempfindlichkeit, OA = Optischer Verstärker, OF = Optischer Filter

SEMF = Standard-Einmodenfaser
DSEMF = Dispersionsverschobene EMF

Bild 17

Für terrestrische 10 Gbit/s-Übertragungssysteme sollte ein optischer Sender mit externem optischen Modulator Verwendung finden. Eine große Ausgangsleistung läßt sich durch einen nachgeschalteten optischen Verstärker erzielen. Auf der Empfangsseite ist zweckmäßigerweise eine pin-Photodiode in Verbindung mit einem rauscharmen optischen Vorverstärker, evtl. mit optischen Filter, vorzusehen. Wie aus der letzten Spalte des Bildes 17 zu entnehmen ist, sollte in zukünftigen Weitverkehrsnetzen nur noch dispersionsverschobene Einmodenfaser eingesetzt werden. Nur dann ist eine direkte Kaskadierung von Strecken nur mit optischen Zwischenverstärkern, aber ohne Zwischenregeneratoren, möglich.
Durch die im Forschungsstadium befindlichen, rein optischen Zwischenregeneratoren, bzw. durch die Solitonenübertragung, ist eine nochmalige Kapazitätserweiterung möglich.

Evolution of Optical Long Haul Systems and Components

R. Heidemann

For future broadband communication networks the availability of powerful long haul transmission systems is mandatory. To push their efficiency to its limits, the bitrate per fibre, the repeater span and the reliability has to be increased as much as possible. In this way the cost per transmitted bit/s can be brought close to zero.

In the laboratory coherent transmission techniques yielded impressively large bitrate-length products. All basic coherent detection methods like, homodyne, phase diversity and heterodyne, have the power to achieve multigigabit/s rates. The major obstacle to the introduction of these types of transmission systems as products in the field is still the unavailability of narrow linewidth and high reliability laser diodes. Thus it is very likely that the next higher level in the worldwide adopted synchronous hierarchy, that is STM-64, corresponding to 10 Gbit/s, will be made accessible by the direct detection technique.

The span length of very high speed direct detection systems is severely limited by fibre attenuation and dispersion. Even when the most advanced single mode lasers (directly driven) as the transmitter, the best pin-FETs as the receiver and a dispersion shifted single-mode fibre are combined, the span length is limited to about 100 km at 10 Gbit/s. Considering all necessary margins for aging, repair, and temperature variation, a repeater span of only a few tenths of km seems to be feasible.

Larger span lengths are accessible by using the most advanced technologies of optical signal processing. These are: optical amplification and optical equalization or pulse compression. Optical amplifiers based on Erbium-doped fibres will lead to a revolution in fibre optics, as they combine all required properties: high gain, high output power, low noise, large bandwidth, polarization insensitivity, usability for digital and analogue transmission and high realibility. This type of amplifier will firstly be applied as transmitter power booster and receiver low noise preamplifier. Secondly conventional optoelectronic/electronic repeaters will be replaced to a large extend by optical in-line amplifiers. By this upcoming technique the repeater span limitation due to attenuation will practically vanish. The now dominating dispersion limitation can be tackled in two ways: Suppression of the laser wavelength chirp to the highest possible extend or carefully directed usage of the wavelength chirp. The second way looks very promising if the fibre is driven very hard (with the aid of optical amplifiers) so that nonlinear effects occur. Then the optical pulses travel down the fibre link as stable, undistorted waveforms, the famous solitons.

Nearer to the large-scale application are various techniques to suppress the wavelength chirp at the optical transmitter. This can be achieved by linewidth reduction of a directly driven laser, external optical modulation of a cw-laser, frequency modulation of the laser with subsequent fm-am-conversion by e.g. a Mach-Zehnder interferometer. Most promising is the last technique as all experimental results yield a large linewidth reduction. As only a small amount of laser drive current is required, this method enables the easy usage of monolithically integrated laser drivers.

To demonstrate the capabilities of advanced technologies a 20 Gbit/s transmission experiment was carried out at SEL. It combines the techniques: electrical time division multiplexing up to 10 Gbit/s, direct laser modulation at 10 Gbit/s, optical time division multiplexing 2 x 10 Gbit/s --- 20 Gbit/s, optical amplification as transmitter power booster, optical in-line amplification, optical pulse compression with laser pre-chirping, and direct detection with an ultrafast photo-pin-diode. Especially due to the pulse compression on dispersion-shifted single-mode fibre, a link length of 115 km could be spanned.

The described techniques have the potential of much higher speed. A lab. demonstration of 40 Gbit/s transmission over single-mode fibre looks feasible in the short term. On the other hand, more basic investigations on optical signal processing are needed to have a sound basis for the development of 10 Gbit/s product systems.

Bedeutung der Photonik in zukünftigen Nachrichtennetzen

C. Baack

1. Einleitung

Die Optik wird heute in der Telekommunikation nur zum Zweck der Nachrichtenübertragung mit Hilfe von Lichtwellenleitern eingesetzt. Es stellt sich die Frage, ob die Optik nicht auch mit Vorteil zum Zwecke der Signalverarbeitung eingesetzt werden kann, also für Gebiete, die bisher der Elektronik vorbehalten waren. Dabei ist zu beachten, daß die Stärke der Elektronik im Schalten und Speichern von Signalen liegt, die Stärke der Optik ist die Verbindungstechnik (Bild 1). Ziel muß es sein, Signalverarbeitungsprozesse anzustreben, bei denen die Vorteile der Optik und der Elektronik gleichermaßen zur Wirkung kommen (Photonik).

Mit dem Lichtwellenleiter verfügt die Telekommunikation erstmals über ein Übertragungsmedium mit nahezu unbegrenzter Bandbreite. Die zukünftige Telekommunikation wird diese bisher nicht gekannte Chance wahrnehmen und bestrebt sein, diese Bandbreite weitgehend auszuschöpfen. Das Ausnutzen der Bandbreite der Lichtwellenleiter ist nur mit optischer Frequenzmultiplex-Technik (OFDM-Technik) möglich. Der OFDM-Technik kommt somit in der zukünftigen Telekommunikation eine vorrangige Bedeutung zu [1].

Nachfolgend wird dargestellt, wie aus heutiger Sicht OFDM-Techniken in Verbindung mit photonischer Signalverarbeitung in Nachrichtennetzen der Zukunft zum Einsatz kommen könnten.

2. Optische Ferntrassen in zukünftigen Nachrichtennetzen

Der Einsatz von OFDM-Techniken in heutigen Ferntrassen wird durch die Verwendung optoelektronischer Regeneratoren beschränkt, da in einer Regeneratorstation für jeden Lichtträger ein Regenerator vorgesehen werden muß. Im Gegensatz zu Kupferkabelsystemen sind Lichtwellenleitersysteme jedoch nicht bandbreiten- sondern dämpfungsbegrenzt. Die Signalregeneration wird bei optischen Systemen somit weitgehend überflüssig, es reicht eine lineare Verstärkung der Signale zur Dämpfungskompensation aus.

Erst durch den Einsatz optischer Verstärker, also durch den Ersatz elektronischer Regeneratoren durch außerordentlich aufwandsarme und energiesparende photonische Bauelemente, wird es möglich, OFDM-Systeme mit hoher Kanalzahl zu realisieren, da ein optischer Verstärker eine Vielzahl von optischen Signalen unterschiedlicher Frequenz gleichzeitig verarbeiten kann.

Mittelfristig wird man Faserverstärker [2] und nichtselektive optische Direktempfänger einsetzen (Bild 2a). Die Mittenwellenlänge der Faserverstärker liegt fest bei 1,55 µm, und die Bandbreite beträgt etwa 5 THz (Tabelle 1). Beim heutigen Stand der Verstärker sind damit Ferntrassen mit ca. 20 Kanälen zu realisieren, mit denen 10.000 km repeaterfrei überbrückt werden können (Tabelle 2). Der minimale Kanalabstand von ca. 100 GHz wird durch die Frequenz-Demultiplexer bestimmt.

Will man langfristig die gesamte Bandbreite der Lichtwellenleiter nutzen, so muß man zu Halbleiterverstärkern [3] übergehen, deren Mittenwellenlänge durch geeignete Materialzusammensetzung wählbar ist. Man kann z.B. den Übertragungsbereich der Lichtwellenleiter (1,3-1,6 µm) in 30 Bänder mit je 100 Kanälen unterteilen (Bild 2b). Der geringe Kanalabstand von z.B. 10 GHz wird durch optische Überlagerungsempfänger möglich. Extrapoliert man die Daten heutiger Verstärker in die Zukunft, so sind langfristig Ferntrassen mit ca. 3000 Kanälen denkbar, mit denen ca. 20.000 km repeaterfrei überbrückt werden können (Tabelle 2).

Zur Bestimmung der Kanalzahl je Band ist nicht die Bandbreite des einzelnen Verstärkers, sondern die effektive Bandbreite der vielen kaskadierten Verstärker maßgeblich. Bei derart hohen Kanalzahlen stellt sich die Frage, welchen Einfluß die Nichtlinearitäten des Lichtwellenleitermaterials auf die Übertragungsqualität hat. Untersuchungen zeigen, daß die genannten Kanalzahlen bei geeignetem Systementwurf möglich sind.

Die entscheidenden Nachteile beim heutigen Einsatz von Halbleiterverstärkern als "Inline"-Verstärker in Ferntrassen sind die Abhängigkeit der Verstärkung von der Polarisationsrichtung des Lichts und die hohe Einkoppeldämpfung (Tabelle 1). Die Entwicklung der Halbleiterverstärker läßt jedoch erkennen, daß beide Probleme in den kommenden Jahren gelöst werden dürften, die dazu notwendigen Technologien sind jetzt verfügbar.

3. Vermittlungseinrichtungen in zukünftigen Nachrichtennetzen

3.1 Optische Frequenzmultiplex-Vermittlung

Die beschriebenen Ferntrassen, beaufschlagt mit OFDM-Signalen, werden im öffentlichen Fernnetz die verschiedenen Vermittlungseinrichtungen miteinander verbinden.

Es ist nun Aufgabe einer OFDM-Vermittlungseinrichtung (Bild 3), die Informationen der Lichtträger der Eingangsleitungen auf die gewünschten Lichtträger der Ausgangsleitungen zu übermitteln, wobei mit der Raumstufe die gewünschte Ausgangsleitung und mit den Frequenzstufen der gewünschte Träger auf dieser Leitung ausgewählt werden. Die Signale zur Steuerung der Raum- und Frequenzstufen werden über einen getrennten Signalisierungskanal geführt.

Die Raumstufen können z.B. in dreidimensionaler Anordnung als sog. 3D-Raumstufen realisiert werden (Bild 4). Die einzelnen Schaltmatrizen, mit denen die Informationen der Eingangsträger den gewünschten Ausgangsleitungen zugeführt werden, sind auf Subschaltebenen untergebracht. Die gestapelten Subschaltebenen werden durch eine optische Freistrahltechnik miteinander verbunden. Die Kolimierung und Beugung der Lichtstrahlen kann durch Hologrammme erfolgen, die die Funktion von Linsenarrays übernehmen. Da sich die Lichtstrahlen übersprechfrei beliebig durchkreuzen können, lassen sich mit einer 3D-Anordnung sehr kompakte Verbindungstechniken realisieren.

Die erste Generation von 3D-Raumstufen wird mit optoelektronischen Subschaltebenen arbeiten (Bild 5). Die auf die Subschaltebenen fallenden Lichtstrahlen werden von linearen Photodiodenarrays in elektrische Signale umgewandelt, die nun durch elektronische Schaltmatrizen geschaltet werden. Die geschalteten Signale werden schließlich über ein lineares Laserarray zum nächsten Stapel von Subschaltebenen weitergeleitet.

Bei der nächsten Generation von 3D-Raumstufen wird angestrebt, die elektronischen Schaltmatrizen sowie die Photodioden - und Laserarrays durch optische Schaltmatrizen zu ersetzen, wodurch die 3D-Raumstufen optisch transparent werden.

Auch die erste Generation von Frequenzstufen wird optoelektronisch arbeiten. Die Lichtträger der Eingangsleitungen (Bild 3) werden über optische Leistungsteiler (1/N) abstimmbaren optoelektronischen Empfängern (Eingangsstufen der Frequenzkonverter) zugeführt. Die Abstimmung der Empfänger (z.B. über durchstimmbare optische Filter bei Verwendung von Direktempfängern oder über durchstimmbare lokale Laser bei Verwendung von Überlagerungsempfängern) auf den gewünschten Träger erfolgt über Steuersignale des Signalisierungskanals. Die elektrischen Ausgangssignale der Empfänger modulieren nachgeschaltete Laser. Die Ausgangslaser aller Frequenzkonverter arbeiten i.a. bei derselben Frequenz.

Die nächste Generation optischer Frequenzstufen könnte optisch transparent arbeiten. Bild 6 zeigt ein Beispiel eines optisch transparenten Frequenzkonverters [4]. Das zu konvertierende optische Eingangssignal wird einem optischen Halbleiterverstärker zugeführt, der durch zwei Halbleiterlaser (P_1, P_2) gepumpt wird. Durch einen Vierwellenmischprozeß im Verstärker wird die Eingangsinformation in die Seitenbänder der Pumpsignale transformiert. Durch Verstimmen der Frequenz von P_2 gegenüber der Frequenz von P_1 läßt sich das Ausgangssignal gegenüber dem Eingangssignal um einige THz kontinuierlich verschieben.

Demnach werden OFDM-Vermittlungseinrichtungen vermutlich zunächst optoelektronisch realisiert werden, wobei die Elektronik die Schaltfunktionen und die Optik die Verbindungsfunktionen übernimmt. Ob langfristig optisch transparente OFDM-Vermittlungseinrichtungen weitere Vorteile bringen, muß die Forschung in den kommenden Jahren zeigen.

Die OFDM-Vermittlungseinrichtung nach Bild 3 arbeitet nach dem Raummultiplexprinzip. Die einzelnen Lichtträger können aber auch mit Zeitmultiplexsignalen beaufschlagt werden. Die Vermittlungseinrichtung muß dann zusätzlich optische Zeitmultiplexsignale (OTDM-Signale) verarbeiten können, man spricht jetzt von einer optischen Frequenz- und Zeitmultiplex-Vermittlungseinrichtung (OFTDM-Vermittlung). Die nun zusätzlich erforderlichen Zeitstufen können in Form elektronischer Speicher in die optoelektronischen Raum- und/oder Frequenzstufen eingefügt werden. Im Gegensatz zur Raummultiplex-Vermittlungstechnik werden bei der Zeitmultiplex-Vermittlungstechnik u.U. hohe Anforderungen an die Schaltgeschwindigkeit der Raum- und Frequenzstufen gestellt.

3.2 Optische ATM-Übermittlung

Die im vorigen Abschnitt beschriebene optischen Frequenz- und Zeitmultiplex-Vermittlung (OFTDM-Vermittlung) basiert auf dem synchronen Übermittlungsprinzip (Synchronous Transfer Mode STM). Für das zukünftige Breitband-ISDN wird ein asynchrones Übermittlungsprinzip (Asynchronous Transfer Mode ATM) angestrebt: Nach Bild 7 werden alle Informationen zerlegt und in Form sog. Zellen übertragen. Die Zellen bestehen aus den eigentlichen Informations- und aus den Adressenimpulsen. Die Adressenimpulse (Header) sind notwendig, damit die Zellen vom Nachrichtennetz indentifiziert und zum gewünschten Teilnehmer übermittelt werden können.

Über die Frequenzkanäle einer Ferntrasse (Bild 2) können natürlich auch Informationen in Form von ATM-Zellen transportiert werden. Die Vermittlungseinrichtungen müssen nun optische Frequenzmultiplex (OFDM)- und optische asynchrone Zeitmultiplex (OATM)-Signale verarbeiten können (OFATM-Vermittlung). Dazu sind Raumstufen zum Aussuchen der gewünschten Ausgangsleitung, Frequenzstufen zum Aussuchen des gewünschten Lichtträgers auf dieser Leitung und Zeitstufen zum Aussuchen des gewünschten Zeitkanals auf dem Träger notwendig (Bild 8).

Die Eingangs-Frequenzstufen konvertieren die Frequenzen aller optischen Eingangsträger auf eine Frequenz, für die die nachfolgenden Zeit- und Raumstufen ausgelegt sind. Die Ausgangs-Frequenzstufe hat die umgekehrte Aufgabe zu erfüllen.

Die ATM-Zellen, die die Eingangs-Frequenzstufen verlassen, werden zunächst gespeichert. Die dynamischen optischen Speicher können z.B. als kaskadierte Faserringe [5] realisiert werden (Bild 9), in die die Zellen über optische 2x2-Matrizen eingespeist werden (Kreuzzustand der Matrix). Nach dem Einlesen wird die Matrix in den Parallelzustand geschaltet. Die eingegebenen Zellen kreisen nun in den Faserringen und können von der Freigabelogik der nachfolgenden Stufe durch ein elektrisches Steuersignal ausgelesen werden. Durch diese Zwischenspeicherung wird es möglich, die ATM-Zellen in die Zeitmultiplexrahmen der von der Vermittllungseinrichtung abgehenden Lichtwellenleiter zum richtigen Zeitpunkt einzuspeisen.

Die Header der ausgelesenen ATM-Zellen werden in der nachfolgenden Stufe indentifiziert. Abhängig vom Adresseninhalt werden nun neue interne Header erzeugt, mit denen sich die Zellen durch das nachfolgende selbststeuernde optische Netzwerk (Self Routing Netzwerk) hindurchfädeln, wobei die internen Header abgebaut werden.

Für die optische Header-Erzeugung und -Identifizierung sind verschiedene Verfahren bekannt [6, 7, 8, 9]. Als Beispiel sei das sog. Korrelationsverfahren [6] genannt (Bild 10): Ein optischer Impuls durchläuft ein Korrelationsnetzwerk, bestehend aus k prallelen Verzögerungsleistungen (τ). Die Impulsantwort besteht aus k Impulsen im Abstand τ, sofern alle Schalter ($U_1 ... U_k$) geschlossen sind. Durch Öffnen einiger Schalter können Impulse ausgeblendet werden. Die Position der Schalter bestimmt somit den Inhalt des Headers j (Bild 10a). Soll nun die Zelle mit dem Header j indentifiziert werden (Bild 10b), so wird das gleiche Korrelationsnetzwerk verwendet. Wenn die Schalterpositionen im Erzeuger- und Empfängernetzwerk übereinstimmen, entsteht am Ausgang des Empfängernetzwerks ein Impuls mit maximaler Amplitude, der von einem optischen Komparator erkannt wird. Dieser Inpuls schaltet aus der Vielzahl der ATM-Zellen nur die Zelle j durch.

In den Knotenpunkten des optischen Self Routing Netzwerks (Bild 8) befinden sich Self Routing Module, die, wie erwähnt, die ATM-Zellen anhand der internen Header zum gewünschten Ausgang transportieren. Auch für diese Module gibt es verschiedene Ansätze [6, 7, 8, 9, 10, 11]. Das Modul nach Bild 11 arbeitet mit optischen Verstärkern, die je nach Headerinhalt die einlaufenden Zellen zum oberen oder zum unteren Ausgang leiten. Der Informationspfad ist optisch transparent, die Headerverarbeitung kann dagegen elektronisch erfolgen.

4. Schlußbemerkung

Ziel dieses Beitrags ist es, auf die Bedeutung der optischen Frequenzmultiplextechnik (OFDM) und der Photonik für zukünftige

Nachrichtennetze hinzuweisen. Die Lichtwellenleitertechnik bringt ein ganz neues, bisher nicht gekanntes Element in die Telekommunikation. Wir verfügen nun über ein Übertragungsmedium mit nahezu unbegrenzter Bandbreite, die aber nur durch OFDM-Techniken in Verbindung mit optischen Verstärkern, also mit photonischen Komponenten, ausgeschöpft werden kann.

Die Vermittlungseinrichtungen zukünftiger Nachrichtennetze müssen in der Lage sein, die von den Ferntrassen übertragenen optischen Frequenz- und Zeitmultiplex-Signale zu verarbeiten. Bereits heute ist erkennbar, daß die Photonik in zukünftigen Vermittlungseinrichtungen immer dort mit Vorteil eingesetzt werden kann, wo verbindungstechnische Aufgaben zu lösen sind; die Stärke der Optik ist die Verbindungstechnik. Inwieweit die Photonik nicht nur verbindungstechnische, sondern auch Aufgaben der Signalverarbeitung übernehmen kann, muß die Forschung in den kommenden Jahren zeigen. Was die elektronische Signalverarbeitung zu leisten vermag, ist wohl bekannt, was dagegen die optische Signalverarbeitung zu leisten vermag, ist heute nur in Ansätzen bekannt. Hier muß intensiv Forschung betrieben werden.

Dazu wurde auf nationaler Ebene vom BMFT im Jahr 1990 das Verbundprogramm "Photonik" mit den Schwerpunkten optische Verbindungstechnik und optische Signalverarbeitung gestartet, an dem die Industrie und verschiedene FuE-Einrichtungen beteiligt sind. Dieses Verbundvorhaben wird von einem Verbundprojekt "Photonik: Materialien, physikalisch-chemische Grundlagen, Bauelemente und Integration" der Volkswagen-Stiftung, einem Forschungsschwerpunkt "Photonik" der Deutschen Forschungsgemeinschaft sowie von einem Verbundprojekt "Optoelektronik" des Landes Baden-Württemberg begleitet. Diese nationalen Projekte dienen dazu, die nationalen Forschungsinstitutionen auf spätere europäische Projekte vorzubereiten. Die Photonik ist als ein Forschungsschwerpunkt in RACE II vorgesehen.

5. Schrifttum

[1] Baack, C.; Bachus, E.-J.; Strebel, B.: "Zukünftige Lichtträgerfrequenztechnik in Glasfasernetzen", ntz Bd. 35 (1982) Heft 11, S. 686-689

[2] Summaries of papers presented at the "Optical Amplifiers and Their Applications Topical Meeting" in Monterey, California 1990, 1990 Technical Digest Series, Volume 13, Optical Society of America

[3] Dietrich, E.; Enning, B.; Großkopf, G.; Küller, L.; Ludwig, R.; Molt, R. Patzak, E.; Weber, H.G.: "Semiconductor Laser Optical Amplifiers for Multichannel Coherent Optical Transmission", Journal of Lightwave Technology Vol. 7, 1941-1955 (1989)

[4] Schunk, N.; Großkopf, G.; Ludwig, R.; Schnabel, R.; Weber, H.G.: Frequency Conversion by nearly - degenerate four - wave mixing in travellinig-wave semiconductor laser amplifiers", IEE Proceedings Vol. 137, Pt. J., No. 4, pp. 209-214 (1990)

[5] Fujiwara, M.; Kosahara, K.; Suzuki, H.; Suzuki, S.; Takeuchi, T.: "Photonik Packet Switch Using Optical Buffer Memories", Topical Meeting on Photonic Switching, Salt Lake City, March 1989

[6] Perrier, P.A.; Prucnal, P.R.: "Self-routing photonic switching with optically processed control", Optical Engineering, 29 (1990) 3, pp. 170-182

[7] Salehi, J.A. et al.: "Coherent ultrashort light pulse code-division multiple access communication systems", IEEE Journal of Lightwave Technology, 8 (1990) 3, pp. 478-491

[8] Shimazu, Y. at al.: "Ultrafast photonic packet switch with optical output buffer", Techn. Dig., Int. Topical Meeting on Photonic Switching, Kobe, Japan, paper 14B-1, 1990

[9] Goel, K.K. et al.: "Demonstration of packet switching trough an integrated-optic tree switch using photo-conductive logic gates", Electronic Letters, 26 (1990) 5, pp. 287-289

[10] Obara, H.: "Self-Routing planar network for guided-wave optical switching systems", Electronic Letters, 26 (1990) 8, pp. 520-521

[11] Hashimoto, M. et al.: "Self-Routing optical crossbar switch", IEEE Photonics Technology Letters, 2 (1990) 7, pp. 522-524

Tabelle 1: Eigenschaften optischer Verstärker

	Er^{3+}- Fiber amplifier	Semiconductor amplifier
Gain	40 dB	30 dB
Pump power	100 mW (optical)*	200 mW (electrical)
Output power range	0-20 dBm	0-20 dBm
Coupling efficiency	0-3 dB	5-10 dB
Bandwidth	5 THz	20 THz
Noise figure	3-5 dB	5 dB
Polarisation sensitivity	no	yes but can be eliminated
Crosstalk	very low	yes (for IM) but can be reduced

* 1.5 W (electrical)

Tabelle 2: Ferntrasse ohne Signalregenerator

	mittelfristig mit Faserverstärker	langfristig mit Halbleiterverstärker
Kanalabstand	100 GHz	10 GHz
Kanalzahl	20	100 x 30
Zahl der kaskadierbaren Verstärker	100	500
Kompensierbare Streckendämpfung	2500 dB	7500 dB
Entsprechende Entfernung	10.000 km	20.000 km

	Optik	Elektronik
Schalten	–	+
Speichern	–	+
Verbinden	+	–

Bild 1: Vergleich: Optik-Elektronik

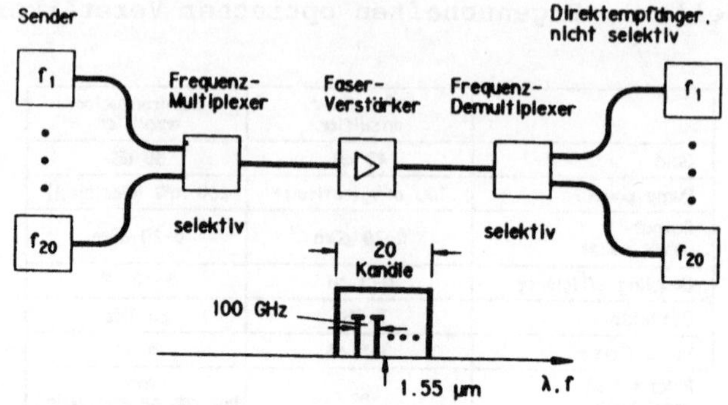

Bild 2a: Optische Ferntrasse, mittelfristig

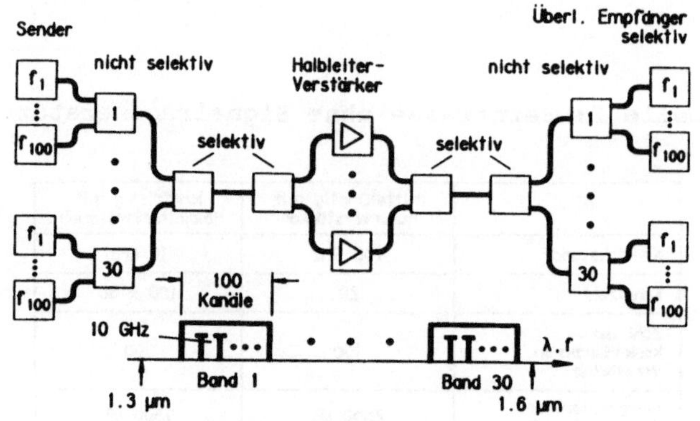

Bild 2b: Optische Ferntrasse, langfristig

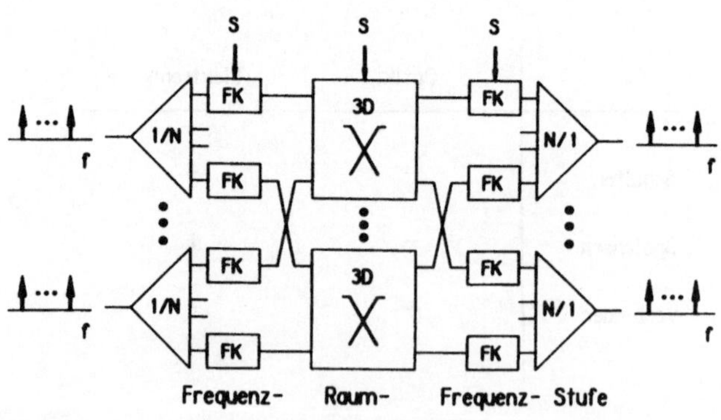

Bild 3: OFDM-Vermittlungseinrichtung
FK = Frequ. Konv.
S = Steuerung
N = Zahl der Träger je Faser

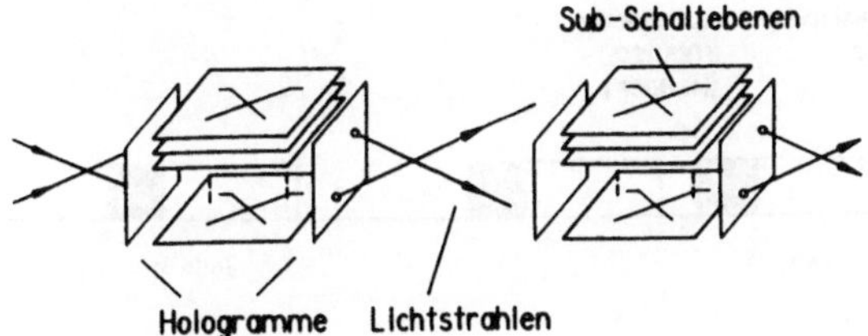

Bild 4: Optische 3D-Raumstufen

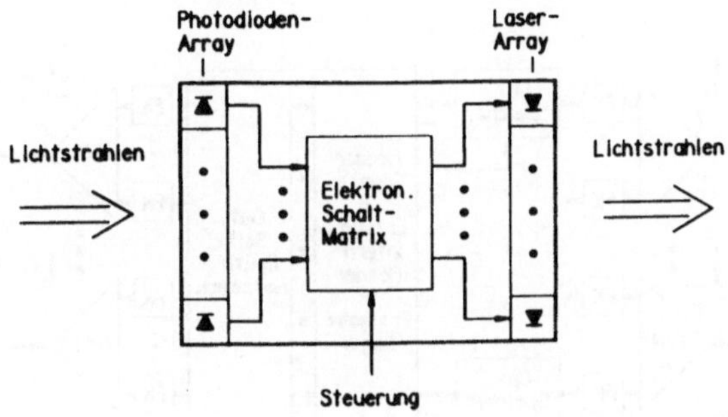

Bild 5: Optoelektronische Subschaltebenen

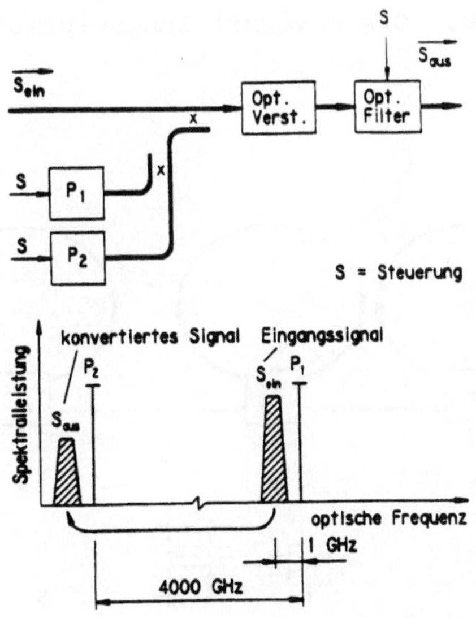

Bild 6: Optischer Frequenz-Konverter

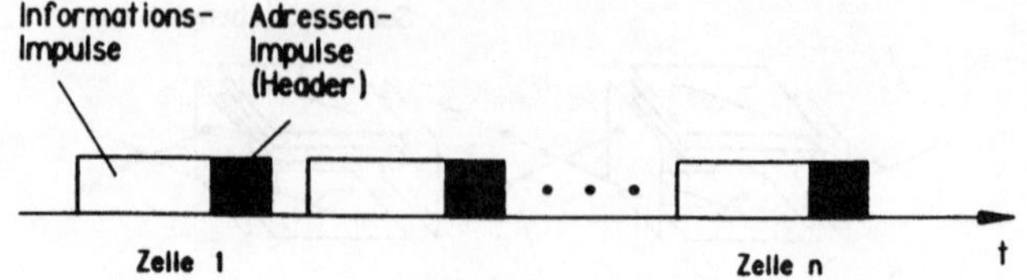

Bild 7: ATM-Signale

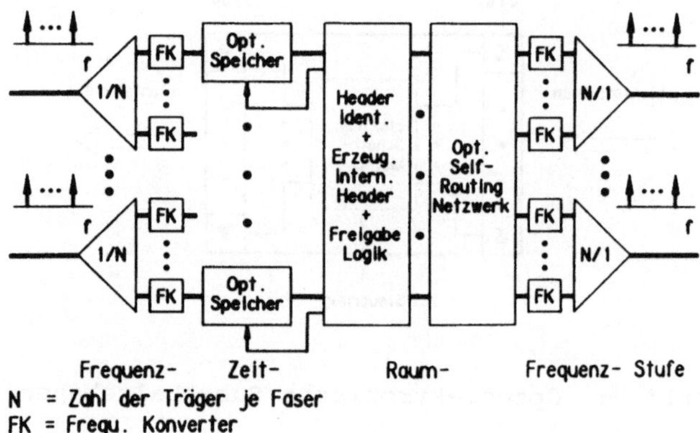

Bild 8: OFATM-Vermittlungseinrichtung

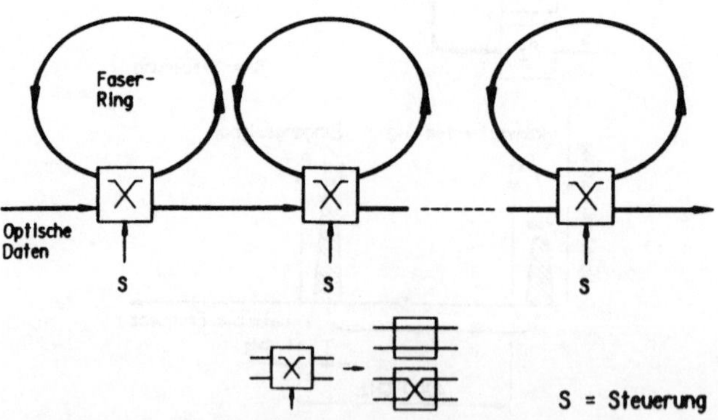

Bild 9: Dynamische optische Speicher

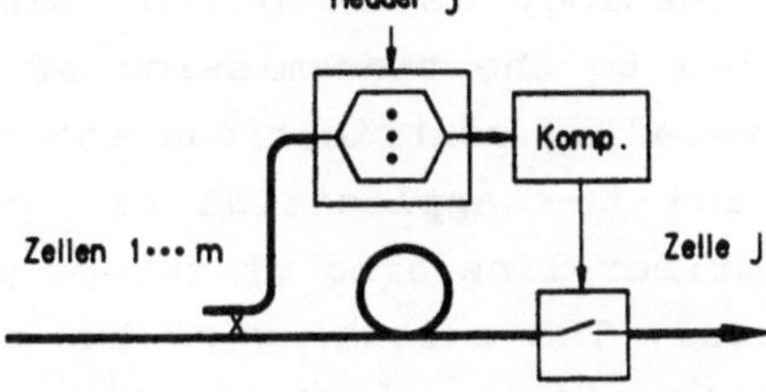

Bild 10: Header-Erzeugung und -Identifizierung

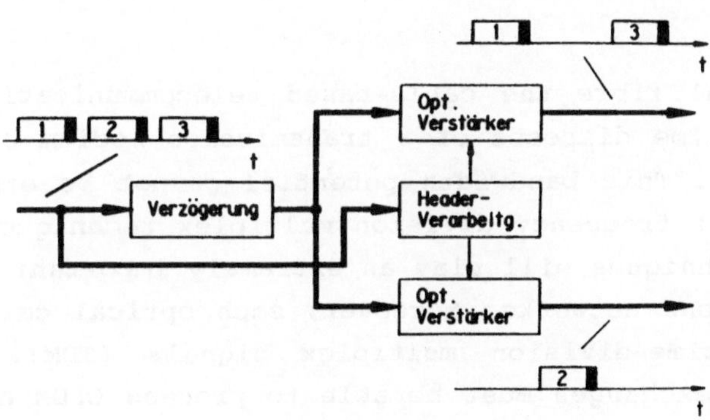

Bild 11: Self Routing Modul

The Significance of Photonics for Future Telecommunications Networks

C. Baack

At present, optical technology is in public telecommunications networks essentially applied to the transmission of informations via optical fibres. In the preceding contributions the state of art in optical fibre technology and the application of optical fibres in the long-distance and subscriber-line area of future public broadband networks have been described. The switching of the optically transmitted signals is to date performed by electromechanical devices (step-by-step or motor selectors) and increasingly by electronic switching equipment. In this case the question arises whether in the far future informations cannot only be transmitted optically but also switched optically, that is, to which extent the application of optical signal processing (photonics) in future telecommunications networks is conceivable.

With the optical fibre the cable-based telecommunications technology for the first time disposes of a transmission medium of almost unlimited bandwidth. This bandwidth potential cannot be exhausted but by means of optical frequency division multiplex techniques (OFDM); that is why OFDM techniques will play an extremely important role in future telecommunications networks. Moreover, each optical carrier can carry high bitrate time-division multiplex signals (TDM). Consequently, future optical exchanges must be able to process OFDM and TDM signals as well (OFTDM switching).

In this contribution, first concepts of OFTDM switching are presented, which are studied within the framework of a joint research project in photonics. The project, in which the telecommunications industry, public research institutes and university institutes are participating, was started in the middle of 1990 by the Federal Ministry of Research and Technology.

Transparente Übertragung breitbandiger Signale über Monomode-Glasfasern

G. Siegle

Die Monomode-Glasfaser bietet bei 1300 und 1500 nm zwei Übertragungsfenster besonders niedriger Dämpfung (0,4 bzw. 0,2 dB/km). Die Fensterbreiten sind mit 250 und 300 GHz so breit, daß sie theoretisch je 30.000 Fernsehkanäle mit 8 MHz Kanalabstand übertragen könnten.

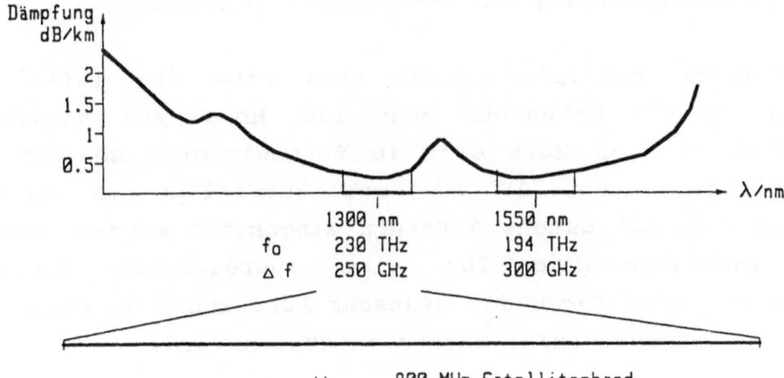

Abb. 1 Glasfaser-Übertragungsband

Daher wird seit Jahren daran gearbeitet, diese Übertragungskapazität wenigstens teilweise zu nutzen. Für digitalisierte Signale ist dies gelungen - die Datenraten reichen inzwischen bis weit über 1 Gb/s. Man nutzt zZ vor allem das 1300 nm-Fenster, weil dort das Dispersionsminimum der heute verlegten Kabel liegt und geeignete Laserdioden zur Verfügung stehen.

Für analoge Signale, wie sie bei der Rundfunk- und Fernsehsignal-Verteilung vorkommen, reichte bis vor kurzem die Linearität der Laserdioden nicht aus. Folglich mußten die Signale vor der Übertragung zunächst mit hohem Aufwand digitalisiert und nach der Übertragung wieder rückgewandelt werden (Abb.2).

Dies ist für Telefondienste zwar angebracht, bei der Rundfunk- und Fernseh-Signalübertragung außer für die Fernebene zu teuer, wenn die D/A-Wandlung für jedes einzelne Rundfunkprogramm nötig ist.

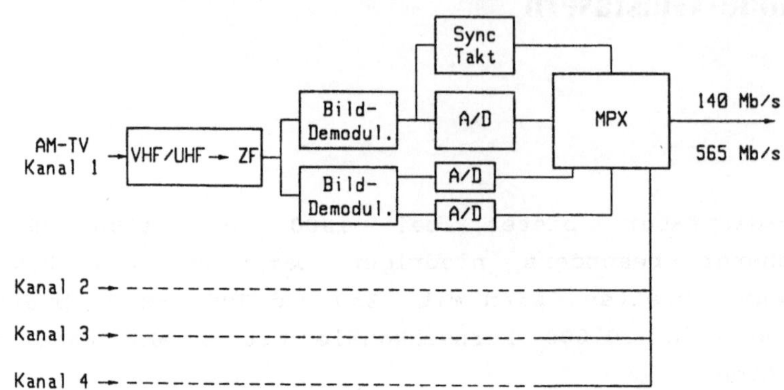

Abb.2 Digitalübertragung von TV-Signalen (Fernebene)

Beim Single Carrier Multiplex (SCM) etwa wird das Licht einer Wellenlänge mit einer Datenrate von 140 Mb/s pro TV-Programm moduliert. Selbst bei 565 Mb/s sind im Zeitmultiplex so nur 4 TV-Programme übertragbar. Für 35 TV- und zusätzlich 28 Rundfunk-Programme müssen also wenigstens 9 Fasern eingesetzt werden. Dies ist aber die Minimalanforderung für eine ausreichende Breitband-Versorgung, wie sie etwa durch die Deutsche Bundespost Telekom in den Breitband- Kommunikations- (BK-) Netzen angeboten wird.

Eine Datenreduktion könnte hier verbessernd helfen, der Aufwand für das Wandeln der Signale würde aber dadurch noch höher.

Rundfunk- und Fernsehsignale werden daher per Glasfaserübertragung derzeit digital noch überwiegend in der Fernebene übertragen, bei der die Regenerationsmöglichkeit der Signale wichtig ist.

Optisches Wellenmultiplex - Coherent Multiplex Carrier (CMC) - ist noch nicht einsatzbereit und braucht hier nicht behandelt werden.

Es wäre der offensichtlich günstigste Weg, t r a n s p a r e n t zu übertragen, d.h. ungewandelte Signale wie sie von der Quelle angeboten werden - digital oder analog moduliert - auf die Faser zu geben (Abb. 3):

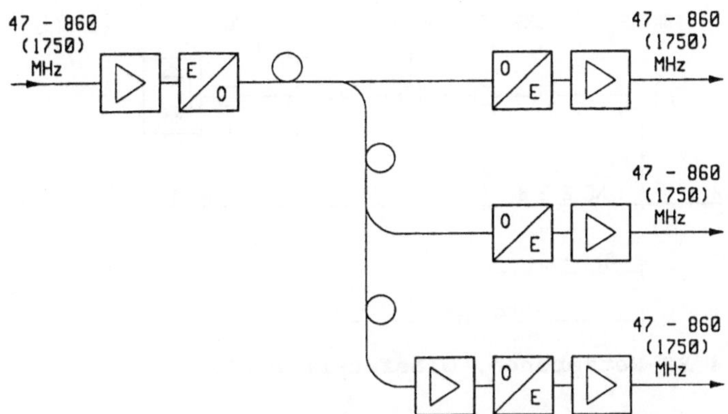

Abb.3 Transparente Glasfaserübertragung

Ein breitbandiges - z.B. frequenzmultiplexes - Signal mit beliebigen Modulationen der Teilsignale wird somit unverändert auf einen elektro-optischen Wandler gegeben und optisch weitergeleitet. Erst am Schluß der Übertragungsstrecke wird zurückgewandelt. Optische Zwischenverstärkung wäre hilfreich, wenn dadurch das optische Signal wirtschaftlich näher zum Endteilnehmer gebracht werden kann.

Die Weiterentwicklung der Laserdioden erlaubt dies nun seit kurzem, ich darf hierzu berichten. Dazu gliedere ich

1. Übertragungsparameter für Glasfasereinsatz in BK- Netzen und als Ersatz von AM-TV-Übertragungsstrecken, Leistungsfähigkeit vorhandener optischer Komponenten
2. Technische Lösungen
3. Wirtschaftlichkeits-Vergleich Glasfaser-Koaxialkabel
4. Weiterentwicklungen
5. Zusammenfassung

1. Übertragungsparameter - vorhandene optische Komponenten

Im einfachsten Fall soll die Glasfaser nur in bisherige Netze an die Stelle einer AM-Richtfunkverbindung (Netzebene 2) oder einer Koaxial-Kabelstrecke (Netzebene 3) treten (Abb. 4).

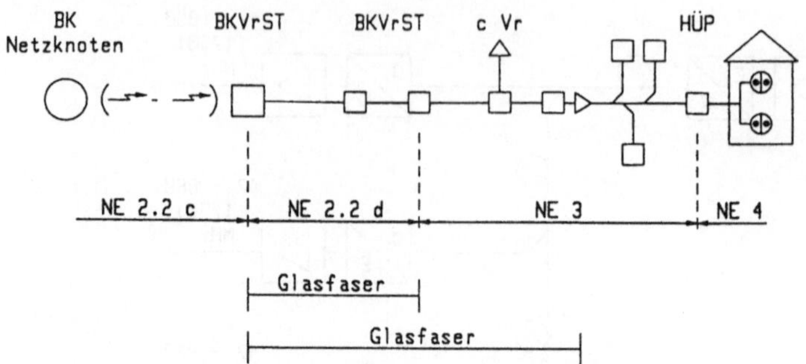

Abb.4 BK-Netzebenen, Glasfasereinsatz

Die Anforderungen der Post Telecom sind so festgelegt, daß der Teilnehmer am Ende der Bezugskette ein gutes Signal mit einem C/N mit mehr als 43 dB und geringen Oberwellenstörungen (CSO, CTB unter 60 dB) erwarten kann:

Anforderungen Netzebenen AM/TV (2.2.c) und BK

Netzebene	2.2.c	2.2.d	3	4	Teilnehmer
Bandbreite(MHz)	300	450	450	860	860
C/N (dB)	52	51	49,5	49	43
CSO (dB)	-75	-67	-64	-64	-60
CTB (dB)	-66	-67	-64	-69	-55

CSO- und CTB-Werte bei unmoduliertem Träger, mit moduliertem Träger ergeben sich

CTB (dB)	-71	-72	-69	-74	-60

(CSO, CTB = Composite Second Order-/Triple Beat-Signale mit Angaben der Pegel unter Träger).

Dazu sind erforderlich in Netzebene 2:

C/N-Werte	für AM/TV von 52 dB,	für BK-Netze von 51 dB
CSO	-75 dB,	-67 dB
CTB (gemessen mit modulierten Trägern)	-71 dB,	-72 dB

Die erreichbaren Werte bei den Lasern hängen ab von

- Ausgangsleistung
- Linearität und Aussteuerung, d.h. abhängig von der Zahl der TV-Programme (Träger)

- erforderlichem "optischem Budget" zur Überbrückung der vorgesehenen Verluste (Glasfaser-Strecke, Abzweiger).

Das "optische Budget" bestimmt die überbrückbare optische Dämpfung. Für Monomodefasern bei 1300 nm und M gleichversorgten Ausgängen rechnet man:

Optische Dämpfung = 0,5 dB/km + 0,1 dB/Abzweig + 10logM
+ 3 dB Reserve.

Erreicht sind heute mit Perot-Fabry- und DFB-Lasern bei Belegung mit 20 äquidistanten TV-Kanälen mit je 7 MHz Rasterabstand und einer Leistung von je - 7 dBm:

Lasertyp		Perot-Fabry	DFB
opt. Ausgangsleistung		0 dBm	6 (bis 10) dBm
bei opt. Budget			
C/N	0 dB	55 dB	60 dB
	8 dB	51 dB	56 dB
	13 dB	---	51 dB
CSO		-(45 bis 60 dB)	-(55 bis 70 dB)
CTB		- 67 dB	- 69 dB.

Man erkennt:
Mit Perot-Fabry-Lasern lassen sich somit größere Entfernungen nicht überbrücken, falls man bei 20 Kanälen pro Faser bleibt und die Bandbreite größer als 1 Oktave ist.

Die Lösung dieses Dilemmas besteht aus einer Aufteilung des zu übertragenden Frequenzbandes in solche Teilbänder, deren erste Oberwellen (CSO) bereits außerhalb des zu übertragenden Bandes liegen (Abb.5)

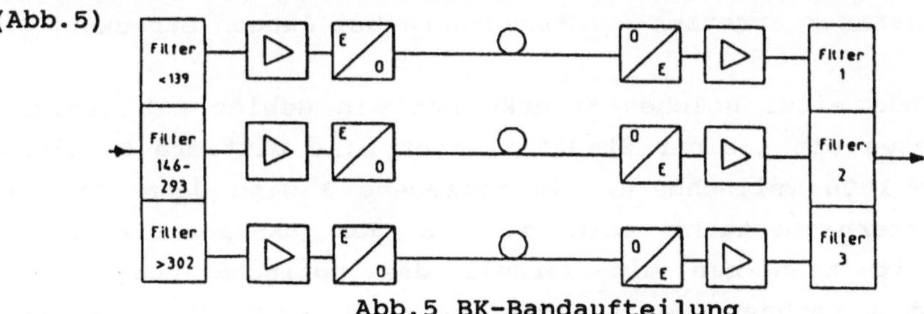

Abb.5 BK-Bandaufteilung

2. Technische Lösungen

Mit Anordnungen nach Abb.5 wurden bereits 1989 erste BK-Zubringerstrecken mit Perot-Fabry-Lasern für Strecken bis damals 12 km an die DBP geliefert, die bis heute ohne Probleme im Dauerbetrieb laufen.

Der Geräteaufbau ist denkbar einfach: Braucht man zur Wandlung von Rundfunksignalen in digitale Signale viel Elektronik in großen 17"-Schränken (wenigstens 1 Einschub pro Kanal), so wird hier das gesamte BK-Signal durch eine passive Weiche in 3 Bänder aufgeteilt und direkt auf die Laser gegeben. Am Ende der Strecke wird das Signal optoelektrisch zurückgewandelt und nach Verstärkung wieder zusammengefügt.

Inzwischen sind DFB-Laser verfügbar, die höhere Ausgangsleistungen als Perot-Fabry-Laser erbringen, so daß entweder die Aufteilung auf Teilbänder entfallen kann oder - mit Aufteilung - sehr lange Übertragungsstrecken ohne Zwischenverstärkung überbrückbar werden.

Alle AM-Fernsehsignale (NTSC, PAL, SECAM, D2-MAC, HD-MAC...), FM-Fernsehsignale von Satelliten, DSR (dig. Satelliten-Rundfunk) und künftig auch digitale HDTV-Signale lassen sich mit diesen transparenten Strecken übertragen - im Gegensatz etwa zum AM-TV-Richtfunk.

Gleiches gilt natürlich auch für weitere analoge oder digitale Signale - im Basisband oder geträgert.

Koaxial-Kabel in der Netzebene 2 lassen sich heute also in vielen Fällen durch Glasfaser ersetzen - insbesondere bei langen Strecken.

Oft sitzt am Ende einer solchen Strecke nur ein Gebiet mit wenigen Teilnehmern - etwa ein kleiner Stadtteil oder eine mittlere Gemeinde mit nur wenigen 1000 Teilnehmern. Die Netzebene 3 wird dann oft mit weniger Verstärkern bestückt sein als in den BK-Spezifikationen vorgesehen. Somit kann man mit Vorteil das optische Budget der Netzebene 2 und 3 rechnerisch zusammenfassen zu einer "NE 2/3 neu" (Abb.4):

Die Auslegewerte für die Netze können dann ohne Qualitätsverlust der Signale beim Endteilnehmer abgewandelt werden:

	BK-Vorschrift			Vorschlag
Netzebene	2.2d	3	4	NE2/3 neu
C/N (dB)	51	49,5	49	46,2
CSO (dB)	-67	-64	-64	-62,4
CTB (dB)	-67	-64	-70	-60,2

Der Gewinn von 2,8 dB reicht für weitere 5,5 km oder 2 weitere Abzweigungen.

Die überbrückbare Strecke wird dann länger - alternativ können auch mehr Abzweigungen gesetzt werden. Die Wirtschaftlichkeit wird damit nachhaltig verbessert:

DFB-Laserleistung	+ 6 dBm	+ 10 dBm
optisches Budget	14 dB	20 dB
a.einfache Strecke		
überbrückbar	<20 km	<28 km
oder Anzahl Abzweiger	>10	>14
b. 3-er Kaskade (mit elektrischer Zwischenverstärkung)		
überbrückbar	<54 km	<70 km
oder Anzahl Abzweiger	>120	>160

Man erkennt, daß somit der optische Übergabepunkt immer weiter in Richtung Endteilnehmer verlegt werden kann.

3. Wirtschaftlichkeit

Netze mit Koaxial-Kabeln sind bei größeren zu überbrückenden Entfernungen bereits heute teurer als die vorgestellte Lösung mit Glasfasern: Alle 300 - 500m muß ein Verstärker mit aufwendiger Stromzuführung, Grunderwerb für Stellfläche und hohen laufenden Kosten für den Stromverbrauch eingesetzt werden.

Eine Rechnung, die die Kosten für die Stromzuführung und Grunderwerb noch nicht einmal berücksicht, ergibt selbst für die 3-Faser-Lösung, daß diese günstiger ist als eine technisch vergleichbare 450 MHz-Koax-Strecke (35 TV- + 30 UKW-Programme) ab einer Entfernung von

a. bei Neuverlegung des Glasfaserkabels 6,5 km
b. bei Verwendung bereits verlegter Glasfaserkabel 2 km.

Die 3-Faser-Lösung hat den Vorteil, daß bei Ausfall einer Teilstrecke deren Signale fast ohne Qualitätseinbuße einer der zwei anderen Strecken zugeschaltet werden kann. Bei Kostensenkungen - zB für die Laser - kann für 1- und 3-Faser-Lösungen künftig mit noch niedrigeren Break-even-Entfernungen gerechnet werden.

4. Ausblick

4.1. Die Leistungsgrenze der Laser ist noch nicht erreicht. Höhere Leistungen werden es erlauben, die Reichweite, die Zahl der möglichen Abzweigungen oder die Zahl der übertragbaren Programme weiter zu erhöhen.
4.2. Wenn hochlineare optische Verstärker zur Verfügung stehen, können fast beliebig viele Abzweiger und Ausgänge - bis zu einem dann möglichen optischen Hausübergabepunkt - eingesetzt werden. Laserverstärker sind hier wenig aussichtsreich wegen ihrer Nichtlinearität und des Rauschens.
Die besser geeigneten Faserverstärker sind Gegenstand vieler Forschungsarbeiten. Erreicht sind bereits:

	Faserverstärker		Laserverstärker	
	1300 nm	1500 nm	1300 nm	1500 nm
Verstärkung	> 10dB	> 30dB	> 30dB	
Linearität	gut		schlecht	
bidirektional	ja		DFB:nein	
Polarisation	unempfindlich		empfindlich	

Ein ganz wichtiges Problem ist dabei zZ, daß es für 1300 nm noch keine befriedigend arbeitenden Faserverstärker gibt. Die besten Laserdioden arbeiten aber gerade bei 1300 nm, und auch das Dispersionsminimum der Fasern liegt dort.

4.3. Über die parallele Übertragung verschiedener Dienste wie Telefon, Daten und Rundfunk beginnt man nachzudenken - ein transparentes Netz bietet alle Möglichkeiten.

5. Zusammenfassung

- Transparente 1- und 3-Fasersysteme sind heute bereits
  a. geeignet als 450-MHz-BK-Zubringer bis mindestens 25 km
  b. wirtschaftlich ab 2 km bei vorhandenem Kabel, ab 6,5 km bei neu zu verlegendem Kabel
- größere Entfernungen sind bei rechnerischer Zusammenlegung von Netzebenen 2 und 3 für kleine Netze überbrückbar
- Übertragung anderer als nur der BK-Dienste im transparenten Netz
- Faserverstärker werden die Heranführung der Faser näher zum Endteilnehmer und Zweiweg-Übertragung ermöglichen.

Transparent Transmission of Broadband Signals in Monomode Fibers

G. Siegle

Monomode fibers offer two windows for transmission with low losses at 1 300 nm (0.4 dB/km) and 1 500 nm (0.2 dB/km). Each window of 250 and 300 GHz respectively allows the transmission of nominally 30 000 TV channels with 8 MHz spacing.

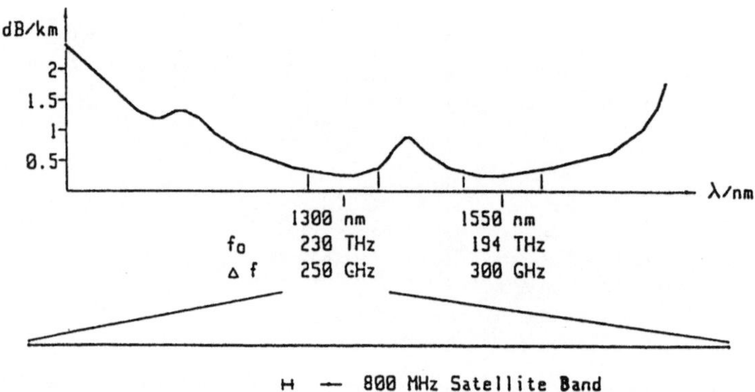

Fig. 1 Glass Fiber Transmission Windows

This capacity for transmission is used extensively for the distribution of digital signals with data rates of more than 1 Gb/s. Most cables use the 1300 nm window because of the availability of good laser diodes of this frequency range and the dispersion minimum of the fibers at this wave-length .

Until very recently, the linearity of the laser diodes was insufficient for the transmission of analogue signals as used for the transmission of video, TV and radio signals. Consequently, the signals had to be digitized before transmission via the cable. Therefore, at the end of the transmission path a D/A-conversion was required (fig. 2).

The A/D- and D/A-conversion is very useful for long distance transmissions of telephone signals but too expensive for TV- and radio-applications in CATV networks while every single programme has to be converted.

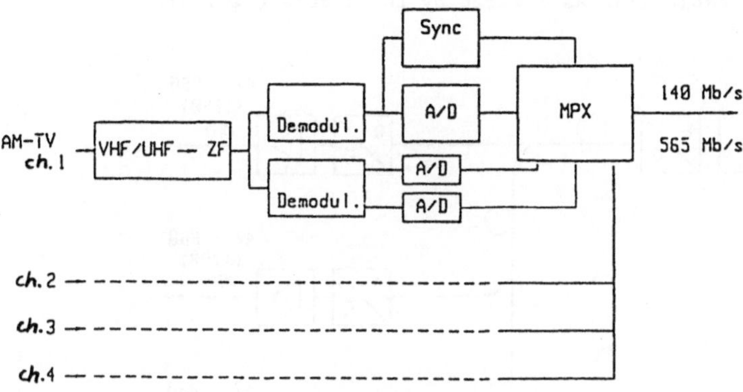

Fig. 2 Digital Transmission of TV Signals (long distance)

Anyhow, this digital transmission is applied even for TV and radio signals, when very long distances of some 50 km or more have to be covered via glass cable: In this case perfect regeneration of the signals is required which can only be fulfilled by digital signal transmission.

In this case single carrier multiplex (SCM) is mostly used: The light of one signal frequency is digitally modulated with a data rate of 140 Mb/s per TV programme. Even at 565 Mb/s (time multiplex), only 4 TV programmes can be transmitted per fiber. Consequently, at least 9 fibers are required for 35 TV and additional 28 radio programmes, which is the minimum request for the broadband application for the Deutsche Bundespost Telekom.

Data reduction for the programmes could help to save some fiber capacity but the costs for the D/A and A/D conversions would increase even more.

Coherent Multiplex Carrier (CMC) - i.e. optical wave lengths multiplex - is not applicable, yet, and may not be discussed here. It would be obviously the most promising way to transmit the signals in a transparent mode - which means that the signals could be transmitted without conversions of fiber optical cable link as offered by the source (fig. 3).

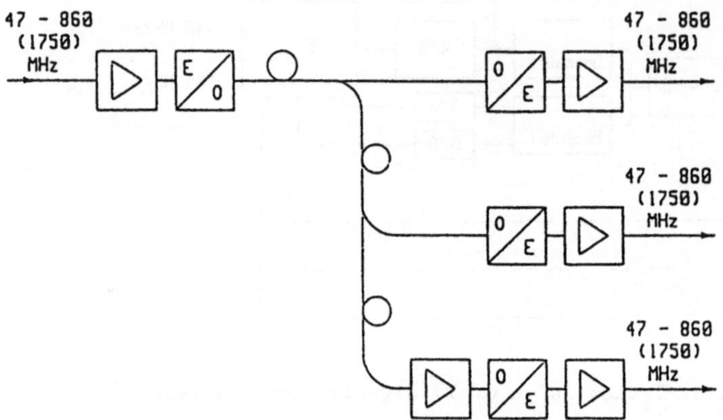

Fig. 3 Transparent Mode

In this case a broadband signal - e.g. in a frequency multiplex mode - with any modulation of the signals can be given to the fiber. Optical amplification could be helpful to bring the optical signal nearer to the customer.

This "dream" can now be realized with laser diodes and fiber optical systems which Bosch delivers since late 1989: These systems fulfil all specifications required by the customers to replace actual coaxial cable in CATV-networks of the Deutsche Bundespost Telekom by optical systems.

The following pages present:

1. Required specifications and data for glass fiber links to replace existing coaxial solutions,
   performance of optical components used by Bosch.

2. Technical solutions.

3. Comparison of costs for glass fiber transmission vs. coaxial cable
4. Further developments
5. Summary

1. Parameters for transmission and optical components available

In the most straight-forward case the glass fiber should replace the AM/TV Microwave links (Netzebene 2.2c in the terms of the Deutsche Bundespost Telekom) or of a part of the coaxial network (Netzebene 3), as shown in figure 4.

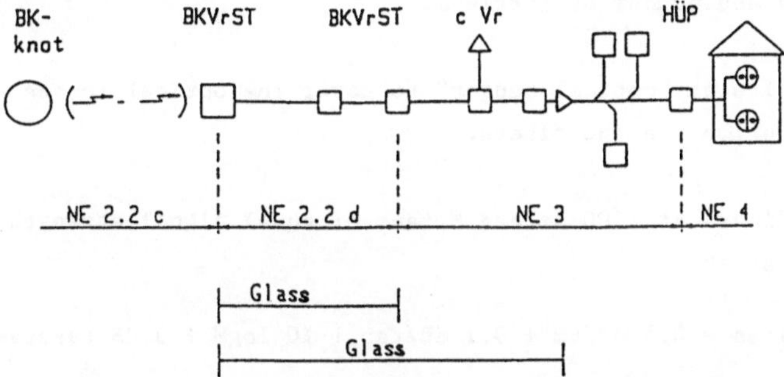

Fig. 4 Broadband Networks, Glass Fiber Application

The specifications of the Deutsche Bundespost Telekom guarantee a good signal (C/N > 43 dB) to the customer with reasonably low levels of unwanted composite or harmonical signals (composite second order and composite triple beat signals each below 60 dB).

Specifications for AM/TV-Microwave links and broadband networks as defined by the Deutsche Bundespost Telekom are:

Netzebene	2.2.c	2.2.d	3	4	customer
bandwidth	300	450	450	860	860
C/N (dB)	52	51	49,5	49	43
CSO (dB)	-75	-67	-64	-64	-60
CTB (dB)	-66	-67	-64	-69	-55

CSO- and CTB as measured with unmodulated carrier. In the more real case of modulated carrier the CTB result in

CTB (dB)	-71	-72	-69	-74	-60

In the Netzebene 2 resp. 3 the following values have to be fulfilled:

C/N for AM/TV	52 dB,	for broadband networks 51 dB
CSO	-72 dB,	-67 dB
CTB (modulated signals)		
	-71 dB,	-72 dB

The lasers offer performances which depend on

- output power
- linearity and number of carriers.

From this results an "optical budget" to cover the optical losses during distribution via the fibers.

For monomode fibers at 1300 nm and M tabs of equal signal strength the optical loss is

optical loss = 0.5 dB/km + 0.1 dB/tab + 10 logM + 3 dB reserve.

With Perot-Fabry and DFB-lasers we can reach in case of 20 TV signals (7 MHz raster) and an individual power per channel of -7 dBm:

type of laser		Perot-Fabry	DFB
optical output power		0 dBm	6 (to 10) dBm
at optical budget			
C/N	0 dB	55 dB	60 dB
	8 dB	51 dB	56 dB
	13 dB	---	51 dB
CSO		-(45 to 60 dB)	-(55 to 70 dB)
CTB		- 67 dB	- 69 dB

We see that Perot-Fabry lasers are inadequate to cover long distances in case bandwidths of more than one octave.

To solve this dilemma even with Perot-Fabry lasers, the broadband signal can be split into some sub-bands, each of which is less than 1 octave so that the first harmonics (CSO) will be outband, already (fig. 5).

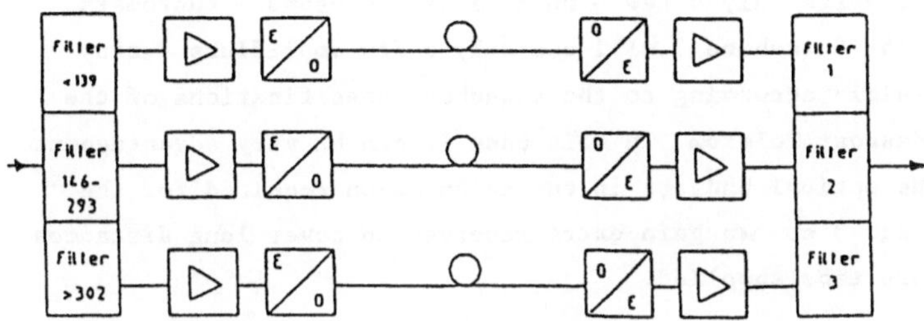

Fig. 5 Broadband Signal Distribution within 3 Sub-Bands

2. Technical solutions

With a 3 fiber-system we realized to install the first broadband trunk lines with Perot-Fabry-Lasers in 1989 for the Deutsche Bundespost Telekom covering 12 km.

The set-up is rather simple: Instead of much electronics in the case of digital transmission, the standard broadband signal (47 - 450 MHz) is passively split into 3 sub-bands. 3 lasers transmit the sub-bands via the fiber optical links. At the end of the fiber links the optical signal is reconverted into the electronical domain.

In the meantime DFB lasers show higher outputs at even lower distortions than Perot-Fabry lasers. Consequently, the split into sub-bands can be avoided or longer distances can be covered without amplification.

This transparent transmission allows to use all sorts of modulations such as AM (TV signals in NTSC, PAL, SECAM, D2-MAC, HC-MAC ...), FM-TV signals as received from satellites, digital satellite radio signals (DSR) and even digital HDTV signals.

So in many cases trunklines in coaxial technique or AM/TV-Microwave links can be replaced very easily by glass fiber transmission at least for long distances.

Very often the cable TV network at the end of such a optical transmission has to serve only a few - up to a few thousand - customers. In this case the Netzebene 3 will use only a few amplifiers - many less than possible according to the broadband specifications of the Deutsche Bundespost Telekom. In this case it can be very advantageous to combine the optical budgets in the calculation required for the Netzebenen 2 and 3 so we gain extra reserves to cover long distances or to have more tabs supplied.

In this case the networks can be recalculated according to the following specifications:

	specification for broadband CATV networks			new proposition
Netzebene	2.2d	3	4	"Netzebene 2/3 new"
C/N (dB)	51	49,5	49	46,2
CSO (dB)	-67	-64	-64	-62,4
CTB (dB)	-67	-64	-70	-60,2

The 2.8 dB gained are sufficient for the coverage of extra 5,5 km or 2 more tabs.

The distance to be covered can be even increased in case of amplification in cascades:

DFB output	+ 6 dBm	+ 10 dBm
optical budget	14 dB	20 dB
a. distance to be covered without amplification	< 20 km	< 28 km
or number of tabs	> 10	> 14
b. cascade of 3 with electronical amplification within each cascade	< 54 km	< 70 km
or number of tabs	> 120	> 160

Consequently, the transition point optical fiber - coaxial wire can be moved more and more to the customer - the target "fiber to the home" is already in sight.

3. Cost effectiveness

The cost for the glass fiber distribution as shown above has a break-even against standard coaxial cable at a few kilometers, already:

Coaxial distribution requires amplification every 300 - 500 m with very expensive power supply (housing, costs of ground, electronical module), and relatively high permanent costs just for the use of electrical energy.

We calculated the break-even - even in the case of the 3 fiber-solution - without the cost of ground and the installation of the power line - at

a) 6,5 km if the optical cable has to be laid into the ground

b) 2 km - w. existing fiber optical cables

The 3 fiber-system has as reasonable advantage wanted by some customers that in case of a fault within 1 line its signals can be switched to one of the remaining two others without remarkable deterioration of the TV picture quality.

In future the break-even distance may be reduced further in case the components of the system will become cheaper with higher volume production.

4. Further developments

4.1 Maximum output power and linearity of the lasers will increase in future. With higher output powers longer distances can be covered or the number of tabs and the number of programmes to be transmitted can be increased further.

4.2 High linear optical amplifiers are urgently wanted to increase the number of tabs and to realize the wanted "fiber to the home". Laser amplifiers do have too high noise figures and a poor linearity, yet.

Optical fiber amplifiers show much greater potential, so a lot of research is performed. Rather good values have been reached already:

	fiber amplifier		laser amplifier	
	1300 nm	1500 nm	1300 nm	1500 nm
gain	10 dB	30 dB	30 dB	
linearity	good		poor	
bidirectional	yes		DFB: no	
polarization	insensitive		sensitive	

A 1300 nm amplifier of high gain is urgently wanted because most laser diodes work at 1300 nm and the fibers show best performance (minimum of dispersion) at this wavelength.

4.3 There are thoughts which other services such as data or telephony may be transmitted via the transparent network. After thorough investigation an extended use should be possible.

5. Summary

- Transparent 1- and 3-fiber systems are available
  a) fully functional to specifications of the Deutsche Bundespost Telekom for up to 25 km,
  b) with break-even in costs against coaxial cable at 2 km for fiber cables already installed, at 6,5 km in case new cables are to be laid into the ground.

- Higher distances can be covered in case of combining Netzebene 2 and 3 which is possible for smaller networks.

- Other services than TV and radio may be transported via the fiber optical distribution networks.

- Fiber amplifiers will help to bring the fiber nearer to the home of the customer and will even allow two-way transmission.

Kohärentes optisches Teilnehmeranschlußnetz für digitale TV-Verteilung

P. Meißner

1. Einleitung

Die Bereitstellung von Fernsehverteildiensten mit Hilfe von flächendeckenden Monomode-Glasfasernetzen ist eine der essentiellen Aufgaben der zukünftigen Breitbandkommunikation. Die bei der kohärenten Übertragung sich anbietenden optisch transparenten Sternstrukturen bieten die Möglichkeit, daß die Verteilung nicht entscheidend durch die Datenrate beeinflußt wird und daß neue Dienste wie beispielsweise hochauflösendes Fernsehen (HDTV) einfach in Verteilprogramme aufgenommen werden können, ohne die Infra-Struktur in Frage zu stellen. Dem Teilnehmer wird über seinen Glasfaseranschluß eine Vielzahl von Programmen im Frequenzmultiplex angeboten und er wählt sich das gewünschte Fernsehprogramm ähnlich wie im Rundfunkgerät mit Hilfe eines abstimmbaren Heterodyn-Empfängers aus. Die kohärente Übertragungstechnik zeichnet sich im allgemeinen durch eine gegenüber dem Direkt-Empfang hohe Empfindlichkeit aus, was sich bei einem passiven Verteilnetzwerk positiv in der großen Anzahl der versorgten Teilnehmer niederschlägt. Zusätzlich erlaubt sie wegen des geringen Frequenzabstands (einige GHz) zwischen den einzelnen Kanälen eine optimale Ausnutzung der Übertragungskapazität der Faser und die Verwendung von optischen Faser- oder Halbleiterverstärkern zur gleichzeitigen Verstärkung mehrerer Fernsehkanäle. Ein wesentlicher Vorteil eines kohärenten Verteilsystems liegt in der Tatsache, daß technisch wie beim konventionellen Fernsehen das Benutzerverhalten nicht überwacht werden kann.

In diesem Beitrag wird ein kohärentes optisches, digitales Mehrkanalsystem zur Fernsehverteilung beschrieben, das im Rahmen eines vom BMFT geförderten Forschungsprojekt (Kennziffer 440 0) entwickelt wird.

2. Aufbau des kohärenten TV-Verteilsystems (Bild 1)

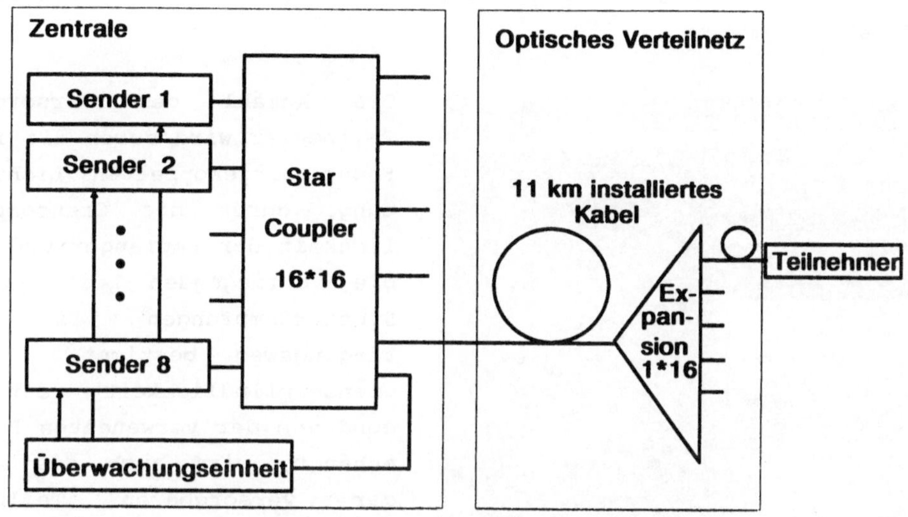

Bild 1: Aufbau des Fernsehverteilsystems

Die momentane Aufbaustufe besteht aus 8 Sende-Laser-Modulen, die mit leitungskodierten digitalen Signal in ihrer Frequenz moduliert werden (FSK-System, Frequency Shift Keying). Alle Laser senden auf dicht benachbarten Lichtfrequenzen. Die Signale werden mit Hilfe eines monomodalen Sternkopplers zu einem Frequenzvielfach kombiniert. Ein Ausgang des Kopplers führt zu einer Kanalüberwachung, die in ihrer entgültigen Ausbaustufe die Kanalabstände der Laser mißt und sie auf einem festen Kanalraster stabilisiert. Am Ausgang des Sternkopplers liegt damit ein Sendekamm digital modulierter Fernsehkanäle vor. Foto 1 zeigt die Zentrale.

Die Fernsehsignale werden dann von einem Ausgang des Sternkopplers aus der Zentrale über eine Teilnehmer-Leitung geführt. In unserem System besteht diese Teilnehmer Leitung aus einem 11 km langem unter verkehrsreichen Berliner Straßen verlegten Monomode-Kabel hoher Dämpfung (11 dB). Die sehr hohe Dämpfung beruht auf einer großen Anzahl von Spleißen und Steckern. In der Nähe der Teilnehmer wird das Signal mit Hilfe einer 1*16 Expansionsstufe auf weitere Glasfasern verteilt und zum Teilnehmer geführt. Diese Verteilung kann grundsätzlich auch in der Zentrale vorgenommen werden. Die Expansion in der Nähe der Teilnehmer bewirkt eine Ersparnis an verlegten Fasern. In unserem Konzept wird davon ausgegangen, daß bei jedem Teilnehmer eine

Expansion auf weitere vier Fasern erfolgt, sodaß der Teilnehmer vier verschieden Endgeräte anschließen kann. Im jetzigen Ausbau des Systems wird die Verteilung von 8 TV-Kanälen an 1024 Endgeräte exemplarisch gezeigt.

Foto 1: Zentrale

Die Anzahl der versorgbaren Teilnehmer wird durch die in die Faser eingekoppelten Lichtleistung, durch die Grenzempfindlichkeit der Empfänger und durch die vorliegenden Leitungs- und Steckerdämpfungen im Übertragungsweg bestimmt. Da die Grenzempfindlichkeit entscheidend von der verwendeten Bitrate abhängt, wird auch die Anzahl der versorgbaren Teilnehmer durch sie festgelegt. In dem hier vorliegenden Systemkonzept gehen wir von einer Datenrate von 140 Mb/s für nichtreduziertes konventionelles Fernsehen aus, es ist aber ebenfalls daran gedacht auf 140 Mb/s reduzierte HDTV zu übertragen. Die Übertragung von unreduzierten HDTV-Signalen würde die Grenzempfindlichkeit auf Kosten der Gesamtteilnehmerzahl erheblich reduzieren.

2. Die Sende-Module der Zentrale

Die TV-Coder/Decoder bestimmen die Übertragungsrate. Es werde kommerziell verfügbare Einheiten mit einer Datenrate von 140 Mb/s verwendet. Die gewählte CMI-Leitungskodierung wurde wegen der bei niedrigen Modulationsfrequenzen nicht idealen Frequenzmodulationscharakteristik und wegen der einfacheren Taktrückgewinnung und Verstärkertechnik im Empfänger gewählt. Der CMI-Code erlaubte die Verwendung kommerziell erhältlicher Koder und Dekoder, hat aber gegenüber dem auch verwendbaren Biphase-Code den Nachteil einer um ca. 3 dB geringeren Grenzempfind-

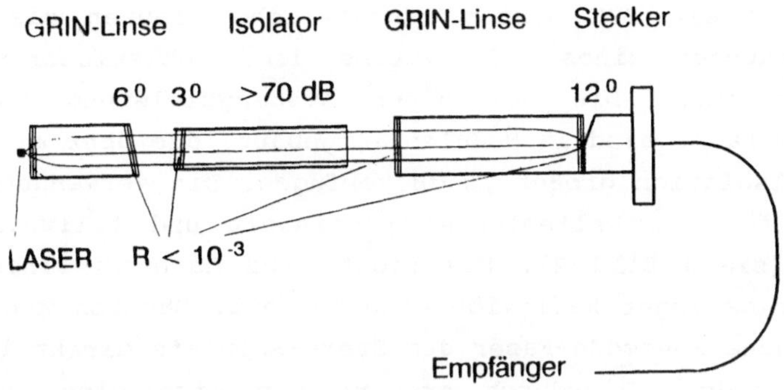

Bild 2: Prinzipieller Aufbau der Laser-Module

lichkeit des Empfängers. Als Laser werden kommerzielle DFB-Laser mit einer Wellenlänge zwischen 1550 und 1552 nm, einer Seitenmodenunterdrückung von größer 30 dB und einer Linienbreite von kleiner 40 MHz verwendet. Das relativ große Verhältnis Linienbreite zur Schrittgeschwindigkeit von 280 Mbaud (16%) verbietet die Verwendung der Phasenumtastung (PSK Phase Shift Keying, Differential Phase Shift Keying) oder Frequenzumtastung mit kleinem Hub (Minimum Shift Keying). Amplituden-Umtastungs-Verfahren oder Frequenzumtastungsverfahren mit großem Hub (FSK, Frequency Shift Keying) ermöglichen aber durch geeigneten Empfängeraufbau gute Grenzempfindlichkeiten trotz der großen spektralen Breite der Laser. Bei der Abwägung zwischen ASK (Amplitude-Shift-

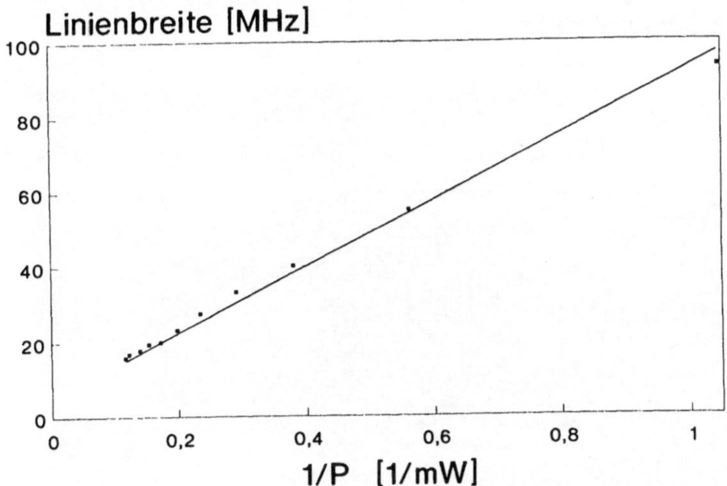

Bild 3: Linienbreite als Funktion der inversen Ausgangsleistung

Keying) und FSK begründet die einfachere direkte Modulierbarkeit und die prinzipiell erreichbare höhere Empfindlichkeit des Systems die

Entscheidung für ein FSK System. Zusätzlich erlauben die geringen Leistungsschwankungen eines FSK Systems den problemloseren Einsatz optischer Verstärker. Die bei einer Ausgangsleistung von 10 dBm betriebenen DFB Laser sind in Modulen aufgebaut, die über einen Isolator mit einer Isolation größer 70 dB verfügen. Die verwendeten Linsen sind speziell für die Wellenlänge entspiegelt und teilweise schräg angeschliffen (siehe Bild 2). Das Licht wird dann in einen Schrägschliff-Stecker geringer Reflexion eingekoppelt. Dadurch kann die mit Steckern versehene Monomode-Faser des Stern-Kopplers direkt in das Modul gesteckt werden. Hierdurch erspart man sich eine zusätzliche Steck- oder Spleißverbindung und erreicht außerdem eine größere Flexibilität, da neben normalen Monomode-Fasern auch polarisationshaltende Faser an das Modul gefügt werden können. Ein Maß für die Güte der Aufbautechnik ist die spektrale Linienbreite des Lasers dargestellt als Funktion über die inverse Ausgangsleistung (siehe Bild 3). Der theoretische Zusammenhang ergibt eine Gerade durch den Ursprung, vorhandene Reflexionen würden eine Ondulation der Geraden bewirken. Wegen der Abhängigkeit der optischen Frequenz von der Temperatur (typisch 13 GHz/°C) und vom Strom (typisch 1GHz/mA) verfügen die Module über sehr genaue Stromversorgungen und Temperaturregelungen. Jede Versorgungseinheit verfügt über eine digitale Schnittstelle, über die die Temperatur und der Strom rechnergesteuert eingestellt werden kann.

3. Abstimmbare Laser-Module

Foto 2: Über die Temperatur abstimmbares Laser-Modul

Abstimmbare Laser-Module werden im System als lokaler Oszillator und als "Sweep"-Laser in der Überwachungs- und Stabilisierungseinheit verwendet. Da uns heute noch keine kommerziell erhältlichen elektronisch abstimmbaren Laser zur Verfügung stehen, mußten Laser-Module entwickelt werden, die eine Abstimmung ihrer Wellenlänge über eine Betriebs-Temperatur-Regelung erlauben. Um eine einigermaßen schnelle Abstimmung der Laser zu erreichen, war es notwendig, möglichst kleine kompakte Module aufzubauen, die eine geringe Wärmekapazität aufweisen (siehe Foto 2). Der prinzipielle Aufbau ist ähnlich wie in den Sende-Laser-Modulen.

4. Relative Frequenzstabilisierung

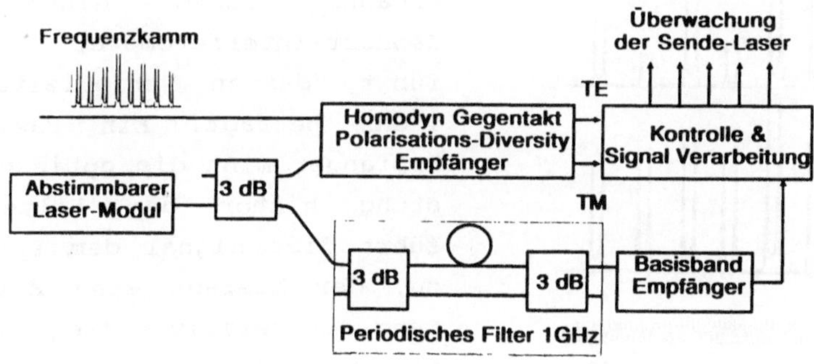

Bild 4: Überwachungseinheit

Für einen Langzeitbetrieb eines Frequenzmultiplexsystems ist eine relative Frequenzstabilisierung der einzelnen Kanäle unumgänglich. Hierzu wurde eine Einheit aufgebaut, die sowohl den Kanalabstand, den Modulationshub und auch die Leistung in den zwei orthogonalen Polarisationsrichtungen überwacht und gegebenenfalls die entsprechenden Laserparameter über die digitale Strom- und Temperatur-Regelung nachführt (Bild 4). Das wesentliche Sub-System der Kanalüberwachung besteht aus einem eigenständigen kohärenten Empfänger. Als lokaler Oszillator wird ein über die die Temperatur abstimmbarer Laser verwendet, dessen optische Frequenz kontinuierlich das Sendefrequenzband überstreicht und dabei hintereinander ein Überlagerungssignal mit den einzelnen Sendelasern erzeugt. Dieses Signal wird in einem Gegentakt-

Polarisations-Diversity-Empfänger detektiert und weiter verarbeitet. Die Verarbeitung unterscheidet sich wesentlich von der im Teilnehmer-Empfänger. Hier wird in beiden Polarisationszweigen ein Basisband-Signal durch ein Tiefpaß von 100 MHz herausgefiltert und dessen Leistung gemessen. Mit Hilfe dieses Empfängers ist es möglich, die spektrale Leistung der Sendesignale aufgeschlüsselt für beide Polarisationszustände zu ermitteln. Das Bild 5 stellt das Ergebnis eines Scan-Vorgangs bei einem Betrieb mit 8 Sendelasern dar (obere Kurven in Bild 5). Um eine Kalibrierung der Frequenz zu erreichen, wird das Licht des "Scanning-Lasers" einem Mach-Zehnder-Interferometer zugeführt, dessen Periodizität ein 1 GHz beträgt. Ein Basisband-Empfänger mißt die optische Leistung hinter dem Filter und führt dies Signal dem Prozessor zu, der hieraus eine Kalibrierung der relativen Frequenz vornehmen kann (untere Kurve Bild 5). Aus dem Bild 5 kann direkt der Kanalabstand, der Frequenzhub und die relativen Leistungspegel der Sendekanäle entnommen werden. Hieraus kann dann das entsprechende Regelsignal für die Sender ermittelt werden.

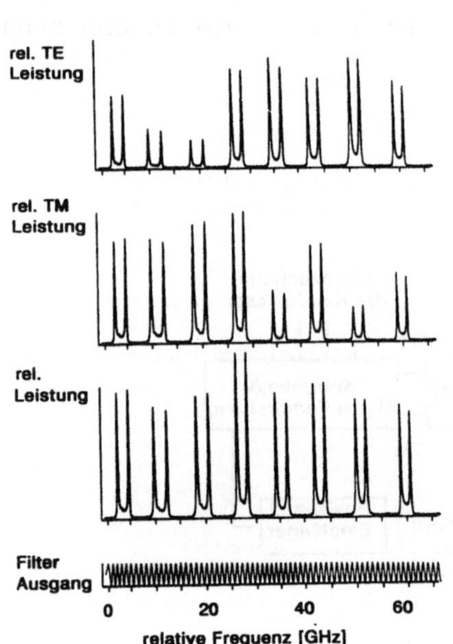

Bild 5: Signale der Überwachungseinheit

5. Der Teilnehmer

Beim Teilnehmer wird das empfangene optische Signal nochmals auf 4 Fasern expandiert, um gegebenenfalls mehrere Endgeräte bedienen zu können (siehe Bild 6). Im optoelektronischen Eingangsteil des Empfängers wird das Licht des abstimmbaren Lasers (Lokaler-Laser) mit dem Sendekamm überlagert und der gewünschte Kanal wird durch Abstimmung des lokalen Lasers wie bei einem Rundfunkgerät selektiert. Der Empfänger ist als Polarisations-Diversity-Empfänger in Gegentaktschaltung ausgeführt. Das nach seinen Polarisations-Komponenten getrennte überlagerte Signal wird opto-elektronisch gewandelt, die Zwischenfrequenz wird herausgefilter und ins Basisband umgesetzt. Ein wesentliches Bauteil ist das optische Frontend, in dem die Überlagerung des Signals und des Lichts des lokalen Lasers stattfindet und das die Aufteilung der Pola-

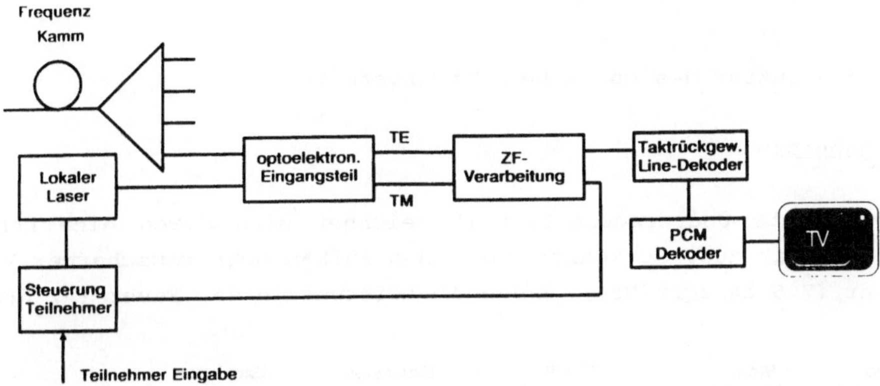

Bild 6: Teilnehmer-Station

risation in beide orthogonale Richtungen vornimmt. Es ist von der Firma Daimler Benz in reiner Faser-Technik speziell für dieses Projekt entwickelt worden. Seine Struktur ist in Bild 7 angegeben. Die empfangenen Daten werden nach Taktrückgewinnung, der Leitungs-Dekodierung und der PCM-Dekodierung dem Endgerät zugeführt. Das Zwischenfrequenzsignal wird zusätzlich als Regelsignal für die automatische Frequenz Kontrolle (AFC) des lokalen Lasers verwendet, um einen festen Frequenz-Abstand zwischen Sende-Laser und lokalen Laser zu garantieren. Zusätzlich muß die Teilnehmersteuerung auf Wunsch des Benutzers eine Kanalwahl zwischen den angebotenen Sende-Kanälen durchführen. Für den lokalen Oszillator wurde für sie ein "intelligente" Laser Ansteuerung mit Mikroprozessor entwickelt, bei der sowohl die Strom-Regelung für die AFC (Automatic-Frequenc-Control) zur Einhaltung der Zwischenfrequenz als auch die Temperatur Regelung digital realisiert wird. Die Ansteuerung erlaubt eine computer-gesteuerte Einstellung der gewünschten Kanäle.

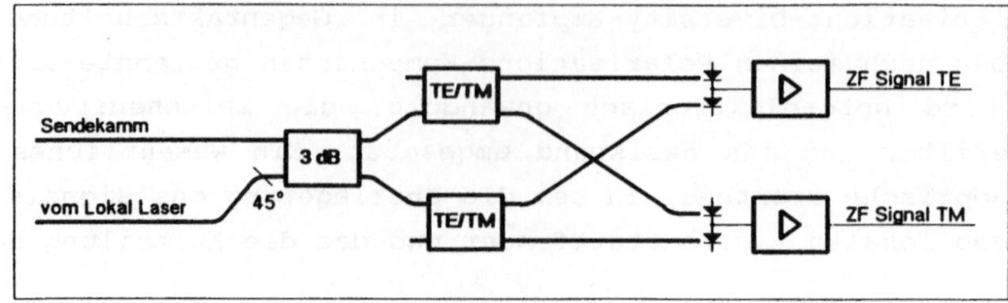

Bild 7: Struktur des optischen Eingangsteils

6. Ergebnisse

Die kohärente Übertragungstechnik zeichnet sich durch eine hohe Empfindlichkeit aus. So konnte durch den Aufbau sehr rauscharmer Vorverstärker (7.5 pA/sqrt(Hz)), hoher LO-Leistung in der Faser (>2 dBm) und

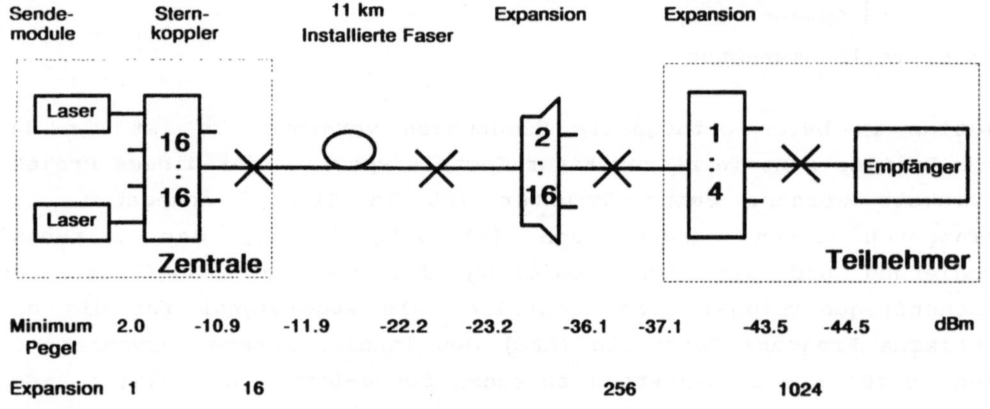

Bild 8: Leistungs-Budget des Systems

geeignet gewählter Mikrowellenverarbeitung trotz einer Zwischenfrequenz-Linienbreite von über 60 MHz eine Empfindlichkeit des Empfängers von -48.5 dBm bei der vorliegenden Schrittgeschwindigkeit von 280 Mbaud erreicht werden. Die hohe Empfindlichkeit des Systems erlaubt selbst bei einer Teilnehmer-Anschlußleitung hoher Dämpfung (11 dB) die Verteilung des Signalkamms an 1024 Endgeräte. Die System-Reserve beträgt 4 dB. Das Leistungs-Budget des Systems ist in Bild 8 angegeben.

Um die Langzeit-Stabilität des Systems zu untersuchen, wurde eine Zusatzdämpfung entsprechend der Systemreserve in die Übertragungstrecke eingefügt, sodaß der Empfänger genau bei einer Leistung betrieben wurde, der seiner Grenzempfindlichkeit entsprach. In diesem Versuch konnte die Grenzempfindlichkeit über mehr als 5 Tage verifiziert werden (siehe Bild 9). Die Empfindlichkeit des Systems kann noch weiter verbessert werden. So wird bei Verwendung eines Bi-Phase-Leitungskodierers theoretisch eine Empfindlichkeitssteigerung von 3 dB erreicht. Wenn zusätzlich Laser geringer Linienbreite zur Verfügung stehen, kann durch Verwendung von Modulationsverfahren mit geringem Frequenzhub eine weiter Verbesserung um 3-5 dB erreicht werden.

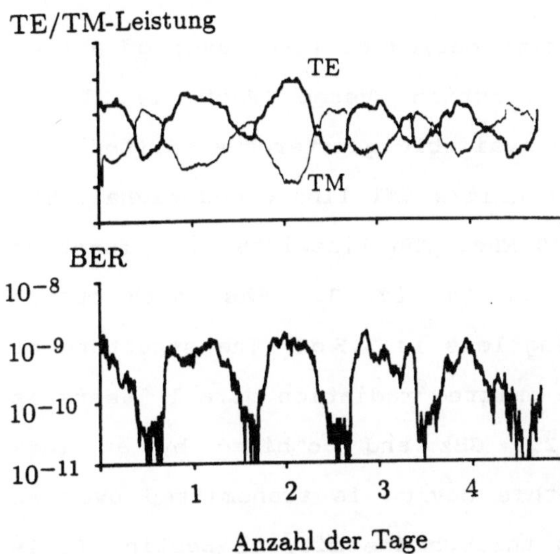

Bild 9: Langzeit-Messung des Systems ohne Systemreserve

7. Zusammenfassung

Es konnte gezeigt werden, daß schon heute selbst mit kommerziell erhältlichen Bauelementen ein kohärentes Fernsehverteilnetz aufgebaut werden kann, das die Verteilung von 8 Kanälen an 1024 Endgeräte bei einem stabilen Langzeitbetrieb erlaubt. Eine Erweiterung des Systems auf 16 Kanäle ist ohne weiteres möglich. Wenn Lasermodule zur Verfügung stehen, die bei geringer Linienbreite und hoher Ausgangsleistung über 8 nm abstimmbar sind, kann eine Verteilung von 100 Fernsehkanälen an über 1024 Endgeräte vorgenommen werden.

Coherent Optical TV Distribution Network

P. Meißner

We report the performance (over a time period of five days) of a rack mounted 8 channel coherent TV distribution system (Photo 1). The 8 transmitter lasers are commercially available quarterwave shifted 1551 nm DFB lasers, modulated with a 140 Mbit/s CMI line coded signal. The linewidth varies between 18 and 40 MHz. The linewidth as a function of the inverse output power is given in Fig. 3. The laser output power amounts to 10 mW, the coupling loss is 7.5 dB. The structure of the module is given in Fig. 2. The emitted radiation of all lasers is FSK modulated with a shift of 2.7 GHz and combined by an 16*2 combining network. One output of this device is transmitted over an installed 11 km long cable running through the city of Berlin. It is further expanded by an 1*64 distribution network. This system has the capability to support 1024 subscribers with a power margin of 4 dB. The structure of the system is given in Figure 1 and the power budget is shown in Figure 8.

The second output of the combining network feeds a channel supervisor. In this unit the frequency of a scanning laser (Photo 2) is tuned by temperature and the radiation is coupled into a polarization maintaining 3 dB coupler. One output is homodyned with the multichannel signal in an all fiber balanced polarization diversity receiver. For frequency calibration the second output is transmitted through a Mach Zehnder filter realized with two fiber polarization maintaining 3 dB couplers and a delay line generating a periodicity of 1 GHz (see Figure 4).

The supervisor supervises online the optical frequency comb. It measures the channel spacing, the frequency shift of the modulation of each channel, and the optical power of both polarization states (see Fig. 5).

At the subscriber (Figure 6) an all fiber optical frontend developed at Daimler-Benz is used for the coherent heterodyne receiver (Figure 7). The device feeds two balanced receivers with a bandwidth of 2 GHz and an equivalent noise current of 7.5 pA/sqrt(Hz). A single filter demodulation scheme with an active mixer for rectifying is used. First measurements with this frontend utilizing an intermediate frequency of 1.4 GHz show a sensitivity of -48.5 dBm at the input of the frontend.

In a transmission experiment over the combining and expanding network and the installed fiber the BER was measured over a period of 5 days utilizing a second balanced polarization diversity all fiber receiver (see Fig. 2). This receiver uses an optical frontend with 4 biconical couplers. With a wordlength of $2^{23}-1$ a sensitivity of -48.5 dBm (measured at the input of the frontend) has been achieved (Figure 9).

Optical TV Distribution Networks in the USA

W. Ciciora

1.0 Summary

The U.S. cable television industry currently passes 91% of all television households. 59% of U.S. television households are subscribers of cable service. Fiber optic technology affords dramatic opportunities for upgrading these systems. Since coaxial cable is a broadband technology, it is believed that it may never be necessary to bring fiber all the way to the residence. Hybrid structures optimally using a variety of technologies may be the most cost effective way of delivering all the video services the marketplace wants.

Modern coaxial cable is a broadband technology capable of delivering in excess of 1 GHz of bandwidth. The long cascades of amplifiers prevent the realization of this potential.

The elements of U.S. cable system practice will be briefly reviewed. The relative percentage distribution of these elements will be described along with a discussion of their costs.

A strategy for employing fiber in existing cable systems for the purpose of upgrading performance will be described. Maximum utilization is made of the existing investment in physical plant. Very cost effective upgrades are possible. Amplifier cascades are reduced to no more than six in the trunk portion of the plant. Up to two amplifiers remain in the distribution portion of the plant.

A strategy for new construction will be described which uses no coaxial cable in the trunk portion of the plant. A maximum of three amplifiers remain between the signal source and the subscriber. This structure is less expensive than all coaxial techniques.

A technique called "Super-Distribution" will be described which minimizes the build-up of non-linear distortions and signal reflections in the distribution portion of the plant.

Finally, an evolutionary approach for utilizing 1 GHz of bandwidth for a wide variety of subscriber video services will be explored. Video compression techniques facilitate the delivery of several hundred channels.

By utilizing hybrid approaches, maximum utility for minimum cost is obtained. Each service supports its own costs without requiring lower grade services to subsidize higher grade services.

Five major hybridizations are considered: 1) hybrid fiber / coax; 2) hybrid NTSC / HDTV; 3) hybrid analog / digital; 4) hybrid compressed / non-compressed; and 5) hybrid broadband / switched.

2.0 Traditional U.S. Cable Practice

The U.S. cable television system is not intended to be a general purpose communications mechanism. Its primary and often sole purpose is the transportation of a variety of entertainment television signals to subscribers. Thus it needs to be a one-way transmission path from a central location, called a headend, to each subscriber's home, delivering essentially the same signals to each subscriber. The signals are intended for use with the consumer electronics equipment which subscribers already own. This equipment is built to operate on the current U.S. television technical standard called NTSC after the organization that created it in 1941, the National Television Systems Committe. This black and white television standard was modified in 1953 to compatibly provide color information to color television receivers and again in 1984 to add compatible stereo sound.

Cable television is made possible by the technology of coaxial cable. Rigid coaxial cable has a solid aluminum outer tube while flexible coaxial cable's outer conductor is a combination of metal foil and braided wire. The center conductor of rigid cable is copper-clad aluminum while the center conductor of flexible cable is copper clad steel. The characteristic impedance of the coaxial cable used in cable television practice is 75 ohms. The well known principles of transmission line theory apply fully to cable television technology.

The most important characteristics of coaxial cable are: 1) its ability to completely contain a separate frequency spectrum, and 2) the properties of that spectrum which cause it to behave much like over-the-air spectrum. This means that a television receiver connected to a cable signal will behave as it does when connected to an antenna. A television set owner can become a cable subscriber without an additional expenditure on consumer electronics equipment. The subscriber can also cancel the subscription and not be left with useless hardware. This ease of entry and exit from an optional video service is a fundamental part of cable's appeal to subscribers.

Since the cable spectrum is tightly sealed inside an aluminum environment, a properly installed and maintained cable system can use frequencies assigned for other purposes in the over-the-air environment. This usage takes place without causing interference to these other applications or without having them cause interference to the cable service. New spectrum is "created" inside the cable by the "reuse" of spectrum already in use for other purposes. In some cable systems, dual cables bring two of these sealed spectra into the home for use by the subscriber.

The principal negative of coaxial cable is its relatively high loss. Coaxial cable signal loss is a function of its diameter, dielectric construction and frequency of operation. A rough ball-park figure is 1 dB of loss per 100 feet. Half inch diameter, aluminum cable has 1 dB of attenuation per 100 feet at 181 MHz; at one inch diameter, the attentuation drops to 0.59 dB per 100 feet. The attenuation of cable varies with the square root of the frequency. Thus the attentuation at 214 MHz (within TV channel 13) is twice that of 54 MHz (within TV channel 2) since the frequency is four times as great. If channel 2 is attenuated 10 dB in 1,000 feet, channel 13 will be attenuated 20 dB.

2.1 Tree and Branch Topology

Since cable television is not a general-purpose communications mechanism, but rather a specialized system for transmitting numerous television channels in a sealed spectrum, the topology or layout of the network can be customized for maximum efficiency. The topology which has evolved over the years is called the tree and branch architecture.

There are five major parts to a cable system: 1) the in-home wiring and the terminal equipment, 2) the drop cable to the home, 3) the distribution cable in the neighborhood, 4) the trunk or feeder cable, and 5) the headend.

In the home, flexible coaxial cable is used to bring the signal to the terminal equipment. In the simplest cases, the terminal equipment is the television set or VCR. If the TV or VCR doesn't tune all the channels of interest, a "converter" is placed between the cable and the TV or VCR's tuner. The cable converter has a high quality, broadband tuner and output circuitry which puts the desired cable channel on a low-band channel which is not occupied in the local off-the-air spectrum. Typically, this is channel 2, 3, or 5. The TV or VCR is tuned to this channel and behaves as a monitor. If programming of interest to the subscriber is scrambled, a descrambler is required. It is usually placed in the converter. The home is connected to the cable system by the flexible drop cable. It is typically 150 feet long. See Figure 1.

Terminal Equipment and Cable Drop

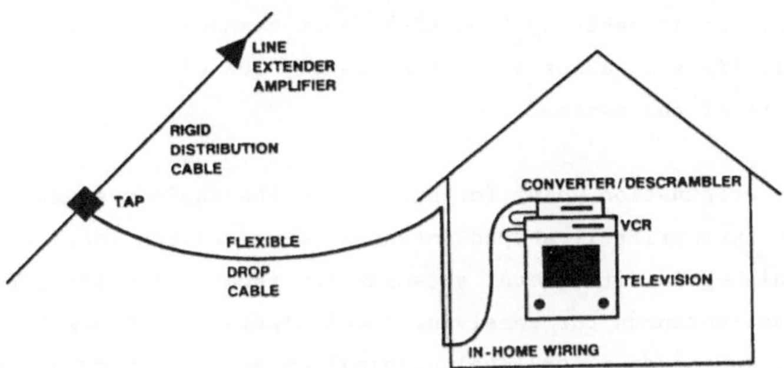

Figure 1

The distribution cable in the neighborhood runs past the homes of subscribers. This cable is tapped so that flexible drop cable can be connected to it and run to the residence. The distribution cable interfaces with the trunk cable through an amplifier called a bridger amplifier which increases the signal level for delivery to multiple homes. One or two specialized amplifiers called line extenders, are included in this cable. Approximately 40% of the system's cable footage is in the distribution portion of the plant and 45% is in the flexible drops to the home. See Figure 2.

Distribution Plant

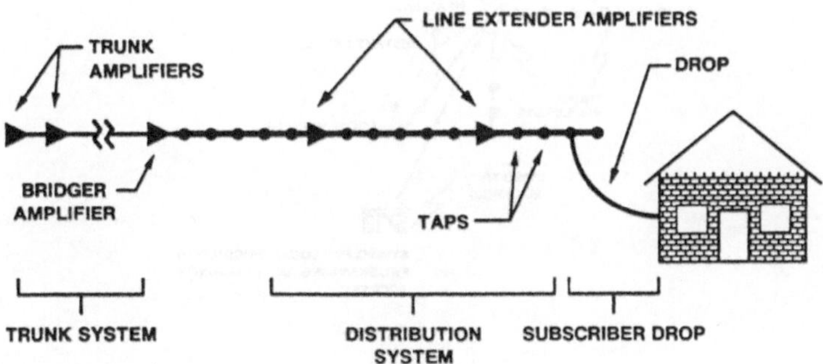

Figure 2

The trunk or feeder part of the cable system transports the signals to the neighborhood. Its primary goal is to cover distance while preserving the quality of the signal in a cost-effective manner. Broadband amplifiers are required about every 2,000 feet depending on the bandwidth of the system. The maximum number of amplifiers which can be placed in cascade is limited by the build up of noise and distortion. Twenty or thirty amplifiers may be cascaded in relatively high-bandwidth applications. Older cable systems with fewer channels may have as many as fifty or sixty amplifiers in cascade. Approximately 10% of a cable system's footage is in the trunk part of the system.

The headend is the origination point for signals in the cable system. It has parabolic or other appropriately shaped antennas for receiving satellite delivered program signals, high-gain directional antennas for receiving distant TV broadcast signals, directional antennas for receiving local signals, machines for playback of taped programming, and studios for local origination and community access programming. Local origination is programming over which the cable operator has editorial control. It can range from occasional coverage of local events to a collection of programming almost indistinguishable from that of independent broadcaster. Often mobile coverage of events is provided with microwave links back to the headend or back-feed of the signal up the cable system to the headend. Community access is franchise mandated access for community groups. The cable system cannot exercise editorial control over either the quality or content of community access programming. See Figure 3.

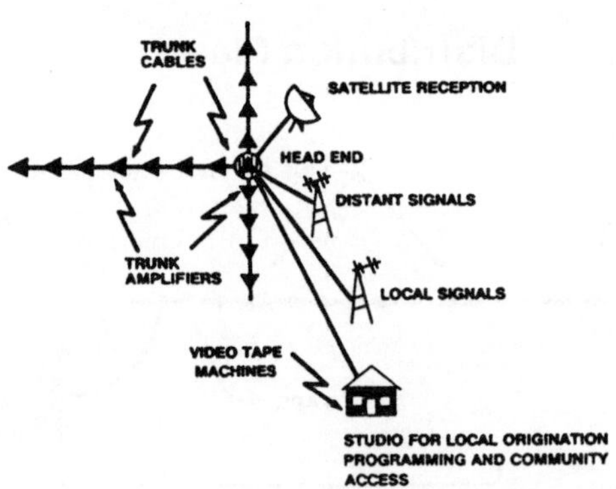

Figure 3

When the whole picture is assembled, the tree shape of the topology is evident. The trunk and its branches become visible. See Figure 4.

3.0 Fiber Backbone

The main characteristic of the cable plant which prevents the full utilization of the coaxial cable's bandwidth is the long cascade of amplifiers. If the cable system of

Figure 4 were broken into a large number of smaller cable systems of no greater length than four or six trunk amplifiers, significant benefits would be obtained. Figure 5 shows such a structure. Each of the small cable systems is connected to the original cable headend by a fiber. This is called the "Fiber Backbone" architecture. In this structure, if an amplifier fails, a much smaller number of subscribers will be disturbed. The number of amplifiers between the signal source and the subscriber as well as the noise and distortion build-up are dramatically reduced.

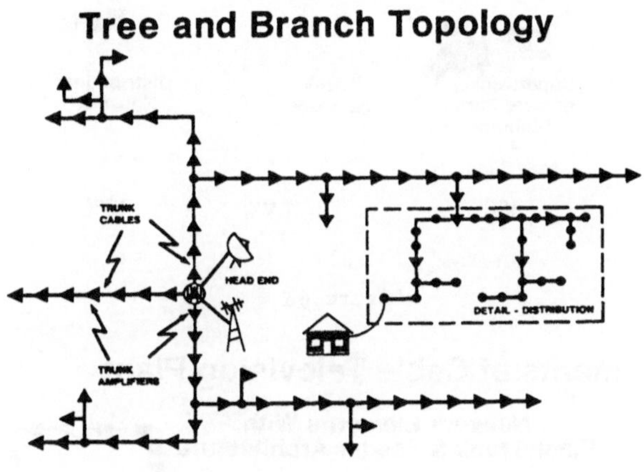

Figure 4

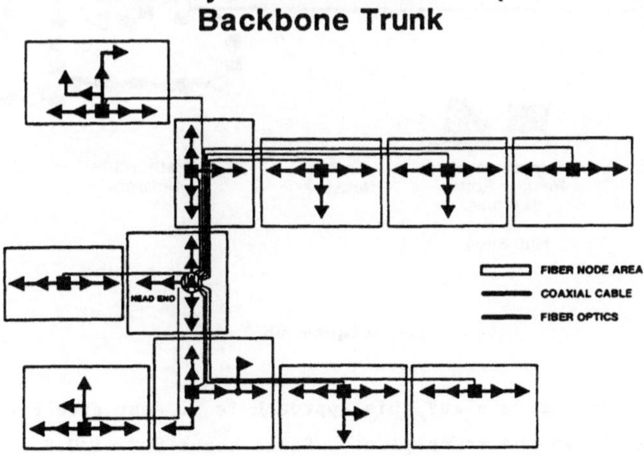

Figure 5

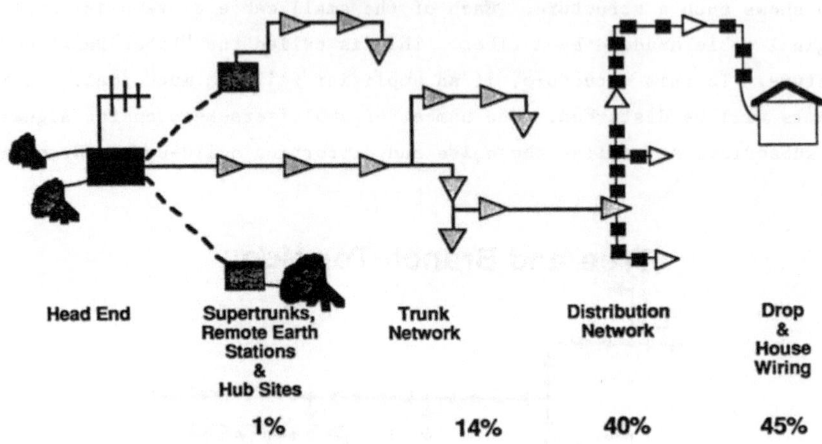

Figure 6a

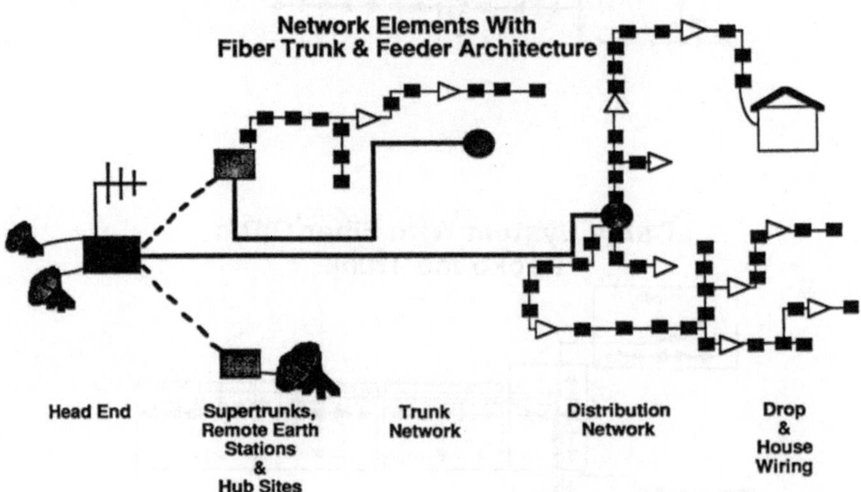

Figure 6b

Figures 6a and 6b demonstrate why this approach is so cost effective. Only 14% of the cable mileage is in the trunk plant. Since about 80% of U.S. cable is aerial, the fiber can be overlashed onto existing cable. In underground construction, it has been found that the old cable can be converted into a conduit by using the current from a welding machine to heat the coaxial cable's center conductor. The

dielectric softens and can be pushed out with high pressure water. Optical fiber can be blown into this newly created duct.

In the Fiber Backbone approach, four to six of the trunk amplifiers are utilized. As amplifier technology advances, these amplifiers can be replaced with wider bandwidth units more closely achieving the full bandwidth of the coaxial cable. The major benefits of fiber come at low cost. Only about 10% of the cable plant is involved.

The other benefits are apparent. Each fiber now feeds a small group of homes, 300 to 500. These homes are in different neighborhoods. If there are cultural differences, these neighborhoods could be fed specialized programming. A second important benefit is that two-way operation becomes practical. The principal limitation of all-coaxial designs was that the ingress into the system summed as the signals jointed branches and proceeded towards the cable headend. In the new approach, the multitude of separate fibers prevent this summing effect. The fibers themselves are immune to signal ingress.

Of course, the prudent designer will utilize fiber cable with many spare fibers to allow future expansion of services and capacity. The incremental cost of "dark fibers" is small.

4.0 Fiber To The Feeder

The Fiber Backbone approach is well suited to the upgrade of existing cable plant. No cable is wasted. Fiber is added. Major benefits are relized. However, in the case of new builds or where the old cable is in such a poor condition that it needs to be replaced, Fiber can be brought directly to the feeder portion of the cable plant. No trunk cable and no trunk amplifiers are used. Only two to three ampliiers exist in the feeder part of the plant. The impediments to realizing the full bandwidth of the coaxial cable are still further reduced. See Figure 7. Our company is currently installing Fiber Backbone and Fiber to the Feeder systems as it upgrades and rebuilds plant.

5.0 Super Distribution

The trunk portion of the cable plant is noise limited while the distribution portion of the plant is limited by distortion build up. This is because the distribution part of the plant must be operated at higher levels to support the losses of energy tapped off to distribute to the homes. Another limitation of the distribution portion of the plant is the reflection of signals from the impedance discontinuities

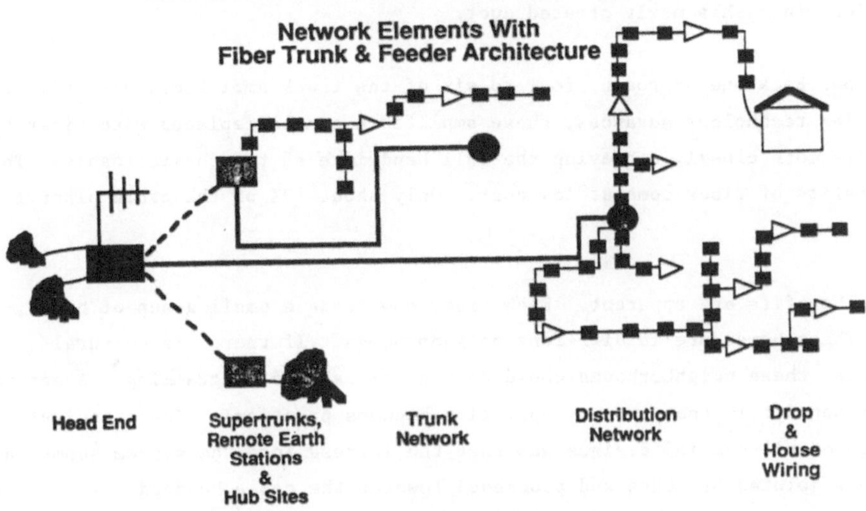

Figure 7

caused by the taps which split off signal to deliver to the homes. Rogers Cable of Canada has devised a scheme to mimimize these effects. The tapped cable is split half way between amplifiers. New, untapped cable is overlashed between the amplifiers to interconnect them. See Figure 8. The amplifiers are replaced with units which have three amplifier modules. One module feeds the next amplifier, another module feeds the line of taps going forward. The last amplifier module feeds the line of taps going backwards. Since each amplifier module supports have the previous number of taps, its output level can be reduced. The amplifier module which feeds the next amplifier can also operate at lower levels. These lower levels significantly reduce distortions caused by non-linear operation. The number of impedance discontinuities in the signal path to any home has been substantially reduced.

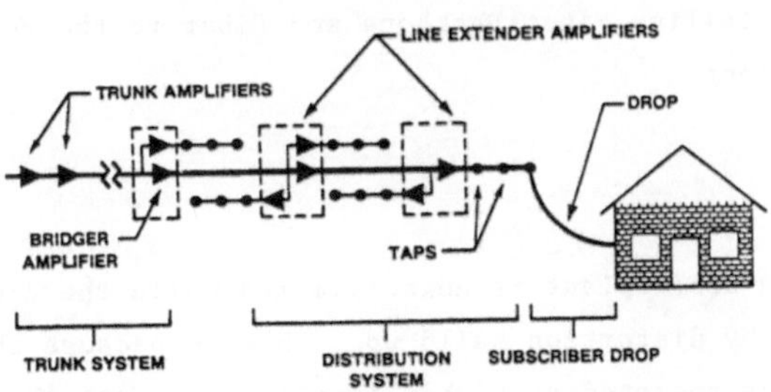

Figure 8

6.0 1 GHz Cable and Video Compression

The use of fiber and of "Super Distribution" adds very little cost to cable system construction. Yet it makes dramatic improvements in performance. The inherent bandwidth of coaxial cable can be more nearly realized. It is expected that in five or so years modern U.S. cable systems will have 1 GHz bandwidths. This constitutes 160 six MegaHertz channels.

An important by-product of HDTV research has been the ability to drastically reduce the amount of bandwidth required by video. HDTV starts out as 30+ MHz of Red, Green, and Blue analog signals at teh camera. In the U.S., this is compressed into 6 MHz. If these same techniques are applied to reducing the bandwidth required by NTSC, four or five NTSC signals can be squeezed into 6 MHz. A number of approaches doing this have been publicly demonstrated. In some cases, video quality compromises have been made. In other situations, compression artifacts are almost impossible to detect.

One possible scenario for the use of 1 GHz of cable spectrum is as follows: Sixty channels would be allocated to NTSC to service the 200 million color television receivers and 79 million VCR's that operate on the NTSC standard. Thirty channels might be allocated to carry simulcast HDTV of whatever standard survives. This leaves seventy channels. If four to one or five to one video compression is achieved, 280 to 350 channels are created.

There are two uses contemplated for this large number of compressed video channels. The first is called Near Video On Demand, NVOD, and the second use is a switched video service.

NVOD is a service in which the most popular movies are repeated every X minutes. The size of X is a marketing decision. I would suggest that average value of X should be slightly less than the average time required for a drive to the video store to rent a movie. The benefits to the subscriber are clear. The time to obtain a movie is less than a drive to the store. The movie is guaranteed to be available with NVOD; the same is not true of the video store. There is no need to "return" the movie after viewing it. If the price and video quality are competitive with what is obtained from the video store, the increased convenience will prove compelling.

The "switched video" concept depends on the fact that only about 300 homes are fed with each fiber. If every home required a separate channel of its own, 300 channels would be required. Clearly, many homes will be watching the NTSC offerings. Some will be enjoying HDTV. Still others will be involved with NVOD. There will be a number of homes not watching any television. A statistical study would have to be made to determine how many channels need to be allocated so that nearly all of the time, a subscriber could have access to his own channel when he wanted it. This number would probably be somewhere between fifty and seventy-five.

7.0 Conclusion

We have postulated a very cost effective evolution of cable systems utilizing a variety of hybrid technologies. First, fiber was introduced into a limited portion of the cable plant yielding a fiber / coaxial hybrid. Next, HDTV was added for an NTSC / HDTV hybrid. Compressed video generated a compressed / non-compressed hybrid. The compressed signals and the HDTV signals probably have digital elements giving us an analog / digital hybrid. Finally, allowing for switching at the cable headend and creates a broadband / switched hybrid.

None of this requires fiber to the home. In fact, fiber never penetrates any more than a mile and a half from the home. Fiber issued in no more than 14% of the cable plant.

This dramatic improvement in performance and variety of service can be accompished in an entirely evolutionary manner. Each step is taken without obsoleting any previous steps. Only subscribers who are interested in a particular service pay. Lower levels of service are not burdened with supporting things which have no interest.

It may never be necessary to bring fiber all the way to the home. Those who wish to do so must answer the question: "what new service can be delivered by fiber to the home that can't be provided on the combination of twisted copper pairs and fiber-augmented coaxial systems?" To date, this question has no good answers.

8.0 References

The Optimum Gain for a CATV Line Amplifier, K.A. Simons, Proceedings of the ICEEE, Vol. 58, No. 7, July 1970

NCTA, Technical Papers, 38 consecutive editions, National Cable Television Association, Washington D.C.

NCTA Recommended Practices, National Cable Television Association, Washington D.C.

Getting The Picture, Stephen B. Weinstein, IEEE Press

Color Television, Edited by Theodore S. Rzeszewski, IEEE Press

Television Technology Today, Edited by Theodore S. Rzeszewski, IEEE Press

Cable Communication, Baldwin, Thomas, and McVoy, Prentice-Hall

Cable Television, John E. Cunningham, Howard W. Sams

Cable Television Technology, James N. Slater, John Wiley

Technical Handbook for CATV Systems, K Simons, General Instrument

IEEE Transactions on Cable (No longer active)

IEEE Transactions on Consumer Electronics

Information, Transmission, Modulation, and Noise, Mischa Schwartz, McGraw-Hill

Glasfaser-TV-Verteilnetze in den USA

W. Ciciora

Zusammenfassung

Die amerikanische Kabelfernsehindustrie erreicht zur Zeit 82% aller Fernsehhaushalte. 57% der amerikanischen Fernsehhaushalte sind Teilnehmer im Kabelnetz. Die Glasfasertechnik bietet ungeahnte Möglichkeiten, um diese Systeme aufzuwerten. Nachdem das Koaxialkabel die Anforderungen an die Bandbreite erfüllt, glaubt man nicht an die Notwendigkeit, Glasfaser bis zum Benutzer ins Haus bringen zu müssen. Hybrid-Strukturen, die eine Anzahl von Techniken optimal anwenden können, bieten wohl die kostengünstigste Möglichkeit, alle vom Markt geforderten Video-Dienste zu liefern.

Die modernen Koaxialkabel basieren auf einer Breitbandtechnik, die Frequenzen von mehr als 1 GHz Bandbreite übertragen kann. Lediglich die langen Verstärkerkaskaden verhinderten bis jetzt die Nutzung dieses Potentials.

In dem Vortrag werden die Grundzüge der amerikanischen Kabelnetztechnologie kurz erörtert, und es wird der prozentuale Einsatz dieser Bausteine im Zusammenhang mit einer Kostengegenüberstellung diskutiert.

Dabei wird eine Strategie beschrieben, wie Glasfaser in bereits vorhandenen Koaxialkabelsystemen verwendet werden kann, um die Leistung zu steigern. Ziel ist hierbei, die bereits vorhandenen Anlagen so weit wie möglich weiterzubenutzen. Die Glasfaser erlaubt aber sehr kostenwirksame Verbesserungen. Verstärkerkaskaden werden auf maximal 6 in der Hauptleitung der Anlage reduziert. Im Endverteilnetz der Kabelanlage sieht diese Strategie maximal 2 Verstärker vor.

Die Strategie für die Installation neuer Verteilnetze sieht vor, daß in der Hauptleitung der Anlage keine Koaxialkabel mehr, sondern nur noch Glaskabel verwendet werden und lediglich im Endverteilnetz noch Koaxialkabel zum Einsatz kommen. Zwischen dem Ausgangssignal und den Teilnehmeranschlüssen gibt es dann höchstens noch 3 Verstärker. Diese Struktur ist wesentlich kostengünstiger als die Ausführung in reiner Koaxialkabeltechnik.

Außerdem wird in dem Vortrag eine Technik beschrieben, die sich "Super-Verteilung" nennt und den Einfluß von nichtlinearen Verzerrungen und Signalreflexionen im Verteilernetz der Anlage auf ein Minimum reduziert.

Schließlich wird noch ein evolutionär einzuführendes Verfahren angesprochen, bei dem die verfügbare Bandbreite von 1 GHz für eine Vielzahl von Video-Diensten für den Teilnehmer genutzt werden kann. Video-Kompressionstechniken erlauben die gleichzeitige Verteilung mehrerer hundert Fernsehkanäle.

Durch den Einsatz der Hybridtechnik erreicht man maximale Nutzung bei minimalen Kosten. Jeder Dienst trägt sich selbst, ohne daß niedrigere Dienste höhere Dienste subventionieren müssen.

Der Begriff Hybrid kann mehrere Bedeutungen haben. Daher werden 5 mögliche Hybrid-Verfahren im Vortrag angesprochen:

1. Hybrid-Netz Glasfaser/Koaxkabel
2. Hybrid-Standard NTSC/HDTV
3. hybrid-analog/digital
4. hybrid komprimiert/nicht-komprimiert
5. Hybrid-Breitband-Verteilung/Vermittlung.

Entwicklungslinien optischer Teilnehmeranschluß-systeme - Heutiger Stand und absehbare Entwicklungen

F. Sporleder

1. Einleitung

Die faszinierenden Eigenschaften der Glasfaser als Lichtübertragungsmedium sichern heutigen optischen Nachrichtensystemen, insbesondere wegen der großen Verstärkerabstände, eine nahezu konkurrenzlose Stellung beim Einsatz für den Weitverkehr.

Seit mehr als 10 Jahren erwägt man aber auch eine Anwendung der Glasfaser als Teilnehmeranschlußleitung oder sogar als Übertragungsmedium für Hausverkabelungen. Vor allem die hohe Übertragungskapazität, die sich gerade bei digitalen Signalen zukünftiger Dienste besonders gut nutzen läßt, und die Möglichkeit zur Realisierung sehr unterschiedlicher paralleler Übertragungskanäle auf einer Faser mittels Wellenlängenmultiplex (WDM) oder in der Zukunft gar mittels kohärenter Vielkanaltechnik sollten eine einmal verlegte Glasfaser zu einer Leitung mit nahezu unerschöpflicher Flexibilität gegenüber zukünftigen, bisher nicht absehbaren Diensteanforderungen machen.

Deshalb hat die DBP, trotz des guten Ausbaus ihres Netzes, das allen augenblicklichen und vielen zukünftigen Diensteforderungen gerecht wird, bereits frühzeitig die Möglichkeiten von diensteintegrierenden optischen Teilnehmernetzen erprobt.

2. BIGFON, ein frühzeitiger "fibre-to-the-home"-Test

Primäres Ziel des BIGFON-Projekts, das 1980 von der DBP gestartet wurde, war das Erkunden der grundsätzlichen Möglichkeiten, die das damals noch ziemlich neue Medium Glasfaser für Teilnehmeranschlüsse zu bieten hatte.

Allen BIGFON-Realisierungen der einzelnen Firmen und Firmengruppen lagen die folgenden konzeptionellen Prinzipien zugrunde (siehe auch Bild 1):

- jede Teilnehmer-Endstelle war über wenigstens eine individuelle optische Leitung mit der teilnehmerseitigen Vermittlung (Zentrale) verbunden **(einfacher Stern)**
- als Fasertyp wurde dem damaligen technischen Stand entsprechend die **Gradientenfaser** eingesetzt
- die Anschlußleitungssysteme wurden für alle verfügbaren (Verteil- und vermittelten Dialog-)Dienste einschließlich (Breitband-)Videotelefon **dienste-integrierend** ausgebaut
- um trotz der durch die Gradientenfaser begrenzten Übertragungskapazität eine reichliche Programmvielfalt insbesondere an TV-Programmen anbieten zu können, wurden diese Programme in der Zentrale durch eine teilnehmergesteuerte **Verteilvermittlung** über wenige Übertragungskanäle zugeschaltet /1/.

Die BIGFON-Technik, die als Technik für jedermann für einen flächendeckenden Einsatz konzipiert war, erwies sich als für diese Anwendung viel zu teuer. Selbst bei geringeren

Preisen für die optischen Systeme wäre ein Ersatz der vorhandenen Kupfertechnik, die ja den meisten Anforderungen voraussichtlich noch auf Jahrzehnte hinaus bestens genügen wird, wirtschaftlich unsinnig gewesen. Die BIGFON-Technik wurde nach der Installation der Testnetze auch nicht weiterentwickelt und die Netzinseln, die im übrigen gut funktionierten, wurden mittlerweile außer Betrieb gesetzt.

Anwendungen wie die Verkabelung von Neubaugebieten mit vergleichbaren, dem heutigen technischen Stand jedoch besser angepaßten "fibre-to-the-home"-Systemen erscheinen aus Kostengründen auch heute noch nicht sinnvoll.

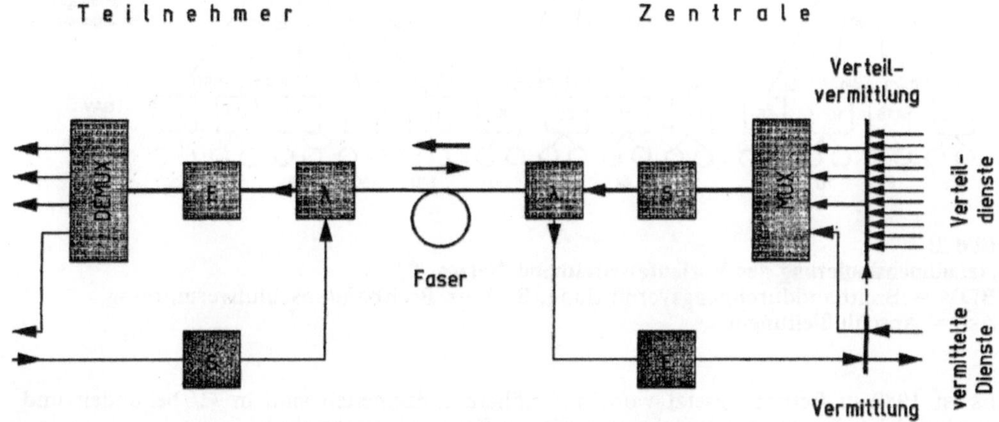

Bild 1:
Struktur einer vom Forschungsinstitut der DBP realisierten BIGFON-Alternative /1/
Sie erfüllt die allgemeinen BIGFON-Spezifikationen. BIGFON steht für "breitbandiges integriertes Glasfaser-Ortsnetz". S = Sender, E = Empfänger, λ = optische Weiche
MUX- und DEMUX-Technik im Zeitvielfach

Auf dem Weg zu einem flächendeckenden "fibre-to-the-home"-Netz für jedermann, das im Hinblick auf eine Zukunftssicherung und eine möglichst flexible Nutzung des Gesamtnetzes natürlich immer noch wünschenswert bleibt, wurde deshalb nach Anwendungen gesucht,

- die neue, durch die Kupferanschlüsse nicht zu realisierende, vom Kunden gewünschte Dienste möglich machen
- und die auch bei hohen Anfangspreisen finanzierbar sind, so daß durch den vermehrten Bedarf an optischer Systemtechnik auch die Kosten dafür stärker als bisher fallen.

3. VBN - der Einstieg in das Breitband-ISDN

Die Grundidee des Vorläufer-Breitband-Netzes (VBN) ist es, dem Kunden Zugang zu einem voll vermittelten Overlay-Netz mit solchen Übertragungskanälen anzubieten, die möglichst alle zukünftigen, vom heutigen Netz nicht zu bewältigenden Dienste abwickeln können.

Im wesentlichen bietet das VBN vermittelte, voll-transparente 140-Mbit/s-Kanäle zwischen den angeschlossenen Teilnehmern. Einzelheiten des Netzes zeigt Bild 2. Das VBN ist von vornherein nur für maximal 1000 Teilnehmer ausgelegt.

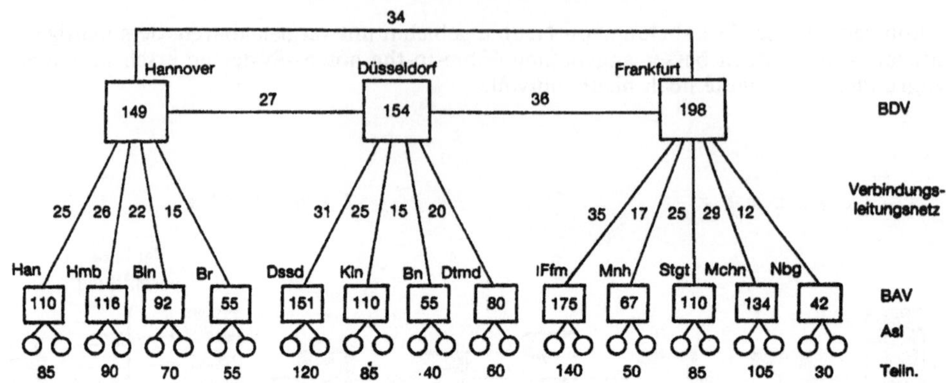

Bild 2:
Netzdimensionierung des Vorläufer-Breitband-Netzes /2/
BDV = Breitbanddurchgangsvermittlung, BAV = Breitbandanschlußvermittlung,
Asl = Anschlußleitungen

Es ist 1989 in Betrieb gesetzt worden. Nähere Einzelheiten sind in /2/ behandelt und werden sicher in weiteren Beiträgen zu diesem Kongreß beschrieben.

4. Neuere Pilotprojekte der DBP Telekom

Die jetzt durch die DBP Telekom mit Raynet und mit anderen Firmen im Anschluß an den Konzeptwettbewerb "Wirtschaftlicher Einsatz der Glasfaser-Technik im Teilnehmeranschlußbereich" gestarteten Pilot-Projekte sollen nicht nur Erkenntnisse über den technischen Stand der optischen Nachrichtentechnik für flächendeckende Glasfaser-Teilnehmernetze für jedermann bringen, sondern es werden auch realistische Kostenabschätzungen für ein wirklichkeitsnahes Diensteangebot erwartet.

An vermittelten Diensten werden (analoge) Telefonanschlüsse und z. T. Ausbaumöglichkeiten für Anschlüsse bis 2 Mbit/s und darüber hinaus vorgesehen. Die Signale der Verteildienste werden über die Einmodenfaser "en bloc" in Form von Standard-CATV(Bk)-Signalen im analogen Format übertragen.

Gerade die Kostenüberlegungen haben dazu geführt, vom reinen "fibre-to-the-home"-Konzept abzugehen. Allen Pilot-Projekten ist gemeinsam, daß hybride Netze installiert werden, bei denen durch eine Faser oder ein Bündel mit wenigen Fasern von einem optischen Netzabschluß (curb) aus eine größere Anzahl von Teilnehmern über Netzausläufer in Kupfer versorgt werden.

Im unmittelbaren Teilnehmerbereich werden die konventionellen (Kupfer)-Übertragungssysteme verwendet, an die die optische Übertragungstechnik so gut wie möglich angepaßt wurde, um den Aufwand am optischen Netzabschluß, der Schnittstelle zwischen den Glasfaser- und den Kupfersystemen, möglichst gering zu halten.

Tabelle 1 gibt einen Überblick über die einzelnen Pilotprojekte.

<table>
<tr><th>Firma</th><th>Gebiet</th><th>Dienste</th></tr>
<tr><td>Raynet
31.05.90</td><td>Köln</td><td>192 analoge Telefonanschlüsse
96 Kabelfernsehanschlüsse</td></tr>
<tr><td>Raynet
Sommer 91</td><td>Ffm</td><td>ISDN, analoge Telefonanschlüsse
2 Mbit/s Festverbindungen</td></tr>
<tr><td>Raynet
Mitte 92</td><td>Lippetal
Meschede</td><td>BB-Verteilung (ländlich)
≈ 4500 Wohneinheiten</td></tr>
<tr><td>Siemens</td><td>Leipzig</td><td rowspan="3">vermittelte Dienste
Festverbindungen
BB-Verteilung</td></tr>
<tr><td>SEL</td><td>Mediapark
Köln</td></tr>
<tr><td>AEG/ANT/PKI</td><td>Nürnberg</td></tr>
<tr><td>Bosch</td><td>Großraum
Bremen</td><td>BB-Verteilung (ländlich)</td></tr>
</table>

Tabelle 1:
Übersicht über die Pilotprojekte der DBP Telekom

Die näheren Einzelheiten der Konzepte werden wiederum von folgenden Beiträgen zu diesem Kongreß erläutert. Deshalb wird hier nicht näher darauf eingegangen.

5. "fibre-to-the-curb"-Netze

Die bisherigen Planungen und Realisierungen im Rahmen der Pilotprojekte lassen "fibre-to-the-curb"-Lösungen - in Bild 3 ist die einfachste Version schematisch dargestellt - beim heutigen Entwicklungsstand technisch und wirtschaftlich sinnvoll einsetzbar erscheinen, wenn z. B. ganze Gebiete neu verkabelt werden müssen.

Der wesentliche Vorteil dieser Lösung ist, daß sich die Kosten der immer noch teuren optischen Übertragungstechnik auf mehrere angeschlossene Teilnehmer verteilen. Hinzu kommt, daß - zumindest für den Teil der vermittelten Dienste - eine technisch einfache optische Übertragungstechnik mit einfachen digitalen Multiplexern ausreicht. Ob die bei den Pilotprojekten eingesetzte optische Analogtechnik für die CATV-Signale mit den harten Linearitäts- und Rauschanforderungen je billig werden kann, bleibt abzuwarten. Der weitere Vorteil ist, daß auf der "Kupfer-Seite" die konventionelle Übertragungs- und Schnittstellentechnik verwendet werden kann.

Ein entscheidender Nachteil ist natürlich der erforderliche aktive optische Netzabschluß. Dabei wird der Platzbedarf und insbesondere der endgültige Leistungsbedarf der Stromversorgung für die Durchsetzbarkeit von "fibre-to-the-curb"-Lösungen eine wesentliche Rolle spielen.

Ganz besondere Vorteile verspricht dieses Konzept, wenn die Distanz zwischen der teilnehmerseitigen Vermittlung und dem Cluster der anzuschließenden Teilnehmer groß ist - z. B. in ländlichen Gebieten. Für neu zu strukturierende Teilnetze liefert dieses Konzept auch die Möglichkeit, statt vieler kleiner Vermittlungen wenige größere Vermittlungen vorzusehen, wodurch sich mehr Freiheitsgrade bei der Auslegung der Netztopologie und damit bessere Optimierungsmöglichkeiten für das Gesamtnetz ergeben.

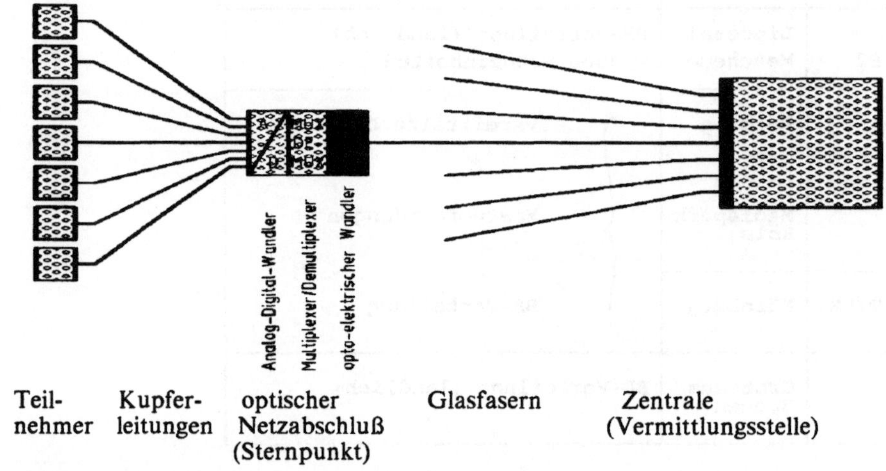

Bild 3:
Teilnehmeranschlußsystem mit abgesetztem optischem Netzabschluß ("fibre-to-the-curb"-System)

Wie weit diese Überlegungen bei dem Netzausbau in der ehemaligen DDR schon eine Rolle spielen werden, ist beim jetzigen Stand der Planungen für den Autor dieses Beitrages noch nicht abzusehen. Durch den Zeitdruck, mit dem der Ausbau erfolgen muß, sind der Berücksichtigung neuer technischer Lösungen enge Grenzen gesetzt.

Die in Bild 3 gezeigte "fibre-to-the-curb"-Konzeption bietet in jedem Fall für die Zukunft einen aussichtsreichen Weg, durch verstärkten, sinnvollen Einsatz der Glasfasertechnik im Netz zu einer besseren Verfügbarkeit der optischen Übertragungstechnik zu kommen und damit auch wirtschaftlich den Weg zu "fibre-to-the-home"-Anschlüssen zu ebnen.

6. "fibre-to-the-home"-Netze mit passiver Baum-Struktur

Ob diese Technik aber wirklich in größerem Stile eingesetzt werden sollte als Start für neue dienste-integrierende Teilnehmernetze oder ob nur Teile davon zur Lösung ganz spezifischer Sonderaufgaben - z. B. zur Speisung von CATV-Kupfer-Netzen in ländlichen Gebieten - verwendet werden sollten, hängt auch ganz entscheidend davon ab, wie gut "fibre-to-the-curb"-Systeme ohne exzessive Zusatzkosten so ausgelegt werden können, daß sie zur Versorgung der Teilnehmer auch mit neuen, bisher kaum zu definierenden Breitbanddiensten wirtschaftlich ausgebaut werden können.

Von vornherein bietet die Struktur bei entsprechender Auslegung erhebliche Kapazitätsreserven, wenn z. B. nachträglich eine größere Anzahl von Teilnehmern mit 2-Mbit/s-Anschlüssen versorgt werden soll.

Natürlich kann man auch durch Reservefasern im Kabel von vornherein die Möglichkeit von Faseranschlüssen für eine begrenzte Zahl von Teilenehmern vorsehen. Weil als Fasertyp nur die Einmodenfaser verwendet wird, bereitet diese Form der "Zukunftsvorsorge" keine technischen Schwierigkeiten.

Eine einfache Art, die Ausbaubarkeit zu gewährleisten, bietet auch die Verlegung von Leerrohren, die bei einer Erweiterung der Anschlußnetze die Kosten für die teuren Erdarbeiten erspart.

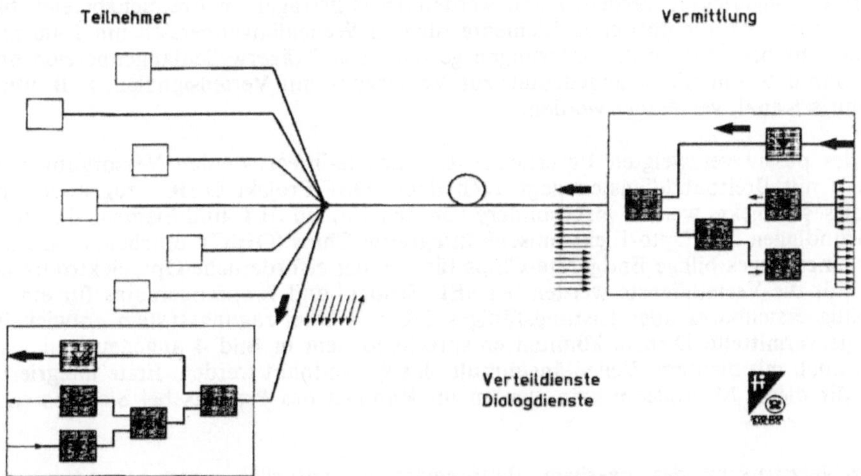

Bild 4:
Integriertes breitbandiges Teilehmeranschlußnetz für Verteil- und Dialogdienste in passiver Baumstruktur

Es gibt aber eine weitere sehr aussichtsreiche Möglichkeit, mit der begrenzten Zahl von Fasern zwischen der Zentrale (Vermittlung) und dem optischen Netzabschluß eine große Zahl von "fibre-to-the-home"-Anschlüssen zu realisieren, indem nämlich - ausgehend von der Zentrale - über eine sich mehrfach verzweigende Faser mehrere Teilnehmer angeschlossen werden. Die Grundstruktur eines derartigen "Baumnetzes" mit passiver optischer Verzweigung, die über einen Faserstern am Ort des optischen Netzabschlusses realisiert werden kann, zeigt Bild 4.

Dieses Netz ist als Baumnetz von vornherein besonders gut geeignet zur Versorgung der Teilnehmer mit einem oder mehreren Kanälen zum Transport der Signale für die Verteildienste. Dabei wird natürlich vorausgesetzt, daß die Belastung der optischen Leistungsbilanz aufgrund der Aufteilungsverluste in den passiven Verzweigern durch entsprechend leistungsfähige Sender und empfindliche Empfänger eventuell unter Einsatz von optischen Verstärkern aufgefangen werden kann.

Daß man diese Struktur auch zur Versorgung mit vermittelten Diensten, wofür ja zwischen der Zentrale und jedem Teilnehmer bidirektionale, individuelle Kanäle eingerichtet werden müssen, verwenden kann, hat ernsthaft zuerst British Telecom mit seinem TPON-Konzept (TPON steht für "Telephone on Passive Optical Network") ins Auge gefaßt /3/. Die teilnehmerindividuellen Signale werden im Paketmultiplex übertragen. Die auftretenden Synchronisierungsprobleme sind bei den Telefonsignalen mit den für den digitalen Mobilfunk bereits entwickelten Verfahren bei den niedrigen Bitraten relativ einfach zu lösen. Teilweise werden ähnliche Verfahren zur Versorgung von mehr als einem optischen Netzabschluß mit der gleichen Faser auch bei den Pilotprojekten der DBP Telekom eingesetzt.

Im Forschungsinstitut der DBP Telekom wird ein Konzept verfolgt /4/, bei dem auf optischen Trägern ohne Wellenlängenselektion mit Hilfe von Hilfsträgermultiplex ein (Hilfs-)Trägerfrequenzsystem zur Realisierung von bidirektionalen, transparenten Kanälen verwendet wird /4/. Bei 8 angeschlossenen Teilnehmerstationen können Kanäle für maximal 10 Mbit/s eingerichtet werden. Dazu werden 16 Hilfsträger im Frequenzbereich bis 400 MHz benutzt. An die optischen Elemente für den Wellenlängenbereich um 1300 nm werden nur sehr bescheidene Anforderungen gestellt. Der Trägerwellenlängenbereich um 1550 nm könnte, wie in Bild 4 angedeutet, zur Versorgung mit Verteilsignalen, z. B. über einen 5-Gbit/s-Kanal, verwendet werden.

Die Idee des passiv verzweigten Fasernetzes zur dienste-integrierenden Versorgung von Teilnehmern mit Breitbanddiensten liegt auch dem "DBP-Projekt OEIC" zugrunde. Im Rahmen dieses Projekts werden insbesondere von den Firmen SEL und Siemens die technischen Grundlagen für "Opto-Elektronische Integrierte Chips (OEIC)" erarbeitet. Damit hofft man eines Tages billige Endgeräte-Chips für die hier erforderliche Optoelektronik zu erhalten. Für die Verteildienste werden bei SEL Sender- und Empfängerchips für ein in Massen billig erstellbares aber leistungsfähiges 5-Gbit/s-Übertragungssystem entwickelt. Breitbandige vermittelte Dienste könnten entsprechend dem in Bild 4 angedeuteten Kanalschema auch mit dichtem Wellenlängenmultiplex gehandhabt werden. Erste integrierte Bausteine für dieses Multiplexprinzip werden im Rahmen des Projekts bei Siemens entwickelt.

Die Faser-Netzstruktur des passiven Baumnetzes ist natürlich ganz besonders gut angepaßt an den möglichen zukünftigen Einsatz von kohärenten optischen Systemen mit optischem Vielkanal-Trägerfrequenz-Zugriff /5/. Mit diesem Verfahren wäre die Kapazität derartiger Baumnetze auch bei starker Verzweigung mit vielen von einer Stammfaser abgehenden Teilnehmerfasern nahezu unbegrenzt. Optisch kohärente Verfahren sind aber noch längst nicht einsetzbar und es erscheint auch fraglich, wann und ob es Bedarf an einer derartigen Nachrichtenkapazität geben wird.

Die heutigen praktischen Arbeiten an dem Baumkonzept mit passiver optischer Verzweigung zeigen, daß diese Netzart auch bei Anwendung von bereits jetzt oder in naher Zukunft verfügbarer optischer Systemtechnik für den Masseneinsatz sehr wohl geeignet ist. Allerdings paßt die Handhabung der vermittelten Signale nicht besonders gut zu den internationalen Standardisierungsüberlegungen für vermittelte Breitbandsignale. Diese richten sich nämlich an der ATM-Technik aus, wobei die prinzipielle Möglichkeit, Anschlußleitungssysteme gleich als Konzentratoren für die zu vermittelnden Breitbandsignale auszulegen und jedem Teilnehmer dynamisch Kanalkapazität zuweisen zu können, gleich mit beachtet werden sollten.

7. Ringnetze für ATM-Kanäle

Demnach erscheinen Ringnetze nach Bild 5, z. B. mit einem ATM-Trägerkanal von 620 Mbit/s, zu dem jeder der angeschlossenen Teilnehmer dynamisch Zugriff hat, zukunftsträchtiger. Der ATM-Signalstrom wird durch die Sender-Empfänger-Einheit jedes Teilnehmers, die die für ihn bestimmten Zellen entnimmt und seine abzusetzenden Zellen einfügt, hindurchgeleitet. Im Sternpunkt können durch Faserschalter Überbrückungsmöglichkeiten für einzelne, durch Störungen unterbrochene Teilnehmeranschlüsse vorgesehen werden.

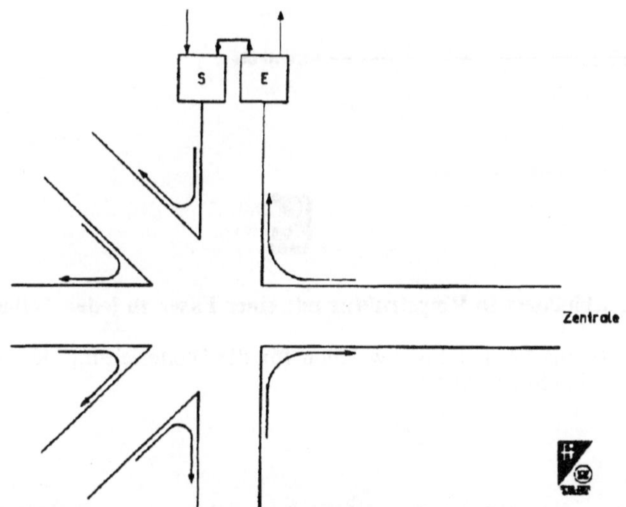

Bild 5:
Teilnehmeranschlußnetz in Ringstruktur mit zwei Fasern zu jeder Teilnehmerstation

Zum Aufbau des Ringnetzes müssen vom Sternpunkt aus pro Teilnehmer nicht unbedingt zwei Fasern verlegt werden, wie in Bild 6 angedeutet wird. Unter Einsatz von Wellenlängenmultiplex ist die gleiche Signalführung auch mit nur einer Faser pro Teilnehmer denkbar. Im Sternpunkt muß dann eine Matrix von Wellenlängenweichen, so wie sie heute z. B. in integrierter Technik auf Glassubstrat hergestellt werden kann, mit den angeschlossenen Fasern eingesetzt werden. Zu den zwei dafür erforderlichen Wellenlängen könnte ein Träger mit einer dritten Wellenlänge zum Transport von Verteilsignalen hinzugefügt werden.

Es ergibt sich dann ein Netz ähnlich dem in Bild 4 mit einer passiven Matrix von Wellenlängenweichen im Sternpunkt, das für den ATM-Kanal zum Transport der "vermittelten Signale" einen logischen Ring und für die "Verteilsignale" einen logischen Stern darstellt. Der "ATM-Teil" solch eines optischen Netzes würde praktisch nur aus Punkt-zu-Punkt-Verbindungen bestehen, wofür - abgesehen von der Wellenlängenmatrix - eine einfache Technik eingesetzt werden könnte, bei der im Prinzip keine Verzweigungsverluste zu überwinden sind. Die Verzweigungsverluste im logischen Stern des Verteilsystems können durch optische Verstärker im Sternpunkt ausgeglichen werden, wenn die Leistungsbilanz der eingesetzten Sender und Empfänger dies erforderlich macht.

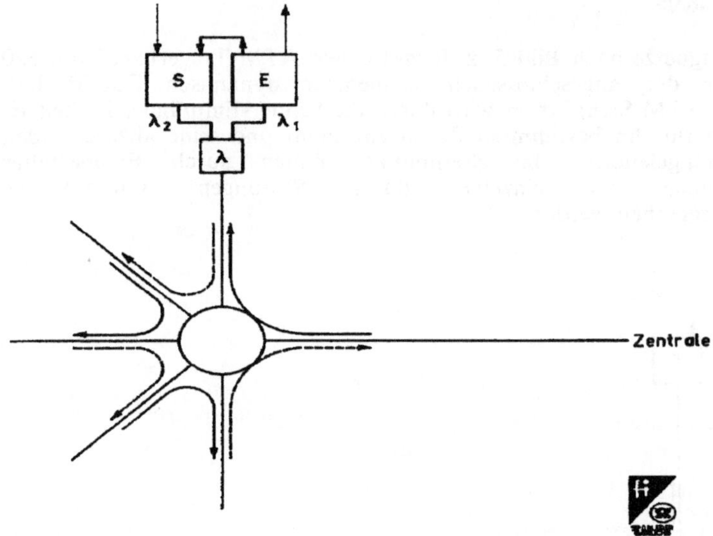

Bild 6:
Vorschlag für ein Teilnehmeranschlußnetz in Ringstruktur mit einer Faser zu jeder Teilnehmerstation
Im Sternpunkt sorgt eine Matrix aus Wellenlängenweichen für die Weiterleitung der Signale von Teilnehmerstation zu Teilnehmerstation

8. Ausblick

Die wesentlichen Hemmnisse, die schon zu BIGFONs Zeiten der Einführung flächendeckender "fibre-to-the-home"-Netze oder auch nur einer nennenswerten Durchdringung der bestehenden Netze mit optischen Teilnehmerleitungen entgegenstanden, nämlich der Mangel an Bedarf und die hohen Anfangskosten, sind auch heute trotz großer Anstrengungen noch nicht überwunden.

"fibre-to-the-curb"-Systeme, so wie sie von der DBP Telekom im Rahmen der Pilotprojekte bereits jetzt oder in naher Zukunft erprobt werden, könnten sich als gute Grundlage zur Erweiterung zu "fibre-to-the-home"-Netzen mit passiver Baumstruktur erweisen. Man gewinnt den Eindruck, daß derartige Anschlußnetze mit passiven - eventuell wellenlängenselektiven - Verzweigern kostengünstige "fibre-to-the-home"-Konzepte eröffnen und daß die dafür erforderlichen optischen Übertragungsverfahren selbst mit heute oder in naher Zukunft verfügbaren Techniken genügend flexibel ausgelegt werden können, um den Anforderungen zukünftiger internationaler Schnittstellenfestlegungen zu genügen.

9. Literatur

/1/ F. Sporleder, H. Besier, G. Wengenroth
Ein digitales optisches Teilnehmer-Anschluß-Netz
Der Fernmelde-Ingenieur, Heft 3/1984

/2/ W. Haist (Hrsg.)
Optische Telekommunikationssysteme, Band II
Damm-Verlag KG, Gelsenkirchen-BUER

/3/ D. W. Faulkner, D. B. Payne, J. R. Stern, J. W. Ballance
Optical Networks for Local Loop Applications
Journal of Lightwave Technology, Vol 7, 1989, Nr. 11, 1741...1751

/4/ B. Hein
Improved Receiver Sensitivity for Optical Subcarrier Transmission Systems
EFOC LAN 89, june 12-16, 1989, Amsterdam, EFOC Proceedings 153...156

/5/ E.-J. Bachus, R. P. Braun, C. Capar, H. M. Foisel, E. Großmann, B. Strebel, F. J. Westphal
Coherent Optical Multicarrier Systems
Journal of Lightwave Technology, Vol 7, 1989, Nr. 2, 375...384

Development Trends in Optical Subscriber Networks – Situation Today and Expected Evolution

F. Sporleder

Abstract

As early as 1980 DBP started its first fibre-to-the-home field trial, the BIGFON trial, to clarify the techniques and introduction conditions for this new subscriber line concept. Islands of pure fibre-to-the-home, services integrated, star-type networks designed for future public introduction were installed which provided the connected customers with all available telecommunication services including high bitrate picturephone. As the main outcome of this trial, which technically was a full success, the DBP realized that there was really no need for such a highly sophisticated subscriber line technique for public purposes since the conventional copper networks are well developed and well suited for the services available.

A more promising way for installing fibre-to-the-home connections has been tried by introducing the "Vorläufer-Breitband-Netz (VBN)" which has gone in operation in 1989. This overlay network offers to the connected customers fully switched transparent 140 Mbit/s channels to be used for broadband switched services. The network size is limited to 1000 subscribers situated in 29 cities.

In order to clarify the present situation for public optical subscriber networks with repect to techniques and economics the DBP has recently started a concept competition "Wirtschaftlicher Einsatz der Glasfaser-Technik im Teilnehmeranschlußbereich" the outcome of which will be competing trial networks implemented by different companies. The economical requirements have led to concepts which minimize the costs per subscriber by sharing the expensive optical systems by several subscribers. The resulting fibre-to-the-curb networks are particularly well suited for providing the subscriber with distributed services. Switched services can, however, be handled with some additional electronical effort by using various multiplexing techniques. Thus, the fibre-to-the-curb networks seem optimized for public installation as long as the bitrates of the switched services are moderate.

With this restriction, however, they primarily offer hardly any advantage with respect to new services compared to the conventional copper networks. The economic figures will very much depend on questions like size of the curb and powering. As a consequence, they cannot be estimated at present. Whether these systems will really be introduced in a larger scale depends therefore to a large extend on the flexibility they offer with respect to new services (like HDTV or broadband-ISDN), new technical requirements (like ATM carriers) and to network development.

The paper summerizes some technical possibilities for evolving fibre-to-the-curb networks to fibre-to-the-home networks with improved services provision and matched to foreseeable technical improvements. The main idea is to utilize fibre splitting to connect several subscribers to one main fibre. Most fascinating is the idea to implement logic ring type networks for ATM purposes and logic star type networks for distribution signals on the same splitting arrangement by using wavelength multiplexing.

Das Raynet System

A. Naab/J. Golden

1 Einleitung

Der Einsatz der Glasfasertechnik zur Verbesserung der Wirtschaftlichkeit langer Übertragungsstrecken wie in der Fernnetzebene begann bereits sehr früh und hat in den letzten Jahren stetig zugenommen.

Bis heute wurde jedoch noch kein sicherer Weg gefunden, diese kostenmäßigen Vorteile der Glasfasertechnik auch in den Teilnehmeranschlußbereich einzubringen.

Die Telekommunikationsverwaltungen möchten in diesem kostenintensiven Netzbereich die Glasfasertechnik aus mehreren Gründen einsetzen. Im Vordergrund steht hier der Wunsch nach der Verfügbarkeit eines Netzes, das es erlaubt, dem Teilnehmer jede denkbare Art der Information und Kommunikation anzubieten. Die heutigen Telefon-Kupfernetze bieten diese Möglichkeit in nur sehr begrenztem Umfang und stoßen bereits bei der Übertragung von Video-Diensten an ihre technischen Grenzen.

Die Gründe, die einen kostengünstigen Einsatz der Glasfasertechnik in der Fernnetzebene garantieren, sind in dieser Form im teilnehmernahen Bereich nicht gegeben.
Nahezu alle Ansätze, die in den zurückliegenden Jahren unternommen wurden, die Glasfasertechnik auch in diesem Netzbereich zur Einsatzreife zu bringen, sahen sich daher mit drei grundlegenden Problemfeldern konfrontiert:

- kein aktueller Bedarf für die hohe Übertragungskapazität der Glasfaser
- zu hohe Kosten der optischen Systemtechnik und
- fehlende Variationsmöglichkeit der Netzarchitektur für die Start phase.

Somit war es offensichtlich, daß ein regulärer Einsatz von "Fiber to the Home" - Systemen nur dann gegeben sein wird, wenn es gelingt, die genannten Problemkreise gleichzeitig zu lösen.

Hieraus resultieren für die Entwicklung eines optischen Teilnehmeranschluß-Systems folgende wesentlichen Randbedingungen:

- Einsatz des Systems für herkömmliche Dienste auf der Basis einer gesicherten Nachfrage,
- Anpassung des Systems an die infrastrukturellen Gegebenheiten des heutigen Kupfernetzes sowohl in der Vermittlungsstelle als auch beim Teilnehmer und
- Eignung des Systems für den Netzneubau, -ausbau und den Netzersatz.

Neben dem Telefondienst ist gegenwärtig der einzig wirkliche Massendienst das sogenannte Kabelfernsehen (CATV). Die Einbeziehung des Kabelfernsehens in die Systementwicklung ist daher eine folgerichtige Notwendigkeit. Wenn alle kostenrelevanten Elemente optischer Systeme de facto teurer sind als die entsprechenden Kupferanschluß-Systeme, so ist zur Kostenreduktion nur ein Weg möglich: Die Kostenteilung.

Dieser Weg der Kostenteilung mündet letztlich in der Mehrfachausnutzung der eingesetzten elektrischen und optischen Komponenten, d.h. die Kostenelemente teilen sich auf alle am System angeschlossenen Teilnehmer auf.
Hier genau setzt nun die Konzeption des Raynet Systems an, d.h. es minimiert die Fasermengen, die zur Bedarfsdeckung benötigt werden und ermöglicht gleichzeitig die Kostenteilung zwischen den Teilnehmern so weit wie möglich.

2 Das Diensteangebot des Raynet-Systems

Grundsätzlich müssen die Netzarchitekturen optischer Anschlußsysteme das Angebot heutiger Dienste gewährleisten und ein Angebot zukünftiger Dienste ermöglichen.
Das Raynet System erlaubt folgendes Basis-Diensteangebot:

- analoger Telefonanschluß
- ISDN Basisanschluß
- ISDN Primärmultiplexanschluß
- optischer Kabelanschluß (CATV)

Darüber hinaus gestattet das Raynet System die transparente Übertragung von n x 64 Kbit/s- sowie von 2 Mbit/s-Kanälen. Durch entsprechende Systemmodifikationen ist die Einbeziehung zukünftiger Diensteanforderungen bis hin zum B-ISDN realisierbar (s. Abb 1)

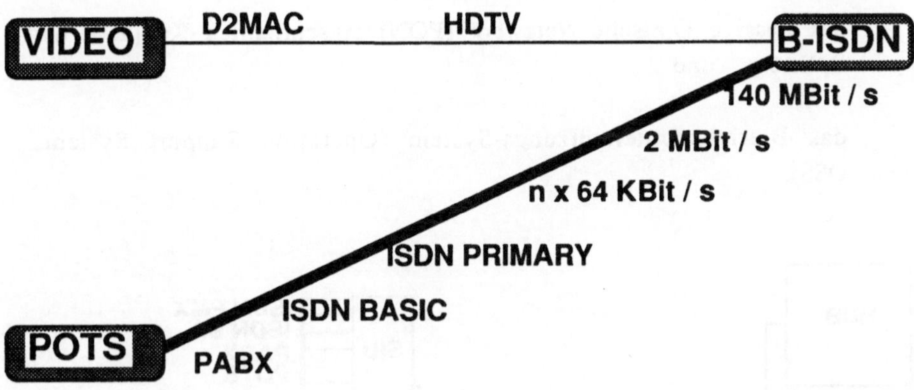

Abb.1: Das Diensteangebot des Raynet Systems

3 Die Elemente des Raynet Systems

Das Raynet System gliedert sich in die fünf Grundelemente (s. Abb. 2):

- die zentrale Schnittstelleneinheit (Office Interface Unit, OIU) für das Telefonsystem,
- die Zentraleinheit (HUB) für das Videosystem,
- die Teilnehmerschnittstelleneinheit (Subscriber Interface Unit, SIU) für das Telefon- und Videosystem,
- das Passive Optische Netzwerk (PON) einschließlich Kopplern und Splittern, und
- das Betriebs-Unterstützungs-System (Operation Support System, OSS).

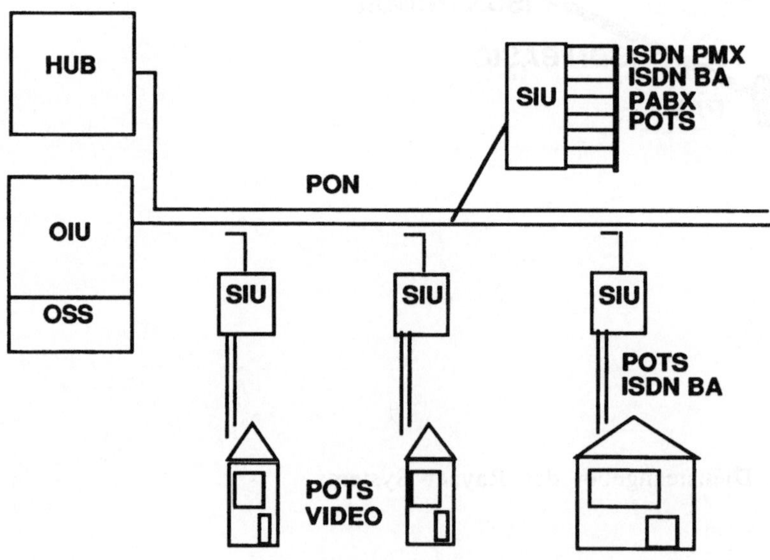

Abb.2: Die Elemente des Raynet Systems

3.1 Die OIU

Die jeweils erforderliche Schnittstellenanpassung zwischen der örtlichen Vermittlungsstelle (VSt) und der OIU wird in einem Zentral-Terminal (Central Office Terminal, COT) vorgenommen. In der Abwärtsrichtung führt das COT die ggf. notwendige analog/digitale Wandlung der Sprachsignale durch. Diese seriell-digitalen Signale werden in der OIU verarbeitet, adressiert an die Ziel-SIU in ein optisches Signal umgewandelt und über einen Laser-Sender in die optische Faser eingespeist.

Vom Teilnehmer kommende Signale werden in umgekehrter Reihenfolge verarbeitet und am Ausgang des COT an die VSt weitergegeben.

3.2 Die HUB

Das Breitband-Eingangssignal (z.B. 450 MHz-Spektrum) der HUB wird zur Intensitätsmodulation (IM) des Laser-Senders herangezogen. Das optische IM-Signal wird in Einmodenfasern eingekoppelt, wobei je nach Dimensionierung der HUB bis zu acht Fasern pro HUB angeschlossen werden können.

3.3 Die SIU

Die SIU konvertiert das optische Signal in die elektrische Ebene zurück und stellt das Ausgangssignal in der vom jeweiligen Netzabschluß geforderten Form zur Verfügung. Je nach Konfiguration der SIU können beispielsweise bis zu 60 analoge Telefonanschlüsse sowie bis zu 16 Hausübergabepunkte pro SIU versorgt werden.

3.4 Das PON

Die Verbindung zwischen der OIU bzw. der HUB und den SIU wird durch das PON vorgenommen. Die Übertragung der Telefon- und Videosignale geschieht in einem gemeinsamen Kabel, aber über separate Fasern.

3.5 Das OSS

Das OSS ist ein durch Software gesteuertes Betriebsunterstützungs-System, das ein sehr benutzerfreundliches Unterhalten, Betreiben und Prüfen der Anschlußleitung sowie der wesentlichen Subsysteme erlaubt. Es ist in der Vermittlungsstelle lokalisiert und kann alle an die Vermittlungsstelle angeschlossenen OIU bedienen. Die Funktion des OSS ist nicht an eine bestimmte Netzarchitektur gebunden.

4 Die Passive Optische Netzarchitektur des Raynet Systems

Das Raynet System ist verfügbar für drei grundsätzliche Typen Passiver Optischer Netzwerke (PON) (s. Abb. 3):

- a) BUS-PON
- b) Splitter-PON und
- c) Kombiniertes PON

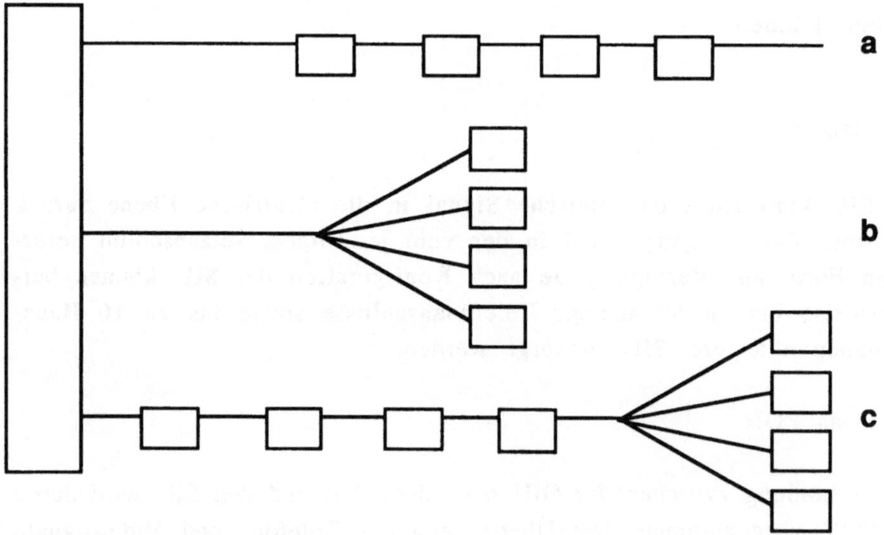

Abb.3: Die PON Struktur des Raynet Systems

4.1 BUS-PON

Bei Verwendung des nicht-invasiven Raynet SM-Kopplers für die Übertragung der Sprachsignale benötigt das Raynet System lediglich zwei Fasern, die eine Distanz von 4 km überbrücken und bis zu 24 Teilnehmerschnittstelleneinheiten versorgen können.

Das physikalische Kabelnetz wird in einer BUS-Struktur im öffentlichen Weg verlegt und an den Grundstücken der zu versorgenden Teilnehmer vorbeigeführt.

Dieses Layout benötigt den geringsten Faserbedarf aller heute verfügbaren PON-Systeme. Es eignet sich besonders für Gebiete mit einer hohen Teilnehmerdichte. Hier erbringt diese Netzarchitektur den Vorteil der maximalen Kostenteilung (s. Abb. 4).

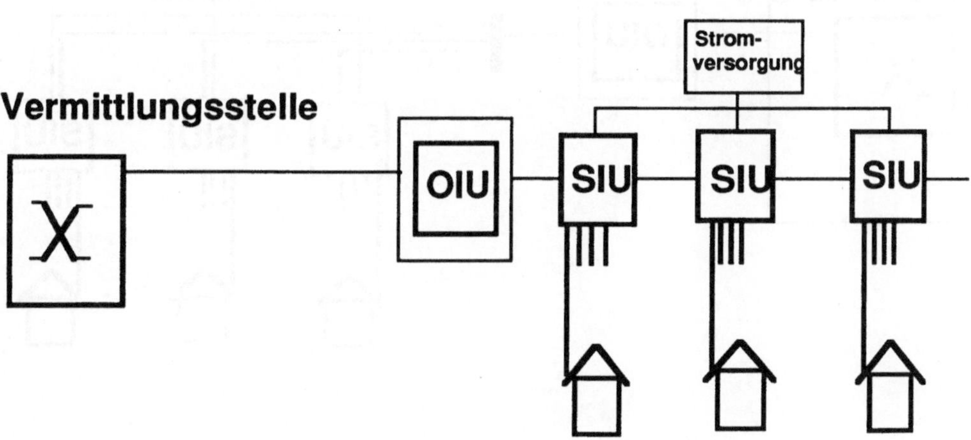

Abb.4: Das BUS-PON des Raynet Systems

4.2 Splitter-PON

Bei Einsatz von optischen Splittern gestattet das Raynet System eine Netzkonfiguration, die einem Sternennetz sehr ähnlich ist, aber gleichzeitig den Effekt der Kostenteilung sowie eine Reduzierung des Faserbedarfs erzielt. Dieser Netztyp kann eine Entfernung bis zu 10 km überbrücken. Die räumliche Plazierung der optischen Splitter kann an beliebiger Stelle im Anschlußnetz erfolgen. Das Splitter-PON ist besonders geeignet für die Versorgung von Gebieten mit geringerer Teilnehmerdichte (s. Abb. 5).

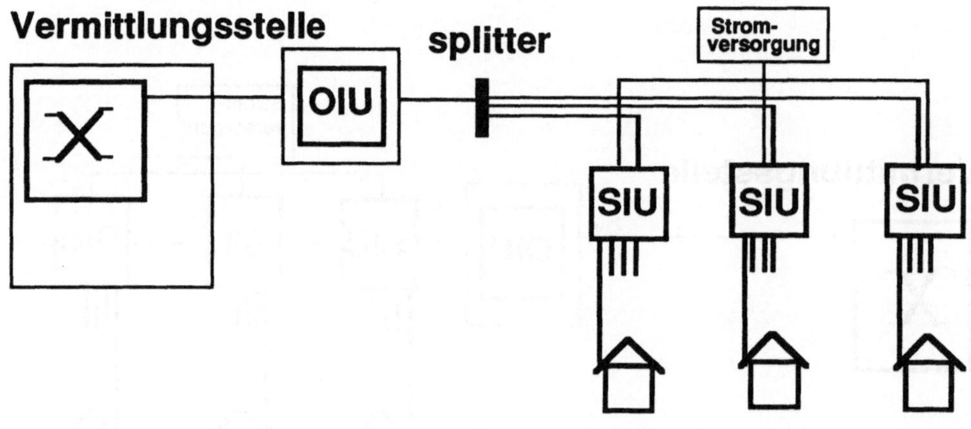

Abb.5: Das Splitter-PON des Raynet Systems

4.3 Kombiniertes PON

Das kombinierte PON verbindet die Vorteile des BUS-PON und des Splitter-PON in einer gemeinsamen Netzkonfiguration.

5 Die Raynet Pilotprojekte

Die technische Realisierbarkeit des Raynet Systems wird gegenwärtig in mehreren Pilotprojekten in Europa und USA erprobt. Zielsetzung dieser Projekte ist die Verfügbarkeit einer Serientechnik etwa ab 1992.

5.1 Das Pilotprojekt in Köln

Das im 1. Quartal 1990 in Köln im Auftrag der Deutschen Bundespost Telekom installierte Pilotprojekt repräsentiert die technische Basisstruktur des Raynet Systems. Dieses System ist in der Lage, den analogen Telefondienst sowie analoge TV-Anschlüsse über ein gemeinsames Glasfaserkabel für insgesamt 192 Teilnehmer bereitzustellen (s. Abb. 6).

5.1.1 Das Telefon-System

In der Vermittlungsstelle wird mittels der zentralen Einrichtung OIU die Verbindung zum Telefonnetz hergestellt. Eine OIU kann 192 Teilnehmer mit analogen Telefonanschlüssen versorgen.

An der OIU beginnt das aus 2 Fasern bestehende Glasfaser-Bussystem, das im öffentlichen Weg an den Grundstücken der zu versorgenden Teilnehmer vorbeigeführt wird.
In das Glasfaser-Bussystem sind 24 dezentrale SIU eingefügt und räumlich so plaziert, daß von jeder SIU auf kurzem Wege 8 analoge Telefonanschlüsse eingerichtet werden können.

Die SIU setzen die optischen Signale wieder in elektrische um, die dann über vorhandene Kupfer-Telefonleitungen in die Wohnungen der Teilnehmer geführt werden.

Jede SIU enthält als wesentlichen Bestandteil den Raynet Koppler, der es gestattet, ohne die Faser zu schneiden, einen bestimmten Lichtanteil aus der Faser aus- und einzukoppeln.

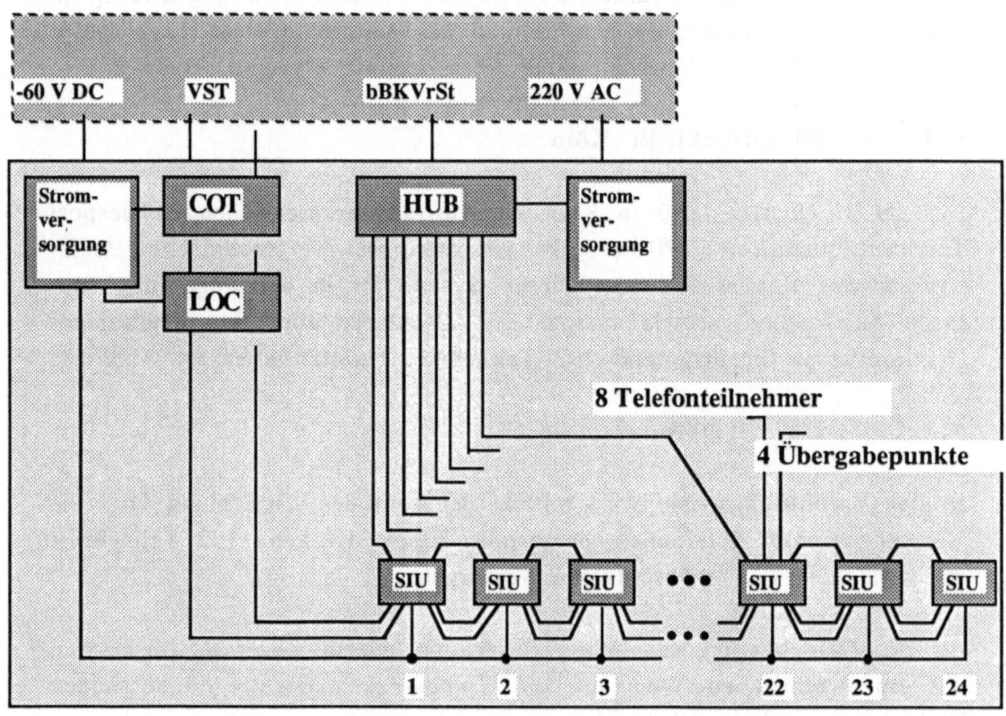

Abb.6: Das Raynet System im Pilotprojekt Köln

5.1.2 Das TV-System

Das TV-System besteht aus der zentralen Einrichtung HUB in der Vermittlungsstelle und den SIU.
Die HUB setzt das angelieferte elektrische 450 MHz-Spektrum in die optische Lage um, damit es über das Glasfaserkabel zu den SIU übertragen werden kann. Die jeweilige SIU konvertiert das Signal und stellt an vier Ausgängen das 450 MHz-Spektrum zur Verfügung. Dieses Spektrum wird mittels herkömmlicher Koaxialkabel zum Hausübergabepunkt gegeben.

5.1.3 Die Stromversorgung

Die Stromversorgung der SIU erfolgt über ein seperates Stromkabel, das parallel zum Glasfaserkabel installiert ist. Von diesem Kabel aus werden die einzelnen SIU über Stichleitungen angebunden werden.

5.2 Das Pilotprojekt in Frankfurt

Für 1991 ist in Frankfurt die Installation eines Raynet Systems vorgesehen, das ausschließlich auf der Basis des Splitter-PON arbeiten wird. Dieses Projekt entspricht der konsequenten Weiterentwicklung der Raynet Systemtechnik, und es wird schwerpunktmäßig Teilnehmer im geschäftlichen Bereich mit ISDN Basis- und Primärmultiplexanschlüssen versorgen. Die Kapazität des Systems wird die Übertragung von bis zu 480 64 Kbit/s-Kanälen blockierungsfrei ermöglichen. Die Konfiguration der SIU wird es erlauben, ein bedarfsgerechtes Dienstespektrum je Teilnehmer zur Verfügung zu stellen (s. Abb. 7).
Die Inbetriebnahme des Projektes ist für 1991/92 geplant.

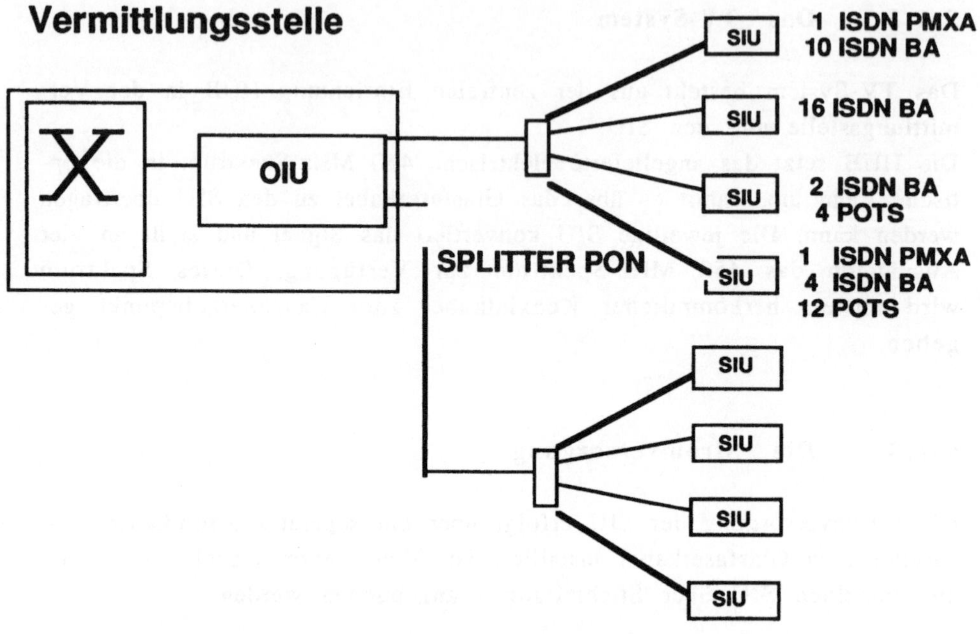

Abb.7: Das Raynet System im Pilotprojekt Frankfurt

5.3 Das Pilotprojekt in Lippetal

Für den Bereich der Gemeinde Lippetal (Hochsauerlandkreis) ist das derzeit weltweit umfangreichste Glasfaser-Projekt im Planungsstadium.

Das hier zum Einsatz kommende Raynet-Video-System (RVS) wird die Versorgung von 4.500 Haushalten mit Fernseh- und Hörfunkprogrammen vornehmen.

Das RVS besteht aus dem Raynet Trunk System (RTS) sowie dem Raynet Distribution System (RDS) und umfaßt die Netzebenen 2.2.d und 3 der Bezugskette (s. Abb. 8).

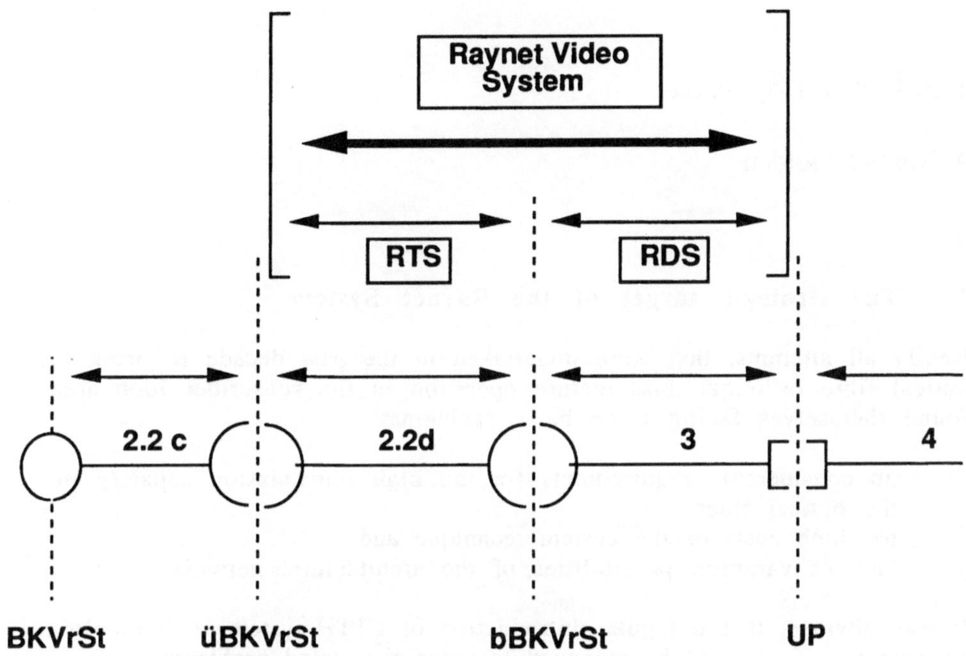

Abb.8: Die Bezugskette des CATV Dienstes

Die Kerndaten für das System sind:

- 36 Fernsehkanäle,
- 30 FM Kanäle,
- 16 digitale Audiokanäle,
- 47-446 MHz Bandbreite,
- AM-Modulation
- DFB-Lasertechnologie.

Mit dem Einsatz dieses Systems soll der Nachweis erbracht werden, daß eine Verkabelung sehr dünn besiedelter Gebiete technisch und kostenmäßig auf der Basis der Glasfasertechnik realisierbar ist.

The Raynet System

A. Naab/J. Golden

1. The strategic target of the Raynet System

Nearly all attempts, that were undertaken in the past decade to bring the optical fibre technique into mature operation in the subscriber loop area, found themselves facing three basic problems:

- no considerable requirements for the high transmission capacity of the optical fiber
- too high costs of the system technique and
- lack of variation possibilities of the architectural network.

It was obvious, that a regular introduction of FTTH-systems could only then be possible, if it could be managed to solve the stated problems simultanueously. This is where the conception of the Raynet system begins, i.e. for the development of the system the following essential conditions were valid:

- application of the system for conventional services on the basis of a secure demand
- adjustment of the system to the infrastructure of the present copper network both to the switching office and to the subscriber and
- capability of the system for new construction of network and network substitute

The innovative central element of the Raynet System is the optical bus structure in the sense of a variable passive optical network (PON).

This PON structure enables and guarantees the prinicipal deployment strategy for the Raynet System, that is to be cost competitive to the conventional copper systems of today.

Principal cost advantages result from the multi-utilization of the electronical components, which means that the costs for the technical equipment units are shared among the subscribers to the system and from the substantially smaller fibre quantities, that are used to fulfill the requirements.

The pilot project implemented in Cologne, Germany represents the technical basis structure of the Raynet System. This system manages to provide both the analog telephone services and the cable TV-services for 192 subscribers by one fiber optic cable.

2.1 The Telephone-System

The connection to the telephone network is provided by a central Office Interface Unit (OIU) in the central office. One OIU can provide up to 192 subscribers with anlog telephone lines.

The OIU is the starting point of the cable bus system which consists of two fibers that pass the subscribers' premises.

24 Subsriber Interface Units (SIU) are integrated in the cable bus system and are placed in such a way that 8 analog telephone lines can be installed from the SIU within a short distance.

The SIUs change optical signals into electric ones, which afterwards can be transmitted over existing copper drop cables to the subcribers premises.

Each SIU - as an essential element- contains a Raynet coppler, that allows to read or to write the transmitted signals without cutting the fiber.

2.2 The TV-System

The TV-System consists of a central equipment (HUB) generally located in the central office and the SIUs close by the subscriber.

The HUB changes the incoming electrical 450 MHz-spectrum into the optical position so that it can be transmitted by the optical fibre cable to the SIUs. Each corresponding SIU converts the signal and provides the 450 MHz-spectrum at 4 outputs. This spectrum is transferred to the houses by coaxial drop cables.

Konzept für eine wirtschaftliche und flächendeckende Verkabelung mit Glasfasern im Teilnehmer-Anschlußbereich

H. G. Zielinski/H. Moers/D. Knodel

1. Zusammenfassung:

Als Vorschlag zum Konzeptwettbewerb der Deutschen Bundespost Telekom

"Wirtschaftlicher Einsatz von Glasfasersystemen im Teilnehmeranschlußbereich"

haben die Firmen AEG Kabel, ANT Nachrichtentechnik und Philips Kommunikations Industrie gemeinsam das Konzept

FAST

(Glasfaser System für den Teilnehmeranschluß)

eingereicht. FAST beschreibt ein Programm zur sukzessiven Einführung der Glasfasertechnik im Ortsnetz. Das Konzept beschreibt den Ausbau und die notwendige Modernisierung der bestehenden, meist separaten und starren Netze für alle Verteil– und Dialogdienste. Diese Innovation bringt Zukunftssicherheit, ermöglicht einen flexiblen Teilnehmeranschluß und ein integriertes Netzmanagement. Nach dem FAST–Konzept soll bis Mitte 1991 ein Pilotnetz in Nürnberg aufgebaut und in Betrieb genommen werden.

2. Einleitung:

Die Telekommunikationsnetze der deutschen Bundespost für den Teilnehmeranschluß–Bereich sind aus historischen Gründen unabhängig voneinander gewachsen und aufgrund der sehr unterschiedlichen Diensteanforderungen physikalisch und systemtechnisch vollkommen verschieden (Bild 1).

* Telefon/ISDN – Kupfer–Sternnetz
* BK–Koaxial–Baum–Netz
* VBN – LWL – Stern–Netz

Mit Hilfe der optischen Übertragungstechnik ist grundsätzlich die Möglichkeit einer Integration dieser Netze gegeben. Bei einer, dem Motto dieses Kongresses nachfolgenden, vollständigen LWL–Lösung des Teilnehmeranschlußnetzes 'Glasfaser bis ins Haus' würden sich entscheidende strategische Vorteile eines solchen Systems ergeben, wie

* passives integriertes Ortsnetz mit geringen Wartungskosten
* einfache Überwachungsstrukturen
* einfache Energieversorgung (Speisung)
* Anpassung an bestehende Anschluß–Struktur mit Hauptkabel– und Verzweigungskabelbereich

Eine solch umfassende Lösung ist aber heute noch nicht kostenneutral realisierbar. Die Bereitstellung der zur Zeit gewünschten Dienste (Telefon–/ ISDN / TV–Verteilung) kann für die meisten Anwendungsfälle mit der konventionellen Kupfer–Technik kostengünstiger vorgenommen werden. Die Mehrkosten sind jedoch in einem Bereich, der durch die gewonnenen langfristigen Vorteile ausgeglichen wird. Dazu müssen die optischen Systeme allerdings auf eine größere Zahl von Teilnehmern umgelegt werden. Dies ist heute bekannterweise bei allen Fernstrecken der Post und bei Programmzuführungen für BK der Fall. Für das Ortsnetz werden demnach mittelfristig gemischte Netze (zuerst LWL – dann Kupfer) eine ökonomische Lösung darstellen. In Abhängigkeit von der gegebenen Infrastruktur muß diskutiert werden, bis zu welchem Punkt der Teilnehmer kostengünstig über Glas versorgt werden kann (Bild 2). 3 Lösungen bieten sich grundsätzlich an:

Glas nur im Hauptkabelbereich bis zum KVz	FTTK
Glas bis zum Bürgersteig	FTTC
Glas bis ins Haus	FTTH

Langfristig wird das Ortsnetz ein integriertes passives Glasfasernetz sein (FTTH), wenn durch den Bedarf an zusätzlichen Diensten (BISDN), durch Kostensenkung der optischen Schlüsselkomponenten mit Massenproduktionen, durch neuere, leistungsstärkere optische Übertragungsverfahren (digitale TV–Verteilung, kohärente Techniken) und durch die Umstellung der Endgeräte beim Teilnehmer auf Digitaltechnik die optischen Übertragungssysteme generell kostengünstig werden.

Die Einführungsstrategie mit dem Ziel FTTH muß also so ausgelegt sein, daß das sukzessiv entstehende LWL–Netzwerk für die technischen Innovationsschritte auf der Systemseite vorbereitet ist. Mit Verwendung von Einmodenfasern, die später im ganzen Wellenlängenbereich von 1,3 µm bis 1,6 µm beschaltet werden können, steht schon heute ein Übertragungsmedium mit quasi unendlicher Bandbreite zur Verfügung. Glasfaserkabelanlagen können damit jetzt installiert werden und werden den Anforderungen des nächsten Jahrhunderts trotzdem standhalten.

3. Verteildienste:

Optische Systeme zur Erweiterung und Ergänzung der sich noch im Aufbau befindlichen koaxialen BK–Verteiltechnik müssen sich möglichst ohne zusätzlichen Aufwand an die bestehenden Systeme anschließen lassen. Mit der Entwicklung von hochlinearen Lasern ist dieses Ziel erreichbar geworden (Bild 3).

Das gesamte 450–MHz–Analog–Signal wird im Originalband in der BK–Verstärkerstelle elektro–optisch gewandelt und über LWL zum KVz geführt. In Abhängigkeit von Größe und Weitläufigkeit des betreffenden Netzes wird der Teilnehmer vom KVz aus entweder über eine weitere optische Unterebene oder direkt mit Koax angeschlossen.

Ein optisches, passives A/B–Netz ist heute schon besonders in strukturschwachen, ländlichen Gebieten mit großen Anschlußlängen vorteilhaft. Der Aufwand an Überwachungseinrichtungen und Stromzuführungen ist gegenüber einer reinen Koax–Lösung deutlich reduziert. Mit der sukzessiven Umrüstung auf Glas (besonders in der A/B–Ebene) wird der Hauptteil des Verteilnetzes flexibel bezüglich einer in Zukunft zu erwartenden höheren Programmzahl und größerer Kanalbandbreiten durch MAC– und HDTV–Signale.

Schlüsselbausteine:

Schlüsselbausteine für die optischen Übertragungssysteme sind die optischen Sender und Empfänger. Bild 4 zeigt ein allgemeines Blockschaltbild des Senders. Der Laser wird mit dem 450–MHz–Signal direkt moduliert. Die Ausgangsleistung wird überwacht und automatisch nachgeregelt. Die Laserkennlinien müssen zur Vermeidung von störenden Intermodulationsprodukten extrem linear sein. Ausserdem bestehen hohe Anforderungen an die Reflexionseigenschaften aller in der Kabelanlage eingesetzten optischen Komponenten wie Stecker, Spleiße und Koppler. Die Reflexionsdämpfung dieser Bauteile muß beim heutigen Stand der Technik größer als 40 dB sein. Wegen der aus Dynamik–Gründen zusätzlich erforderlichen hohen Ausgangsleistung der Laser muß aus Sicherheitsgründen eine Laserabschaltung erfolgen, wenn die optische Übertragungsstrecke an einer gefährdeten Stelle (Leistung in der Faser > 3mW bei einer Wellenlänge von 1,3 μm) geöffnet wird. Diese Sicherheitsabschaltung erfolgt durch das LSA–Signal (Lasersicherheitsabschaltung).

Das Blockschaltbild des optischen Empfängers ist in Bild 5 dargestellt. Bei der analogen optischen Übertragung wird die überbrückbare Dämpfung überwiegend durch das Empfängerrauschen bestimmt. Bild 6 zeigt den Signal/Rauschabstand in Abhängigkeit von der Kanalzahl für 8 und 10 dB optische Dämpfung. Für die im Verteilnetz erforderlichen Bezugsdaten gelten die Anforderungen der Netzebene 3. Bild 7 zeigt die gemessenen Störabstände des optischen BK–Systems für eine optische Dämpfung von 10 dB. Die zur Verfügung stehende optische Dämpfung kann entweder zur Erzielung hoher Reichweiten oder zur Aufteilung des Signals auf mehrere abgehende Lichtwellenleiter verwendet werden. Bild 8 zeigt die überbrückbare Streckenlänge in Abhängigkeit des optischen Aufteilverhältnisses.

Stromversorgung:

Für den optischen, individuellen Teilnehmeranschluß wird eine lokale Speisung empfohlen, da kein Notbetrieb gerechtfertigt ist. Bei Stromausfall läßt sich in der Regel der Fernseheempfänger auch nicht mehr betreiben. Die Leistungsaufnahme liegt bei 2 W. Außerhalb der Gebäude wird in Anlehnung an die existierende Koax–Technik eine Fernspeisung mit 65V oder 230V vorgesehen.

Überwachung:

Zur Überwachung der zusätzlichen optischen Baugruppen auf der Strecke wird wegen der geringen Systemdynamik der Programmverteilsysteme ein separates 1–faseriges optisches System verwendet. Hin– und Rückkanal werden über optische Koppler getrennt. Das optische Überwachungssystem fügt sich in das Pollingverfahren des existierenden BK–450–Koax–System ein. Folgende Alarme der Verstärkerpunktkomponenten werden erfaßt:

HF–Pegel
HF–Pegelregelung
Temperaturüberschreitung
Öffnen des Deckelkontaktes

Wegen der erforderlichen Laserabschaltung werden zusätzliche Alarme erzeugt:

kein optisches Signal
Regleranschlag
Pilotausfall
Laserleistung

Für Systeme mit passivem KVz (FTTH–Netze) wird die Kabelanlage bis zum KVz mittels einer durchgeschleiften Überwachungsfaser kontrolliert. Ein Kabelbruch in der A/B–Ebene wird so einfach dedektiert.

Pilotnetz Nürnberg:

Der LWL–BK–Anteil des geplanten Pilotnetzes Nürnberg wird aus Bild 9 ersichtlich. Danach werden von insgesamt 170 Teilnehmern 20 Wohnungen mit 5 optischen Sendern direkt über Glas angeschlossen (FTTH). Der Rest wird mittels eines Senders nur bis zu 2 BK–Verstärkerpunkten über Glas, und danach konventionell mit Koax versorgt. Für die optische passive Verteilung werden einschließlich der Überwachungssystem 5 Vierfach–Verzweiger und 4 Y–Koppler eingesetzt. Bild 10 zeigt die schematische Darstellung der LWL–Zentrale.

4. Dialogdienste:

Das Systemkonzept basiert auf einem TDMA–Verfahren (Time Division Multiple Access). Dieses System ermöglicht die Verteilung der anwenderspezifischen Dienste über ein passives optisches Glasfasernetz mittels einer "Punkt zu Multipunkt"–Struktur. Bild 11 zeigt das Prinzipschema.

Informationen für maximal 128 Empfangseinheiten werden von einer Zentralstation über ein passives LWL–Netz mit Bus–Stern–Struktur in Richtung Teilnehmer übertragen. Die opto–elektrische Rückwandlung erfolgt entweder in der Straße (FTTC) oder beim Teilnehmer (FTTH). Können viele Wohnungen gleichzeitig versorgt werden, endet die optische Strecke in der TGAE (Teilnehmergruppen–Anschalteeinheit), beim individuellen Hausanschluß in der TAE (Teilnehmer–Anschalteeinheit). Für die Rückwärtsrichtung ist ein zweites, paralleles Glasfasersystem vorgesehen. Der für den Rückkanal notwendige individuelle Laufzeitausgleich zu jedem Teilnehmer wird in der Zentrale durch den TDMA–Manager überwacht und gesteuert.

Bild 12 zeigt das Blockschaltbild der TDMA–Zentrale. 8 PCM30–Kanäle (2 Mb/s) werden inklusive der Overheads zur Summenbitrate von 20 Mb/s zusammengefaßt. In Abhängigkeit vom teilnehmerindividuellen Dienstebedarf wird die Zentrale mit entsprechenden Schnittstellenkarten bestückt. Der 20 Mb/s–Sender arbeitet bei einer Wellenlänge von 1,3 µm mit einer Ausgangsleistung von –4 dBm in der Einmodenfaser. Der Empfänger hat bei einer Bitfehlerrate von 10^{-9} eine Empfindlichkeit von –47 dBm. Die Stromversorgung erfolgt über die 60V–Amtsbatterie.

Empfängerseitig werden 2 Konfigurationen unterschieden (Bild 13).

Die TGAE verarbeitet ein komplettes 2 Mb/s–Bündel. An eine TGAE können bis zu 30 dienstespezifische Endeinrichtungen über konventionelle Kupferleitungen angeschlossen werden. Für die Stromversorgung der TGAE wird eine 230V–Fernspeisung vorgeschlagen. Die Begründung ist aus Bild 14 ersichtlich. Die TGAEs im Straßenbereich werden in Anlehnung an die BK–Technik in Kabelverzweigern (KVz) untergebracht.

Für den direkten individuellen LWL–Haus–Anschluß ist die TAE vorgesehen. Die TAE kann mit 2 unabhängigen a/b oder einem ISDN–Basisanschluß bestückt werden.

Die zur Versorgung der Geräte notwendige 230 V – Spannung wird vom Zählerkasten des Teilnehmers direkt zugeführt und separat abgesichert. Damit soll verhindert werden, daß bei einem Kurzschluß in der Hausinstallation die Telefonanlage mit ausfällt. Die Stromversorgung der TAE wandelt die 230 V – Spannung in die benötigten Sekundärspannungen um und puffert die Batterie. Die Kapazität der Batterie ist so bemessen, daß sie unterbrechungsfrei die Versorgung für drei Stunden übernimmt. Zum Schutz der Batterien wird die Versorgung bei einem vorgegebenen Schwellenwert abgeschaltet.

Durch den bidirektionalen Signalverkehr auf 2 Fasern werden Probleme bezüglich des Reflexionsverhaltens der passiven LWL–Kabelanlagenkomponenten (Stecker / Spleiße / Koppler) vermieden. Die verwendeten Komponenten können dem Anwendungsziel entsprechend einfach und billig sein. Zudem erhöht sich der Dynamikbereich wegen des Wegfalles zweier Richtungskoppler um ca. 8 dB, sodaß z.B. auch das Aufteilverhältnis auf die maximale Anzahl von 128 Adressen erweitert werden kann. Das Powerbudget ergibt sich nach Bild 15.

Pilotnetz Nürnberg:
Teilnehmerkonfiguration und Anschlußbelegung für die Dialogdienste ist aus Bild 16 zu entnehmen. Danach werden für die 170 Teilnehmer 2 TDMA–Zentralen benötigt. Die Zentrale 1 versorgt 105 Teilnehmer über 7 TGAEs (davon 4 Stück in Gebäuden) und 8 TAEs. Die Zentrale 2 versorgt 24 Teilnehmer direkt (TAEs) und 41 Wohnungen über 2 weitere TGAEs in 2 KVz's. Damit verfügen in diesem Piloten 18% der Wohnungen über einen individuellen FTTH–Anschluß.
Die Zentrale für den Dialogteil besteht aus zwei 19"–Gestellen mit einer Höhe von 2,20m. Die Leistungsaufnahme beträgt <300W pro Gestell. Die Alarmierung erfolgt nach dem Signalschema 7R. Die Geräte sind für das Raumklima R12 ausgelegt.

5. Kabelanlage:

Der Kabelanlage kommt schon bei einer Einführungsstrategie für das Ortsnetz eine entscheidende Bedeutung zu, weil sie auch bei späteren Innovationen auf der Systemseite den aktuellen Spezifikationswünschen auf Dauer gerecht bleibt. Um mit den heutigen Vorstellungen über ein späteres Breitbandnetz kompatibel zu sein, schlägt FAST ein physikalisches Doppelsternnetz vor, welches durch passive Koppler im Kabelverzweiger zu einem logischen Baumnetz konfiguriert wird, aber jederzeit für eine begrenzte wie auch für die gesamte Teilnehmerzahl zu einem Vollsternnetz erweitert werden kann. Die Zahl der installierten Fasern beträgt im Hauptkabel lediglich 10–20, im Verzweigungsbereich dagegen werden etwa 300 Fasern, wenigstens 3 Fasern je Gebäude, vorgesehen.
Mit der Bandkabeltechnik ist eine zukunftssichere, montagefreundliche und damit wirtschaftliche Kabelanlagentechnik gegeben.

Die grundsätzliche Konstruktion des Glasfaserbandes als Schlüsselelement ist in Bild 17 dargestellt. 10 primärgecoatete Glasfasern werden parallel ausgerichtet und schulterschlüssig mittels eines Kunststoffes zu einem Band miteinander verbunden. Das Band hat eine Breite von 2,5 mm bei einer Dicke von 0,25 mm. Im Faserband ist die Lage jeder einzelnen Faser eindeutig und fixiert. Die einzelnen Fasern des Bandes können verschiedenfarbig markiert sein, im allgemeinen genügt die Einfärbung einer Randfaser. Die mechanische Stabilität des Faserbandes erlaubt nicht nur die weitere Verarbeitung zu Kabeln, sondern auch die Handhabung der einzelnen Faserbänder bei der Kabelmontage. Bis zu 10 Bänder werden zu einem Bandstapel zusammengefaßt. Dieser Bandstapel liegt helixartig in einem flexiblen Schutzschlauch. Der Kabelmantel wird aus bewährten Konstruktionselementen aufgebaut. Kabel mit 10 bis 100 Fasern haben mit 17 mm einen einheitlichen Außendurchmesser und sind wesentlich dünner als konventionelle Bündeladertechniken. Damit können vorhandende bzw. belegte Kabeltrassen wirtschaftlicher ausgenutzt werden.
Die modulare Bandkabelproduktion ermöglicht eine einfache Aufweitung der Kabel auf 600 bzw. 1200 Fasern, entsprechend 6 bzw. 12 Bandstapeln mit je 10 Faserbändern (Bild 19).

Bandkabel werden hauptsächlich im Hauptkabelbereich eingesetzt. Bei Glasfaser–Hausanschlüssen werden nach Bild 20 im teilnehmernahen Verzweigungsbereich Aufreiß–Kabel eingesetzt, um die Montagezeiten weiter zu verkürzen. In Ähnlichkeit zum Faserband werden hierbei z.B. 5 oder 10 separate Elemente mit zentraler Bündelader in einem speziellen Fertigungsgang zu einem Kabelband zusammengesetzt. Die einzelnen Elemente sind nur durch dünne Stege miteinander verbunden, so daß sich an Abzweigstellen das relevante Element vom übrigen Kabel trennen und separat ins Haus verlegen läßt. Bild 21 zeigt ein Foto eines solchen Kabelbandes. In diesem Fall enthält jede Bündelader 3 Fasern (2 für Dialog, 1 für BK).

In Anlehnung an die vorgeschlagenen Kabelkonstruktionen werden die Verbindungen der Faserbänder konsequenterweise mit Massenspleißen in Lichtbogentechnik erfolgen. Bild 22 zeigt ein solches Spleißgerät. Durch die gleichzeitige Behandlung aller Fasern im Faserband bei der Vorbereitung zum Spleißen (Coating entfernen, Endflächenpräparation, Justage, usw.) sowie bei der Spleißprozedur kann im Vergleich zur Einzelspleißtechnik ein Zeitgewinnfaktor von bis zu 10 erzielt werden.

Spleiße und Vorratslängen werden in speziellen Magazinen (Bild 23) untergebracht. Diese Magazine werden dann in entsprechenden TK–Muffen oder im KVz eingesetzt.

Besonders für die BK–Technik sind hohe Anforderungen an die Reflexionseigenschaften der optischen Verbindungskomponenten gegeben. Der geforderte Wert von >40 dB (Return Loss) wird von den Lichtbogenspleißen weit überschritten (>70 dB). Für Stecker stellt die Realisierung dieser Forderung aber einen großen Aufwand dar. Am besten werden die Forderungen zur Zeit durch Stecker mit Schräganschliff der Steckerstirnflächen erfüllt. Bei Winkeln >7 Grad werden Return–Loss–Werte über 55 dB erreicht. Leider haben die sich auf dem Markt befindlichen Stecker dafür aber sehr hohe Einfügeverluste von typisch 1 dB, was bei dem kleinen Power–Budget für das BK–System auch unvorteilhaft ist. Zwei Entwicklungstendenzen werden hier in Kürze neue Lösungen ermöglichen. Zum einen wurden für Stecker mit PC–Kontakt verbesserte Polierverfahren entwickelt, die bei einer Einfügedämpfung von typisch 0,2dB Reflexionsverluste von >45 dB aufweisen. Die zweite Weiterentwicklung basiert auf der Kombination von PC–Kontakt und Schräganschliff. Beide Lösungen werden innerhalb der FAST–Gruppe untersucht und getestet. Die Entscheidung wird dann auch wesentlich durch die Kosten der beiden Verfahren beeinflußt.

Für Rangierarbeiten im Amt und in den KVz wurde ein spezieller Kunststoff–Billigstecker entwickelt (Bild 24). Die Justage der Fasern erfolgt über eine V–Nut. Ein Federmechanismus garantiert einen definierten Faserstirnflächen–Kontakt. Die optischen Kennwerte sind:

Einfügeverluste	< 0,3 dB
Return Loss	> 40 dB

Für Hauptverteiler und Glasfaserendverschlüsse wurden spezielle Rangiermodule entwickelt, die ein individuelles Umstecken aller Fasern mit Hilfe des Plastiksteckers ermöglichen (Bild 25).

Eine weitere Schlüsselkomponente für zukünftige Ortsnetze stellen die optischen Verzweiger dar. Aufgrund der hohen Anforderungen an die Reflexionseigenschaften werden nur Schmelzkoppler eingesetzt. Basiselement ist der 2x2–Koppler. Größere Aufteilverhältnisse werden durch Kaskadierung von mehreren Basiselementen erzeugt. Bild 26 zeigt ein Foto eines Schmelz–Kopplers. Die Koppler werden über Lichtbogenspleiße mit der Kabelanlage verbunden. Die Einfügeverluste der wichtigsten Typen inklusive der Spleiße betragen:

2–fach	3,4 dB
4–fach	6,7 dB
8–fach	10,0 dB
16–fach	13,3 dB

6. Kombiniertes Netz:

Bedingt durch die sehr unterschiedlichen übertragungstechnischen Anforderungen existieren heute für den Breitbandverteildienst und diverse Dialogdienste im Teilnehmeranschlußbereich verschiedene Netze nebeneinander. Obwohl für die Übertragung auch in Glasfasertechnik zumindest mittelfristig sicherlich unterschiedliche Verfahren eingesetzt werden, digitale Verfahren für die Dialog–, analoge Verfahren für die Verteildienste, sind große Teile der vorhandenen Infrastruktur deckungsgleich und können daher problemlos gemeinsam realisiert werden. Bild 27 zeigt, in welchen Bereichen die Integration von BK– und Dialogdiensten möglich und mit Kostenvorteilen verbunden ist.

Bild 28 zeigt die Kombinationsanlage für den Piloten in Nürnberg.

Da langfristig das FTTC–Konzept unstrittig durch das FTTH–Konzept abgelöst wird und die heute zur Verfügung stehenden Einmodenfasern zukunftssicher sind, sollte man wegen der hohen Tiefbaukosten von vorne herein bei Installationsarbeiten im Verzweigungsbereich grundsätzlich LWL–Kabel mitzuverlegen, auch wenn sich ein Anschluß wegen zu hoher Systemkosten zunächst noch nicht lohnt (Dark–Fiber–Konzept).

Wir sind sicher, daß aus dem Pilot–Projekt FAST einige wichtige Erkenntnisse auf unserem Weg zum Glasfaserortsnetz (FTTH) gewonnen werden.

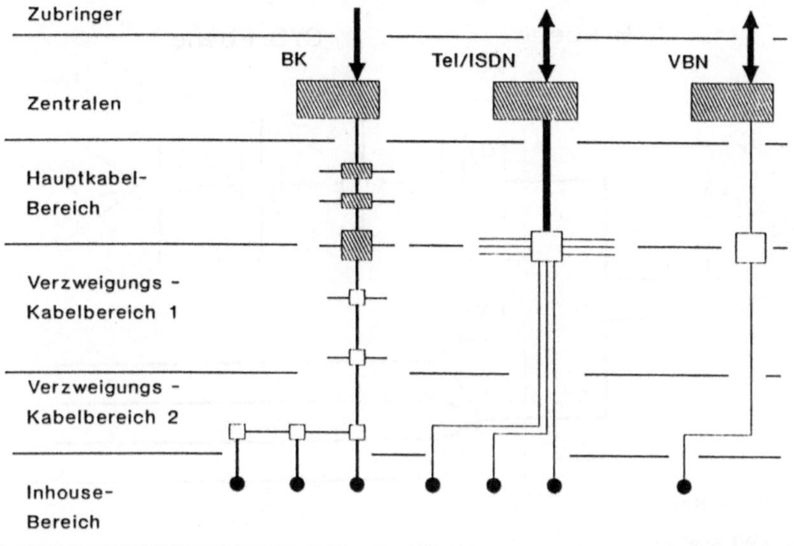

Bild 1: Ortsnetzstrukturen 1990

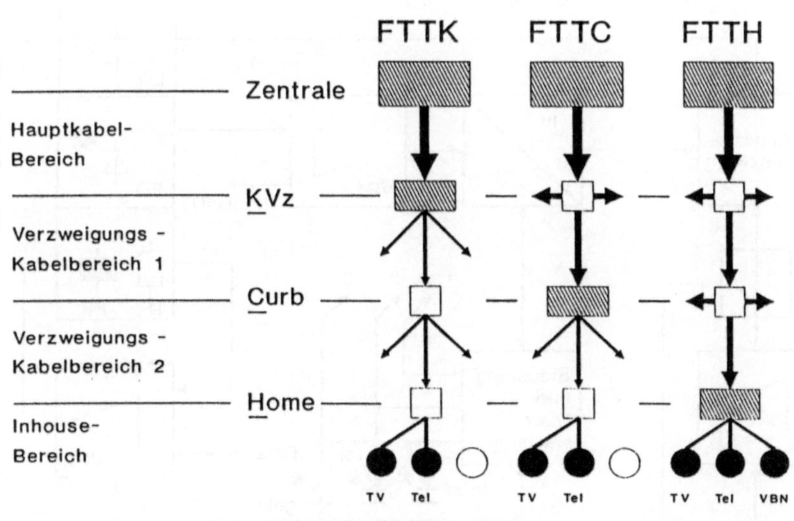

Bild 2: Bis wohin mit der Glasfaser ?

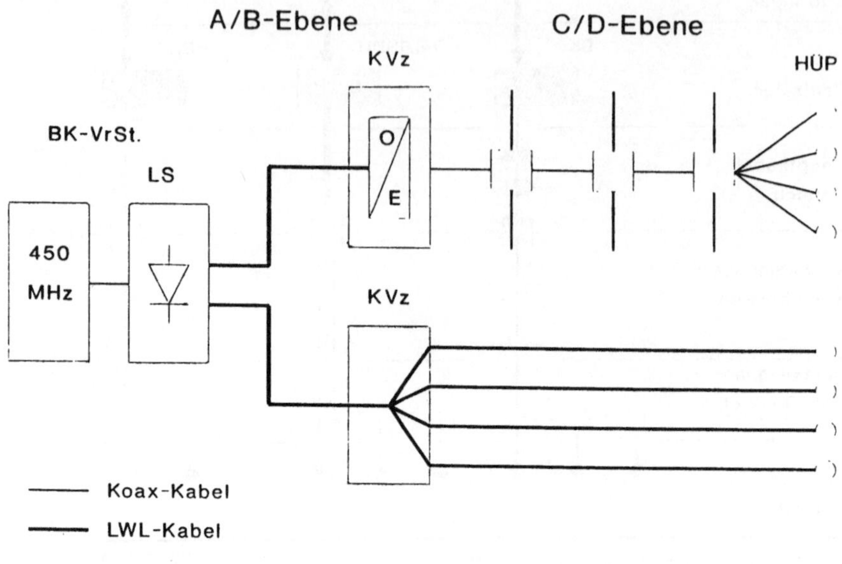

Bild 3: BK-Verteilsystem über Glas

Studiengemeinschaft FAST

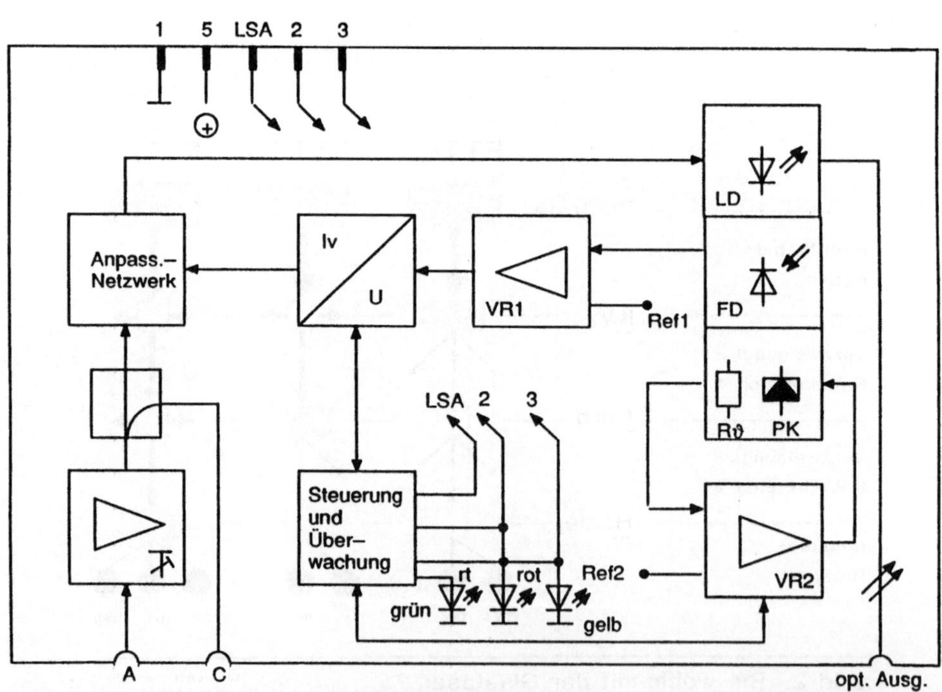

Bild 4: Prinzip optischer Sender BK

Studiengemeinschaft FAST

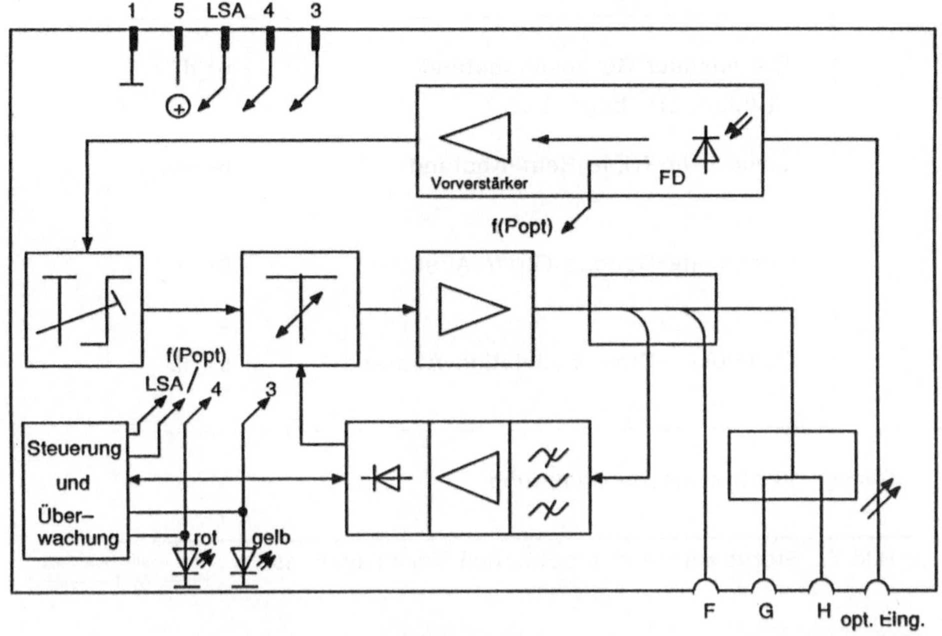

Bild 5: Prinzip optischer Empfänger BK

Studiengemeinschaft
FAST

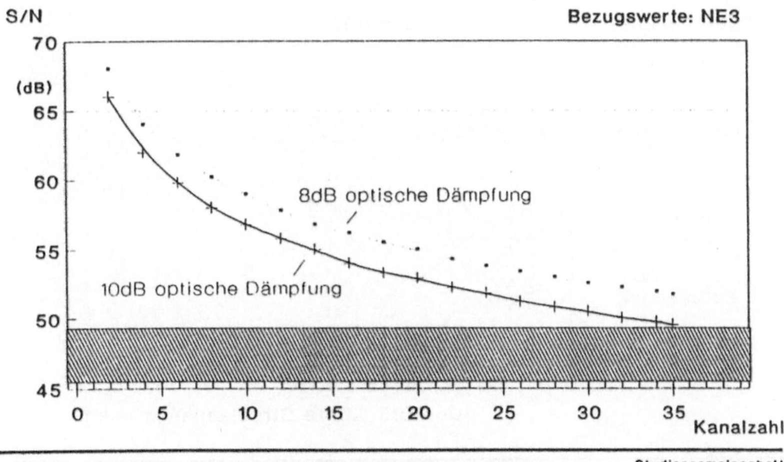

Bild 6: Signal-Rausch-Abstand (HF unbewertet)

Studiengemeinschaft
FAST

Thermischer Geräuschabstand (Video, eff., begr., bew.)	> 51 dB
Composite-Triple-Beat-Abstand	> 64 dB
Composite-Second-Order-Abstand	> 64 dB
Composite-Crossmodulation-Abstand	> 51 dB

Bezug: 10 dB optische Dämpfung

Bild 7: Störabstände des optischen Verteilsystems Studiengemeinschaft FAST

Vorgaben für BK-System:

Systemdämpfung:	10 dB
2 Stecker a	0,3 dB
1 Rangierstecker	0,3 dB
5 Spleiße + 1 Spleiß pro km a	0,2 dB
Faserdämpfung	0,5 dB/km

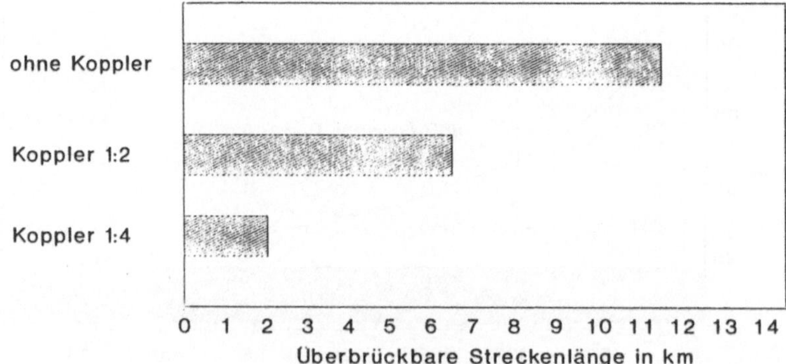

Bild 8: Streckenlänge als Funktion vom Aufteilverhältnis Studiengemeinschaft FAST

BKVrSt
A/B-Ebene
C/D-Ebene
NÜW
VrP ÜW
OÜW
GF-KVz
BKVrP
LSA
E
O
C
20x OHÜP
Kpl 3
1
2
3
4
5
6
Studiengemeinschaft FAST

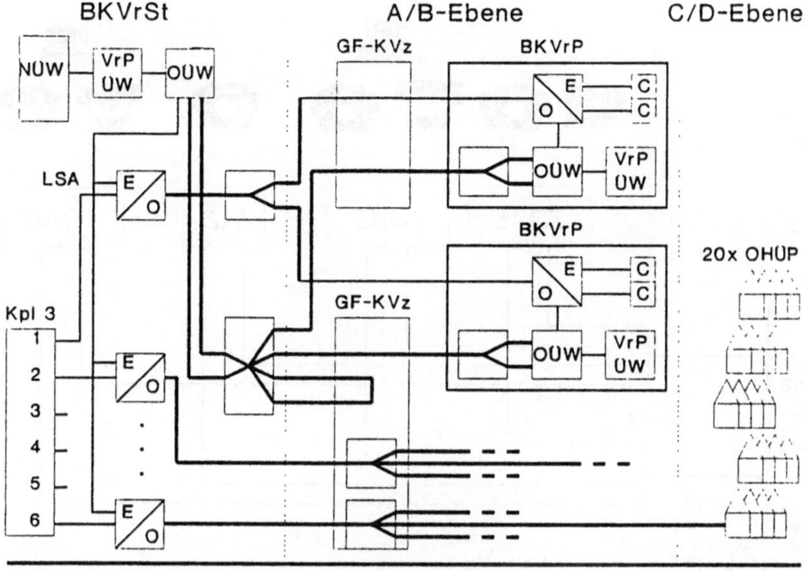

Bild 9: BK-Netz für Piloten Nürnberg

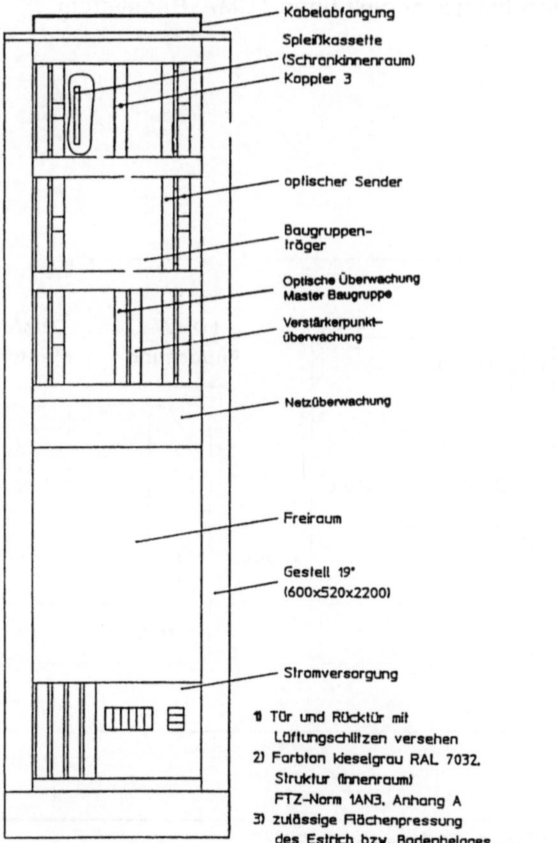

Kabelabfangung
Spleißkassette
(Schrankinnenraum)
Koppler 3
optischer Sender
Baugruppen-träger
Optische Überwachung Master Baugruppe
Verstärkerpunkt-überwachung
Netzüberwachung
Freiraum
Gestell 19"
(600x520x2200)
Stromversorgung
1) Tür und Rücktür mit Lüftungschlitzen versehen
2) Farbton kieselgrau RAL 7032, Struktur (Innenraum) FTZ-Norm 1AN3, Anhang A
3) zulässige Flächenpressung des Estrich bzw. Bodenbelages 25N/cm
Studiengemeinschaft FAST

Bild 10: Ansicht LWL-BK-Verstärkerstelle

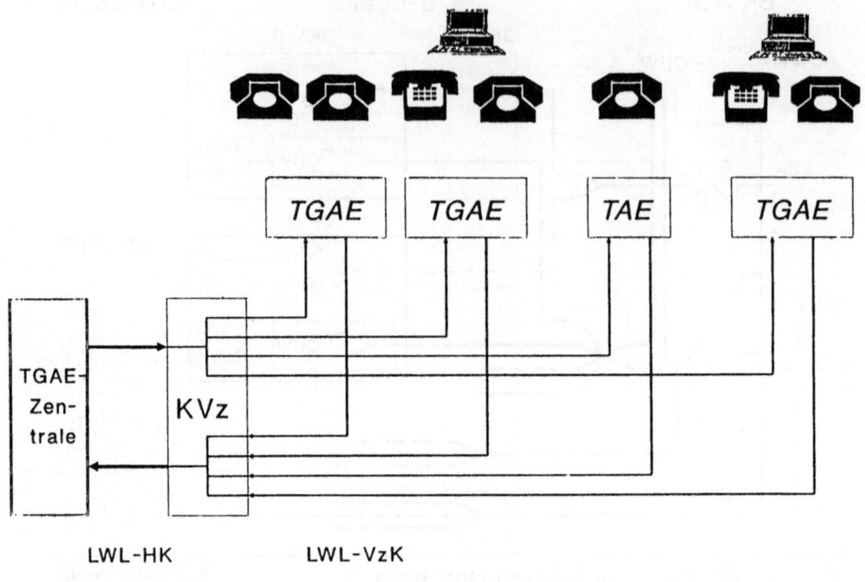

Bild 11: Teilnehmeranschluß über TDMA-Bussystem

Studiengemeinschaft FAST

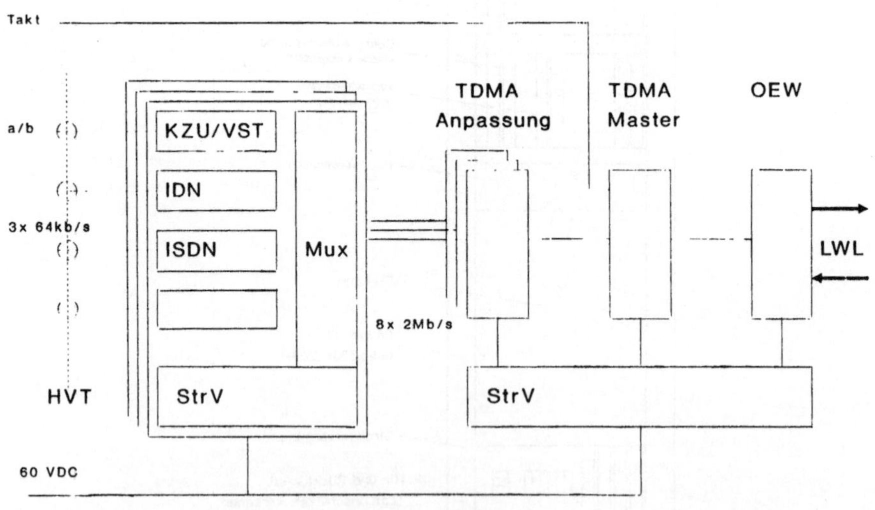

Bild 12: TDMA-Zentrale

Studiengemeinschaft FAST

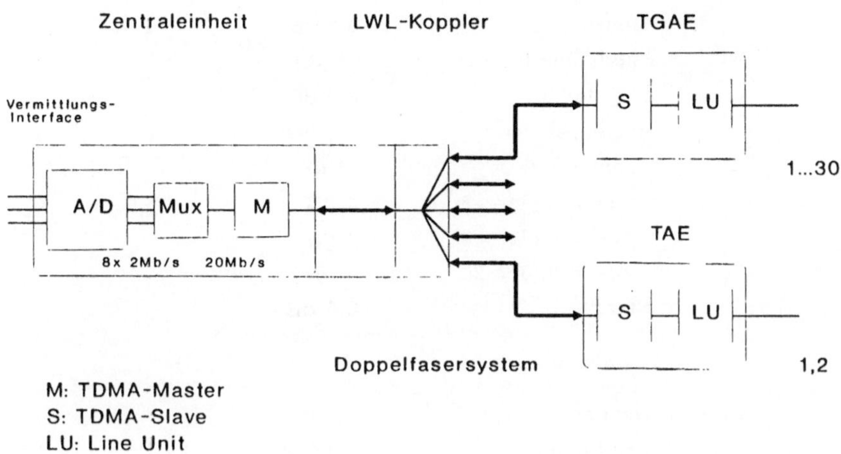

Bild 13: Struktur des TDMA-Netzwerkes

Studiengemeinschaft FAST

- Abhängigkeit von EVUs
- zusätzliche Kosten für die Heranführung der Versorgungskabel durch das EVU
- zusätzliche Kosten für die Batterien
- Betriebsinsicherheit der Batterien, weil zuverlässige permanente Kapazitätskontrolle fehlt
- zusätzliche Kosten für Auswechseln der Batterien nach 8-10 Jahren (Bezug 20 C)
- Temperaturabhängigkeit der Batteriekapazität
- zusätzliche Kosten für Elektronik zur Überwachung und Regelung der Batterien

Bild 14: Dialogdienste - Vorteile für Fernspeisung

Studiengemeinschaft FAST

Stecker	0,5 dB
Kabeldämpfung	1,5 dB
10 Spleiße	2,0 dB
Rangierstecker	0,5 dB
Koppler 1:16	16 dB
zus. Koppler 1:2	4 dB
zus. Koppler 1:2	4 dB
zus. Koppler 1:2	4 dB
Stecker	0,5 dB
Summe	*33 dB*
Sender	-4 dBm
Empfänger	- 47 dBm
Reserve	*10 dB*

Bild 15: Worst-Case Powerbudget TDMA-System

Studiengemeinschaft FAST

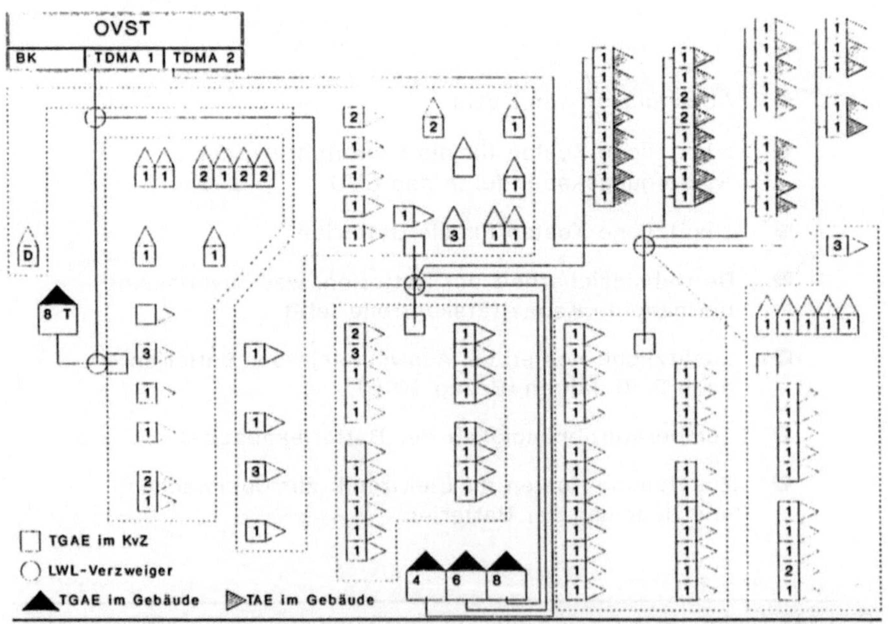

Bild 16: LWL-Pilotnetz Nürnberg - Dialogdienste

Studiengemeinschaft FAST

LWL–Band

Bandkabel

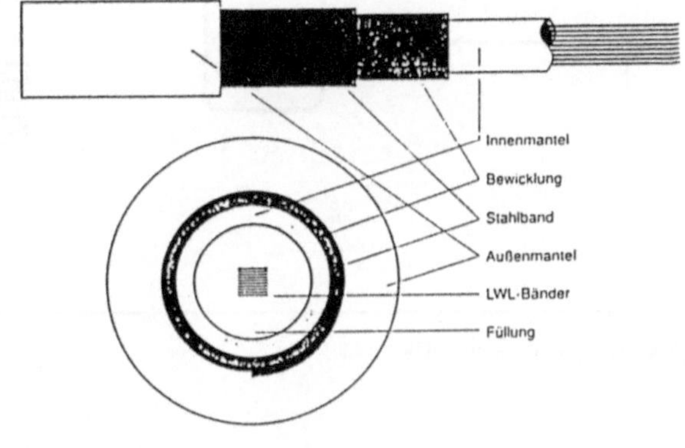

Bild 17: Prinzip LWL–Bandkabel

Studiengemeinschaft
FAST

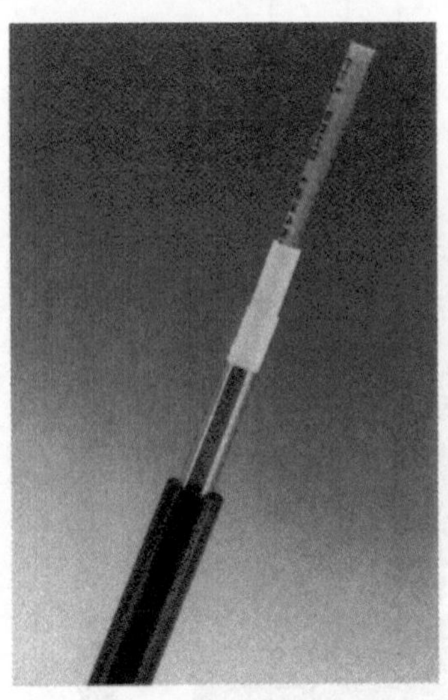

Bild 18: Glasfaserbandkabel

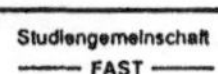

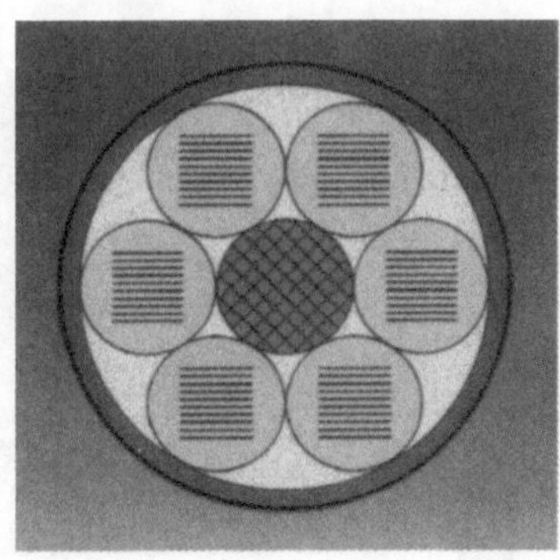

Bild 19: Querschnitt 600–Faser–Kabel

Studiengemeinschaft
FAST

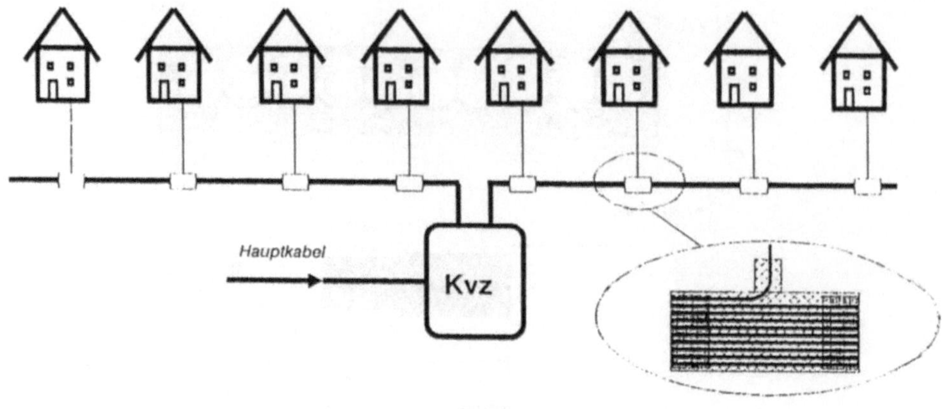

Bild 20: Prinzip Verlegung Aufreißkabel

Studiengemeinschaft
FAST

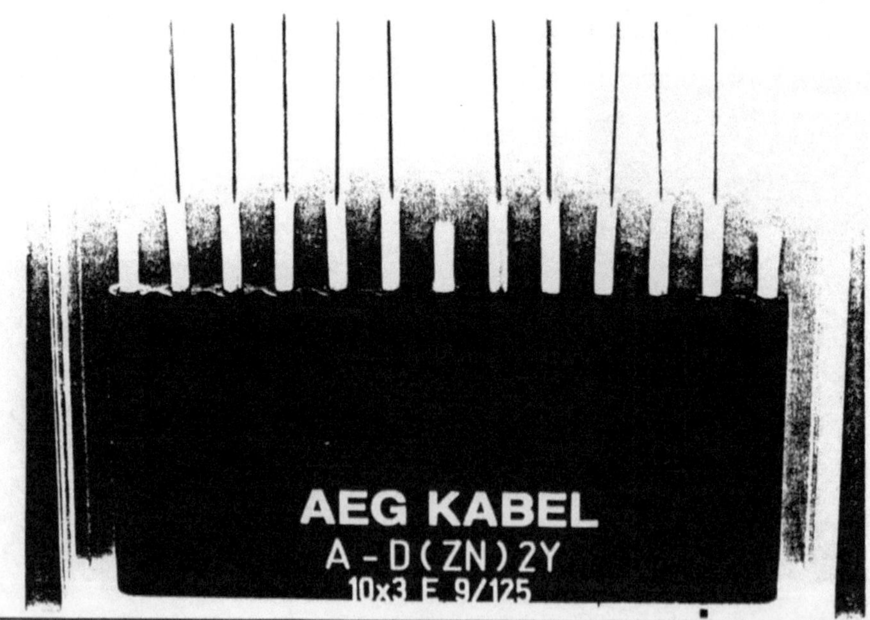

Bild 21: Aufreißkabel

Studiengemeinschaft
FAST

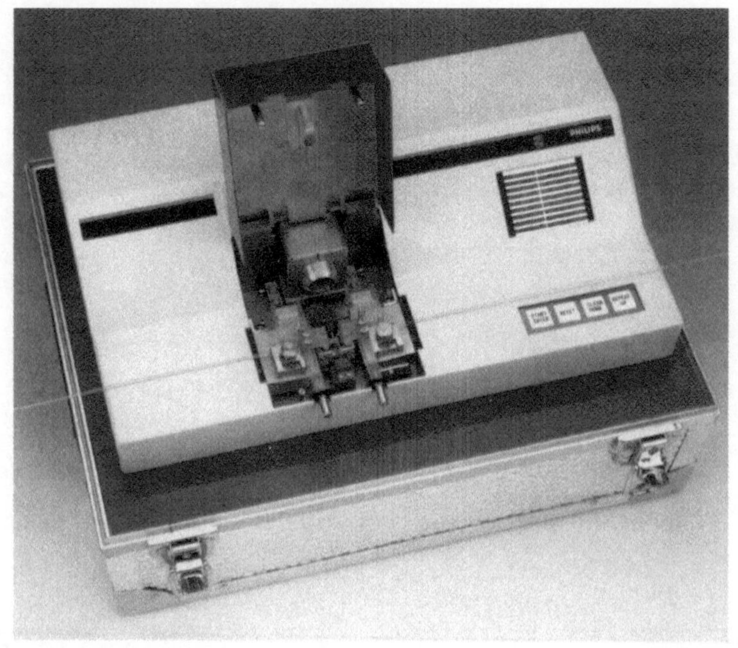

Bild 22: Mehrfach–Spleißgerät

Studiengemeinschaft
FAST

Bild 23: Spleiß–Magazin

Studiengemeinschaft
FAST

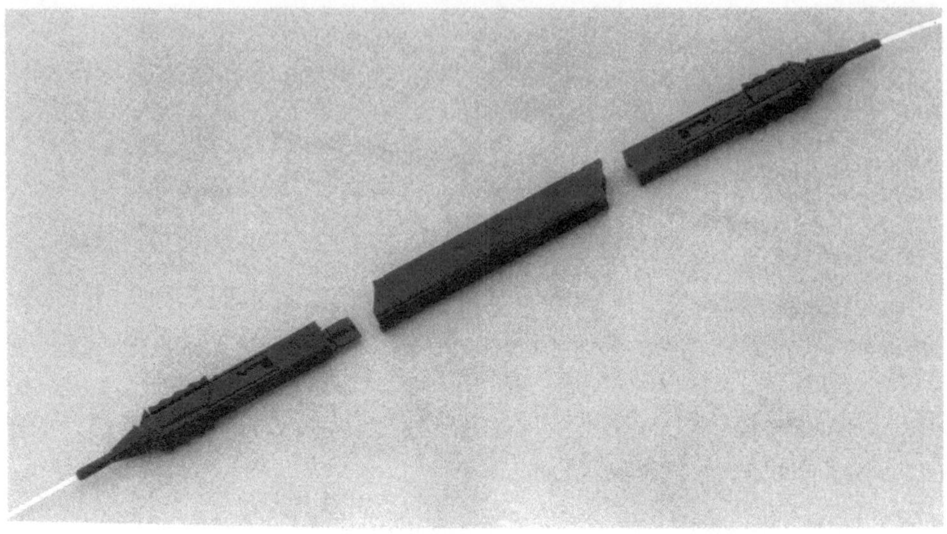

Bild 24: Thermoplast Rangierverbinder

Studiengemeinschaft
FAST

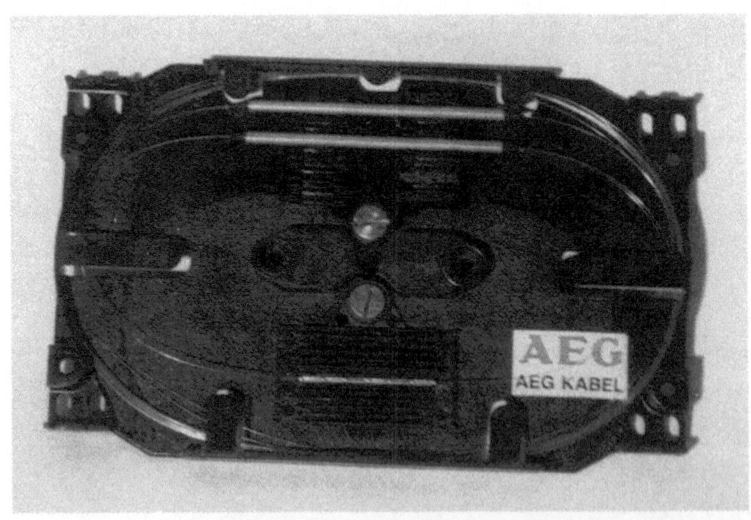

Bild 26: LWL–Sternkoppler

Studiengemeinschaft
FAST

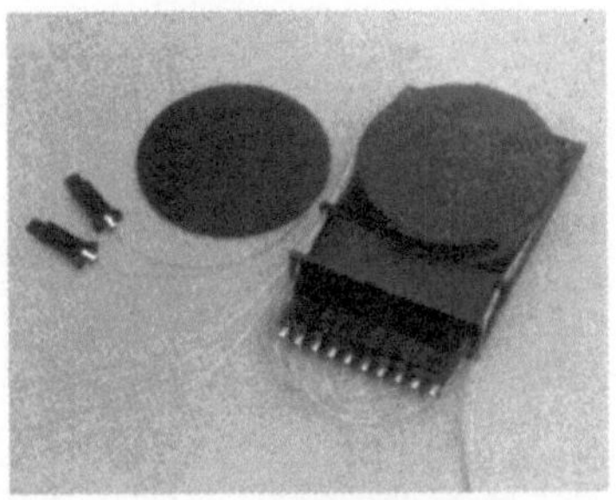

Bild 25a: Rangiermodul für Glasfaserendverschlüsse

Studiengemeinschaft
— FAST —

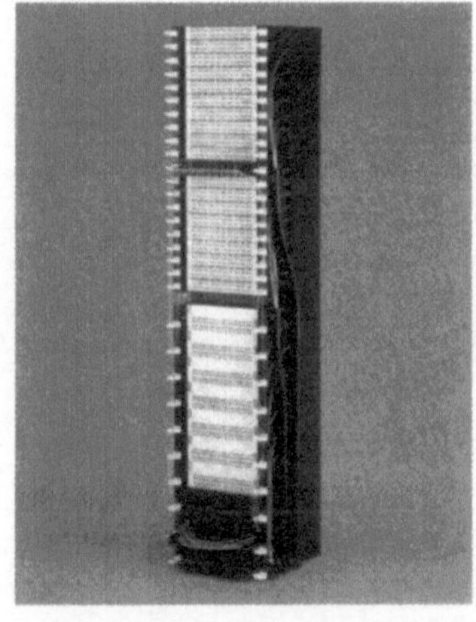

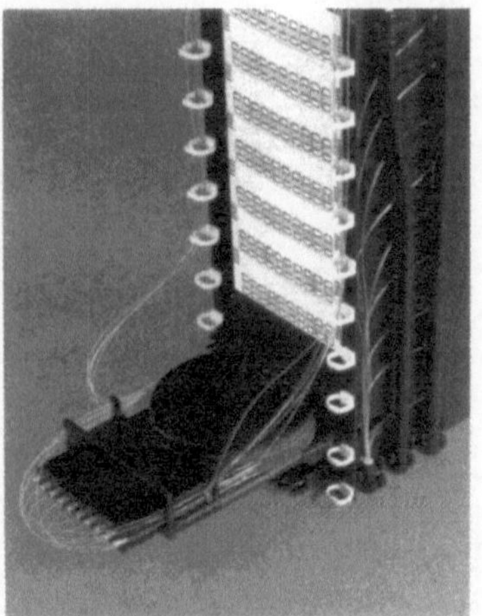

Bild 25b: Glasfaser–Rangierfeld erfeld

Studiengemeinschaft
— FAST —

	Glasnetz	Hybridnetz Glasteil	Hybridnetz Cu-Teil
Linienführung	■	■	■
Tiefbau	■	■	■
Kabel	■	■	
Verzweiger	■	■	■
Gerätegehäuse	■	■	
Stromversorgung und Speisung	■	■	
Netzüberwachung und -management	■	■	
Übertragungstechnik			

Bild 27: Vorteile fuer ein kombiniertes Netz

Studiengemeinschaft FAST

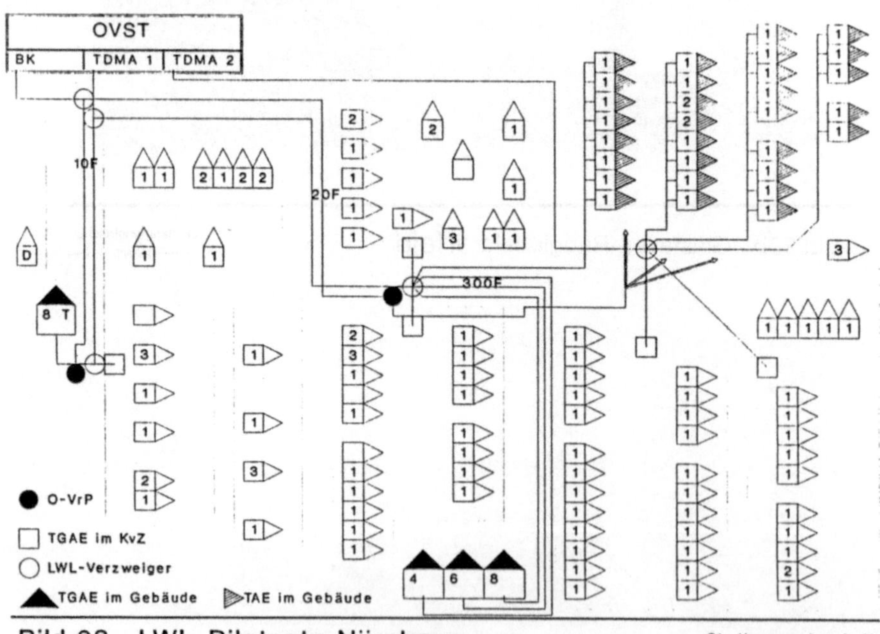

Bild 28: LWL-Pilotnetz Nürnberg

Studiengemeinschaft FAST

Proposal for an Economical Fully Covering Installation of Fiberoptic Cables in the Subscriber Loop

H. G. Zielinski/H. Moers/D. Knodel

Summary

The Deutsche Bundespost Telekom started in 1989 a competition for "economical introduction of fibreoptic systems in the subscriber loop". The companies AEG Kabel, ANT Nachrichtentechnik GmbH and Philips Kommunikations Industrie AG joined this competition with their concept FAST (fibreoptic subscriber access system). The concept was selected by the DBP–Telekom for a field trial in Nuremberg, which is named OPAL 6.

Introduction

The differnt telecommunication networks of the DBP–Telekom have been growing indepently, so today we have three different medias (diagram 1):

- copper star for POTS / ISDN
- copper tree and branch for CATV distribution
- and fibre star for videotelephony services (VBN)

Optical transmission would give as the chance of integrating all these services into one single network. Because of economical reasons sharing of components is necessary. The amount of sharing is depent from the termination point of the fibre network (diagram 2). The companies AEG KABEL, ANT and PKI recommend a FTTH solution. The fibre network for this solution can be build up today and will be able to fulfill the demand of the next century.

Distributive services

The development of linear DFB–lasers has made possible optical CATV networks with AM–VSB customer interface standards (diagram 3).
The 450 MHz band is transmitted completely via one fibre to an amplifier point. The transmission from this point to the customers can be either optical or electrical via copper coaxial tubes. Key components for such network are optical transmitter (diagram 4) and optical receiver (diagram 5).
The introduction of fibre into the CATV network gives us a more reliable network (only on cascade), which is well adopted to future demand for additional channels and more bandwith.
Diagram 6 shows S/N able to be reached, diagram 7 intermodulation products. System span is dependent of the splitting ratio (diagram 8).
For safety and reliability reasons an additional system is installed, which enables supervision of the fibre network and the peripheral components. In case of fibre break the laser transmitters are shut down.
In the OPAL 6 project 20 customers are connected via FTTH and 170 customers with an optical feeder network (diagram 10).

Dialog services:

For POTS, ISDN and data services a point–to–multipoint network with TDM/TDMA transmission (diagram 11) is used. This technique can be used for FTTC and FTTH. A central system (diagram 12) adapts 8 PCM30 channels to the 20 MBit transport signal. In the field TGAE are installed for the connection of up to 30 customers and TAE's for one ore two customers (diagram 13). For the TGAE remote power feeding is installed (diagram 14) for the TAE local power with battery backup is used.
The system uses a two fibre network, as the powerbudget for this solution is simpler and cheaper to be reached (diagram 15).
Two TDMA–central systems are installed in the Nuremberg field trial (diagram 16), serving 170 customers. 146 customers are connected at 9 TGAEs (FTTC solution) and 32 customers are connected at TAEs. So 18% of the homes have an individual FTTH access.

Cable network:

The cable network has decisive importance for the introduction of fibre optics into the customer access, because it has to fulfill the network suppliers demands for a long time. To be compatible with the ideas of a later BISDN–network FAST will realise a physical double–star network which is made to a logical tree and branch network by optical splitters installed in the distribution cabinet. The number of fibres installed in the feeder section is 10–20, in the distribution part of the network are installed about 300 fibres, at least three fibres for every building.
A key element for low costs in the feeder network and parts of the distribution network is the fibre ribbon (diagram 17) with 10 fibers up to 10 ribbon can easily be combined to a very small cable (diagram 18) and cables of up to 1200 fibres are realisable (diagram 19).
Another key element is a flat cable, consisting of five or ten optical elements and additional strength elements, which can be fanned out without splicing to different subscribers (diagrams 20 and 21).
These cable constructions make it possible to build up the network using a mass splicing technique (diagramm 22), reducing the assembly time for splicing by a factor af almost ten. Magazines for splices can be mounted in sleeves or in cabinets (diagram 23).
For the patch panel in the local exchange and distribution cabinet were developed modules (diagram 25) to be based on special low cost connectors. These connectors align the fibres by a v–groove and has very good optical parameters (diagram 24). Patching is realised using a patchcord with two connectors.
For splitting and combining of optical signals fused taper couplers are used (diagram 26). The basic element is a 2X2–star–coupler. Higher splitting ratios are achieved by cascading of couplers.

Combined networks:

Although there are still different transmissions methods, being used for distributive and dialog services, the sharing of one network for both kinds of services is possible and more economical. Diagram 27 shows the possibilities and benefits of component sharing.
Diagram 28 shows the combined network being built up for the field trial OPAL 6 in Nuremberg. We are shure that this project will answer some questions on our way to a FTTH network.

Glasfasertechnik im Teilnehmeranschlußbereich: Pilotprojekt, Weiterentwicklungen, Wirtschaftlichkeitsbetrachtungen

U. Peisl/L. Schmid

1. Einleitung

Nachdem sich die optische Übertragungstechnik im Bereich der Fern- und Ortsverbindungsleitungen der öffentlichen Kommunikationsnetze allgemein durchgesetzt und als Substitution der bisherigen Kupferkabel zu wirtschaftlicheren Lösungen geführt hat, ist der Teilnehmer-Anschlußbereich nunmehr die letzte noch zu erschließende Netzebene. Technologiefortschritte auf dem Gebiet der Höchstintegrationstechnik und Kostenreduzierungen im Bereich der Optoelektronik sowie bei den Glasfaserkabeln und der Spleißtechnik ermöglichen nun auch den wirtschaftlichen Einsatz der Glasfaser im Teilnehmeranschlußnetz.

Die ersten Ansätze für den Einsatz von Glasfaserkabeln im Teilnehmeranschlußnetz beruhten auf der Anwendung von neuen, breitbandigen Teilnehmerdiensten (Breitbandiges Integriertes Glasfaser Fernmeldeortsnetz) [1]. Bei diesen BIGFON-Inseln, die bereits Ende 1983 installiert wurden und denen bereits das flächendeckende "fibre-to-the-home"-Konzept uneingeschränkt zugrundelag, ging es noch um die Demonstration der technischen Machbarkeit. Dieser Ansatz war für einen Masseneinsatz der Glasfaser nicht geeignet.

Auch in naher Zukunft wird noch kein nennenswerter Bedarf für die hohe Übertragungskapazität der Glasfaser durch neue interaktive Breitband-Dienste, wie z.B. Hochgeschwindigkeits-Datenübertragung, interaktive Videokommunikation im Breitband-ISDN etc. vorhanden sein. Für das Hauptanwendungsgebiet Privatanschlüsse und kleine Geschäftsanschlüsse kommen heute daher als zu übertragende Dienste nur bereits existierende Telekommunikationsdienste wie das Diensteangebot des öffentlichen Telefonnetzes (einschließlich des Schmalband-ISDN) in Frage. Bei den Privatanschlüssen besteht zusätzlich die Aufgabe, neben dem Telefon auch Hörfunk- und Fernsehverteilung zu bieten und damit zwei Anforderungen trotz zeitlich und technisch unterschiedlicher Einführungsstrategien in Einklang zu bringen.

Ein Ersatz des Kupferkabels durch Glasfasertechnologie im Zuge des Ausbaus oder der Erneuerung vorhandener Netze ohne gleichzeitige Einführung neuer breitbandiger Dienste ist nur dann gerechtfertigt, wenn damit keine betriebswirtschaftlichen Nachteile verbunden sind, die Glasfasertechnologie also zu Gesamtkosten führt, die mit der konventionellen Kupferanschlußtechnik vergleichbar sind. Dies erfordert eine kostenoptimierte Einführungslösung, die einerseits an die infrastrukturellen Gegebenheiten des heutigen Kupfernetzes angepaßt ist und sich für den Netzneubau, -ausbau sowie für den Netzersatz eignet, wobei sich bereits bestehende Dienste wie Telefonie und Fernsehverteilung zu gleichen Kosten wie in einem Kupfernetz mit Koaxial- und symmetrischen Kabeln realisieren lassen. Andererseits muß diese Einführungslösung auch eine Evolutionsfähigkeit zum integrierten Breitbandnetz bei akzeptierbaren Zusatzkosten aufweisen, damit die Hauptinvestition in Form der verlegten Glasfaserkabel und der damit verbundenen Tiefbauarbeiten zukunftssicher ist.

Ausgehend von dieser Zielsetzung, ein für die Breitbandnutzung geeignetes zukunftssicheres universelles Netz aufzubauen, wird als Lichtwellenleiter ausschließlich die Einmodenfaser verwendet. Da die Glasfaser und die Optoelektronik neben dem Tiefbau die wesentlichen Kostenelemente eines optischen Teilnehmeranschlußnetzes bilden, ist es für eine kostengünstige Einführungslösung sinnvoll, alle Teile des Netzes für so viele Teilnehmer wie möglich gleichzeitig nutzbar zu machen ("laser/fibre sharing"). Dadurch können die Kosten für die gerätetechnischen Einheiten auf die am System angeschlossenen Teilnehmer aufgeteilt werden. Ebenfalls aus Kostengründen wird, zumindest anfangs, nicht jeder Teilnehmer über eine eigene Glasfaser an das Netz angeschlossen, sondern die Glasfaser endet in einer geeigneten Abschlußeinrichtung, von der aus eine bestimmte Anzahl von Teilnehmern mittels der üblichen symmetrischen bzw. koaxialen Kupfertechnik versorgt wird. Dies führt in der ersten Stufe nicht zu einem echten "Fiber-to-the-Home"-System (FTTH), sondern zu einem "Fiber-to-the-Curb" (FTTC) oder "Fiber-to-the-Pedestal"-System (**Bild 1**).

Am Beispiel des für 1991 in Leipzig geplanten Pilotprojektes OPAL (OPtische AnschlußLeitungen) wird im folgenden auf die technische Lösung für ein solches "Fiber-to-the-Curb"-Teilnehmeranschlußsystem eingegangen.

2. Passives optisches Netz für Telefon- und Verteildienste

Das in Leipzig durchzuführende Pilotprojekt OPAL muß im wesentlichen folgende Anforderungen erfüllen:

-- Bereitstellung von eingeführten Telekommunikationsdiensten und TV-Verteildiensten über ein passives optisches Teilnehmeranschlußnetz.

-- Gemeinsamer Anschluß einer größeren Anzahl von Teilnehmern an wenige Fasern.

-- Getrennte Fasern für interaktive Dienste und Breitbandverteildienste bei gleicher Kabel und Trassenführung.

-- Redundanz für interaktive Dienste durch Zweiwegeführung bis zum ersten LWL-Verzweigungspunkt.

Ziel dieses Pilotprojektes ist es, einen technischen Nachweis für die Eignung der Glasfasertechnologie in der Ortsnetzebene zu führen sowie Anforderungen an das öffentliche Netz und die Endeinrichtungen zu ermitteln. **Bild 2** zeigt die zur Erprobung im Pilotprojekt vorgesehene Architektur eines kostenoptimierten Glasfaseranschlußsystems im Teilnehmerbereich, das in seinen Grundzügen dem in [2] vorgestellten Konzept entspricht. Das zu installierende Glasfasernetz versorgt ein Wohn- sowie ein Geschäftsgebiet in der Innenstadt von Leipzig, wobei insgesamt 288 Teilnehmer angeschlossen werden. Während für die Geschäftsteilnehmer im ersten Schritt nur interaktive Dienste (Telefon) zur Verfügung gestellt werden, sind bei den Privatteilnehmern zusätzlich auch Breitbandverteildienste vorgesehen.

Um eine hohe Zuverlässigkeit und gleichzeitig eine kostengünstige Lösung zu erreichen, wird ein passives optisches Netz verwendet, d.h. das Netz enthält optische Leistungsteiler, Spleiße und Stecker, aber keine aktive Elektronik - mit Ausnahme des Abschlusses der Glasfaser auf der Teilnehmerseite und ggf. notwendiger Einrichtungen für die Stromversorgung. Die Netztopologie des Glasfaseranschlußsystems basiert auf einer logischen und physikalischen Mehrfachstern-Struktur, wobei sie sich an den linientechnischen Vorgaben des heutigen Ortsanschlußnetzes mit der Aufteilung in Hauptkabel- und Verzweigerbereich durch einen passiven Kabelverzweiger orientiert. Die Aufteilung auf die teilnehmerindividuellen Anschlußleitungen erfolgt durch passive optische Koppler, die aus Wartungs- und Reparaturgründen sowie aus Gründen der leichteren späteren Aufwertbarkeit in wenigen Sternpunkten konzentriert sind. Für die Verteildienste wird ebenfalls eine sternförmige passive Verzweigung der optischen Faser im Kabelverzweiger vorgenommen. Beide Dienstearten, d.h. Breitband-Verteildienste und interaktive Dienste (Fernsprechen und Schmalband-ISDN) benützen somit die gleiche Topologie des Kabelnetzes, wobei jedoch aus Gründen der technischen und betrieblichen Entkopplung getrennte Fasern verwendet werden.

Da die wichtigsten Endgeräte beim Privatteilnehmer und bei kleineren Geschäften noch auf absehbare Zeit Analogeingänge (TV, Radio, Telefon) aufweisen, ist ein Glasfaseranschluß, der direkt ins Haus führt, heute noch nicht kostengünstig realisierbar. Daher endet die Glasfaser in einer sogenannten Distant Unit (DU), die für mehrere Teilnehmer gemeinsam vorhanden ist und in der Nähe der Teilnehmer, z.B. in einem Gehäuse am Straßenrand oder im Haus aufgestellt wird. Von der DU führen Kupfer- bzw. Koaxleitungen zu den Teilnehmern, wodurch die kostenintensiven optoelektrischen Wandler in der DU für mehrere Teilnehmer gemeinsam genutzt werden. In der Einführungsphase der Glasfasertechnik im Teilnehmeranschlußbereich ist also ein hybrides Netz vorgesehen, bei dem die Teilnehmer über Netzausläufer in Kupfer mit interaktiven Diensten und Breitbandverteildiensten versorgt werden ("Fiber-to-the-Curb"- oder "Fiber-to-the-Pedestal"-System).
Ein sinnvoller Kompromiß zwischen Kosten und DU-Größe liegt heute bei ca. 16...24 Teilnehmer pro DU, da bei größeren DUs die Kosten nur mehr geringfügig sinken [4]. Im Rahmen des Pilotprojektes werden pro DU 24 Teilnehmer angeschlossen, wobei jeweils 6 DUs im Wohn- und im Geschäftsgebiet installiert werden.
Allgemein hängt die Anordnung der DUs von der topologischen Lage der Teilnehmer ab: In dünn besiedelten Gebieten und Neubaugebieten kann die DU auf öffentlichem Grund installiert werden und gleichzeitig mehrere Teilnehmer über Cu-Leitungen bedienen. In dichter besiedelten Gebieten oder in Wohn- oder Büroblocks - wie im vorliegenden Fall - kann die DU auch im Gebäude selbst untergebracht sein.
Die DU ist teilnehmerseitig mit entsprechenden Leitungskarten für die interaktiven Dienste und eventuell mit C-Verstärkern für die Breitbandverteildienste ausgestattet, so daß die Endgeräte wie seither angeschlossen werden können. Darüber hinaus sind zusätzliche Kontrollkanäle zwischen DU und CU für die betriebliche Überwachung verfügbar.

Die sogenannte Central Unit bildet den Abschluß der optischen Faser auf der Vermittlungsseite. Der Zugang zur Vermittlung kann prinzipiell über Einzelkanäle (teilnehmerindividuelle a/b-Schnittstelle) oder vorzugsweise über 2-Mbit/s-Multiplexschnittstellen erfolgen (**Bild 3**). Für das Pilotprojekt ist ein kanalindividueller Anschluß für jeden Teilnehmer vorgesehen. Eine solche Lösung ist zwar systemunabhängig, jedoch aufwendig, da sowohl für die Verbindung des Endgerätes zum optischen Übertragungssystem als auch für den Anschluß des Übertragungssystems an die Vermittlung teilnehmerindividuelle Anschlußkarten benötigt werden. Systemneutrale Einzelkanalanschlüsse erfordern darüber hinaus eine separate Einrichtung für Betrieb und Wartung, da keine vermittlungsgesteuerte Leitungsprüfung möglich ist. Dies ist nicht der Fall bei einem Multiplexanschluß, für den es jedoch heute noch keine nationalen oder internationalen Standards gibt, so daß derzeit nur systemspezifische Lösungen machbar sind. Im System EWSD von SIEMENS bietet sich die interne Schnittstelle auf 2-Mbit/s-Leitungen zwischen LTG (Line Trunk Group) und DLU (Digital Line Unit) dafür an. Der Grundgedanke für die Wahl der Multiplexschnittstelle besteht darin, die Funktion einer DLU (Konzentration des Verkehrs + Teilnehmeranschlußkarten) in der CU und in den DUs zu integrieren und die gleichen DS1-Schnittstellen zur LTG wie bei der DLU zu verwenden. In Abhängigkeit vom angebotenen Verkehrswert können zwei bis vier MUX-Leitungen zu EWSD vorgesehen werden. Zur Steuerung von CU und DU sowie zur Abwicklung von Administrations- und Maintenance-Funktionen dienen protokollorientierte vorhandene Kommunikations-Schnittstellen. Betriebs- und Wartungsfunktionen können vom EWSD-Wartungszentrum nach entsprechender Erweiterung der bereits eingeführten Bedieneroberfläche bereitgestellt werden.

Neben den (aktiven) Systemkomponenten CU und DU stellt der optische Verzweiger bzw. Richtkoppler das wichtigste (passive) Bauelement des hier vorgestellten Glasfaseranschlußsystems dar. Die Verzweiger enthalten passive optische 1:n-Koppler mit gleichmäßiger Leistungsaufteilung auf die Ausgänge, wobei die gängigste Bauweise der Faserschmelzkoppler darstellt [3].

3. Multiplexverfahren

Die wirtschaftliche Doppelausnutzung einer Glasfaser für beide Übertragungsrichtungen in einem passiv verzweigten Netz mit unterschiedlichen Längen für die Teilnehmer erfordert ein geeignetes Multiplexverfahren für die interaktiven Dienste.

Die Übertragung der digitalisierten Signale von der CU zu den DUs, d.h. in Richtung zu den einzelnen Teilnehmern ("downstream"), erfolgt mittels Zeitmultiplex-Verfahren (TDM). Hierbei werden die in digitaler Form vorliegenden Informationen für alle Teilnehmer in einen gemeinsamen Rahmen gepackt und im Zeitmultiplex zu jeder DU gesendet, wo die für die angeschlossenen Teilnehmer bestimmten Informationen ausgesondert, aufbereitet und als analoge Telefonsignale auf a/b-Adern zu diesen Teilnehmern geschickt werden. In der Richtung vom Teilnehmer zur Vermittlung ("upstream") ist die Informationsübermittlung aufgrund der räumlich verteilten Anordnung der Teilnehmer und der unterschiedlichen Signallaufzeiten zwischen den Teilnehmern und der CU schwieriger, da mehrere Teilnehmer gleichzeitig auf das Übertragungsmedium zugreifen. Für derartige Punkt-zu-Mehrpunkt-Verbindungen ist das aus der Satellitentechnik bekannte TDMA-Verfahren mit Vielfachzugriff (Multiple Access) erforderlich. Dieses steuert den zeitlich richtigen Zugriff jedes Senders auf der Teilnehmerseite so, daß die Signale von den einzelnen Teilnehmern laufzeitmäßig geordnet in der CU eintreffen. Um Interferenzen zwischen Signalen von unterschiedlichen DUs zu vermeiden, werden die Aufwärtssignale in Form von Datenbursts übertragen. Eine zeitliche Ablaufsteuerung, bei der die Zeitlage für jeden Teilnehmer laufend adaptiv nachgeregelt wird, sorgt dafür, daß die von den verschiedenen DUs in der CU ankommenden Datenbursts sich nicht gegenseitig stören, d.h. zeitlich überlappen [2].

4. Optisches Dämpfungsbudget

Zur technischen und betrieblichen Entkopplung der interaktiven Dienste von den Verteildiensten werden getrennte Glasfasern, jedoch innerhalb desselben Kabels und unter Benutzung derselben Topologie verwendet.

Für die Übertragung der Signale für die interaktiven Dienste sind unterschiedliche Lösungen möglich. So können beispielsweise unterschiedliche Fasern für Upstream- und Downstream-Signale verwendet werden, oder ein optisches Wellenlängen-Multiplexverfahren auf einer einzigen Faser angewendet werden. Dementsprechend sind auch unterschiedliche Realisierungen für die optischen Sender und Empfänger möglich.

Für interaktive Dienste wird im allgemeinen in beiden Richtungen die gleiche Übertragungskapazität benötigt, in jedem Fall aber ein Übertragungskanal je Richtung. Es ist eine Frage der Wirtschaftlichkeit und der geforderten Verstärkerfeldlänge, ob für die beiden Übertragungsrichtungen je eine Faser vorgesehen wird oder ob in beiden Richtungen auf derselben Faser übertragen wird. Dabei dürfen den höheren Kosten für die Leitungsendeinrichtungen bei der Einfaserlösung nicht nur die Kosten für die zweite Faser bei der Zweifaserlösung gegenübergestellt werden. Vielmehr muß berücksichtigt werden, daß sich im letzteren Fall auch Spleiße, Stecker und eventuelle Koppelpunkte in optischen Verteilern verdoppeln. Deshalb ist im allgemeinen schon bei den relativ kurzen Entfernungen im Teilnehmeranschlußnetz die Einfaserlösung kostengünstiger.

Im Rahmen des Pilotprojektes werden die interaktiven Dienste bidirektional auf einer Faser mit einem Wellenlängenmultiplex-Verfahren übertragen, das in Richtung zur Vermittlung im Wellenlängenfenster 1300 nm und in Richtung zum Teilnehmer im Wellenlängenfenster 1550 nm operiert. Das für die Richtungstrennung erforderliche optische Filter hat nur eine geringe Durchgangsdämpfung, so daß die Einbuße an Reichweite gegenüber der Zweifaserlösung gering ist. In der Nähe des Senders z.B. an Steckern reflektierte Signale gelangen wegen der Selektivität des Filters nur stark gedämpft zum nahen Empfänger (geringes Nahnebensprechen). Der Nachteil, daß für die beiden Richtungen Sender mit verschiedenen Wellenlängen benötigt werden, wiegt gegenüber den Vorteilen nicht schwer. Bidirektionale Module (Laserdiode mit Empfangsdiode und WDM-Filter in einem Gehäuse) sind darüber hinaus bereits heute bei Massenproduktion kaum teurer als die Summe entsprechender Low-Cost-Einzelelemente (Sendelaser, Empfangsdiode, Stecker), so daß sich bei Berücksichtigung der Faserkosten eine Kostenreduktion gegenüber der Zweifaserlösung bereits bei recht kurzen Verbindungslängen (>100 m) ergibt.

Das verfügbare Dämpfungsbudget hängt primär von der erforderlichen Übertragungsbandbreite ab, d.h. von der Anzahl der Teilnehmer und der Art der Dienste.
Unter der Annahme einer Netto-Datenrate von ca. 35 Mbit/s auf der Übertragungsstrecke für Hin- und Rückrichtung, die bei einer CMI-Leitungscodierung auf eine Übertragungsrate von etwa 70 Mbaud führt, beträgt die heute maximal überbrückbare Dämpfung etwa 30 dB. Bei einer Systemreserve von 3 dB stehen somit 27 dB als praktisch maximal überbrückbare optische Dämpfung zur Verfügung. Bei einer Gesamtdämpfung von 4 dB pro (symmetrische) 1:2-Aufteilung, die auch zusätzliche Verluste durch die Wellenlängenabhängigkeit (abwärts 1550 nm, aufwärts 1300 nm) mit einschließt, ist somit eine mehrfache sternförmige Aufsplittung der optischen Fasern auf 16 bis 32 DUs möglich. Ausgehend von 2 dB Einfügedämpfung der zwei Steckverbindungen, von 12 dB Dämpfung der 12-fach-Koppler-Kombination sowie von 1 dB Verlust für zwanzig Spleiße mit je 0,05 dB mittlerer Spleißdämpfung stehen dann für die Kabeldämpfung insgesamt 12 dB zur Verfügung. Bei einem Faser-Dämpfungskoeffizienten von 0.47 dB/km im Wellenlängenbereich 1285 nm bis 1330 nm (und entsprechend niedriger im Wellenlängenbereich um 1550 nm) folgt eine von der Dämpfungsbilanz her mögliche Reichweite für die Übertragung der interaktiven Dienste von etwa 25 km. Durch die auszugleichenden Laufzeitunterschiede im TDMA-System ist die maximale Reichweite bei den interaktiven Diensten jedoch auf ca. 10 km begrenzt.

Die optische TV-Signalübertragung erfolgt mittels analoger Restseitenband-Amplitudenmodulation. Dies hat den wesentlichen Vorteil, daß diese Signale heimempfängergerecht und kompatibel zur heutigen Breitbandkommunikationstechnik (BK-Technik) sind, d.h. die vorhandene koaxiale Heimverkabelung und heute verfügbare TV-Empfänger können unmittelbar verwendet werden. Das gesamte 450-MHz-Signal wird im Originalband in der BK-Verstärkerstelle elektrooptisch gewandelt und in einem Baumnetz über LWL zum Teilnehmer übertragen. Die technischen Anforderungen einer analogen Vielkanalübertragung an die hierfür benötigten optischen Sender sind sehr hoch, was sich zur Zeit noch direkt in den Kosten für diese Schlüsselbausteine niederschlägt. Aufgrund der höheren Signalbandbreite und der deutlich höheren Linearitätsanforderungen für das analoge TV-Vielkanalsignal ist die überbrückbare optische Dämpfung wesentlich geringer als für die Signale der interaktiven Dienste, so daß das optische Aufteilungsverhältnis begrenzt ist. Zur betrieblichen Überwachung der Übertragungsstrecke sind für die hierfür erforderlichen Rückkanäle separate Fasern vorgesehen. Im Rahmen des Pilotprojektes wird die Faser entsprechend dem technischen Fortschritt zunächst nur zweifach aufgesplittet, so daß zur Versorgung der 144 Privatteilnehmer mit 35 TV-Programmen (einschließlich 30 UKW- sowie 16 digitalen Tonrundfunk-Programmen) insgesamt sechs Fasern (je drei Fasern für Hin- und Rückrichtung) im Hauptkabel benötigt werden. Die Fasern enden in optoelektrischen Abschlußeinrichtungen, den sog. C-Verstärkern, die zusammen mit der not-

wendigen Einrichtung für die Rückkanäle in den DUs untergebracht sind. Von den C-Verstärkern werden die TV-Signale in der von CATV-Systemen bekannten Technik koaxial zu den einzelnen Teilnehmern weiter verteilt, wobei die gleiche Kabel-Topologie (Gräben) wie für die symmetrischen Cu-Leitungen der Signale für die interaktiven Dienste verwendet wird.
Die überbrückbare Dämpfung optischer Übertragungsstrecken im Wellenlängenbereich 1300 nm ist für AM-RSB-Signale durch Quantenrauschen der Empfangsdiode und Intermodulation der optischen Komponenten, die im wesentlichen durch die Linearitätseigenschaften des Lasers bestimmt wird, derzeit auf etwa 10 dB begrenzt. Bei einer 2-fach-Aufteilung mit 4 dB Koppeldämpfung, einer Systemreserve von 1 dB und Anschlußdämpfung von etwa 0,4 dB ist damit die Reichweite auf ca. 9 km begrenzt, wenn ein Faserdämpfungskoeffizient von 0,5 dB/km zugrundegelegt wird. Eine Erhöhung der überbrückbaren Dämpfung ist daher im wesentlichen nur durch eine Erhöhung der optischen Sendeleistung möglich, wobei die obere Grenze aufgrund nichtlinearer Effekte der Faser durch stimulierte Brillouin-Streuung bei etwa 10 mW liegt.
Da beim Pilotprojekt die Entfernung zwischen CU und DU maximal 2500 m beträgt, steht für die Übertragung von interaktiven Diensten und Breitbandverteildiensten eine ausreichende Systemreserve zur Verfügung.

5. Stromversorgung

Sowohl die neu eingeführten aktiven Netzabschlußeinrichtungen in Form der DUs als auch die bisher über die Kupferdoppelader aus der Amtsbatterie ferngespeisten Fernsprechapparate bei den Teilnehmern erfordern eine ausfallsichere Stromversorgung. Nach dem derzeitigen Stand der Übertragungstechnik und auch zukünftig absehbar, benötigen die optischen Wandler für die interaktiven Dienste und Verteildienste zusammen mit der zugehörigen Elektronik (POTS-Teilnehmeranschlußkarten) von außen zugeführte elektrische Leistung in der Größenordnung von mehreren zehn Watt. Da bis heute keine fertigen Lösungen existieren, die für das Telefonieren notwendige Energie in Form von Licht auf der gleichen Glasfaser zum Teilnehmer zu übertragen und ggf. zu speichern, muß das Problem der Stromversorgung in Glasfasernetzen neu überdacht werden.
Bei Entfernungen bis ca. 2 km zwischen Amt und DU erscheint eine Fernspeisung der DUs aus der Amtsstromversorgung bei nicht zu großem Aderdurchmesser der Speisekabel möglich. Die Speiseleitungen müssen in diesem Fall parallel zu den optischen Kabeln verlaufen. Dies ist ein Nachteil, dem jedoch der Vorteil einer unterbrechungsfreien Versorgung ohne aufwendige Batteriepufferung gegenübersteht.
Da aus Sicherheitsgründen eine Speisespannung von 100 V nicht überschritten werden darf, ist die erreichbare Streckenlänge direkt proportional zum Drahtquerschnitt bzw. zum Quadrat des Aderdurchmessers sowie zum Widerstand der Leitung. Größere Entfernungen oberhalb einiger km führen daher rasch auf sehr hohe Aderdurchmesser der Speiseleitung, so daß eine lokale oder quasi-lokale Speisung der DUs mit Anschluß an das öffentliche Stromversorgungsnetz nicht nur sinnvoll sondern auch unumgänglich ist. Zur Überbrückung von unvermeidlichen Netzunterbrechungen müssen dann zusätzlich Batterien vorgesehen werden, die einen Betrieb zu-

mindest der interaktiven Dienste für mindestens mehrere Stunden garantieren, wobei zur Vermeidung von Tiefentladungen eine besondere Überwachung erforderlich ist.
Für das Pilotprojekt in Leipzig ist eine lokale Speisung aller DUs vorgesehen. Diese Lösung hat den Vorteil, daß keine Cu-Leitungen parallel zu den optischen Fasern verlegt werden müssen, so daß sich ein echtes optisches Netz mit allen Vorzügen (Blitzsicherheit, keine hohen Spannungen etc.) ergibt. Ein ernstzunehmendes Problem ist - neben der Frage der Wirtschaftlichkeit einer derartigen Lösung - die Vervielfachung des Wartungsaufwandes und u.U. die erschwerte Zugänglichkeit bei unterirdischer Unterbringung der DU.
Eine weitere Möglichkeit stellt die Speisung aller DUs von einer an einem zentralen Punkt, vorzugsweise beim Kabelverzweiger untergebrachten, gemeinsamen Stromversorgung dar, wodurch der Wartungsaufwand auf einen einzigen Ort konzentriert ist. Eine solche Lösung setzt beim Kabelverzweiger natürlich einen 220-V~-Anschluß an das öffentliche Stromversorgungsnetz sowie eine Pufferbatterie zur Sicherung des unterbrechungsfreien Betriebs voraus. Darüber hinaus bietet eine solche Lösung den Vorteil einheitlicher konstanter Klimabedingungen für die Pufferbatterien.
Mit zunehmender Verbreitung optischer Teilnehmeranschlußnetze und mit wachsenden Entfernungen gemäß dem technologischen Fortschritt wird sich jedoch die lokale Speisung der DUs auf Dauer nicht vermeiden lassen.

6. Wirtschaftlichkeit

Voraussetzung für einen sinnvollen Übergang vom Piloteinsatz zum breiten Serieneinsatz der Glasfasertechnik im Teilnehmeranschlußbereich ist eine kostenoptimierte Einführungslösung, die als Vorleistung für die Zukunft nur sehr moderate Mehrkosten gegenüber heutigen Kupfernetzen verursachen darf. Die Wirtschaftlichkeit von FTTH-Systemen kann im wesentlichen unter dem Aspekt der Investitionskosten sowie der Life-Cycle-Kosten betrachtet werden. Die Einbeziehung der Zukunftssicherheit ist jedoch nur schwer zu quantifizieren und wird hier daher zunächst außer Betracht gelassen, d.h. im ersten Ansatz werden nur die für einen Hersteller leichter zugänglichen Investitionskosten betrachtet. Dazu werden zwei typische Privatteilnehmer-Strukturen untersucht, die über das in **Bild 4** dargestellte Glasfasernetzmodell mit Hauptkabel, Kabelverzweiger und Verzweigungskabel entsprechend dem heutigen Fernsprechnetz an die Vermittlung angeschlossen werden. Da sich große Geschäftsanschlüsse von Anschlüssen für kleinere Geschäfte und Privatteilnehmer sowohl in ihren Ansprüchen an das Leitungsnetz als auch hinsichtlich Leistungsfähigkeit und Komfort der Geräte im Netzknoten und dementsprechend auch in den Herstellkosten erheblich unterscheiden, werden sie in den Wirtschaftlichkeitsbetrachtungen nicht berücksichtigt.
Um das hier vorgestellte FTTH-Konzept mit der konventionellen Kupferanschlußtechnik vergleichen zu können, werden durchschnittliche Entfernungen und Infrastrukturen zwischen Ortsvermittlungsstelle bzw. Kopfstelle und Teilnehmer angenommen (**Bild 4**). Aus dem gleichen Grund werden auch die erforderlichen Tiefbauinvestitionen bei der Kostenermittlung miteinbezogen.

Im Beispiel von **Bild 4** sind bis zu 16 Telefone (POTS) bzw. die entsprechende Anzahl von ISDN-BA an eine DU und bis zu 16 DUs über zwei in Reihe geschaltete 1:4-Koppler an die Ortsvermittlungstelle angeschlossen, d.h., über eine Glasfaser werden insgesamt 256 Telekommunikationsteilnehmer versorgt. Bei den Verteildiensten wird von einer Strahlteilung 1:4 ausgegangen, so daß für die TV-Versorgung von 256 Breitbandkommunikationsteilnehmern vier Fasern im Hauptkabel erforderlich sind. Da die Netzstrukturen für interaktive Dienste und Breitbandverteildienste übereinander gelegt werden können, linientechnisch zum Teil sogar identisch sind, kann für die Übertragung beider Dienstearten ein gemeinsames LWL-Kabel (jedoch mit nach Diensten getrennten Fasern) genutzt werden. Dementsprechend können Vermittlungs- und BK-Verstärkerstelle über ein einziges Grabensystem mit jedem Haus des Versorgungsbereichs verbunden werden. Um eine spätere Aufwertung zu Breitbandanschlüssen ohne erneute Tiefbauarbeiten zu ermöglichen, werden zusätzlich individuelle Fasern für jeden Teilnehmer vom Kabelverzweiger bis in die Wohnung, also auch parallel zum Kupferkabel zwischen DU und Wohnung, sowie zusätzlich unbenutzte Fasern im Hauptkabel vorgeleistet. Die für ein optisches Teilnehmeranschlußnetz notwendigen Hauptinvestitionen, nämlich die verlegte Glasfaser und die damit verbundenen Tiefbauarbeiten, sind dadurch zukunftssicher für neue Anwendungen und technologische Weiterentwicklungen.

Da für die Verzweigungs- und Teilnehmerkabel Erdverlegung angenommen wird, hat die Teilnehmer-Netztopologie einen erheblichen Einfluß auf die Wirtschaftlichkeit. So werden zur Kostenermittlung zwei für Deutschland typische Netztopologien bzw. Teilnehmerstrukturen betrachtet, wobei in einem Fall von der Erschließung eines Neubaugebietes mit ca. 200 Einfamilienhäusern ausgegangen und im anderen Fall ein Neubaugebiet mit 16 Wohnhäusern/Wohnblocks betrachtet wird. Beim LWL-Anschluß der Einfamilienhäuser wird angenommen, daß die DUs auf öffentlichem Grund installiert werden und vom Kabelverzweiger aus ferngespeist werden, wobei ein vorhandener 220-V~-Anschluß an das öffentliche Stromversorgungsnetz vorausgesetzt wird. Je 16 Fernsprechanschlüsse sind dann zusammen mit den zugehörigen TV-Übergabepunkten über eine jeweils außerhalb der Einfamilienhäuser untergebrachte DU angebunden. Beim LWL-Anschluß der Mehrfamilienhäuser wird davon ausgegangen, daß pro Mehrfamilienhaus 16 Wohneinheiten mit Fernsprech- und TV-Anschlüssen über eine im Hauskeller untergebrachte, lokal gespeiste DU versorgt werden..

Die Ergebnisse des Kostenvergleiches zwischen dem in **Bild 4** dargestellten Glasfaseranschlußnetz und einem entsprechenden konventionellen Kupferanschlußnetz lassen sich als Trendaussagen wie folgt zusammenfassen:

Werden ausschließlich interaktive Dienste in dem in **Bild 4** dargestellten Netzmodell, das für die gemeinsame Nutzung der BK-Verteildienste und der interaktiven Dienste konzipiert ist, übertragen, so liegen im Falle eines Multiplexanschlusses an die Vermittlung die Anschlußkosten pro Teilnehmer um ca. 30% über den mittleren Investitionskosten eines konventionellen Anschlusses in Kupfertechnik. Dieser Wert ist ein Mittelwert für eine Mischung von Einfamilien- und Mehrfamilienhausbebauung von 50:50. Im Falle eines analogen Einzelanschlusses über

a/b-Adern an die Vermittlung erhöht sich dieser Wert auf ca. 70%. Neben dem Telefonanschluß wurden auch der ISDN-Basisanschluß und der Primärratenanschluß hinsichtlich ihrer Wirtschaftlichkeit untersucht. Es zeigt sich, daß sich die Kosten je Beschaltungseinheit (64 kbit/s) für die drei Anschlußtypen nur um wenige Prozent unterscheiden. Demnach gelten auch für solche Anschlüsse die gleichen Aussagen über die Wirtschaftlichkeit optischer Teilnehmeranschlüsse.
Durch Weiterentwicklung und steigende Stückzahlen werden die Kosten für den Telefonanschluß über Glasfaser jedoch niedriger werden als für die Anschlüsse über Kupferkabel. Diese Aussage ist außerordentlich bedeutungsvoll, da damit ein Anreiz gegeben ist, mit dem zügigen Umbau des Telefonnetzes auf Glasfasertechnik zu beginnen, ohne einen finanziellen Mißerfolg zu riskieren, falls der weitere Ausbau zum Breitband-ISDN auf sich warten läßt.

Bei gemeinsamer Übertragung von Breitbandverteildiensten und vermittelten Telekommunikationsdiensten betragen die Investitionskosten für den Anschluß von Mehrfamilienhäusern nur ca. 80% der derzeitigen durchschnittlichen Investitionskosten für einen Telefon- und TV-Anschluß in der bisher zur Anwendung kommenden Kupfertechnik einschließlich der zur Zeit üblichen Verlegetechnik. Bei den Investitionskosten für den Anschluß von Einfamilienhäusern ergibt sich ein um den Faktor 1,4 höherer Wert für den Glasfaseranschluß gegenüber Kupfer (**Bild 5**).

Bei den Investitionskostenrechnungen ist von einer jeweils vollen Nutzung des installierten Anschlusses sowie typischen Netz- und Teilnehmerstrukturen ausgegangen worden, d.h. die Investitionskosten sind auf die gesamte Anzahl der anschließbaren Teilnehmer bezogen. Andere Netz- und Teilnehmerstrukturen führen im Einzelfall natürlich zu anderen Ergebnissen.

In den Investitionskostenrechnungen kommt zum Ausdruck, daß die Errichtung optischer Teilnehmeranschlußnetze schon bei Betrieb mit den heutigen Verteil- und interaktiven Diensten einen nicht unbedeutenden wirtschaftlichen Vorteil verspricht. Dies insbesondere, da durch Mitverlegen einer hinreichenden Anzahl zusätzlicher, zunächst nicht benutzter Fasern eine erhebliche, im Moment jedoch nicht quantifizierbare netztechnische Vorleistung für zukünftige Breitbanddienste in einem integrierten Netz (z.B. Breitband-ISDN) enthalten ist [4].

7. Schlußbemerkungen

Für einen Serieneinsatz der Glasfasertechnik im Teilnehmeranschlußbereich sind umfangreiche Felderfahrungen notwendig, da die betrieblichen Abläufe im Ortsnetzbereich, in der Vermittlungstechnik und bei der Breitbandverteilung erst auf die neue Technologie abgestimmt werden müssen und sich eventuell auf die technische Lösung auswirken werden. Pilotprojekte sind der erste Schritt zur Erprobung von FTTH-Systemen unter wirklichkeitsnahen Bedingungen und tragen dazu bei, reale Nutzungsszenarien und Bedienungskonzepte zu gestalten. Darüber hinaus geben sie wichtige Impulse für die Einführung und Nutzung der Glasfasertechnik im Ortsnetz.

Trotz Entkopplung von zukünftigen Breitbanddiensten gewährleistet bereits die hier vorgestellte kostenoptimierte Einführungslösung von Anfang an die Evolutionsfähigkeit in Richtung Breitband-ISDN, dessen Einführung parallel mit der Entwicklung neuer Technologien auf dem Gebiet der Höchstintegrationstechnik und insbesondere bei der optischen Übertragungstechnik (z.B. Faserverstärker, optische Cross-Connectoren etc.) verlaufen wird.

Schrifttum

[1] E. Braun: Neue Formen der Kommunikationstechnik - Beispiel BIGFON. Siemens Zeitschrift 56(1982)9-13.

[2] K.-H. Möhrmann: A Fiber Optic System for the Subscriber Loop Using Passive Optical Couplers. EFOC/LAN '90 (1990)392-397.

[3] G. H. Zeidler: Stand und Entwicklungstendenzen bei Lichtwellenleitern und den dazugehörigen passiven Bauelementen. Münchner Kreis Kongreß "Glasfaser bis ins Haus", 1990.

[4] B. Schaffer, H. Bauch: Transferprinzipien im optischen Teilnehmeranschlußbereich. Münchner Kreis Kongreß "Glasfaser bis ins Haus", 1990

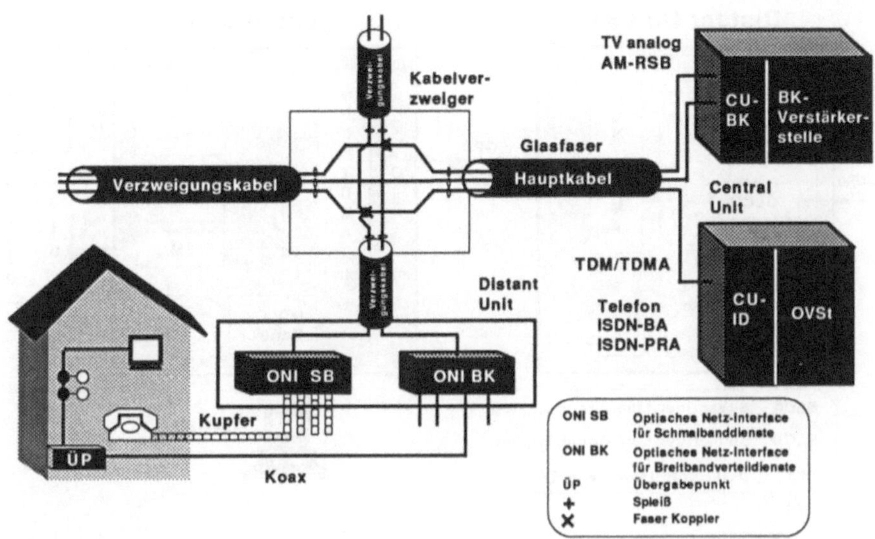

Bild 1: Glasfaseranschluß für Breitbandverteildienste und interaktive Schmalbanddienste (Einführungsphase)

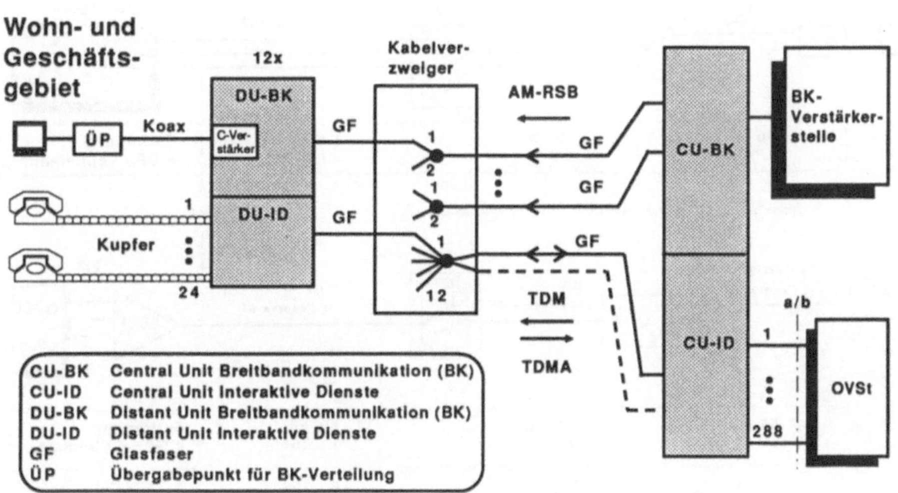

Bild 2: Systemüberblick zum Pilotprojekt Leipzig

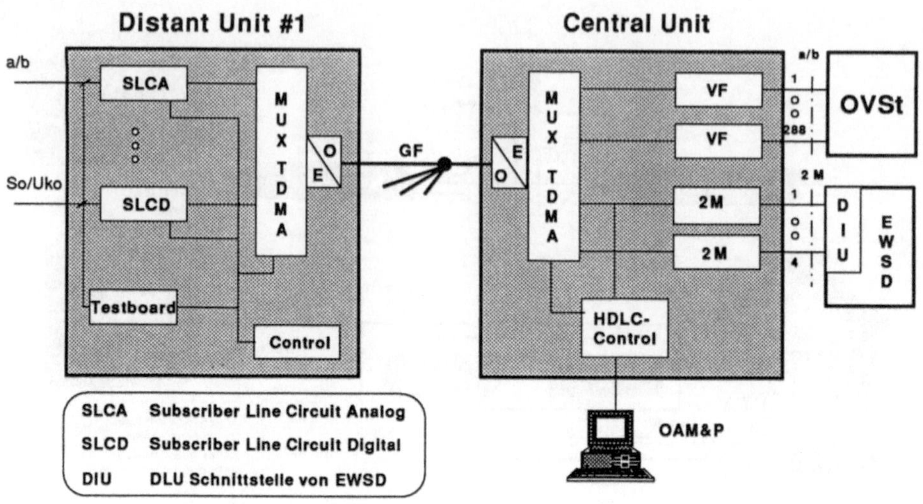

Bild 3: Teilnehmer-Anschluß über CU an die Vermittlung

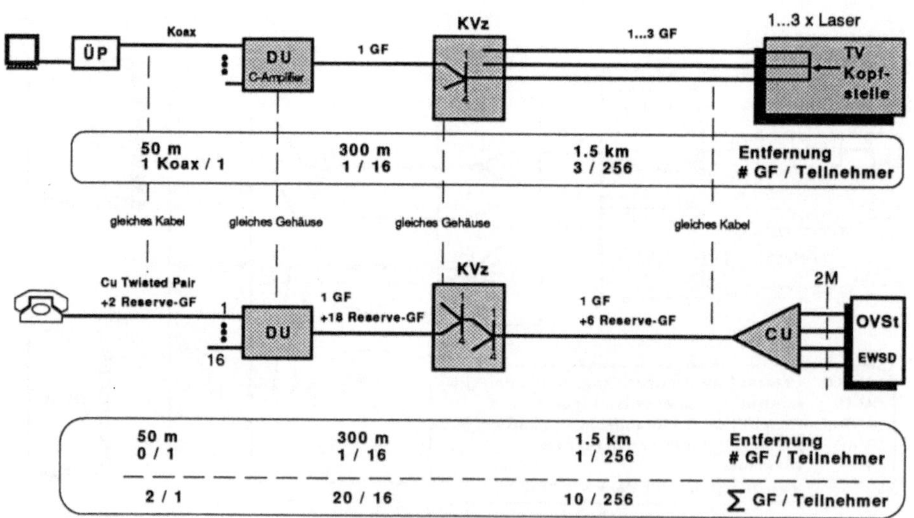

Bild 4: Netzmodell zur Wirtschaftlichkeitsbetrachtung

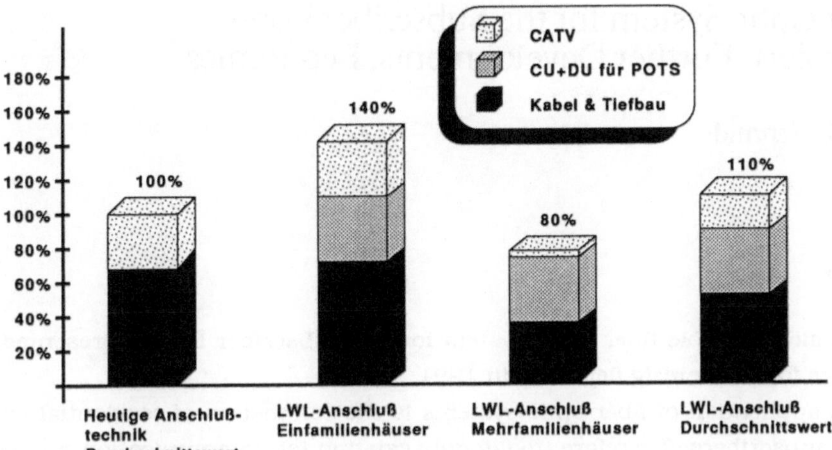

CATV
CU+DU für POTS
Kabel & Tiefbau
180%
160%
140%
120%
100%
80%
60%
40%
20%
100%
140%
80%
110%
Heutige Anschluß-technik Durchschnittswert
LWL-Anschluß Einfamilienhäuser
LWL-Anschluß Mehrfamilienhäuser
LWL-Anschluß Durchschnittswert

A Fiber Optic System for the Subscriber Loop: Pilot Project, Further Developments, Economics

U. Peisl/L. Schmid

Summary

An economically viable fiber optic system for the subscriber loop is presented, which is the basis for the Leipzig field trial in 1991.
The main application of fiber optic systems is the connection of residential and small business subscribers. Therefore, today only existing telecommunication services such as POTS and ISDN as well as TV distribution are carried over the fiber optic system (see Fig. 1).
Besides the digging costs for the cable plant the main cost elements in a fiber optic system are the fiber with the optoelectronics. To reduce the costs per subscriber the feeding fiber is split into several distribution fibers using passive optical couplers (laser/fiber sharing). Close to the subscriber premises each distribution fiber is terminated by the Distant Unit (DU), which serves several subscribers over copper wires. Thus, the initial solution is not a genuine FTTH system, but a hybrid optical/copper network (FTTC). At the Central Office the feeding fiber is terminated by the Central Unit (CU), which interfaces to the exchange and to the TV headend. High system reliability is achieved by using a passive optical network (PON), i.e. there is no active electronics between CU and DU. The optical network structure is based on the existing structure of the local loop plant (logical and physical multi-star configuration). The interactive services and TV distribution services use the same topology but preferably different fibers for decoupling both networks technologically and operationally.
The fiber optic system planned for use in Leipzig serves 288 subscribers located in a residential area and a business area. For each area 6 DUs will provide POTS services for 24 subscribers each. TV distribution service is only included in the 6 DUs in the residential area (Fig. 2).
Access to the switch can be performed over single a/b wires (channel individual access) or over a proprietary 2 Mbit/s multiplex interface (Fig. 3). For Leipzig the system independent, although expensive, channel individual approach has been chosen. For each line card in the DU a corresponding card in the CU as well as in the switch front-end have to be provided to emulate, for instance, an analog telephone line.
For overall cost reduction reasons as well as increased reliability a wavelength multiplexing (WDM) using optical wavelengths of 1300 nm in one direction and 1550 nm in the other direction on one fiber is used for the transmission of signals for interactive services. To avoid any need for changing the already available coaxial home cabling system at the subscriber's premises or for adding either additional top converters to

existing TV sets or placing such converters in the DUs the common VSB-AM TV signal is used for TV distribution.

The downstream signal from the CU to the DUs is simply a TDM signal broadcasted simultaneously to all DUs. The time division multiple access (TDMA) protocol is used in the upstream direction between the DU and CU to ensure that no collision occurs when bit streams of DUs are combined at the distribution point.

Special care has to be given to the problem of power feeding, because the optical fiber cannot transport the electrical energy required for the DUs. Remote powering from the Central Office can be done reasonably for distances between CU and DUs of up to about 2 km. For larger distances, local or pseudo-local power supply to the DUs is the only viable approach. For Leipzig all DUs are locally powered with battery backup for local power failures.

A detailed cost analysis based on a typical FTTC network model (see Fig. 4) has been made to investigate the economics of the proposed FTTC system. In case of common transmission of interactive services and TV distribution services the average FTTC investment costs per subscriber are only 80 % of the average investment costs for a conventional copper access if only multi-family homes are considered (Fig 5).

Konzept für die Einführung optischer Teilnehmeranschlußsysteme

S. Metz

1. Einleitung

Bereits seit mehreren Jahren ist der Einsatz von Glasfasern (Gf) im Verbindungsliniennetz der Telekomverwaltungen als Regelbauweise eingeführt. Die inhärenten technischen Vorteile, insbesondere der Einmodenfaser, mit gängigen Multiplexübertragungsverfahren, führen zu entscheidenden Kosteneinsparungen gegenüber herkömmlicher Kupfertechnik.
Als Teilnehmeranschlußleitung dagegen ist bis heute weltweit nichts billiger als symmetrische -bzw. koaxiale Paare zur Übertragung von analogem Telefondienst (plain old telephone service; POTS) bzw. KTV-Verteilung über ein Stern- bzw. Baumnetz. Netzbetreiber und Telekommunikationsindustrie sind sich jedoch einig, daß längerfristig bei steigender Nachfrage nach höheren Bitraten und zusätzlichen, neuen Diensten, o.g. metallische Übertragungsmedien unlösbare technische Probleme aufwerfen. Aufgrund Potentials weiterer Kostenreduzierung, insbesondere elektro-optischer (E/O-)Bauelemente und Komponenten, wird daher die "Glasfaser bis ins Haus" (fiber-to-the-home; FTTH), und auch hier wiederum die Einmodenfaser wegen der hohen Bandbreitenreserven, die Endlösung sein. Zwischenzeitlich werden als Vorstufe weltweit Lösungsvorschläge gemacht, die Glasfaser möglichst (wirtschaftlich) weit in Richtung Teilnehmer, z.B. bis zum Straßenrand (fiber-to-the-curb; FTTC), zu betreiben. Die SEL/ALCATEL-Lösung für diese Anforderungen und Perspektiven ist OTAS (Optisches Teilnehmeranschlußsystem); ein Gesamtkonzept, das modular und flexibel auf heutigen und zukünftig zu erwartenden Dienstebedarf antwortet. OTAS besteht aus je einem Teilsystem für Schmalband(SB-)dialog- und Breitband(BB-) verteildienste; sie können sowohl unabhängig voneinander, d.h. jedes der beiden Teilsysteme für sich, als auch in Kombination zusammen auf einer Faser betrieben werden. Aus wirtschaftlichen Gesichtspunkten wird ein möglichst einfaches Analogsystem für BB-Verteildienste und ein höchstintegrierbares, digitales Übertragungsverfahren für den SB-Dialogverkehr eingesetzt. OTAS soll die heute gängigen Dienste über Einmodenfasern (FTTC und FTTH) mit mindestens gleicher oder besserer Qualität und größerer Flexibilität für Nutzer und Betreiber bereitstellen. Als Randbedingung wird berücksichtigt, daß vorhandene teilnehmerseitige Einrichtungen (Hausverkabelung und Endgeräte) unverändert weiterbenutzt werden können; ausgenommen bei zukünftigen neuen Diensten.
Das nachfolgend beschriebene OTAS ist konzipiert für übertragungstechnische Belange der DBPT. Dabei werden folgende zwei Dienstekategorien definiert :

- BB-Verteildienste

Geschlossene Verteilung von 35 (PAL/D2MAC) TV-Kanälen, 30 UKW- und 16 Digital-Stereoton-Signale im Frequenzband 47 ... 446 MHz (BK-450-System).
Als zukünftige Optionen weitere 16 (PAL) TV-Kanäle im Band 470 ... 600 MHz und 5 HDMAC-Kanäle (oder 1 HDTV) im Bereich 620 ... 860 MHz.

- SB-Dialogdienste ($\leq$ 2 Mbit/s)
  Als Grundausstattung analoges Fernsprechen (POTS),
  ISDN-Basisanschluß (-BA)
  ISDN-Primärmultiplexanschluß (-PMXA)
  Festverbindungen (2 Mbit/s und Basisanschluß), und als Optionen Datendienste (Datex L, P) und Festverbindungen n x 64 kbit/s.

Eine Reihe von Netzstrukturen, wie Stern-, Bus-, Ring- und deren Kombination sind für die Übertragung von Telekommunikationsdiensten auf Gf geeignet und werden teilweise in Feldversuchen bereits betrieben. Bei der Systemplanung für OTAS wurden folgende Punkte berücksichtigt :

- Die für die Verkabelung eines Anschlußbereichs benötigte Faserlänge soll durch die Netzstruktur minimiert werden.
- Der Versorgungsbereich orientiert sich an heutigen Anschlußlängen, doch sollen zukünftig auch größere Entfernungen möglich sein.
- Auf der Strecke bis zum optischen Netzabschluß werden nur passive Elemente eingesetzt. Dies minimiert den Wartungsbedarf; Speisung aktiver Netzelemente entfällt dadurch.
- Verlegte oder zu verlegende Fasern sollen auch für Breitbandverteildienste mitverwendet werden können.
- Langfristig soll für Breitband-ISDN (B-ISDN) eine Sternstruktur zwischen Ortsvermittlungsstelle (OVSt) und den Netzabschlüssen entstehen. Dadurch ist eine individuelle, flexible und zukunftssichere Versorgung der Teilnehmer mit Breitband-Dialogdiensten möglich.

Die Anwendung von Busstrukturen, wobei die Faser zwischen dem Anschlußknoten und mehreren aktiven Vorfeldeinrichtungen jeweils von einer größeren Anzahl der Teilnehmer gemeinsam genützt wird, reduziert zwar die notwendigen Faserlängen, erhöht jedoch die Wartungs- und Speiseproblematik. Alternativ benötigt eine Ringstruktur nicht nur die doppelt notwendige Faserlänge, sondern ist auch ungeeignet für eine spätere Umwandlung in eine Sternstruktur.
Da eine reine Sternstruktur von Anfang an zu aufwendig wäre, wird daher für OTAS eine Doppelstern-Struktur eingesetzt. Vom Netzknoten werden sternförmig geführte Fasern jeweils mit einem passiven optischen Verteiler verzweigt und sternförmig zu den optischen Netzabschlüssen geführt. Diese Struktur ermöglicht außerdem eine Minimierung der benötigten opto-elektrischen Wandler und eine Kostenteilung zentraler Einrichtungen auf mehrere Teilnehmer.
Für das zukünftige B-ISDN liegt somit auf einem Teilstück bereits die Gf-Infrastruktur vor.

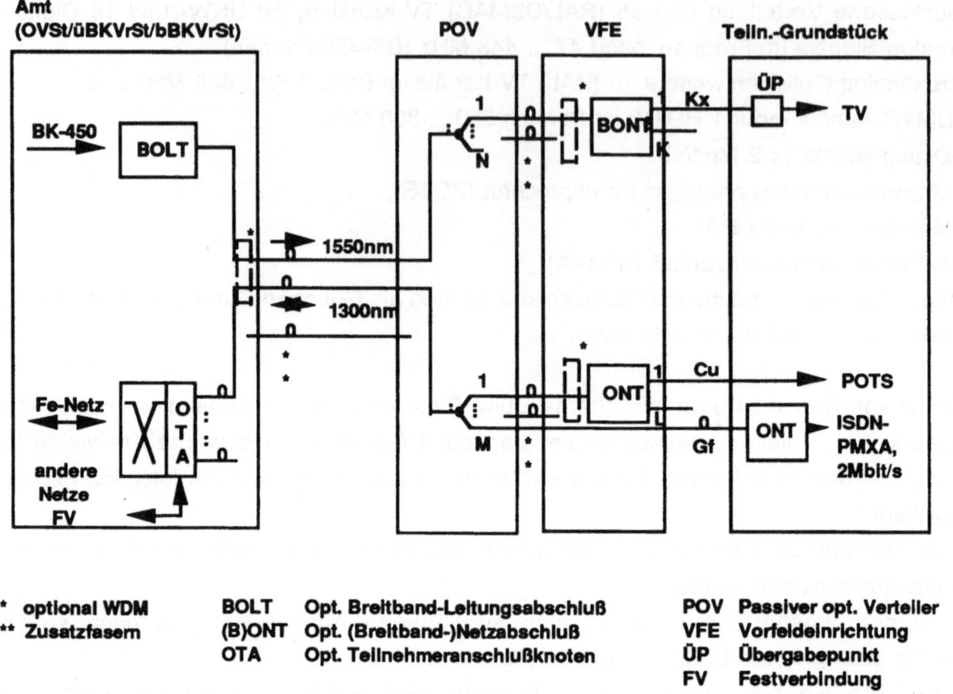

Bild 1 : Otas-Gesamtarchitektur

2.1 Breitbandsystem

Die Verteildienste werden im Grundausbau (BK-450) bei 1550 nm mittels analoger Intensitätsmodulation im Basisband übertragen. Das optische Leistungsbudget mit heute verfügbaren Komponenten erlaubt allenfalls ein Teilerverhältnis, und damit Kostenteilung des Lasers von 1 : 4 (d.h. N $\leq$ 4), was die maximal überbrückbare Entfernung jedoch von ca. 12 km auf 2 km reduziert. Bereits mittelfristig ($\geq$1993) wird jedoch ein, auf Entwicklungen bei SEL/ALCATEL basierender, faseroptischer Verstärker für 1550 nm verfügbar sein. Dieser kann als Treiberverstärker im optischen BB-Leitungsabschluß (BOLT) integriert werden, so daß dann eine wesentlich kostengünstigere Punkt-Multipunkt-Konfiguration möglich wird. Für den Fall N = M hat das BB-System dieselbe Architektur wie das SB-System und damit günstige topologische Flexibilität im Hinblick auf unterschiedliche Anschlußareale (Wohn- und Geschäftsbereich) und die Größe der Anschlußbereiche.

Als kurzfristig verfügbare Sonderlösung (N = 1) entsteht eine Punkt-Punkt-Verbindung vom Amt bis zum optischen Netzabschluß (BONT). Damit können beispielsweise ländliche Kommunen in ca. 12 km Entfernung von einer Verstärkerstelle versorgt werden. Solche "Zubringersysteme" sollen unter wirtschaftlichen Gesichtspunkten bereits ab 1991 auf Basis von Technischen Lieferbedingungen (im ersten Schritt als 1300 nm-Zweifaserlösung, d.h. je eine separate Faser für BK-450 und Überwachung/Laserabschaltung) an die DBPT geliefert werden.

In Bild 2 ist das Blockdiagramm des BOLT gezeigt. Seine Schlüsselelemente sind der

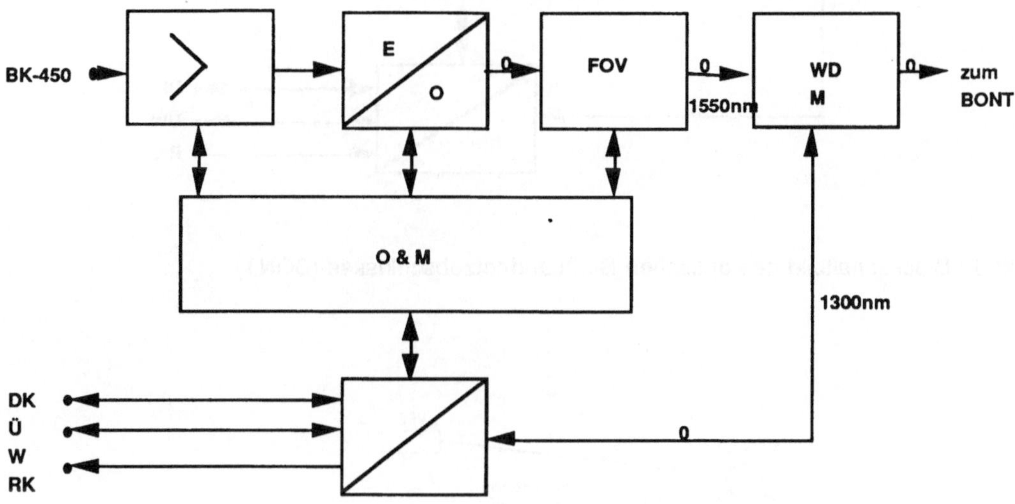

Bild 2 : Blockschaltbild des optischen Breitband-Leitungsabschlusses (BOLT)

1550 nm-Lasersender im E/O-Wandler und ein faseroptischer Verstärker (FOV) auf Basis Erbium-dotierter Fasern, der (im Labor) mit einer Pumpquelle von 1480 nm arbeitet. Aufgrund der großen Bandbreite (450 MHz) und der hohen Anforderungen an die Signalqualität müssen äußerst rauscharme und lineare DFB-Lasersender mit hohem Isolationsfaktor eingesetzt werden. Diese sind zwar heute noch entsprechend teuer, doch ist hier zukünftig ein Preisverfall zu erwarten. Ein WDM-Modul trennt die abwärts gerichteten TV-Signale (1550 nm) von den bidirektionalen, schmalbandigeren Betriebs- und Wartungssignalen (1300 nm), die in Bild 1 nicht dargestellt sind. Der ÜW-Kanal sorgt für eine BK-450 kompatible Überwachung der Verstärkerstelle am Ort des BOLT und des Verstärkerpunktes (CVr) in der VFE und ermöglicht zusätzlich die Laserabschaltung im Störungsfall. ÜW-Kanäle mehrerer BOLT können zu einer gemeinsamen Netzüberwachung geführt werden. Außer einem Dienstkanal (DK) kann optional auch ein Rückkanal (RK) geführt werden.

Der optische Breitbandnetzabschluß (BONT) in der VFE (Bild 3) übernimmt die

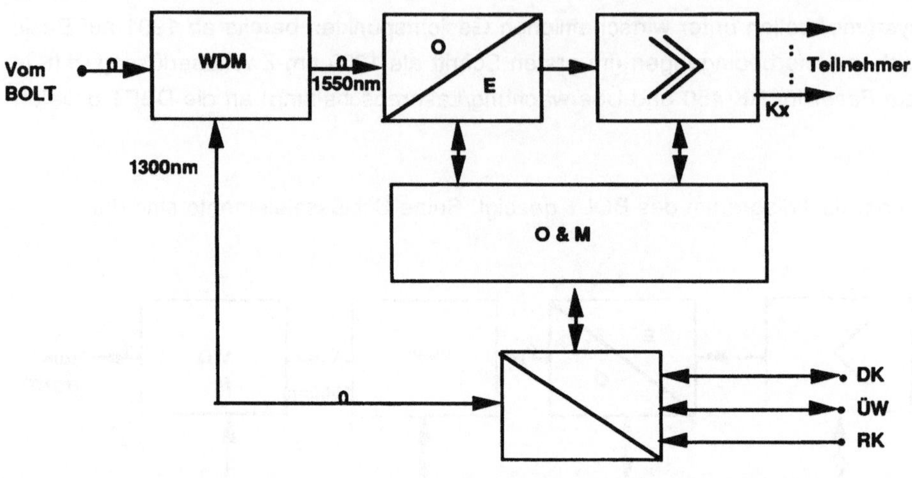

Bild 3 : Blockschaltbild des optischen Breitbandnetzabschlusses (BONT)

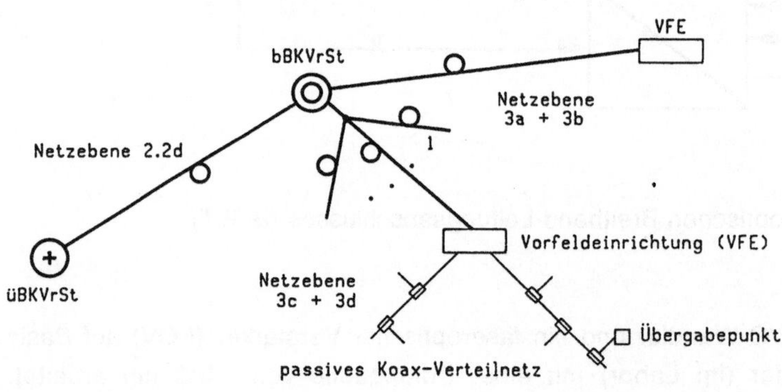

Bild 4 : Erweitertes BK-Zubringer und Verteilliniensystem

komplementäre Funktion zum BOLT im Amt und wandelt mittels eines hochlinearen pin-FET Moduls das optische Empfangssignal, nach WDM-Auskopplung der 1300 nm-

Betriebssignale, in das Standard BK-450 Band zur passiven Verteilung über koaxiale Kabel. Ein um die Zuführungsleitung erweitertes BK-Verteilliniensystem (FTTC) alternativ mit und ohne POV ist in Bild 4 gezeigt. Für die optionale Erweiterung dieses analogen BB-Systems auf ca. 600 MHz bzw. 860 MHz wird zunächst vorzugsweise eine zweite Faser eingesetzt. Die Zusammenführung von BK-450 und TV-Erweiterung im BONT erfolgt dann elektrisch über einen Koppler, wobei selbstverständlich das anschließende passive Kx-Verteilnetz die frequenzmäßigen Eigenschaften besitzen muß.
Mittelfristig sind technische Möglichkeiten abzusehen, diese TV-Erweiterung auf derselben Faser zu führen. Die damit wieder frei werdende Faser kann dann später für evolutionäre Schritte im Dialogsystem genutzt werden.

2.2 Schmalbandsystem

Der SB-Teil des OTAS gemäß Bild 1 ermöglicht die Übertragung von POTS und ISDN (-BA und -PMXA), außerdem können optional Datendienste (Datex L, P) und Festverbindungen geschaltet werden. Um diese Bedarfszuordnung möglichst flexibel und zukunftssicher gestalten zu können, wird ein optischer Teilnehmeranschlußknoten (OTA) geschaffen, der mit den entsprechenden Vermittlungsstellen verbunden wird. Die optische Übertragung erfolgt bidirektional mit derselben Wellenlänge (1300 nm) auf ein und derselben Faser bis zum POV. Von dort werden sternförmig die optischen SB-Netzabschlüsse (ONT) angefahren. Deren Lage, entweder am Straßenrand in der VFE (FTTC) oder innerhalb eines Hauses (FTTH), ist abhängig von der Art der Dienste und/oder der Teilnehmeranschlüsse pro Haus.

Überlegungen zur Wirtschaftlichkeit, Technik (verfügbares opt. Leistungsbudget, Komplexibilität des Übertragungsverfahrens) und Topologie (max. Anschlußlängen) führten zu dem gewählten Teilungsverhältnis 1 : 16 (M = 16) im POV. Bei Einsatz von Standardeinmodenfasern,- bauelementen und digitaler Übertragung im Basisband können hiermit optische Anschlußlängen von 10 km erreicht werden.
Die notwendige Richtungstrennung der Übertragung wird über ein ping-pong-TDM/TDMA-Verfahren (Bild 5) erreicht. Grundprinzip dieses Übertragungssystems ist eine bidirektionale Paketschnürung der Information, wobei sowohl Abwärts- und Aufwärtspakete eine feste Präambel vor der jeweils variablen Information tragen. Diese Präambel beinhaltet Funktionen wie Synchronisation, Adressierung, Betriebsführung und Überwachung (O&M). In Abwärtsrichtung zum Teilnehmer wird ein Zeitmultiplexverfahren (TDM) verwendet.

Die Daten für die einzelnen ONT werden lückenlos aneinandergereiht als ein Paket zu allen ONT gesendet. Jeder ONT sucht die für ihn bestimmten Daten heraus, und verteilt sie auf seine n-Teilnehmeranschlüsse.

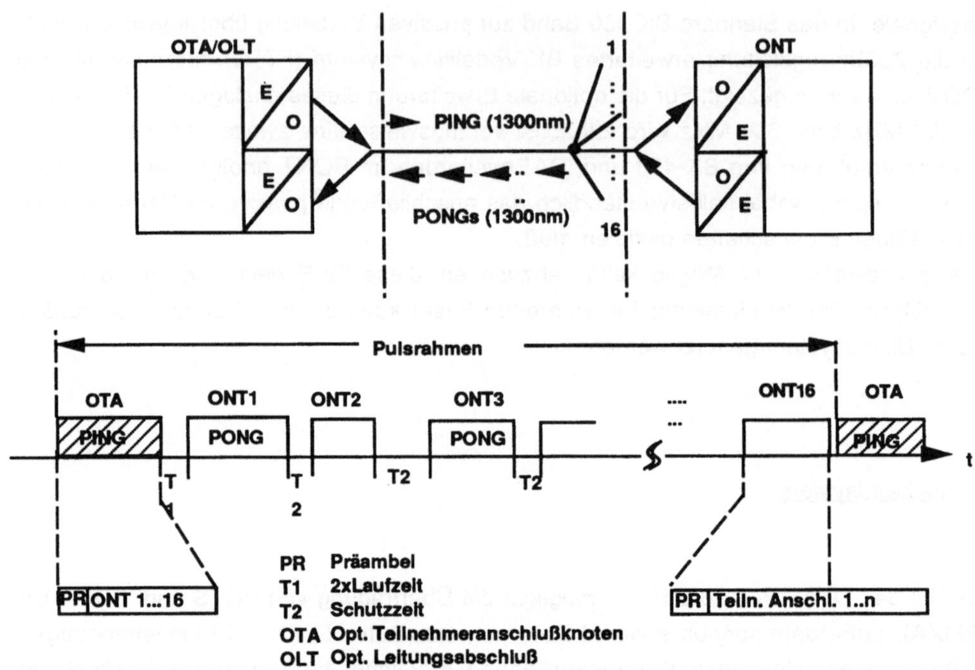

Bild 5 : Ping-Pong-TDM/TDMA-Verfahren

In Aufwärtsrichtung zum Amt dagegen wird ein Zeitmultiplexverfahren mit Vielfachzugriff (TDMA) eingesetzt. Jeder ONT sendet seine Daten zu einem vorher bestimmten Zeitpunkt als Einzelpaket zum OTA. Der Sendezeitpunkt wird vom OTA bestimmt und den ONT mitgeteilt. Er wird durch Messen der Laufzeiten und unter Berücksichtigung der Länge der vorhergehenden Pakete so gewählt, daß die Pakete von verschiedenen ONT auf der Faser nicht kollidieren (sog. "ranging " mit Schutzzeiten T2 zwischen den einzelnen Paketen).
Die Pause (T1) zwischen Abwärtspaket und erstem ONT-Paket in Aufwärtsrichtung entspricht der doppelten Laufzeit.
Die Länge der einzelnen Pakete, und damit die Zeitpunkte für das Absenden der Pakete, können während des Betriebs störungsfrei geändert werden. Damit ist eine flexible Kanalkapazitätszuteilung für die einzelnen angeschlossenen Teilnehmer möglich.
Der OTA (Bild 6) ist über 2 Mbit/s-(G.703-) Schnittstellenmodule mit der digitalen S12-Ortsvermittlungsstelle verbunden oder direkt an eine entsprechende Festverbindung angeschaltet. Zum Anschluß an Datex-Vermittlungen sind Anpassungsmodule an die 2 Mbit/s-Schnittstellen des OTA nötig. Eine solche 2 Mbit/s-Verbindung ermöglicht alternativ die Übertragung von 30 POTS, 12 ISDN-BA, 1 ISDN-PMXA, n x 64 kbit/s (n $\leq$31) und z.B. Datex-Anschlüssen.

Ein im OTA integrierter Crossconnect (CC) schaltet die 2 Mbit/s-Eingangssignale in der 64 kbit/s Hierarchiestufe den entsprechenden optischen Leitungsabschlüssen (OLT) zu. Bei Vollausbau enthält ein OTA insgesamt 24 OLT und 192x2-Mbit/s-Eingänge. Durch die Crossconnectfunktion kann also jeder Zeitschlitz eines 2 Mbit/s-Eingangs beliebig zu jedem OLT und damit zu jeder der max. möglichen 24 Glasfasern geführt werden. Damit ergibt sich eine optimale Auslastung der 2 Mbit/s-Schnittstellen. Gesteuert wird der CC von einem Betriebsführungsplatz.

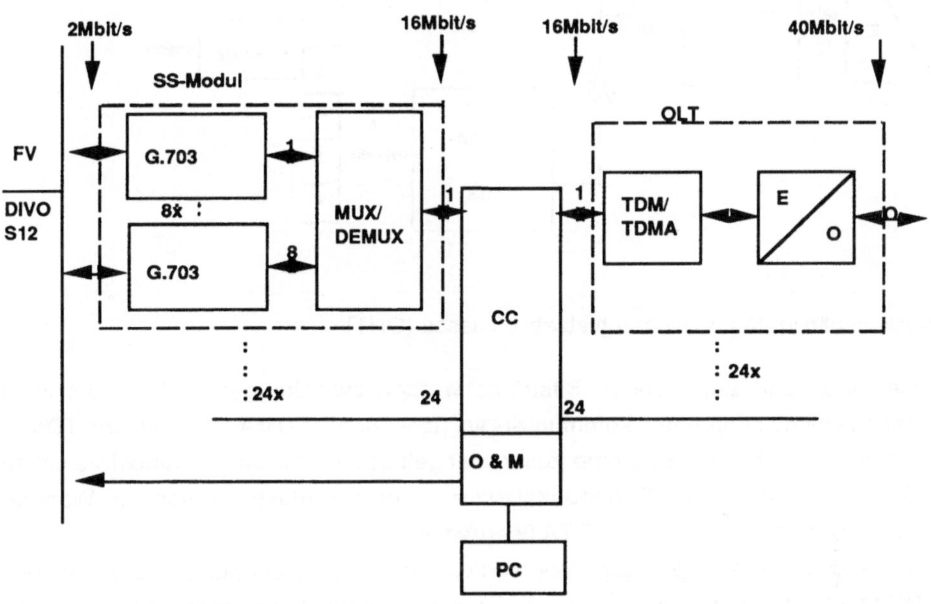

Bild 6 : Blockschaltbild des opt. Teilnehmeranschlußknoten (OTA)

Im OLT wird die Funktion des TDM/TDMA aufbereitet, und die bidirektionalen Signale nach E/O-Wandlung mittels eines optischen Kopplers auf eine Faser geführt. Jeder OLT überträgt somit eine Nettobitrate von max. 16 Mbit/s (8x2 Mbit/s) über eine Faser zu 16 ONT, (M = 16 im POV). Das gewählte ping-pong-TDM/TDMA-Verfahren führt dabei zu einer Bruttobitrate von ca. 40 Mbit/s auf der Faser.

Der ONT (Bild 7) besteht aus zentralen Einrichtungen und modular erweiterbaren Einheiten. Er ist unabhängig von der Anzahl und Art der anzuschließenden Endgeräte. Um unterschiedliche Endgeräte anschließen zu können, stehen verschiedene Adapter zur Verfügung. Maximal 4 Adapter können einem bidirektionalen Basis-Bus zugeordnet werden. Eine TDMA-Schnittstellenschaltung liefert an den Basis-Bus für die angeschlossenen Adapter Daten- und Steuersignale und verarbeitet von den Adaptern ankommende Signale.

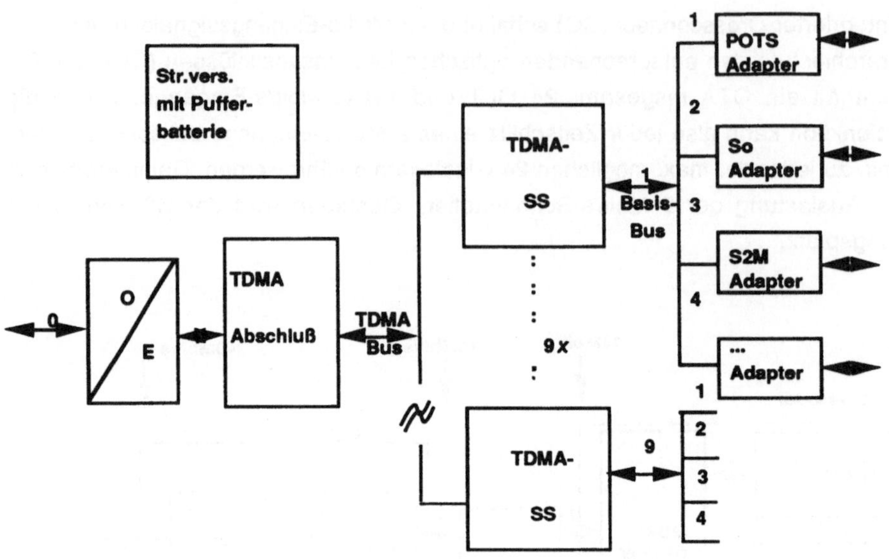

Bild 7 : Blockschaltbild des optischen Netzabschlusses (ONT)

Die ankommenden und abgehenden Bitströme werden zwischengespeichert. Bis zu 9 solcher Schnittstellenschaltungen kommunizieren über einen TDMA-Bus mit der TDMA-Abschlußschaltung, in der die Bitströme zusammengefügt und mit der Präambel versehen werden. Das so entstandene Sendepaket wird in einem elektro-optischen Wandler umgesetzt und über die Glasfaser zum OTA übertragen.
Die vom OTA kommenden Empfangspakete werden zuerst opto-elektronisch gewandelt und an den TDMA-Abschluß weitergegeben, wo die Präambel abgetrennt, eine Kontrolle durchgeführt wird und die Bitströme über den TDMA-Bus an die TDMA-Schnittstellenschaltungen verteilt werden.

Der so mit zwei Signal-Bussen arbeitende ONT ist auch während des Betriebes durch Erweiterung oder Reduzierung von TDMA-Schnittstellenschaltungen und Adaptern entsprechend den jeweiligen Anforderungen der Teilnehmer konfigurierbar. So können auch einzelne Adapter für einen nicht mehr verlangten Dienst gegen andere für neu gewünschte Dienste ohne Betriebsstörung ausgetauscht werden. Der Speicherbedarf wächst, beziehungsweise schrumpft je nach der Ausbaustufe eines ONT, so daß Vorleistungen minimiert werden können.

Die Übertragungskapazität von 16 Mbit/s auf einer Glasfaser kann den angeschlossenen Teilnehmern beliebig zugeteilt werden. Im Vollausbau können also 240 analoge Fernsprechkanäle (POTS) oder 96 S_0-Kanäle oder 8x2 Mbit/s oder ein Gemisch daraus an 16 Netzabschlüsse verteilt werden.

Die Größe der ONT wird für unterschiedliche Einsatzfälle gestaffelt. Es sind folgende Konfigurationen als Standardausführung für Wohn- bzw. Geschäftsbereiche vorgesehen :

- 4 Hauptanschlüsse, wobei die Anschlüsse beliebig zwischen POTS und S_0-Anschlüssen auftgeteilt werden können.
- 12 Hauptanschlüsse, wobei wiederum beliebig zwischen POTS und S_0-Anschlüssen aufgeteilt werden kann.
- 8 Hauptanschlüsse (POTS und S_0-Anschlüsse beliebig gemischt) und zwei zusätzliche 2 Mbit/s-Anschlüsse.
- 36 Hauptanschlüsse, vorwiegend gedacht für reine POTS-Anwendung; aber auch hier kann zwischen POTS und S_0 gemischt werden.

Optional können für Datendienste (wie z.B. Datex L, Datex P) zusätzliche Adapter vorgesehen werden.

Die vielfältigen Beschaltungsmöglichkeiten der ONT führen unter wirtschaftlichen Aspekten zu unterschiedlichen Installationsstandorten. Vorzugsweise sollte der ONT innerhalb eines Hauses installiert werden, was sich jedoch nur ab einer bestimmten Teilnehmerzahl und/oder Dienstemischung realisieren läßt.

3. Wirtschaftliche Aspekte

Eines der Hauptziele des OTAS ist seine Wirtschaftlichkeit gegenüber heutigen, auf Kupferleitungen basierenden, Netzen unter bestimmten Randbedingungen. Zugrundegelegt in den nachfolgenden diesbezüglichen Betrachtungen werden Strukturen und Dienste heutiger Netze. Mögliche Einsparpotentiale durch größere Reichweiten der Glasfaser, und damit denkbar die Reduktion zentraler Einheiten (z.B. OVSten), sind schwer zu erfassen und können daher nicht berücksichtigt werden. Außerdem sind Tiefbaukosten, da identisch für Gf- und Cu-Kabel angenommen, im direkten Systemvergleich nicht einkalkuliert.

3.1 Breitband-System

Ländliche Gegenden bestehen häufig aus mehr oder weniger weit entfernten Dörfern. Während die Bebauungsdichte innerorts ähnlich wie in Stadtbereichen sein kann, verbietet jedoch der Aufwand für die Programmzuführung von der letzten Verstärkerstelle (bBKVrSt) häufig die Versorgung, wobei teilweise auch technische Grenzen aufgrund limitierter

Kaskadierbarkeit von Verstärkern auftreten. Ein Anschluß über Glasfaser bis zu einer VFE kann hier die wirtschaftlichere Lösung sein. Bild 8 zeigt den mittelfristig (~ 1993) erwarteten

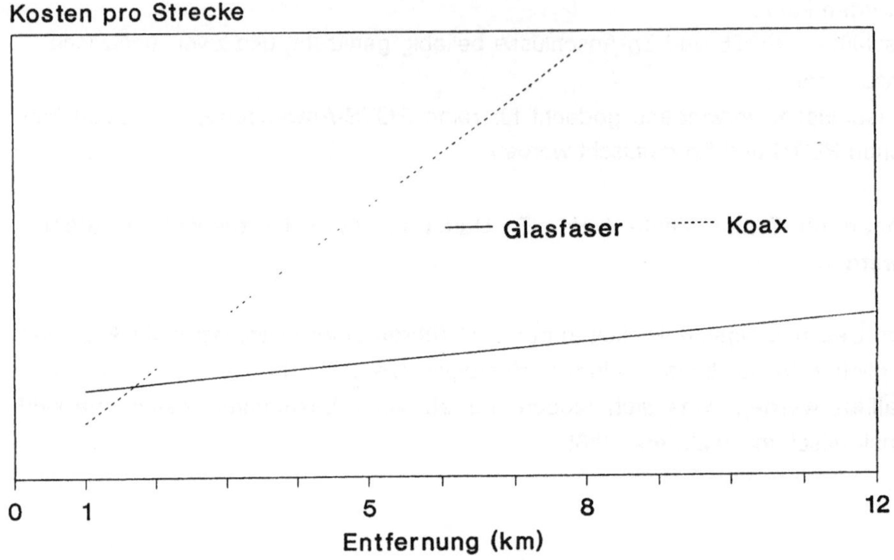

Bild 8 : Kostenvergleich A/B-Strecke (Netzebene 3)

Kostenverlauf (Material und Installation) als Funktion der Entfernung. Bereits ab ca. 1,7 km ist hier (bei Einsatz kostengünstiger O/E-Bauelemente) die Wirtschaftlichkeit der Glasfaserlösung zu erkennen. Durch den Wegfall von Zwischenverstärkern entfällt außerdem noch die Wartung auf der Strecke. Da die Reichweite des BB-Systems ca. 12 km beträgt, können unter Wegfall der bBKVrSt (Einsparpotential) auch weiter entfernte Dörfer direkt an die üBKVrSt angeschlossen werden.
Grundsätzlich jedoch gibt es für das heutige passive Kx-Verteilnetz bis zum Teilnehmer keine wirtschaftliche Glasfaseralternative.

3.2 Schmalband-System

Ein einzelner Schmalbandanschluß (POTS oder ISDN) via Glasfaser ist wegen der zusätzlichen ONT in jedem Falle teurer als über eine Kupferleitung. Da der ONT jedoch den

Anschluß mehrerer Teilnehmer gleichzeitig ermöglicht, werden die Kosten je Anschluß damit umso günstiger, je mehr Teilnehmer an einen ONT angeschlossen sind. Bild 9 bzw. Bild 10 zeigt die Kosten in Abhängigkeit der Teilnehmerzahl je ONT für POTS bzw. ISDN.
Eingerechnet sind alle anteiligen Anschlußkosten von der vergleichbaren 2 Mbit/s-Schnittstelle in der Vermittlung bis zu den Endgeräten, wobei der ONT im Haus der Teilnehmer steht (FTTH). Demzufolge wird der POTS-Anschluß über Glasfaser ab ca. 20 Tln. pro ONT ungefähr gleich teuer wie über Kupfer. Bei ISDN dagegen ist ab ca. 7 Teilnehmer je ONT sogar Wirtschaftlichkeit zu erwarten. Dies liegt daran, daß auch der konventionelle ISDN-Anschluß für jeden Teilnehmer einen relativ aufwendigen Netzabschluß benötigt. Zusammenfassend gilt : nur bei Kostenteilung durch Anschluß mehrerer Teilnehmer pro ONT ist eine FTTH-Lösung wirtschaftlich.

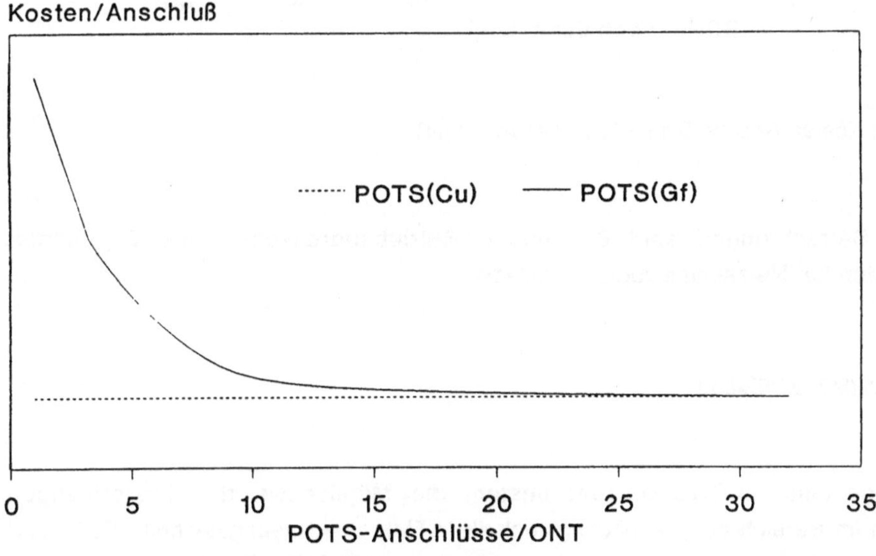

Bild 9 : POTS: Kosten/Anschluß als Fkt der Anschlüsse/ONT

SDN- und Datenanschlüsse verbessern die Situation dabei wesentlich. Reine POTS-Anschlüsse werden auf absehbare Zeit nur mit FTTC möglich sein.
Da 2 Mbit/s-Anschlüsse eigene vierdrähtige Anschlußleitungen und eine aufwendige Übertragungstechnik, bei längeren Leitungen zusätzlich Zwischenverstärker, erfordern, lassen sich damit sogar noch wesentliche Verbesserungen der Wirtschaftlichkeit erzielen, die hier jedoch nicht im einzelnen gezeigt sind.

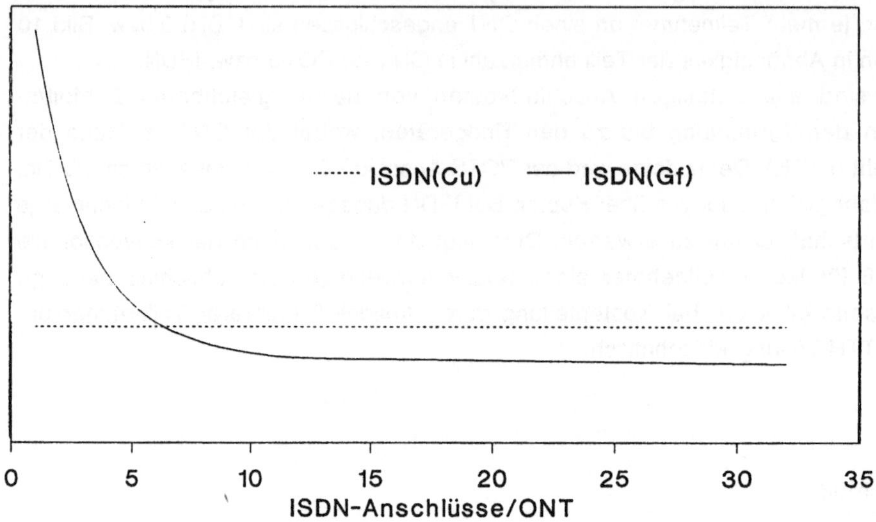

Bild 10 : ISDN: Kosten/Anschluß als Fkt der Anschl./ONT

(Bei diesen Betrachtungen sind 6 Stunden Betriebsbereitschaft und 2 Stunden Telefonnotbetrieb bei Netzausfall zugrundegelegt).

4. Zukünftige Systemevolution

Mit dem vorgestellten OTAS-Konzept besteht die Möglichkeit, den längerfristigen Entwicklungen im Bereich der Vermittlungstechnik (ATM), Übertragungstechnik (SDH) und Endgerätetechnik (Digitalfernseher) zu folgen, bis hin zum B-ISDN-Glasfasernetz. Bild 11 zeigt Schritte dieses evolutionären Weges (vgl. hierzu Bild 1) bis ins nächste Jahrtausend. Hierbei werden die heute verlegten Glasfasern verwendet und sukzessive als Vorleistung bereits eingebrachte Zusatzfasern beschaltet. FTTC wandelt sich allmählich in FTTH.

Die Betriebswellenlänge aller Dialogdienste liegt bei 1300 nm, während die Verteildienste im 1550 nm-Bereich mit Wellenlängenmultiplex betrieben werden. Obwohl diese beiden Wellenlängenfenster auf einer Faser integrierbar sind, erscheint eine Zweifaserlösung zum Teilnehmer günstig, d.h. Trennung der Verteil- und Dialogdienste.
Als neue BB-Verteildienste sind zusätzlich HDTV und Video-auf-Abruf denkbar. BB-Dialogdienste für Geschäftsteilnehmer mit hohem Datenaufkommen erfordern Bitraten von

155 Mbit/s oder mehr zum ONTB. Sie werden direkt zur ATM-Vermittlung geschaltet, während Geschäftsteilnehmer mit mittlerem Datenfluß über einen Anschlußknoten (AN) Zugang zur ATM- und derzeitigen Vermittlung haben.

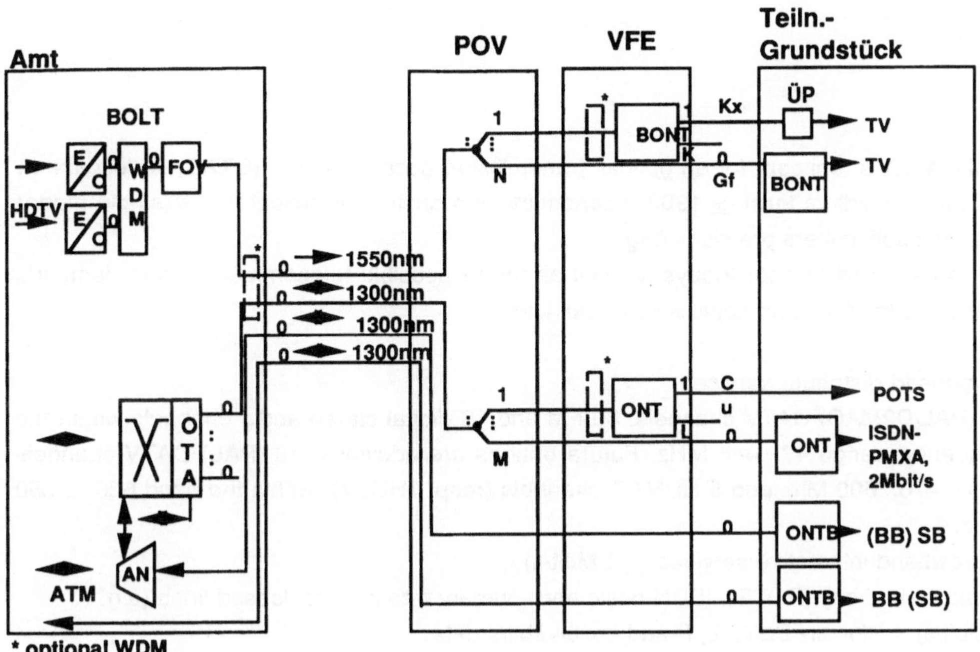

Bild 11 : FTTH-Evolution

5. Zusammenfassung

SEL/ALCATEL's technisches Konzept für ein optisches Teilnehmeranschlußsystem (OTAS) wurde vorgestellt. Es ist primär konzipiert für den Einsatz im Netz der DBPT, läßt sich jedoch aufgrund seiner Modularität und Flexibilität auch für Belange anderer Netzbetreiber anpassen. Die Einführungsstrategie orientiert sich an wirtschaftlichen Randbedingungen; beginnt mit FTTC und leitet sukzessive zu FTTH über. Ein denkbarer Evolutionsschritt zum B-ISDN unter Verwendung bereits verlegter Fasern wurde aufgezeigt.

Concept for the Introduction of Optical Subscriber Networks

S. Metz

SEL/ALCATEL's concept for an optical transmission access system (OTAS) is described, which allows medium term (≥ 1993) economical introduction of optical fibers (single mode) towards the subscribers premises (Fig. 1).
OTAS is designed to offer todays as well as future possible telecommunications demands and includes the following categories of services :

- Broadband distribute services
  35 (PAL/D2MAC) CATV channels, 30 FM and 16 digital stereo audio channels within the frequency range 47...446 MHz. Future options are additional 16 (PAL) CATV-channels within 470...600 Mhz and 5 HDMAC-channels (resp. 1HDTV) within the band 620 ... 860 MHz.
- Narrowband interactive services (≤ 2 Mbit/s)
  Analog telephony (POTS), ISDN-basic and -primary rate access, leased lines (e.g. 2 Mbit/s); optionally Datex L, P and n x 64 kbit/s-data.

Present infrastructure and planned introduction scenarios require a system concept which ensures a high degree of flexibility and modularity. The proposed system, which is shown in more detail (Figs. 2 ... 7), has the following general characteristics :

- Analog baseband transmission of distributive broadband services including optionally a fiber optic amplifier, based on Erbium-doped fibers, operating in 1550 nm wavelength range.
- Digital transmission of interactive services via a double-star network encorporating passive optical splitting and single-fiber ping-pong TDM/TDMA at 1300 nm wavelengths.
- Broadband and narrowband subsystems may be operated independently or integrated on the same fiber via WDM technique.
- Operating and maintenance functions can be linked to present or future management systems.

A cost comparison with conventional systems on copper cables is presented which indicates that OTAS is competitive in several areas of applications for broadband and narrowband services (Figs. 8 ... 10).
Finally a possible network evolution scenario to B-ISDN is shown (Fig. 11).

Netze und Studien in Frankreich

Mme. H. Seguin

FRANCE TELECOM richtet seit über fünf Jahren Glasfasern im Ortsnetz im Rahmen der Breitbandverkablung in Frankreich ein. Die in dieser ersten Generation von Glasfasernetzen angewandten Techniken sind relativ einfach und dadurch ziemlich preisgünstig und zuverlässig. Die Netzstruktur ist ein Doppelstern mit dezentralisierten Verteilstellen zwischen dem Teilnehmer und der Fernmeldezentrale. Der Fasertyp ist Multimode und die damit verbundenen Bauelemente einfache optische Stecker, Kuppler und LEDs.

Seit 1985 sind beinahe 600 000 Wohnungen in zehn französischen Städten mit diesen "Fiber to the Home" Netzen anschliessbar und ungefähr 50 000 Haushalte sind inzwischen angesclossen. Das Dienstangebot besteht heute ausschliesslich aus Fernseh-und HiFi-Verteildiensten die augenblicklich noch in den meisten Fällen zu pauschalen Festpreisen angeboten werden. Die Zahl der in den verschiedenen Netzen eingerichteten Fernsehkanäle liegt zwischen 20 und 30. Die Kapazität der Netze wird augenblicklich von 30 auf 60 Kanäle erweitert. Seit einigen Monaten werden auf einem Netz ebenfalls "Pay TV" und "Pay per View" Dienste angeboten die einen bedeutenden Einfluss auf die Anschluss-und Dienstnachfrage haben.

Die ersten Erfahrungen, in diesen seit mehreren Jahren in Betrieb befindlichen Netze, können folgendermassen zusammengefasst werden :

- die Zuverlässigkeit und der Betrieb dieser Netze sind ausgezeichnet. Die jährliche Fehlersignalisierungsrate ist in der Grössenordnung von 15 % von denen nur etwa 10 % das Netz und die damit verbundenen Teilnehmereinrichtungen betreffen.

- das Dienstangebot entwickelt sich sehr langsam und nützt heute nur einen Bruchteil der potentiellen Möglichkeiten des Netzes und Systems aus.

Mehrere Studien sind heute in FRANCE TELECOM, und besonders im CNET, im Gange um zukünftige Generationen von Breitbandnetzen vorzubereiten. Der Schwerpunkt dieser Studien liegt hauptsächlich auf zwei Gebieten :

- Definition und Standardisierung des zukünftigen B-ISDN, das kurzfristig besonders für schnelle Datendienste im Geschäftsbereich Anwendung finden wird.

- Studien zur Optimisierung der Struktur und Architektur eines zukünftigen breitflächig eingeführten Glasfaserortsnetzes.

1. Einführung

Die Frage nach der Einführung der Glasfaser im Ortsnetz wird in Frankreich, wie auch in anderen Ländern, schon seit vielen Jahren untersucht.

Ein erstes Versuchsnetz, das vollkommen auf Glasfasern aufgebaut war, wurde ab 1982 in Biarritz eingerichtet. Insgesamt 1 500 angeschlossene Teilnehmer hatten Zugriff zu einem vielfältigen Dienstangebot, das sowohl Breitbandverteildienste als auch traditionelle Fernmeldedienste und neue Dienste, wie zum Beispiel breitbandiges Bildfernsprechen, umfasste.

Der Aufbau dieses ersten Glasfaserortsnetzes zeigte, dass das Verlegen des Glasfaserkabelnetzes relativ einfach war und seine Zuverlässigkeit keine Bedenken gab. Es zeigte aber auch, dass die Netz- und Teilnehmereinrichtungen für dieses breite Dienstangebot relativ komplex waren, sowohl im Aufbau als auch im Betrieb.

Diese Erfahrungen führten zu der Schlussfolgerung, dass in einer nächsten Breitbandnetzgeneration die Glasfaserinfrastruktur ohne weiteres beibehalten werden könnte, dass aber das Dienstangebot, zumindest in einer ersten Phase, verringert werden müsste um einfachere und zuverlässigere Netz- und Teilnehmereinrichtungen zu erzielen. Daraufhin wurde von der französischen Fernmeldeverwaltung im Jahre 1983 ein optisches Videokommunikationsnetz in Entwicklung gegeben, dessen erste Einrichtungen im Jahre 1985 in Betrieb genommen wurden.

2. Optische Videokommunikationsnetze

Ausser der Tatsache, dass Glasfasern ohne technische Schwierigkeiten im Ortsnetz eingeführt werden konnten, waren auch noch andere Gründe dafür entscheidend, dass schon Mitte der achtziger Jahre "Fiber to the Home" Netze in Frankreich eingerichtet wurden. Ein erster Grund war, ein flexibleres Netzkonzept für Verteilnetze einzuführen um dadurch das Dienstangebot anreichern zu können, besonders auf dem Gebiet der Programmwahl und der damit verbundenen Gebührenstruktur. Ein zusätzliches Ziel bestand darin, neue interaktive Dienste einzuführen und zu erproben. Und schliesslich war ein letzter wichtiger Vorteil, eine optische Infrastruktur für zukünftige Breitbandverteildienste und Fernmeldedienste vorzubereiten.

Die in dieser ersten Generation von "Fiber to the Home" Netzen angewandten Techniken sind relativ einfach und dadurch ziemlich preisgünstig und zuverlässig. Die Netzstruktur ist ein Doppelstern mit dezentralisierten Verteil-und Vermittlungsstellen zwischen dem Teilnehmer und der Fernmeldezentrale. Der Fasertype ist Multimode und die damit verbundenen optischen Bauelemente sind einfache optische Stecker, Kuppler und LEDs.

Diese optischen Videokommunikationsnetze werden von FRANCE TELECOM seit 1985 eingerichtet. Insgesamt können heute beinahe 600 000 private Haushalte und geschäftliche Teilnehmer in zehn französischen Städten mit einer Glasfaser angeschlossen werden. Die effektive Anschlussrate ist gegenwärtig etwas weniger als 10 %, da nur ungefähr 50 000 Anschlüsse in Betrieb sind.

Wie in den meisten französischen Kabelnetzen, liegt die Einrichtung und der Betrieb dieser Netze in den Händen von FRANCE TELECOM, whärend für den kommerziellen Betrieb und das Dienstangebot ein davon getrennter Dienstbetreiber verantwortlich ist. Das Dienstangebot besteht heute ausschliesslich aus Fernseh-und HiFi-Verteidiensten, die augenblicklich noch in den meisten Fällen zu pauschalen Festpreisen angeboten werden. Die Zahl der in den verschiedenen Netzen eingerichteten Fernsehkanäle liegt zwischen 20 und 30. Die Kapazität der Netze wird augenblicklich von 30 auf 60 erweitert. Seit einigen Monaten werden auf einem Netz ebenfalls "Pay TV" und "Pay per View" Dienste erprobt, die einen ganz bedeutenden Einfluss auf die Anschluss-und Dienstnachfrage ausgeübt haben.

Die ersten Erfahrungen, in diesen seit mehreren Jahren in Betrieb befindlichen "Fiber to the Home" Netzen, können folgendermassen zusammengefasst werden :

- die Zuverlässigkeit und der Betrieb dieser Netze sind ausgezeichnet. Die jährliche je Teilnehmer gemeldete Störungsrate ist weniger als 15 %, das heisst ein Teilnehmer meldet im Durchschnitt alle 7 Jahre eine Störung. Von diesen gemeldeten Störungen betreffen nur etwa 10 % das Netz und die damit verbundenen Teilnehmereinrichtungen. Das Glasfasernetz selbst betrifft nur ein ganz kleiner Prozentsatz.

- das Dienstangebot entwickelt sich relativ langsam und nützt heute nur einen Bruchteil der potentiellen Möglichkeiten des Netzes und Systems aus.

FRANCE TELECOM beabsichtigt, die zahlreichen Möglichkeiten dieser Netze zusammen mit den Dienstanbietern in Zukunft besser auszunützen, um das Dienstangebot attraktiver zu gestalten und dadurch die Anschlussrate zu erhöhen.

3. Entwicklung und Einführung des B-ISDN

Nach dieser ersten Generation von Glasfasernetzen, untersucht FRANCE TELECOM heute die Entwicklung neuer Generationen. Mehrere Studien sind im Gange im CNET, um neue Techniken und Systeme zu erproben.

Ein Schwerpunkt der Studien liegt auf dem Gebiet des B-ISDN. Es wird heute allgemein anerkannt, dass das B-ISDN die Grundlage der zukünftigen Kommunikationsnetze sein wird. Uber den genauen Zeitpunk einer breitflächigen Einführung und die Art und Weise wie es am besten eingeführt werden soll, besteht jedoch weniger Ubereinstimmung.

B-ISDN wird wahrscheinlich zuerst die Glasfaser zum Büro bringen, bevor sie den Privathaushalt anschliesst. Hinzu kommt, dass die Schwierigkeiten bei der Entwicklung und Einführung des B-ISDN nicht auf dem Gebiet der Glasfaser liegen, sondern sehr viel mehr auf dem Gebiet der Netz- und Teilnehmereinrichtungen. Dennoch wird die Entwicklung des B-ISDN auch die Einführung der "Fiber to the Home" stark beeinflussen, da im allgemeinen das Dienstangebot im geschäftlichen Bereich und die damit verbundene Entwicklung von Endgeräten und Bauelementen immer auch auf die Dienste und Anwendungen im privaten Bereich übergreifen.

FRANCE TELECOM untersucht heute hauptsächlich, wie dieses B-ISDN und die ATM Technik durch eine progressive Einführung am besten und schnellsten dem Geschäftsbereich zur Verfügung gemacht werden kann. Die Standardisierung und Entwicklungen sind in der Tat genügend fortgeschritten um erste Anwendungen schon in der ersten Hälfte dieses Jahrzehnts zu planen.

4. Schlussfolgerungen

Die Glasfasertechnik ist heute noch weit der Entwicklung des Dienstangebotes auf dem privaten Bereich voraus. Deshalb sind immer noch grosse Anstrengungen auf dem Gebiet der Dienste zu machen, bevor die "Fiber to the Home" weit verbreitet sein wird.

Die Einführung der "Fiber to the Office" ist sicher sehr viel naheliegender, aber benötigt noch bedeutende Entwicklungen auf dem Gebiet des B-ISDN.

Networks and Studies in France

Mme. H. Seguin

FRANCE TELECOM is installing since more than five years optical fibers in the local network. The techniques used in this first generation of optical fiber networks are relatively simple and therefore rather reliable and cost effective. The network structure is a a double star with remote distribution units located between the subscriber and the local telecommunication exchange. The fiber type used is multimode and the associated components are simple optical plugs, couplers and LEDs.

In 1990 nearly 600 000 households are connectable to these "Fiber to the Home" networks installed in ten towns in France and about 50 000 households are connected. The service offer comprises today TV and HiFi distribution services using in most cases simple charging mechanisms based on fixed subscription fares.

The number of TV channels installed in the networks is between 20 and 30 and the total possible capacity is actually extended from 30 to 60 channels. On one of the networks first commercial trials started with "Pay TV" and "Pay per view" services which influenced significantly the service demand in this network.

The first results in these, since several years installed networks, can be summerized as follows :

- the reliability and operation of these networks are excellent. The annual faultrate per subscriber is about 15 %,

- the service offer is developing rather slowly and uses only partly the potential possibilities of the network.

In order to prepare future generations of broadband networks, several studies have been started by FRANCE TELECOM, in particular in CNET. The focal points of these studies are :

- the definition and standardization of the future B-ISDN, offering in a short term in particular high speed data services for business applications,

- the optimization of the architecture and structure of the future optical fiber local network infrastructure.

Local Loop Developments in the UK

T. Rowbotham/P. Rosher

INTRODUCTION

The local loop is the most cost sensitive area of the telecommunications network. It is the all important interface to the customer and as such plays a leading role in the revenue earning capacity of the telecommunications operator. Since the local loop is both hardware and manpower intensive, even the smallest changes must be based upon a coherent strategy. This strategy must reflect the changing nature and demands of the customer. Whilst it has to be based around the economic delivery of existing services, it must also demonstrate an evolutionary path to future services. However, the nature and timescales of future services are unclear. The growth of new services is determined by many factors which are often beyond the control of the telecommunications operator. In the case of British Telecom (BT), the provision of new services in the UK is influenced by the changing regulatory and competitive operating environment. In addition, the UK can no longer be considered in isolation from the worldwide telecommunication market of which the rest of Europe is particularly significant.

One example of regulation affecting the local loop is the asymmetry in cable television licensing. Currently cable television operators can provide telecommunication services whereas BT is currently precluded from carrying entertainment services to the home. At present we may only convey television to the home through the ampices of a separate subsidiary over separate physical infrastructure in areas where we hold, or are involved in, cable TV franchise. This is not necessarily a stable situation because the Government is currently reviewing it's duopoly policy in fixed telecommunications.

In the future the telecommunications operator will have to provide increased bit rate services into businesses and homes of information intensive users on demand to support their information needs. The common feature of these services will be the ability of the telecommunications operator to provide flexible and adaptive bandwidth to the user far in excess of today's bit rates. However, the timescale for the introduction of such services is not clear.

Today every telecommunications operator is investing heavily in local loop plant, for growth and rehabilitation. However, no one can afford to ignore the need to start building a platform for future, unknown services, in view of the time required to make a significant impact on the local network. The risk is that a premature start to such a long term programme may be very costly if the approach used is not sufficiently flexible. This paper proposes such a flexible roll out strategy, involving a mix of copper, fibre and radio technologies.

THE COPPER LOOP

Copper pairs will be the dominant fixed local access technology well into the next century. Indeed most of today's demand is still being met by copper pair technology. Advances in digital signal processing are enabling copper pairs to be used at bitrates normally associated with coaxial or fibre cables. High Rate Digital Subscriber Loop (HDSL) technology will enable broadband local access at rates from 400 kbit/s to 2 Mbit/s over unscreened copper pairs. Such systems can also handle low definition moving images, as may be suitable for small screen videotelephony. The transmission distance is limited by Near End Cross Talk (NEXT) and is a function of the bandwidth, Fig 1.

Thus, today's copper network suffers from restricted bandwidth. It also has limited reach, high fault incidence due to corrosion, windage, damage by other utilities and self induced failures by craft personnel intervention related to every day customer churn. Copper pairs also suffer from electrical interference, crosstalk and lightning strikes.

For these reasons BT is investigating the practicality and economics of using fibre in the local loop.

UK EXPERIENCE OF ALL-FIBRE LOOPS

The basic options for fibre in the local loop are the star, bus and ring architectures. Stars can be single stars, active double stars containing intermediate electronics, and passive stars/buses containing passive optical splitters. These architectures can be mapped onto the existing duct infrastructure. By contrast, ring architectures have been found to be less suited to this infrastructure and will be considered no further in this paper. Hybrids of these architectures using metallic final drops also exist. BT has experience in single star, active double star and passive star architectures.

SINGLE STAR

The application area of single star fibre networks in the local loop is expected to be to large business customers. These dedicated fibre systems will carry telephony and narrow band services to customers requiring 25 or more lines. Some such systems have already been deployed in the BT Flexible Access System (FAS) program [1]. They have been shown to be cost competitive for selected new growth and replacement systems. The essential elements of the FAS are a dedicated singlemode fibre network, flexible intelligent primary multiplexers located at customers premises along with the appropriate higher order multiplexers and optoelectronics, a digital cross connect switch to handle private circuits (analogue and digital), and software to monitor and control the hardware and to interface with existing operations systems, Fig 2. The system offers high flexibility in service provision to cope with growth and churn.

The majority of the 72,000 km of fibre installed in the local loop in the UK is in a FAS based single star system in London, Fig 3. The initial stage of this development, called the City Fibre Network (CFN), was specifically targeted at the financial business sector based in the "square mile" in central London. There followed phased expansions into the growing business district in the London Docklands, resulting in the Docklands Fibre Network (DFN) and Canary Wharf (CW).

This totally managed network is based around 4 central exchanges - Baynard, Covent Garden, Hackney and Poplar. Baynard served the initial CFN development and provides terminations for some 15,000 fibres. Network Service Modules (NSM), which are sited in the telecommunications rooms of large business customers, are connected to a Service Access Switch (SAS) in 1 of the exchanges by 4 dedicated fibres. Each NSM can support up to 480 private circuits. In many cases both ends of a circuit are within the FAS area outlined. The fickle nature of the financial markets results in a high level of churn, and a key feature of the network is the ability to reroute circuits within minutes of a request. CFN has a capacity of 160,000 private circuits, of which the largest customer is the Stock Exchange with over 5,000 circuits. DFN can support a further 70,000 private circuits, plus 30,000 lines connected to the public switched telephone network (PSTN). CW has a capacity of 24,000 private circuits plus 30,000 PSTN lines.

FAS technology is now being superseded by FAN, or "Fibre in the Access Network" technology. FAN is a derivative of FAS with a lower level of service integration and management, and consequently lower up front costs. However, in terms of the network infrastructure, the hardware deployed is essentially unchanged.

PASSIVE OPTICAL NETWORKS

In this type of system a single fibre emerging from the local exchange is fanned out via passive optical splitters at suitable points in the external network to feed a number of individual customers [2]. A Time Division Multiplex (TDM) signal is broadcast to all customer terminals from the local exchange at a single optical wavelength. The customers terminal accesses the multiplex and selects only the channels intended for that destination. In the return direction, data from the customers terminal is inserted at the predetermined time into the TDM frame such that it arrives back at the local exchange in its assigned timeslot. This system is widely known as "Telephony on a Passive Optical Network" (TPON), Fig 4. The BT implementation of this operates at a bit rate of 20.48 Mbit/s and can support a maximum of 128 fibre ends and 294 x 64 kbit/s traffic channels or equivalent [3].

Time management is implemented by a ranging protocol that periodically determines the path delay between the local exchange and the customers terminal. A key feature in the customers terminal is that inclusion of an optical filter that passes only the TPON wavelength. This allows the future addition of other wavelengths to provide new services e.g. television without disturbing the existing telephony service. The ability to reallocate capacity between customers is particularly important in the small business sector to deal with growth and churn. This passive splitting architecture is considerably more cost effective than single star architectures due to the sharing of fibre and local exchange equipment costs.

Fully interactive broadband services can be achieved by assigning a wavelength to each customer, providing him with a dedicated photonic path to the local exchange.

ACTIVE DOUBLE STAR

The first technology trial in UK was in the early 1980's in Milton Keynes, a new town in the centre of England. The cable television system deployed was based on an all fibre Switched Star Network (SSN) architecture, Fig 5. The system provided a choice of 8 television channels and a 200,000 page videotex (Prestel) to 18 homes. The system was operational in 1982 and was in service for a year. Eight graded index fibres were used to convey the 8 channels a distance of 3 Km at 850 nm to the switching point.

Based on this a system with cost effective coaxial secondary links was installed in 1985 in Westminster in London, in a cable TV network in which BT has a substantial interest, though we are of course seeking to exit the cable TV retailing business in order to concentrate on core businesses (converly once of TV service is part of this). It is still operational - though has proven expensive as something of a test bed - and currently passes some 72,000 homes and businesses with a penetration (premises passed against take-up) of about 15% The system now offers a choice of 24 television channels, an interactive video library, a Prestel videotex service and a limited number of video telephones.

This system concept has now been developed further to include the provision of telephony services. It is termed the Broadband Integrated Distributed Star (BIDS) network [4], and uses remote switching (for broadband) and multiplexing (for narrowband) at a remote access point, Fig 6.

CURRENT FIELD TRIALS

BT is currently staging a field trial in Bishops Stortford [5], a town of some 12,000 homes. The combination of new and old housing developments, green field sites and business parks with mixtures of overhead and underground feeds provides a representative testing ground for these new networks. Variants of the TPON and the BIDS networks are being trialled to approximately 400 customers in these differing urban developments. Key features of the trial are that it is being operated by locally trained staff with minimal back up from BTRL, and that the systems deployed have been manufactured by existing equipment suppliers to BT (BICC, GPT and Fulcrum). A detailed operational support system provides details of service initiation, records and accounts, fault reporting, restoration of service and traffic monitoring.

The range of services being provided are single line telephony to residential customers, 2-5 line telephony to business customers, 18 channel cable television, 12 stereo audio channels and videotext services. During the course of the trial future service upgrades will be demonstrated to selected customers and/or a showhouse. These include ISDN, hi fi telephony, high definition television (HDTV) and access to a video library. The two fibre networks being deployed are BIDS serving up to 112 customers, and TPON serving up to 298 customers.

The trial systems use 32 way optical splits and operate in the 1300 nm fibre window. Up to 30 of the house located TPON units will receive a cable television service based on the BPON principle. The BPON system operates in the 1550 nm fibre window and uses subcarrier multiplexing techniques to provide 16 broadcast television channels [6]. The system is compatible with satellite television technology and uses standard satellite set top box demodulators to recover the frequency modulated signals.

The trial is now well underway, with much of the optical plant installed, and the first customers connected. Already a number of indicators have emerged from the trial. Difficulties have been encountered trying to site the relatively large BIDS cabinets and its associated cabling requirements. It has been made apparent that street TPON units must be small enough to fit into existing joint boxes, and that power feeding several units from a common mains supply is preferable. Further it has been found that house TPON units need to be both small and mounted externally, and that additional work is needed to find the optimum optical drop wire design. Finally the need to de-skill fibre splicing and testing has, as expected, been verified.

RADIO IN THE LOCAL LOOP

BT is currently exploring the advantages of radio access, based on the current CT2 technology, and the future Digital European Cordless Telephone (DECT) standard. It was quickly realised that in suburban areas traffic densities were unlikely to support costly Distribution Point (DP) mounted cordless base stations. However, with the cordless reach exceeding the average length of the wire feed from a DP, traffic densities for a cordless DP should exceed those for a wire DP. This would imply that low cost equipment on the DP could be supported. Radio has a number of advantages over a wired connection including the flexibility of radio in the face of churn, the self trunking nature of CT2 and the ISDN capability of DECT. These considerations led to an exploratory study of the integration of cordless radio and fibre aiming at limiting the equipment at the DP to an optical modem with an RF input. This allows, in concept, the power hungry equipment to be located at the exchange, which allows further concentration, with a pool of base units feeding several radio DPs. This process also allows the possibility of handover from one DP to another.

A radio over fibre demonstrator has been constructed on site at Martlesham based on CT2 technology [7], Fig 7. CT2 employs a Frequency Division Multiple Access, Time

Division Duplex (TDD) scheme to provide up to 40 channels on 40 frequencies. The channels are located in the band 864 to 868 MHz with a channel spacing of 100 kHz, and a channel capacity of 32 kbit/s. The optical link used commercial opto-electronic components and operated in the 1300 nm fibre window. The TDD protocol defines a maximum propagation delay between the base unit and the mobile handset of 48 microseconds. Under radio only conditions, the range limit set by this maximum delay exceeds that set by path loss. However, in the radio over fibre implementation the optical link forms part of the "radio path", thereby introducing a significant time delay. This sets an upper limit on the length of the optical link of approximately 4.5 km. However, with an average local loop line length of about 2 km, this does not represent a major limitation in the UK.

ECONOMICS

The cost for a specific line is very dependent on geographical location. The density of lines in the UK varies by several orders of magnitude between rural and heavily populated areas. The line cost is found to be inversely proportional to customer density, Fig 8.

Business TPON is the most cost effective of the PON based systems. The cost break points in business TPON at 16 in Fig 9 can be traced to the modularity of the terminal electronics.

The key advantage of business TPON is the high level of granularity offered by the BTS. Business TPON has the added advantage that a lightly loaded headend can be supplemented by picking up lines from residences in the same catchment area as the small business targeted. However, business TPON is still at the prototype stage, and price is subject to uncertainty.

CONCLUSIONS

BT is committed to the long term deployment of fibre in the local loop but in response to uncertain demand has adopted a narrowband services entry strategy for fibre in the local loop. The current policy is targeting fibre deployment on large business customers. Within 2 or 3 years TPON systems are expected to be deployed to small and medium greenfield site business customers and their immediate residential area. The use of conventional street multiplexers fed by fibre is not preferred due to unresolved powering and copper line testing issues. For the less dense suburban areas radio access may well provide an economic solution, and integrated fibre/radio systems are being investigated.

The eventual roll out of fibre in the local loop will be eased by the adoption of "Fibre Ready Network" and "Cap Copper" strategies. The fibre ready network strategy will prepare the local loop for fibre as part of standard working practices during existing service provision. This will include the installation of fibre spines when installing multicircuit type services, these being dimensioned for long term direct fibre and TPON requirements. It will also reserve duct space for fibre cables on the exchange side of the network, and will install blown fibre tubing when working on the distribution sides of the network. The cap copper strategy can be justified for a number of reasons. Duct congestion and exchange pair terminations is an ever increasing problem with copper pairs, and the knowledge that eventually copper pairs will become redundant due to limited bandwidth supports a cap copper strategy. In areas where service is required and no spare pairs are readily available, techniques such as pair gain will be utilised. Such techniques, together with existing pairs being slowly freed by fibre deployment, should negate the need for large scale installation of new copper. However the precise time when copper growth finally ceases will be largely dependant on the take-up of broadband services.

There is therefore a vision of the local loop in the next century which will comprise predominantly fibre feeder cables to distribution points, from which a mixture of copper, fibre and radio technology will provide the final drop to the customer. Copper will still be an important delivery mechanism, especially in older residential areas, whereas fibre will be more common place in newer residential areas and to business customers.

REFERENCES

[1] Dufour, I G: "Flexible Access Systems", BTE, Vol 7, January 1989

[2] Oakley, K A, Taylor, C G and Stern, J R: "Passive Fibre Local Loop for Telephony with Broadband Upgrade", BTE, Vol 7, January 1989

[3] Hoppitt, C E and Clarke, D E A: "The Provision of Telephone over Passive Optical Networks", BTTJ, Vol 7, No 2, April 1989

[4] Fox, J R and Boswell, E J: "Star Structured Optical Local Networks", BTTJ, Vol 7, No 2, April 1989

[5] Rowbotham, T R: "Plans for a British Trial of Fibre to the Home", IEE National Conference on Telecommunications, April 1989

[6] Fenning, S C and Rosher, P A: "A Subcarrier Multiplexed Broadcast Video System for the Optical Field Trial at Bishops Stortford", BTTJ, Vol 8, No 4, October 1990

[7] Cooper, A J: "Fibre/Radio for the Provision of Cordless/Mobile Telephony Services in the Access Network", Electronic Letters, Vol 24, November 1990

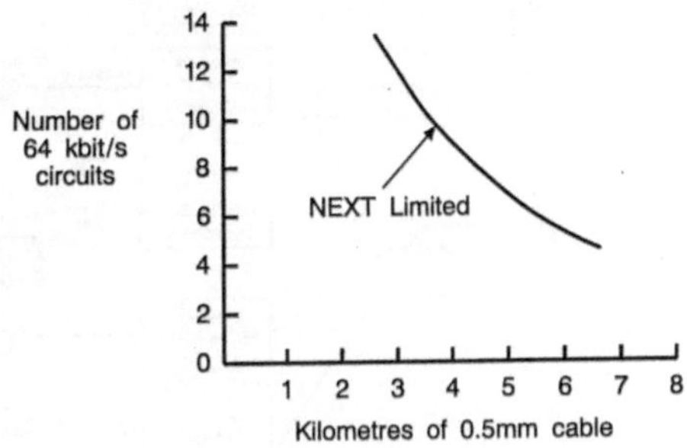

Fig 1. Copper Local Loop Circuit Capacity

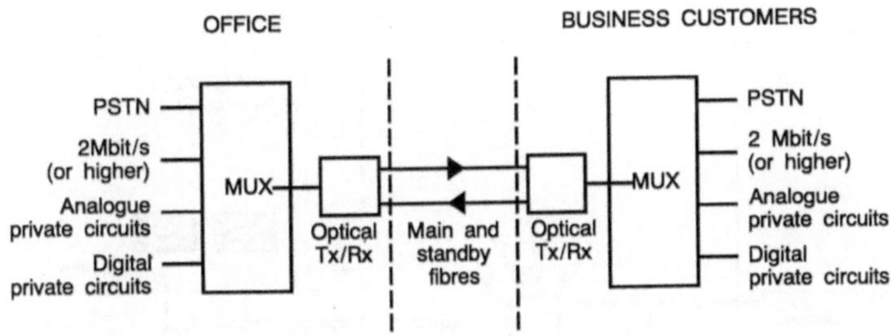

Fig 2. Flexible Access Systems

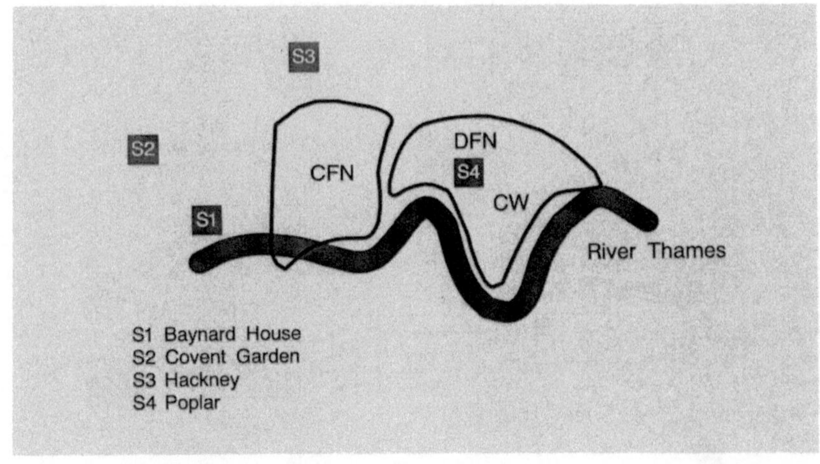

Fig 3. Flexible Access Systems in London

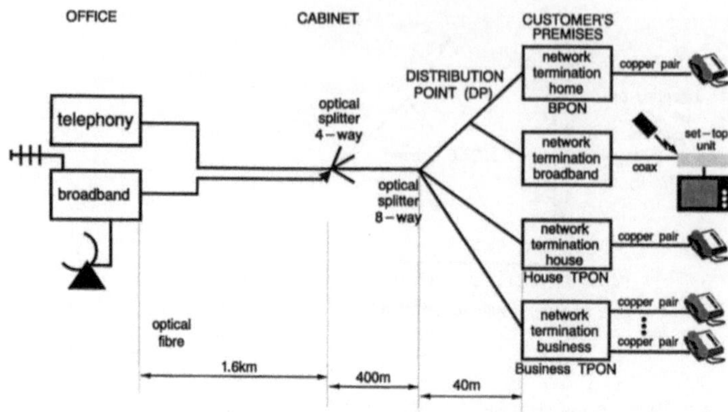

Fig 4. TPON and BPON Architectures

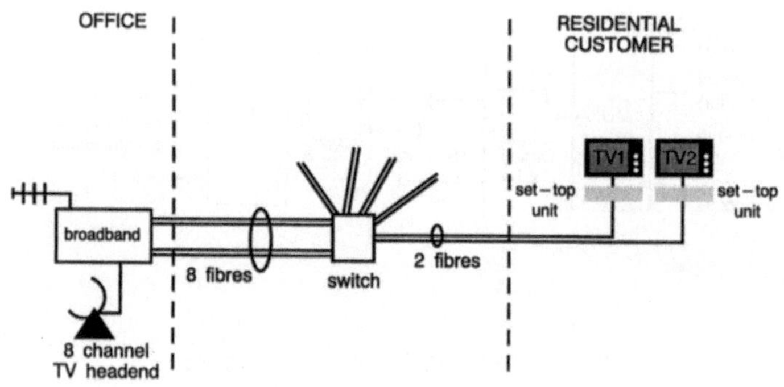

Fig 5. Milton Keynes Fibre Trial (1982)

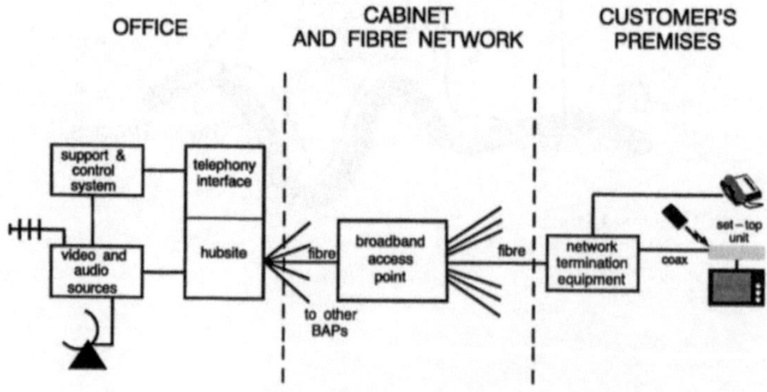

Fig 6. BIDS Architecture

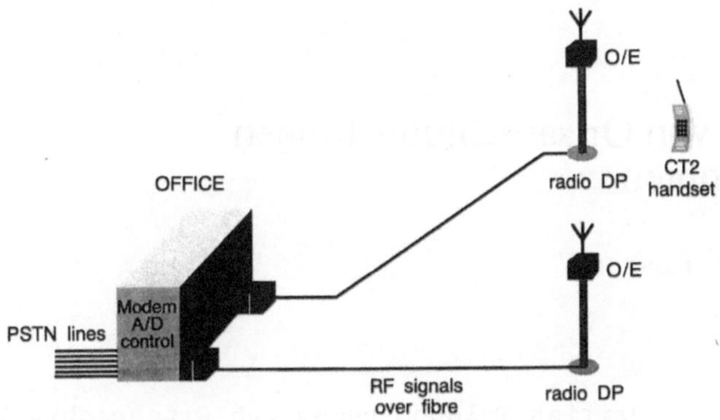

Fig 7. Radio over Fibre Demonstrator

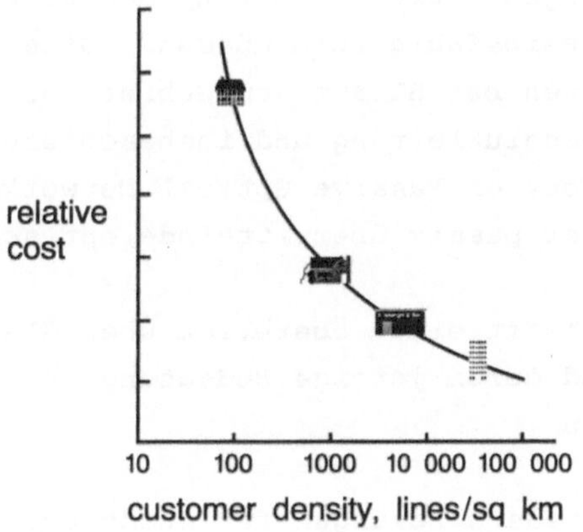

Fig 8. Copper Line Cost Distribution in the UK

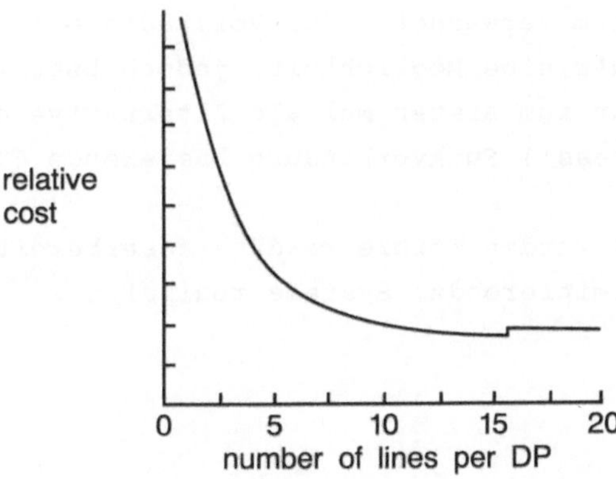

Fig 9. Projected Business TPON Costs

Entwicklung von Ortsanschlußleitungen in Großbritannien

T. Rowbotham/P. Rosher

Die Strategie von British Telecom bezüglich Ortsanschlußleitungen beruht auf bewährten Leistungen. Als Aktiengesellschaft müssen wir unseren Aktionären gegenüber eine verantwortliche Einstellung zur Kapitalverzinsung zeigen. Dies bedeutet, daß Alternativen zur Kupfertechnik wettbewerbsfähig sein müssen. Dies führt zu bahnbrechenden Arbeiten bei BT auf dem Gebiet der Verteilsysteme für Fasern in der Ortsanschlußleitung und insbesondere zur Förderung des TPON Systems (Telephony on Passive Optical Networks - Fernsprechbetrieb über passiv übermittelnde optische Netze).

Dieses Referat verschafft einen Überblick über Glasfaser-Technologie in Großbritannien und deren jetzige Bedeutung für Ortsanschlußleitungen.

Hierzu werden verschiedene Lösungen für Stadtzentren, Kleinbetriebe, Vorstädte und ländliche Gegenden angeboten. In Großstadtzentren wird FAN (Fibre in the Access Network - Faser im Zugangsnetz) eingesetzt. Für Kleinbetriebe wird das zur Zeit in Bishop Stortford erprobte TPON-System verwendet. Für Vorstädte gilt "Street TPON" ("Straßen-TPON") als eine Möglichkeit, jedoch beschreibt das vorliegende Referat zum ersten Mal als Alternative das auf schnurlose ("cordless") Funkverbindung basierende CTPON-System.

Im restlichen Netz werden "fibre ready" (faserbereite) und "cap copper" (Kupfer limitierende) Systeme realisiert.

Migration Plan for FTTH in NTT

T. Miki

1. Introduction

NTT proposed last March "Visual, Intelligent and Personal Communications Service(VI&P)" as our new concept of communications services for the 21st century, and presented a long-term perspective on which we should focus our attention. In order to provide "Visual, Intelligent, and Personal" communications services as proposed in the VI&P concept at appropriate rates, we need to develop new communications networks whose primary targets are Broadband-ISDN and Intelligent Network.

In order to attain the smooth evolution towards Broadband-ISDN, many teleco operating organizations including NTT are making effort to develop and introduce the Fiber-to-the-Home system in subscriber loop networks and the Asynchronous Transfer Mode system both in subscriber loop and transit networks. Figure 1 shows a complete overview of past practices and future plans towards the introduction of Broadband-ISDN for NTT's networks(1). Network evolution concept for future era is very briefly illustrated in Figure 2.

Although Broadband-ISDN is coming there is no one commonly accepted concept for the deployment of fiber-optic system into the subscriber loop networks. While several organizations have been proposing FTTC Fiber to the Curb as the best way of creating broadband networks(2), the situation in Japan has lead us to the belief that only FTTH Fiber to the Home will be successful. Japan has very high concentrations of customers over wide areas. Most customers are sited right next to a road and an

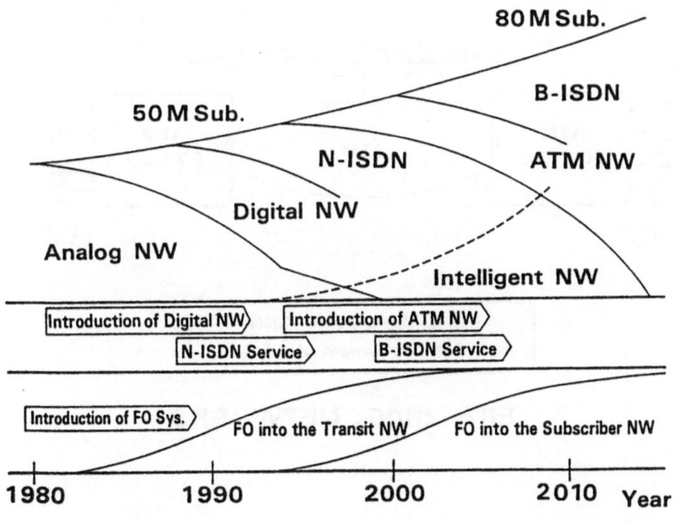

Fig.1 Network Evolution Plan in NTT towards Broadband-ISDN

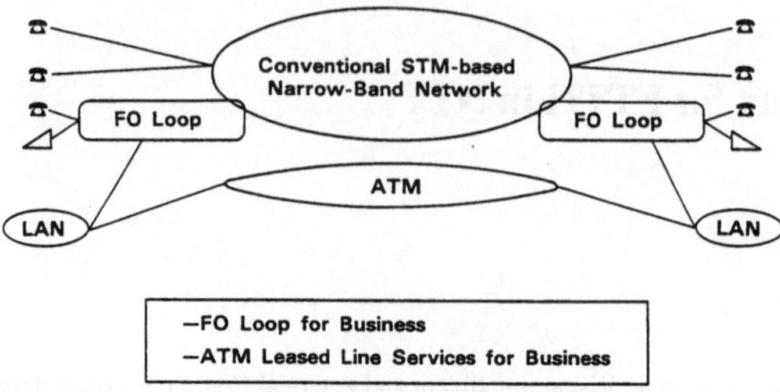

EARLY 1990s NETWORKS

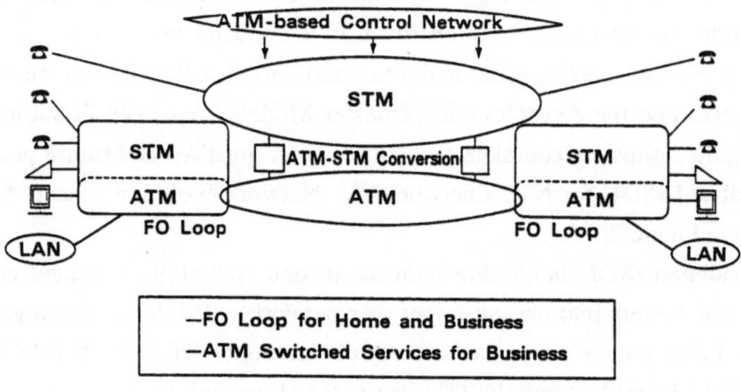

LATE 1990s NETWORKS

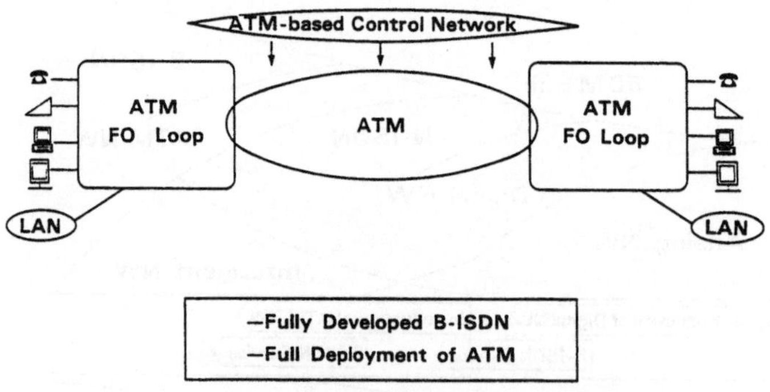

ERA 2000s NETWORKS

Fig.2 Network Evolution Concept for Future Era

aerial distribution wiring system is still mainly adopted. So that, the additional cost of running fiber to the customer is fairly small. The curb space available for O/E converters is severely limited and costly. Outside maintenance work is also expensive and error prone. Our concept is that completely opticalized networks up to the Home are indispensable in realizing a successful Broadband-ISDN.

Before Broadband-ISDN can be realized, however, we must resolve a very tough conundrum. Which comes first; the infrastructure or the user demand? Our idea is that infrastructure, i.e. optical subscriber networks, must widely installed well in advance of full Broadband-ISDN deployment.

Up to now, NTT has been supplying only large business customers with fiber-optic systems. This piecemeal introduction of fiber-optic systems is uneconomic for smaller businesses and house subscribers and should be replaced by large-scale introduction which offers many economies of scale. There are, however, several topics that need to be discussed. First is the type of fiber-optic subscriber system to be created and its introduction strategy. Section 2 discusses the FO subscriber network being considered for realization within the 5 year period starting in 1995, and next considers the effect of introducing FO systems on total network performance. Section 3 looks at the type of services that could be offered over a FO subscriber systems upon its introduction. Last, the question of pricing and investment strategy is addressed in section 5.

2. Integrated Fiber Optic Subscriber Network

The introduction of a fiber-optic subscriber network is a golden opportunity to dramatically increase network simplicity and efficiency. NTT is aiming to evolve its existing network structure to the future one as shown in Figure 3. Key points of evolution are to consolidate the current 7000 offices to around 1000 by increasing the switching capacity in each Group Center. Regional and District Centers (total 87) will be replaced by 54 Zone Centers. Resuitantly two layer switching network architecture will be adopted instead of an existing 5 layer architecture. The main benefit of the two-layer scheme is the significant reduction in cost accompanying the elimination of many manned offices. Another important

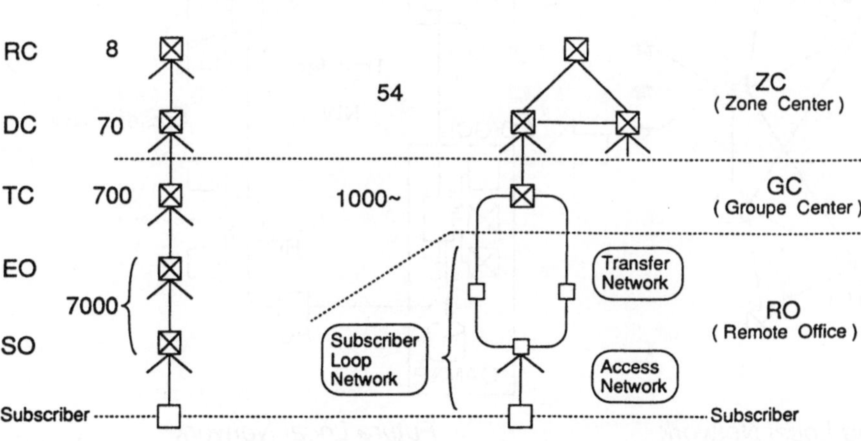

Fig.3 Evolution Plan for NTT's Network Structure

benefit is the increase in network reliability. Because subscriber loop networks use a ring transfer network architecture, high reliability is ensured through the self-healing network operations.

As for subscriber loop network evolution planning, both user service aspect and network operation aspect are considered. Our major idea for future subscriber loop network features are listed in Figure 4. Taking into account these features, a fundamental concept of future subscriber loop network structure is proposed as is shown with existing structure in Figure 5. The new subscriber network, called IFOS, consists of two layers : the transfer network and the access network(3). As shown in Fig.6, IFOS will consist of three access systems : IFOS-N, IFOS-V and IFOS-H.

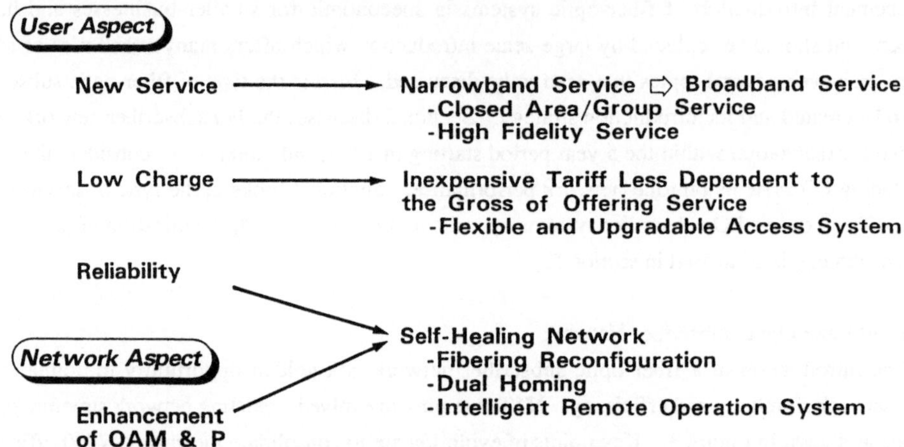

Fig.4 Subscriber Loop Network Features in the Future

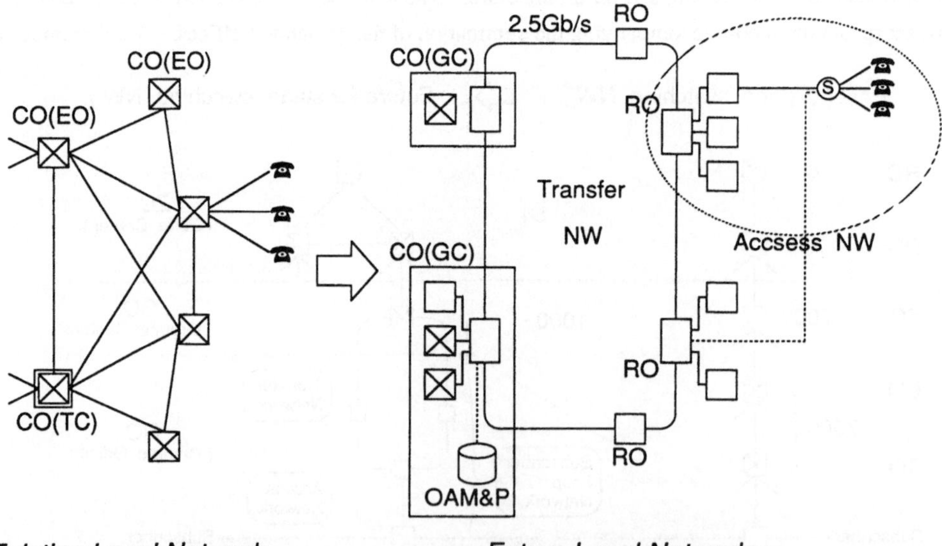

Fig.5 Integrated Fiber Optic Subscriber (IFOS) Network

IFOS-N is a PDS system using optical splitters of 8 to 16 branches.It can offer a variety of services totaling about 1.5Mbps for each customer. The passive double star (PDS) is most promising because it offers the lowest cost per subscriber(4)(5). This is due to the fact that PDS systems can effectively share network resources.

IFOS-V supports downstream video signals, such as dozens of NTSC TV channels and/or HDTV. IFOS-N and IFOS-V permit fiber sharing by employing WDM and Erbium-doped fiber amplifier technologies. The combination of IFOS-N and IFOS-V satisfy the near term transport demand of residential customers as well as small businesses.

IFOS-H is single star, high-speed digital system which can simultaneously provide a wide range of multiplexed transport capability. IFOS-H must satisfy business customers requiring a lot of high-speed services.

It is very important for subscribers to upgrade their IFOS connections from narrowband (IFOS-N & V) to broadband transport capability. One possible route is shown in Fig.7 for small businesses and residential applications. In Fig.7, the phase 1 system transports narrowband bi-directional 1300nm signals at up to 1.5Mbps for each user by employing time compression multiplexing and distributes sub-carrier multiplexed FDM-TV signals at 1500nm. Phase 1 will employ recently developed low distortion optical amplifiers, LD analog modulation schemes and TDMA TCM techniques. As for the video services, FM or AM video systems would be most cost-effective for the time being, considering their compatibility with existing TV sets or BS tuners. Furthermore, an above mentioned FM or AM sub-carrier multiplexed (FDM) -TV signal transmission employing Eribium Doped Fiber Amplifier is very promising technology, whose experimented transmission performances are shown in Figure 8(6). Currently, standardization of video coding technology within the bit-rate from 5 to 10Mbps is being actively studied in ISO and IEC. Therefore the system should be capable of transmitting these digital video signals as well as FM and/or AM-TV signals.

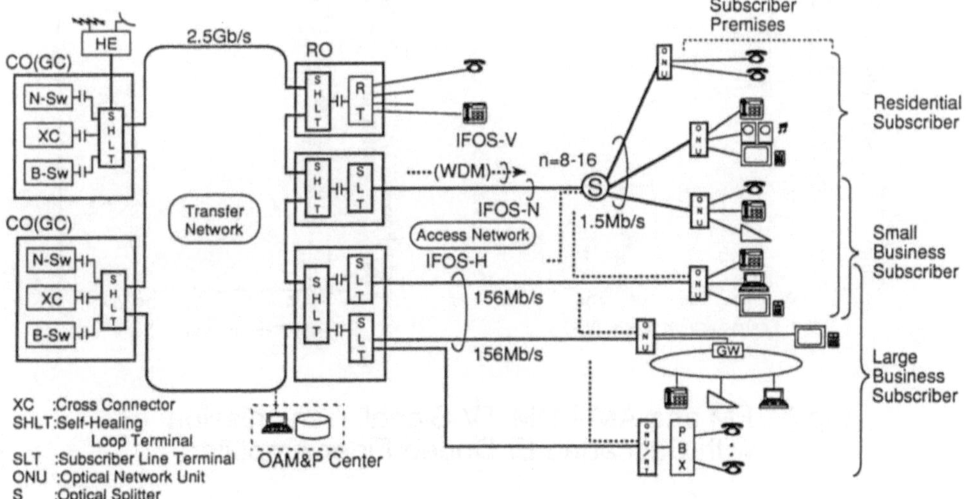

Fig.6 The Development Target of IFOS

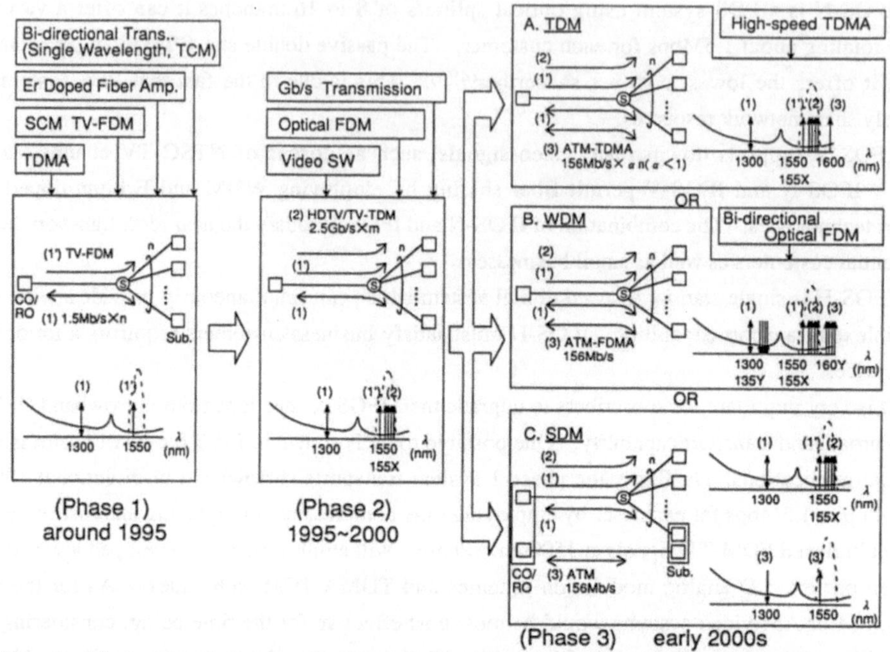

Fig.7 Upgrade Scheme for Small Business and Residential Application

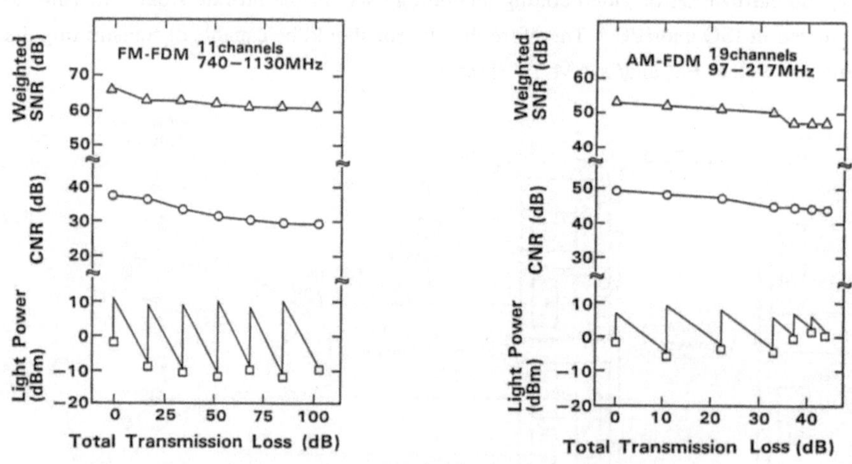

Fig.8 FM and AM-FDM TV Signal Transmission with Cascaded Er Doped Fiber Amplifier

In phase 2, down stream switched video services will be provided. Phase 2 requires the development of optical FDM or dense WDM technology.

In order to upgrade to a full ATM connection, there are three alternatives as shown in Fig.7. They are the three well known multiplexing techniques, namely TDM, optical FDM and SDM. In the case of TDM, additional wavelengths for example are 1600nm for down stream and 1350nm for up stream. In the case of optical FDM, n subscriber's numbers are allotted for n different downstream wavelengths in the 1600nm band, and n different upstream wavelengths are allotted in the 1350nm band. Optical FDM technology is now growing up and rather premature one, but the laboratory experiment up to 100 frequency channels(7) is successfully carried out as is illustrated in Figure 9.

Additional fibers are needed in the case of SDM. Because each technology is rapidly growing, a final choice is a future matter.

3. Fiber-Optic Subscriber Network Services

Before the specifications of the future fiber-optic subscriber network can be determined its intended services must be clarified. There are two possible service scenarios : broadband services are provided exclusively or a combination of narrowband plus video distribution services is supported. It can be generally said that narrowband services are more popular and achieve higher penetration rates. Narrowband services evolve more frequently and are more suitable for residential subscribers.

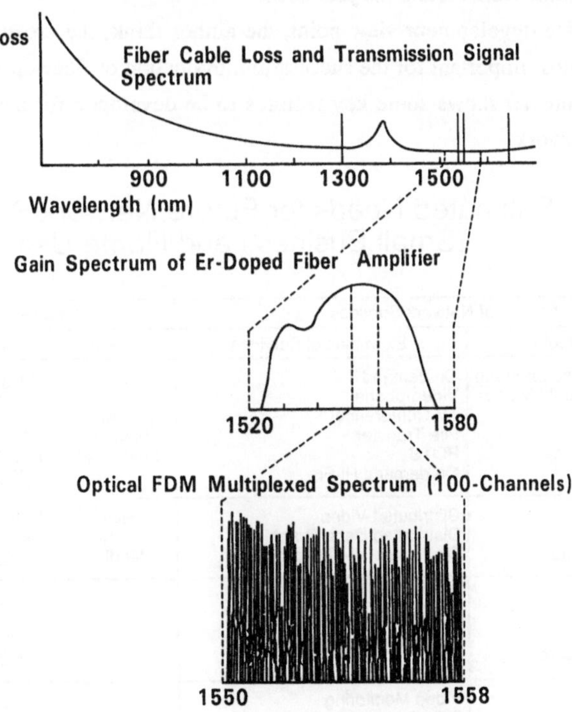

Fig.9 Possible Optical FDM Technology for Future Subscriber Loop Systems

Thus the fiber-optic subscriber network must be designed to accommodate existing narrowband services while stimulating the creation of new narrowband services.

The percentage of Japanese residential subscribers contracting more than one circuit is presently 7.1% and growing. If new narrowband services were provided, the number of subscriber requiring additional circuits would considerably increase. The broadband capacity of fiber-optic transmission makes it possible to offer various closed area services, such as Hi-Fi audio distribution and PC communication. These closed area services could be offered at an inexpensive rate not strongly dependent on number of services offered. The cost savings and service quality of these services will ensure rapid customer acceptance. In addition to system cost reduction, the development of new cost-effective narrowband services is the key for large scale fiber-optic migration. Fiber-optic system deployment will be carried out to offer a variety of services totaling about 1.5Mbps for each customer.

Future network services to be provided are estimated in Table 1. For large businesses, these services are already provided. From 1995, fiber-optic subscriber system introduction to small business and residence will be initiated, then POTS, 2B+D, low-speed data dedicated services as well as TV distribution might be provided.

As for TV distribution, even though analog FDM transmission is initially adopted, digital TDM transmission should be applied later for both regular TV and HDTV. Furthermore, very high-speed data, ATM switching capability at a bit-rate of 156Mbps for multimedia communication services for residential customers will be provided from around the year 2000.

From the service development view-point, the author think, the creation of new narrowband services must be the most important for the successful introduction of fiber-optic subscriber systems in the near future. Figure 10 shows some key features to be developed for new narrowband network services with IFOS network.

Table 1 Estimated Needs for Future Network Services (Small Business and Home Use)

Classification of Network Services			Estimated Service Penetration		
Service Class	Media	Examples of Services	Present	Near Future	Future
Switching Service	Unidirectional Video	On demand TV	Low	MEDIUM	High
	Bidirectional Video	Video-phone		LOW	Medium
		TV Conference	Low	LOW	Medium
	Data	File Transfer	Medium	FAIRLY HIGH	Fairly High
	Voice, Audio	POTS	Fairly High	FAIRLY HIGH	Fairly High
		On demand Hi-Fi		MEDIUM	High
Distribution Service	Video	Distributed Video	High	FAIRLY HIGH	Fairly High
	Data	Distributed Data, Graphics	Low	MEDIUM	High
	Voice, Audio	Distributed Hi-Fi Audio	Medium	HIGH	Fairly High
Closed Area Service	Video	Distributed Video (Narrow-casting)		LOW	Medium
	Data	Virtual LAN		MEDIUM	High
	Voice, Audio	Party-phone		MEDIUM	High
Permanent Service	Video	Video Monitoring		LOW	Medium
	Data	Tele-Computing, Tele-metering	Medium	HIGH	Fairly High
	Voice, Audio	Interphone, Dedicated Telephone	Medium	HIGH	High

___ : *Services expected to be appropriate for optical subscriber networks*

4. Deployment Strategies

Table 2 shows the estimated migration scale for small business and residential subscribers at the year around 2000 in Japan. The migration scale means there is at least one million subscribers of total installation demand per year for the time frame between 1995 and 2000.

Figure 11 shows cost estimation for IFOS access systems in 1995-2000 time frame for more than one million demand per year totally. In Fig.11, cost unit 1 means conventional POTS construction cost in Japanese urban area, and production scale is 300,000 ONU per year. Fiber-optic system cost target is roughly equal to two metallic lines of POTS or one 2B+D ISDN when offering 2POTS or 2B+D. There are various combinations of narrowband services. Fiber-optic system cost would be less dependent on the gross of the services, in contrast to existing metallic system cost which is almost proportional to the gross of the services. This means that fiber-optic subscriber network could provide these various combination of narrowband service with the nearly same basic monthly charge of existing 2B+D ISDN service.

The pricing strategy described above should lead to the service penetration rates shown in Fig. 12(a). There are two approaches to installing an fiber-optic subscriber network : to opticalize subscribers who demand FO (fiber-optic) services (2B+D plus additional services) or to opticalize all subscribers in a specific area. These approaches are shown in Fig.12(b) and (c) respectively. We performed at cost comparison of these approaches and the results are shown in Fig.13. Our main assumptions were that opticalization would be completed in 2015, demand would increase as shown in Fig.12(a), labor costs would continue to increase, and equipment costs would decrease. Furthermore, it was assumed that fiber cables in Approach I continue to low connection rates, i.e., many optical fiber remains unused. The converse was assumed for Approach II.

According to our cost comparison, over the twenty year period from 1995 to 2015, Approach II requires 15% less expenditure than Approach I. Another factor supporting the acceptance of Approach II is that it encourages the introduction of new closed area services as was shown in Fig.10.

Table 2 Estimated Fiber-Optic Migration Scale of Small Business & Residential Subscribers at 2000

City Size (Population)	Metropolitan $>10^6$	Midium City $10^6 \sim 10^5$	Local Town $<10^5$
Small Business & Residential Subs.	23M	19M	8M
Estirmated Needs for>1POTS	15~20%	10~15%	<10%
Fiber Migration Area	FO	Metallic	
Migration Scale (Subs.)	3.5~4.6M	1.9 ~2.8M	<1M

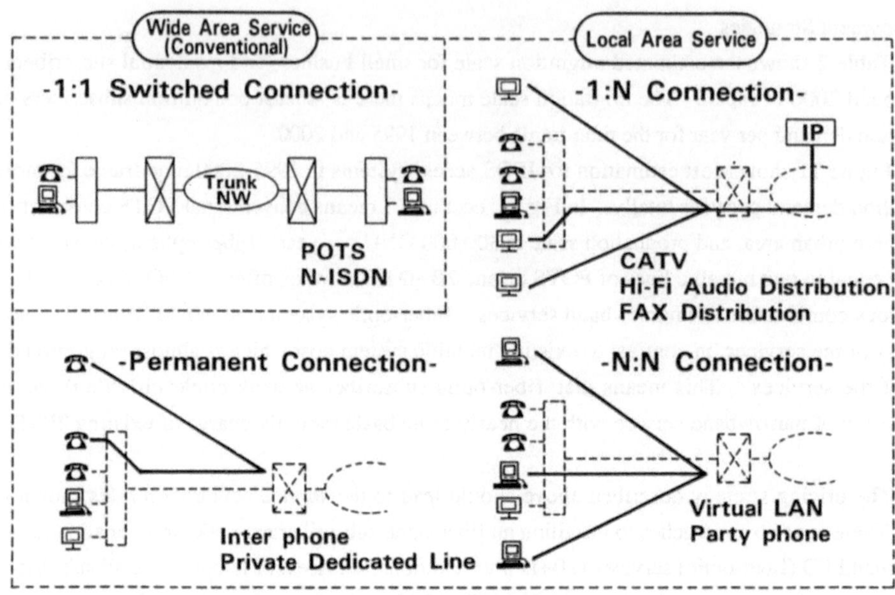

Fig.10 Service Evolution with the IFOS Network

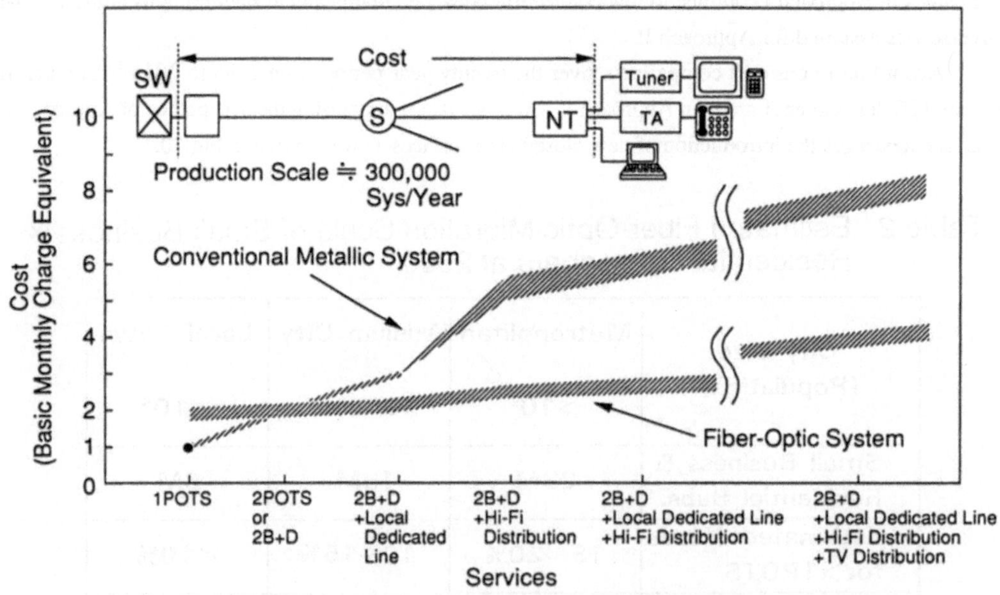

Fig.11 Cost Estimation for IFOS in 1995-2000 Time Frame

5. Conclusion

Future target of NTT is to provide Visual, Intelligent and Personal Services to its customers with a completely opticalized network by the year 2015. However, it seems fairly challenging task to realize early take off to Fiber-to-the-Home. It is an engineer's duty to develop cost-effective systems and evolutional network architecture. Furthermore there are essential ; development of attractive services for small business and home use in collaboration with information providers or customers, long-range preinvestment for the future network infrastructure, and flexible tariff and reasonable regulations in order to offer new services flexibly.

Whether optical subscriber loop networks take off or not depends on the harmonic liaison of these every efforts.

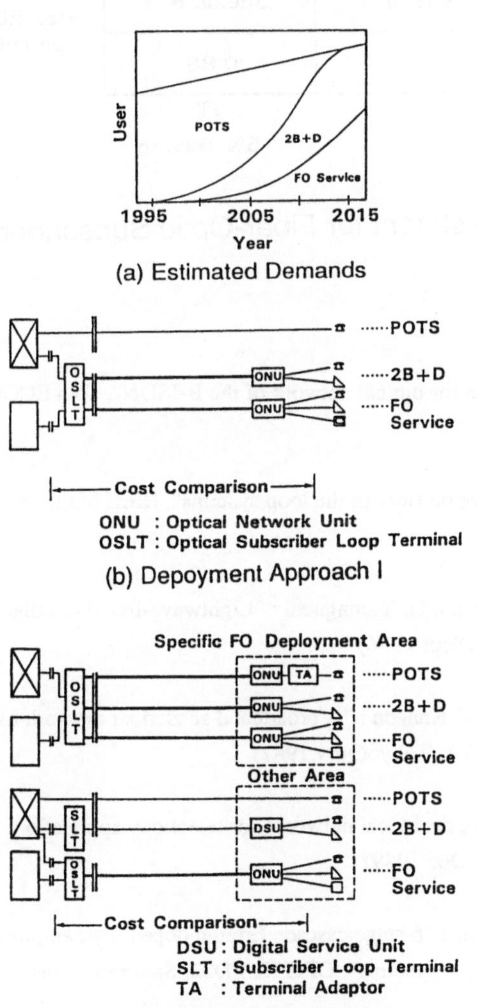

Fig.12 Deployment Approach Alternatives

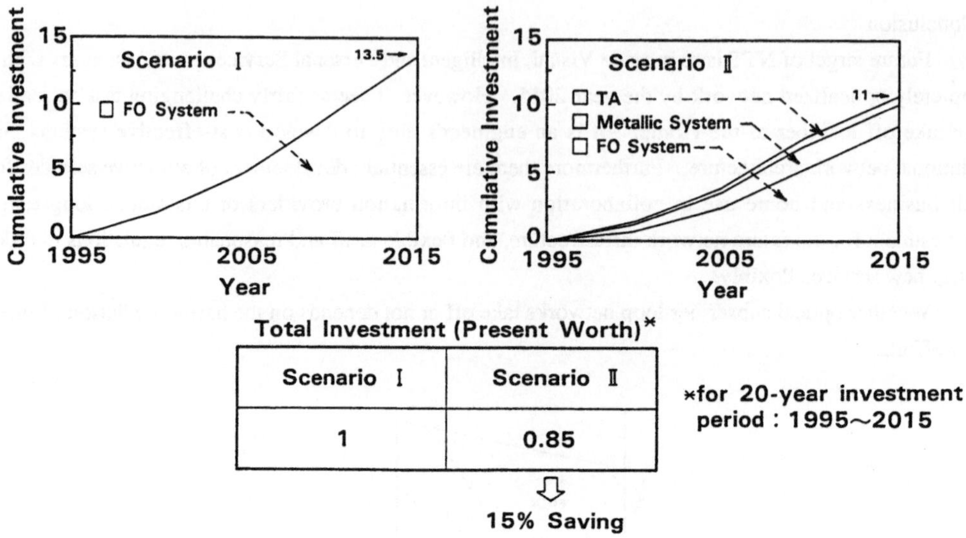

Total Investment (Present Worth)*

Scenario Ⅰ	Scenario Ⅱ
1	0.85

*for 20-year investment period : 1995~2015

⇩ 15% Saving

Fig.13 Estimated Investment for Fiber-Optic Subscriber Loop Network

References

(1) T. Miki : "Introduction plan for optical network of the B-ISDN", 16th ECOC, pp.771, Amsterdam(Sept.1990)

(2) G.R. Boyer : "A perspective on fiber in the loop systems", IEEE Magazine of LCS, 1, 3, pp.6-11(Aug.1990)

(3) T. Miki, S. Kano, Y. Inoue and H. Yamaguchi : "Lightwave-based intelligent transport network", ISSLS 86, pp.47,Tokyo,(Sept.1986)

(4) N. Tokura, K. Oguchi and T. Kanada : "A broadband subscriber network using optical star couple IEEE GLOBECOM87, 37.1, Tokyo(Nov.1987)

(5) J.R. Stern et. al.: "Passive optical local networks for telephony applications and beyond", Electron. Letts., 23, pp.1255-1257(Dec.1989)

(6) K. Kikushima and E. Yoneda : "6-stage cascade Erbium doped fiber amplifier for analog AM- and FM-FDM video distribution systems", OFC'90, PD22, SanFransisco(Feb.1990)

(7) K.Toba et.al. :"100-channel optical FDM transmission/distribution at 622Mb/s over 50km utilizing waveguide frequency selection switch", Electron.Letts., 26, 6, pp.376-377(March1990)

Einführungsplan für Glasfaser bis ins Haus bei NTT

T. Miki

Zusammenfassung

Bild 1 dieses Vortrages zeigt den Netzentwicklungsplan, nach dem NTT bei der Einführung visueller, intelligenter und persönlicher Kommunikationssysteme vorgeht. Das augenblickliche Hauptaugenmerk liegt in der Realisierung eines B-ISDN. Die Hauptforderung für ein B-ISDN sind die Einführung von Glasfaser(FO)-Teilnehmeranschlüssen und einer kostengünstigen Technik für "Glasfaser bis ins Haus (FTTH)". NTT zielt bei seinen Entwicklungen auf eine weitverbreitete Einführung der Glasfaser-Teilnehmeranschlüsse bis etwa 1995.

Um die Vorteile nutzen zu können, die eine fortschrittliche Übertragungs- und Vermittlungstechnik bietet, plant NTT eine Rationalisierung seiner Anschlußnetze, wie in Bild 3 gezeigt. Das verbleibende Netz wird wesentlich einfacher, somit auch wirtschaftlicher und wesentlich zuverlässiger.

NTT entwickelt zur Zeit einige Glasfaser-Anschlußnetze für kleinere Betriebe und Wohneinheiten sowie für Großunternehmen. Auch wenn sich noch unwesentliche Veränderungen ergeben können, so kann man doch davon ausgehen, daß Bild 6 ein ziemlich genaues Bild eines zukünftigen Teilnehmer-Anschlußnetzes vermittelt. Die PDS-Struktur (Passive Double Star) wird für die Anschlußnetze angewandt, weil sie die Systemkosten pro Teilnehmer wesentlich reduziert. Sie ist auch sehr geeignet für die TV-Verteilung, bei der Erbium-dotierte Glasfaserverstärker zum Einsatz kommen.

In Tabelle 1 sind einige der zukünftigen Netzdienste aufgeführt, und es ist die erwartete Verbreitung im Markt angegeben. Die erste Anwendung von Glasfaser-Teilnehmeranschlüssen wird in der Einführung neuer Schmalband-Dienste im Nahbereich liegen. Auch wenn diese Dienste anfangs nicht flächendeckend angeboten werden können, so werden doch die Kostenreduzierung und die Qualität des Dienstes zu einer schnellen Akzeptanz bei den Teilnehmern führen. Breitbanddienste werden anfangs vor allem die große Verteilkapazität des Netzes nutzen, wenn sie in Glasfaser-Ortsnetzen in Wohngebieten zum Einsatz kommen.

Bild 11 gibt einen Vergleich zwischen den Kosten für ein Glasfaser-Ortsnetz und den Kosten herkömmlicher Kupfernetze. Für zukünftige höherwertige Dienste sind die Kosten für eine Glasfaser-Teilnehmerleitung nur 2 bis 3 mal höher als die Kosten eines Anschlusses im jetzigen Telefonnetz.

Fiber-to-the-User: An Integral Part of an Overall Network Architecture - U.S.A. Perspective

R. K. Snelling

Network 2000...that's what I call the turn-of-the-century telecommunications network infrastructure currently being built by BellSouth/Southern Bell and by most of the telephone operating companies in the USA.

The network evolution that is taking place includes the transition from analog to digital, copper to fiber, and baseband to multiplex. To evolve the network infrastructure, there are three equally compelling requirements: reducing costs, improving the service to our customers, and increasing our revenue streams and opportunities. Southern Bell's fiber deployment strategy meets all three of these essential requirements and is synergistic with the total network evolution, i.e., the switch, the transmission medium, and customer premises equipment. Fiber-to-the-user, either to the residential customer or the business customer, also fits these requirements. Progressing rapidly into the Information Age, we see from the following thatservices in the '90's and beyond will require greater bandwidth, reliability and increased intelligence.

Progress Toward The Information Age

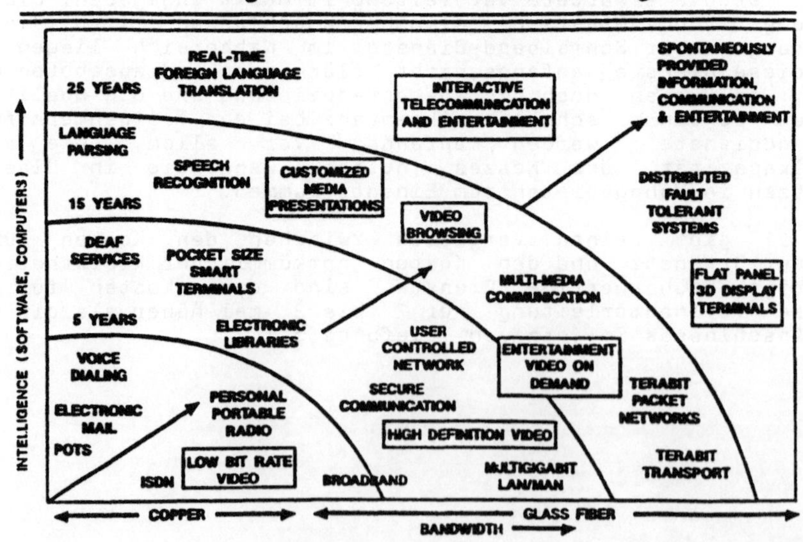

In Southern Bell, we will ship approximately 132,000 miles of fiber by year end 1990. Approximately 90% of the central offices have at least one fiber optics trunk linking it to the rest of the network. More than half of the feeder routes in the local exchanges have a fiber presence. Current projections show that this year, 117% of the Digital Loop Carrier (DLC) deployed in Southern Bell will be provisioned with fiber feeder facilities. What this means is that essentially all new service will be provisioned on fiber through DLC and that we will exceed 100% penetration by beginning to replace a portion of the embedded base (copper). Indeed, at the beginning of 1991, Southern Bell expects to have 50,000 less pairs on the mainframe of the Central Offices than existed one year ago.

As we use fiber to build the infrastructure, we are creating a network that has very dynamic characteristics. These include automatic provisioning of customer service; self-healing, alternate routing facilities for service continuity and reliability; telco programmable switch software for efficient addition of new customer requested features; customer access and control of their part of the network for rearrangements; service on demand, and less cost; integrated services for data, voice, and image; and finally, the overall intelligent or smart network elements with database access to a plethora of new services. With fiber as the enabler and through diversity, alternate routing, and software-controlled network elements, we are seeing the network "heal" itself with three compelling results: less maintenance, less force, and more customer satisfaction.

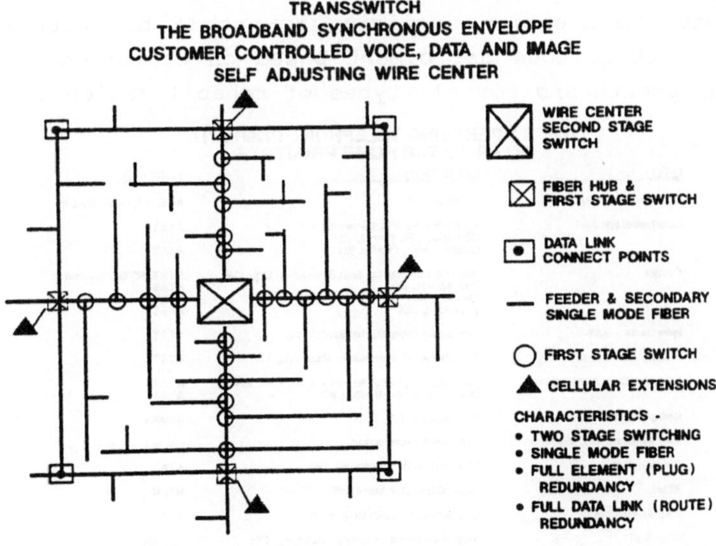

In Southern Bell, we project that the total raw number of special services circuits will remain fairly stable for the next five years. This is not to say that customers are requiring less need for special services circuits, because the actual number of DS1 and DS3 circuits increases extremely rapidly. By determining the equivalent DS0 requirement, it is apparent that customers are shifting from single circuits to obtaining special services "in bulk", using DS1 and DS3 circuits. Fiber is the only alternative for the provisioning of DS1 and DS3 services.

Approximately 500 miles of fiber are built each day in our four state area, 353 miles of which are in the loop. By estimating an average loop length of 2.5 miles, we project that approximately 140 fiber feeds are added per day. The ultimate SONET (Synchronous Optical NETwork) 2.4GB capacity of these feeds is approximately 4,500,000 voice channels. Given that Southern Bell presently serves over 10 million access lines, we can state that as fiber is fully developed, we are placing the current infrastructure for DS0 access lines in the loop every two and a half days!

Increasingly, fiber is the economic choice as copper continues to increase in cost, as the vendor community gets more and more involved in the process, as volume contracts expand worldwide, and as we all move through the learning curve with our various projects and trials.

A quick review of the current fiber-to-the user projects across the USA including BellSouth and Southern Bell reflects these trends and suggests that the question remaining is not IF but WHEN or HOW SOON there will be ubiquitous deployment based on economics for all types of new developments and for all types of rehabilitation opportunities.

OTHER OPERATING TELEPHONE COMPANY
FIBER TO THE HOME PROJECTS

OTC	LOCATION	VENDOR
GTE Service Corp.	Cerritos, CA	ALS, AT, GTE, Siecor
Southwestern Bell	Hallbrook Farms, Leawood, KS	AT&T
	Mira Vista, Ft. Worth, TX	ALS
	Cedar Creek, Olathe, KS	AT&T
Contel	Rancho Las Flores, San Bernadino Cty., CA	AT&T, RTEC, Raynet
	Ridgecrest, CA	AT&T
	Sydney, NY	AT&T
	Wyoming, MN	AT&T
New Jersey Bell	Princeton Gate, S. Brunswick, NJ	AT&T
South Central Bell	The Grove of Riverridge, Memphis, TN	AT&T
US West Communications	Kensington (Mendota Hghts), St. Paul, MN	AT&T
	Desert Hills, Scottsdale, AZ	AT&T
Bell of Pennsylvania	Perryopolis, PA	Alcatel
New England Telephone	Lynnfield, Boston, MA	Raynet
Cincinnati Bell	Western Hills, Cincinnati, OH	AT&T
Alltel	Piper Glen, Matthews, NC	RTEC
C&P of Virginia	Casdades, Louden County, VA	BBT
Ohio Bell	Jefferson Meadows, Reynoldsburg, OH	Raynet

SOUTHERN BELL FIBER TO THE USER PROJECTS

PROJECT	NUMBER OF HOMES [1]	SERVICE DATE	VENDOR
Florida:			
Coco Plum	119	July 1989	AT&T
Heathrow	255	June 1988	Northern Telecom
Hunters Creek	117	Nov. 1986/Aug. 1989/Dec. 1990 [2]	AT&T
SawGrass		1991	Northern Telecom
Georgia:			
The Landings	192	September 1989	AT&T
Riverhill	20	November 1990	Raynet
North Carolina:			
Governor's Island	42	July 1989	AT&T
Morrocroft	90	July 1990	AT&T
South Carolina:			
Lakeview Terrace	85	April 1990	AT&T
The Summit	288	June 1990	AT&T
Dunes West	150	December 1990	RTEC

Notes: 1. The number of homes served reflects the initial FTTH phase only.
2. CATV on fiber serviced November 1986(Phase I), POTS on fiber serviced August 1989(Phase II), CATV and POTS on fiber to service Dec. 1990 (Phase III)

Those countries whose technology deployment is lagging behind the USA, have proposed to "leapfrog" technology and reduce the cost per access lines gained. While there are definite benefits to reducing costs, this approach may be too simple. There is a definite need to carefully analyze the optimum solution between switching, transmission, landline, wireless, digital and baseband. Possible alternatives for telecommunications "catch-up" include using multiple forms of technology; combination land-line, all digital network; wireless extension for maximum reach; public telephone access to key geographic points; and use of increased switch capacity. Close attention must be paid to world-wide standard setting processes and agreements, recognizing the advantages of standard performance for connectivity,services, economics, etc. The obvious solution for telecommunications deployment is the use of fiber in trunking and heavy feeder route sections, extended with landline, either fiber or copper.

How will the "fibering" of the network be accomplished? There still remain several unresolved issues and stumbling blocks. One of the toughest challenges of bringing fiber to the user technology to reality is the issue of power. Today, there is an appalling lack of interest and funding relative to solutions and alternatives for powering fiber, or indeed, ISDN. Traditionally, power has been and is provided electrically via the copper-based network on a physical path. With fiber, however, we lose the metallic path to power the equipment, therefore an alternative method to economically deliver power to the end electronics, especially during fault conditions, must be found.

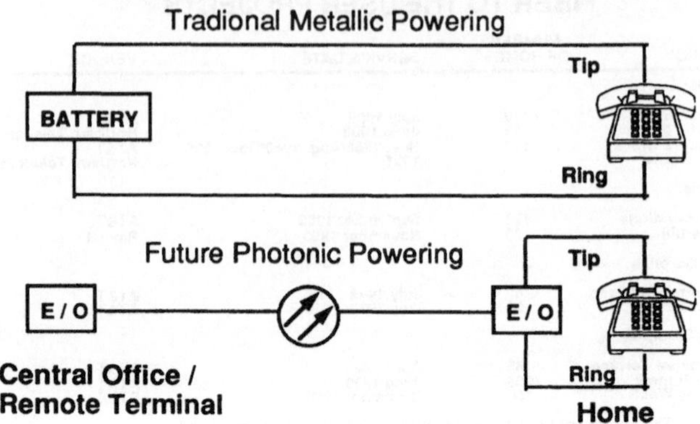

There are at least three ways to provide power in a fiber system. One way is to derive power locally at the pedestal, using batteries as back-up. Another method terminates the fiber at the curb, or potentially all the way to the home, and uses power from the subscriber's residence in order to power the optical network interface and maintain the backup power system. The third architecture extends copper along with the optical fiber, either within the same or an external sheath. This system allows power to be provided from a remote terminal site or central office.

The cost of providing power, independent of the method, is inordinately high as a percentage of the total fiber to the user system cost. Action should be taken to economically resolve the issue of power. In the past, the history of any communications system is to develop the power source first. However, with fiber, we have developed backwards, and now must correct. The need for research should extend to battery research, as well, in order to develop batteries that are cost effective batteries that match life and reliability of optoelectronic equipment.

The regulatory perspective of power is that the only acceptable alternative is the continuation of our historic high quality of power, which means no reliance on commercial power. There must be adequate backup for high priority/lifeline services. It is time we settled some of the issues surrounding the powering of fiber in the local loop and call for better development of an array of further alternatives. These alternatives might include the solar or chemical fuel cell, powering through strength members and cladding of the fiber cable itself, an alternate gas fired co-generation system at the remote terminal or better still, laser power through the transmission fiber for telecommunications services utilizing low power electronic sets.

Powering Through A Laser

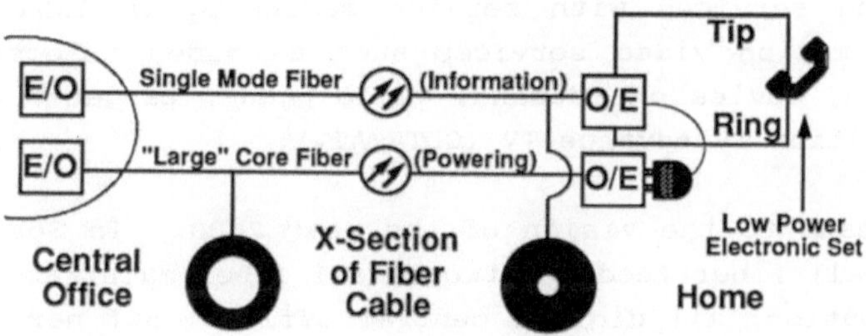

Once the powering and other issues are resolved, fiber deployment must be supportable on a life cycle cost basis for traditional residential telephone services. The fiber to the user technology must also allow a graceful upgrade to provide future broadband services, such as those envisioned in a future Information Age home.

Information Age Home

***Home Information Center (Illustrative)**

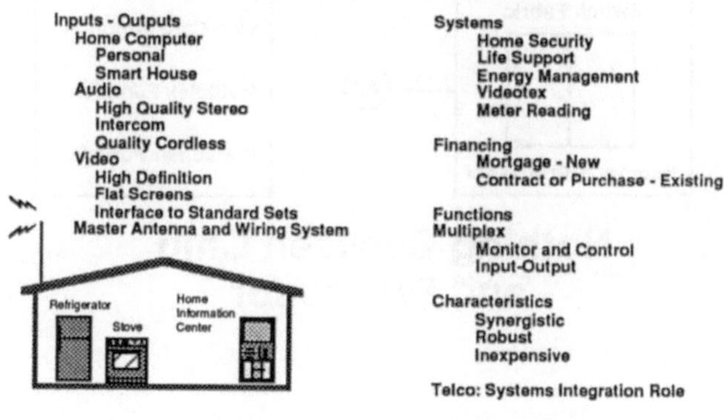

The telecommunications industry needs to position itself to offer broadband's vast array of voice, data, and video services. We must reach agreements of broadband standards as soon as possible, so that standard offerings will not lag behind the market. CCITT Study Group XVIII is expected to approve a series of recommendations in a meeting in Japan scheduled for November, 1990.

Broadband services include high speed data, such as high speed facsimile and Wide Area Networks interconnection that Switched Multi-megabit Data Service (SMDS) will offer. SMDS will be one of the first broadband services with service beginning in 1991. It also includes full motion video services such as video teleconferencing, video education, movies on demand, video phone, targeted advertising and High Definition TV/Advance TV (GDTV/ATV).

All of this leads to the vision of the year 2000. In Southern Bell, that means an all fiber feeder network; all fiber mainframe; 25% fiber in the distribution; all digital central offices; 50% next generation switch; all ISDN; Advanced Intelligent Network/AIN2; Synchronous Optical Network (SONET); and wireless portable communications. The ultimate vision views the network with nothing between the chip and the processor--the economics of simplicity and synergy.

THE ULTIMATE NETWORK
THE ECONOMICS OF SIMPLICTY AND SYNERGY

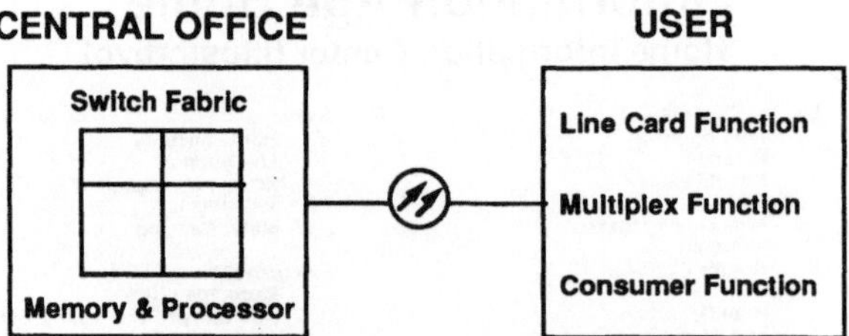

Nothing Between Chip and Processor

The reality of this vision is that if we do not provide each customer with the most modern communications network economically feasible, we will be denying the customer the communications capability that he may need to fulfill his economic and personal needs in the future. Indeed, those Company, governmental and geographic areas that fail to keep pace with this technology will become the "have-nots" of the Information Age, while those entities who lead will improve the quality of life of the customer, attract business and achieve high levels of share owner value.

The FIBER CITY in the INFORMATION AGE
In Our Lifetime, Available Pervasively
Before the Turn of the Century
In North America and Worldwide

Glasfaser bis zum Teilnehmer: Ein integraler Bestandteil einer Gesamtnetzstruktur – aus der Sicht der USA

R. K. Snelling

Zusammenfassung

Die Infrastruktur des jetzigen amerikanischen Fernmeldenetzes ist augenblicklich im Umbruch von analog zu digital, von Kupfer zu Glasfaser und von Basisband zu Multiplex. Dieser Übergang muß von der Fernmeldezentrale aus zum Teilnehmer erfolgen, wobei die Glasfaser bis zum Teilnehmer einen integralen Bestandteil der Gesamtnetzstruktur bilden wird.

Für die Entwicklung dieser Netz-Infrastruktur sind drei Punkte gleichermaßen zwingend erforderlich: Kostenreduzierung, Verbesserung der Dienste für den Teilnehmer und eine Erhöhung unserer Einnahmequellen und -möglichkeiten. Die Glasfaserentwicklungsstrategie von Southern Bell erfüllt alle drei dieser wichtigen Forderungen und wirkt synergetisch mit der gesamten Netzentwicklung, wie z.B. die Vermittlung, das Übertragungsmedium und die Teilnehmereinrichtung. Auch Glasfaser bis zum Teilnehmer - sei es zum Privathaushalt oder zum Geschäftsmann - entspricht diesen Forderungen. Da wir uns immer schneller dem Zeitalter der Information nähern, wird es immer deutlicher, daß die Dienste der 90er Jahre und danach eine größere Bandbreite und Zuverlässigkeit erfordern. Schon heute arbeiten Southern Bell und die meisten anderen Betriebsgesellschaften mit der Vorgabe, daß Glasfaser nur dann im Ortsnetz eingeführt wird, wenn es wirtschaftlich gerechtfertigt ist. Mehr und mehr wird Glasfaser in Zukunft wirtschaftlicher sein, da Kupfer mit der Zeit teurer wird und wir außerdem derzeit eine Lernphase durchschreiten mit unseren verschiedenen Glasfaserprojekten und -versuchen. Nun gibt es nur noch die Frage WANN oder WIE SCHNELL, nicht aber OB es einen breiten Einsatz der Glasfaser geben wird, basierend auf der Wirtschaftlichkeit für alle Arten von neuen Entwicklungen und Erneuerungen.

Southern Bell glaubt, daß die Vorstellung eines rein digitalen Glasfasernetzes bis zum Jahre 2011 Wirklichkeit sein wird! Es werden jedoch einige ungelöste Probleme und Hindernisse bleiben. Die größte Schwierigkeit, diese "Glasfaser bis zum Teilnehmer"-Technologie zu verwirklichen, ist das Problem der Stromversorgung. Bis heute erfolgt die Stromversorgung elektrisch über Kupfernetze auf einer physikalischen Trasse. Seit Einführung des Kurbelinduktors und später der zentralen Amtsbatterie war diese in höchstem Maße zuverlässige Stromversorgung uneingeschränkt verfügbar, auch bei Stromausfall. Durch die Glasfaser jedoch verlieren wir die Metalltrasse, um die Geräte mit Strom zu versorgen. Deshalb muß eine Alternative gefunden werden, um - speziell bei Stromausfällen - die Endgeräte wirtschaftlich mit Strom zu versorgen.

Es gibt mindestens drei Möglichkeiten, um ein Glasfasersystem mit Strom zu versorgen. Neben anderen Methoden ist die bevorzugteste die, bei der zusätzlich zur Glasfaser eine Kupferleitung geführt wird, entweder innerhalb desselben Rohres oder extern. Diese Methode erfüllt die Anforderungen des Teilnehmers und des Netzbetreibers. Es müssen jedoch weitere Alternativen und Lösungen entwickelt werden, um die Stromversorgung wirtschaftlicher zu gestalten. Nur dann kann das wirkliche Potential für verbesserte Dienste, für neue Dienste und letztendlich für eine verbesserte Lebensqualität genutzt werden.

Das Vorläufer-Breitbandnetz (VBN) und seine Nutzungsmöglichkeiten

F. Müller-Römer

1. Einführung

Im Februar 1989 nahm die Deutsche Bundespost TELEKOM ihr erstes selbstwahlfähiges Breitband-Vermittlungssystem unter Verwendung von Lichtwellenleitern (Glasfaser) als Versuchsnetz in Betrieb: 29 Großstädte werden über 16 Breitband-Anschlußvermittlungen verbunden. In einer ersten Stufe können etwa 1 500 Teilnehmer daran angeschlossen werden. Durch den Einsatz eines elektronischen Steuersystems werden die Verbindungen wesentlich schneller als z. B. beim jetzigen analogen Telefon hergestellt. Der Verbindungsaufbau zwischen den Teilnehmern kann - wie vom Telefon her gewohnt - vom Teilnehmer selbst oder durch einen PC erfolgen.

Unter Verwendung des in den letzten Jahren sehr stark ausgebauten Fernübertragungsnetzes der Deutschen Bundespost TELEKOM auf Basis der Glasfasertechnik werden alle großen Ballungsräume im bisherigen Bundesgebiet einschließlich Berlin miteinander verbunden.

Das Technische Konzept für die Anschaltung an das Vorläufer-Breitbandnetz (VBN) ermöglicht einerseits durch das Anbieten von Standard-Schnittstellen bzw. -Übertragungsraten (z. B. analoge Video- und Tonsignale oder transparente Übertragungskanäle mit 64 und 1 920 Kbit/s.) das Anschließen auf dem Markt verfügbarer preisgünstiger Endgeräte, andererseits läßt es wegen der großen Übertragungsrate eine Vielzahl weiterer Optionen für individuelle Anpassungen offen.

Das Vorläufer-Breitbandnetz (VBN) soll sowohl dazu dienen, den bereits heute vorhandenen konkreten Bedarf an breitbandigen Diensten bzw. an breitbandiger Datenübertragung zu erfüllen und zum anderen in Anwendungsprojekten neuartige Formen breitbandiger Individualkommuniaktion gemeinsam mit interessierten Anwendern zu erproben. Mit dieser "Frühbeet-Funktion", wie es Bundesminister Dr. Christian Schwarz-Schilling anläßlich der Eröffnung des Vorläufer-Breitbandnetzes am 23.02.1989 formulierte, sollten kundennah breitbandige Dienstleistungen entwickelt und in einem intensiven Dialog mit den Anwendern erprobt werden. Nachdem es bisher weltweit keine ausreichenden Erfahrungen im Bereich der breitbandigen Individualkommunikation sowie noch keine internationalen Standards gebe und die Marktentwicklung noch nicht genau abschätzbar sei leiste die Deutsche Bundespost TELEKOM mit dem digitalen selbstwahlfähigen Glasfasernetz Pionierarbeit. Der Begriff **Vorläufer**-Breitbandnetz (VBN) weist auf den Versuchscharakter des Systems hin.

Die Durchführung anwendertypischer Projekte eröffnet darüber hinaus große Chancen, am Bedarf orientiertes Know-how für die Weiterentwicklung des Dienstleistungsspektrums bzw. der offenen Nutzung des Vorläufer-Breitbandnetzes (VBN) zu gewinnen.

2. Derzeitige Nutzungsmöglichkeiten ("Dienste")

Das Vorläufer-Breitbandnetz (VBN) bietet je Verbindungsrichtung einen Breitbandkanal mit 140 Mbit/s. Damit werden Dialogdienste wie

- Bewegtbildkommunikation
- schnelle Datenkommunikation
- schnelle Text-/Grafik-Kommunikation
- Echtzeit-Verarbeitung CAD/CAM und
- integrierte Sprach- und Datenkommunikation

möglich.

Darüber hinaus sind Abrufdienste wie

- Bewegtbild-Dienste
- Bild- und Tonübertragung

- schneller Text- und Datenabruf (Übertragung)
- Text-, Grafik-, Bildabruf
- Echtzeitabruf und
- Sprach- und Tonausgabe

möglich.

Außerdem ergeben sich völlig neue Möglichkeiten für die breitbandige Verbindung zwischen privaten Netzen und Endgeräten.

Einige Beispiele für derzeit genutzte Dienste und Datenübertragungen sollen kurz vorgestellt werden:

2.1 Videokonferenz

Als für die Allgemeinheit bestimmten neuen Fernmeldedienst hat die Deutsche Bundespost TELEKOM den Dienst **Videokonferenz** eingeführt. Dabei können nicht nur Gespräche, Diskussionen und Besprechungen über Entfernungen hinweg von öffentlichen Videokonferenzstudios der Deutschen Bundespost TELEKOM oder von privaten Videokonferenzstudios aus in Wort und Bild geführt werden; auch die Übertragung von Grafiken, Dokumenten und Darstellung von Modellen bzw. technischen Geräten ist über die Entfernung problemlos möglich.

2.2 MEDCOM

Im Raum Hannover findet seit knapp zwei Jahren ein Versuch zwischen verschiedenen medizinischen Hochschulen und Kliniken statt, der die Möglichkeit bietet z. B. Röntgenaufnahmen mit sehr hoher Auflösung zu übertragen. Damit werden neue Möglichkeiten der Spezialberatung, der Information und der Schulung erschlossen.

2.3 Interaktiver Fernunterricht

Heute sind die Anforderungen an eine professionelle Weiterbildung in den Betrieben sehr groß. Weiterbildung bereitzustellen, die Qualität und Effzienz miteinander zu verbinden vermag, gehört zu den Herausforderungen unserer Zeit.

IBM Deutschland hat mit Unterstützung der Deutschen Bundespost TELEKOM einen Versuch gestartet, die Weiterbildungsarbeit durch interaktiven Fernunterricht zu intensivieren und neu zu gestalten ("Distance Leavning").

Ein im IBM-Bildungszentrum Herrenberg stattfindender Unterricht wird in hoher technischer Qualität aufgenommen und live über das Vorläufer-Breitbandnetz (VBN) in 12 Niederlassungen der IBM Deutschland übertragen. Dabei wird den Lernenden die Möglichkeit geboten, sich aktiv am Unterrichtsgeschehen zu beteiligen. Sie können mit dem Dozenten in Bild und Ton in Verbindung treten, Ideen austauschen, Problemstellungen diskutieren, Fragen stellen etc. Dabei ist geplant, an 200 Tagen im Jahr täglich zwei bis drei Stunden "Distance Leavning" mit durchschnittlich 8 bis 10 beteiligten Standorten durchzuführen. Darüber hinaus werden unterschiedlich viele Videokonferenzschaltungen erwartet erwartet.

Mit den neuen Möglichkeiten, die das Vorläufer-Breitbandnetz (VBN) für die Fort- und Weiterbildung bietet, erschließen sich neue Dimensionen. Die Ergebnisse der in diesem Zusammenhang von IBM durchgeführten Begleitforschung werden von großem Interesse sein.

2.4 Druck- und Bilddatenübermittlung

Am 23. April 1990 startete in Dortmund ein Pilotprojekt zur Datenfernübertragung hochauflösender Bilder und Textdaten. Nach Aussagen von Vertretern der Druck- und Verlagsindustrie bietet dieses Netz den schnellsten und sichersten Weg für den Transport von Druckdaten und sonstigen Informationen. Darüber hinaus wird gleichzeitig das Entfernungsproblem zwischen dem Ort, an dem die Druckunterlagen erstellt werden, und dem Druckort selbst bewältigt. So können Produktionsvorlagen oder Andrucke in reproduktionstechnischer Höchstauflösung über das VBN in beiden Richtungen übertragen werden. Sie werden dabei über elektronische Bildverarbeitungsmonitore sichtbar gemacht bzw. auch ausgedruckt. Der Vorteil für die Druckindustrie liegt darin, daß sowohl Auftraggeber als auch alle Produktionsbetriebe jederzeit und - falls erforderlich - sofort Beurteilungsunterlagen in Händen halten und ggf. unmittelbar in Produktionsabläufe eingreifen können. Das Vorläufer-Breitbandnetz (VBN) erschließt in diesen Fällen neue, bisher nicht nutzbare Möglichkeiten der Kommunikation.

2.5 Schnelle Datenübertragung

Die Möglichkeit, an der Teilnehmeranschlußeinrichtung (TAE), die den Leitungsabschluß des Vorläufer-Breitbandnetzes (VBN) bildet, auch Daten mit einer Nettorate von 138,24 Mbit/s zu übertragen, wird auch für die Kopplung von lokalen Datennetzen genutzt. So nutzt das regionale Rechenzentrum der Universität Stuttgart (RUS) das Vorläufer-Breitbandnetz (VBN), um spezielle Großrechner mit hohem Datentransfer zu verbinden.

2.6 Bild- und Tonübertragung (Tn/TV)

Die Rundfunkanstalten in der Bundesrepublik Deutschland (öffentlich-rechtlich wie privat) nutzen umfangreiche Übertragungsdienste der Deutschen Bundespost TELEKOM für den Austausch von Hörfunk- und Fernsehprogrammen sowie für die allgemeine Kommunikation. Die digitale Signalübertragung mittels Glasfaser wird künftig die Möglichkeit bieten, über breitbandige Übertragungswege mit 140 Mbit/s nahezu alle Übertragungen in **einem** Netz abzuwickeln.

Die öffentlich-rechtlichen Rundfunkanstalten sind daher an einer Erprobung des Vorläufer-Breitbandnetzes (VBN) als selbstwahlfähiges Breitbandübertragungsnetz außerordentlich interessiert. Die über das gesamte Bundesgebiet verbreitete Lage der Studios und Funkhäuser der Rundfunkanstalten (Abb. 1) ist überdies für die Erprobung des Vorläufer-Breitbandnetzes (VBN) interessant, da es zu unterschiedlichsten Zeiten Belegungen des Netzes zwischen den verschiedenen Teilnehmern ergibt. Folgende Anwendungsfälle sind möglich bzw. vorgesehen:

2.6.1 Dialogdienste

- Diskussion einzelner Fernsehbeiträge zwischen den verantwortlichen Redakteuren, die sich in unterschiedlichen Landesrundfunkanstalten aufhalten (ARD-Redaktionskonferenz): Der einzelnen Rundfunkanstalten angebotene Fernsehbeitrag bzw. der zur Sendung im ARD-Gemeinschaftsprogramm vorgesehene Beitrag wird überspielt; gleichzeitig besteht Sprachkommunikationsmöglichkeit zwischen den Teilnehmern.

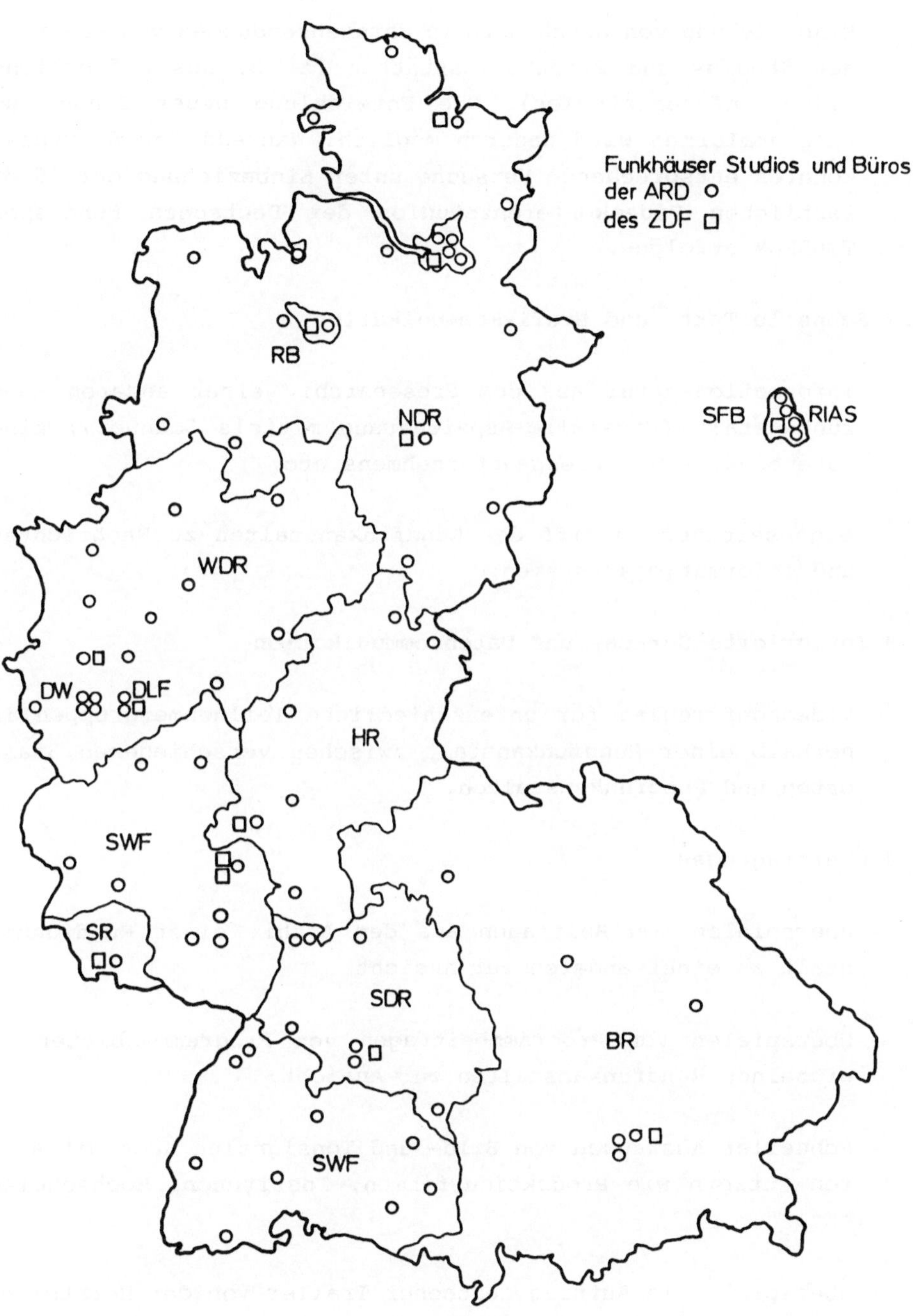

Funkhäuser Studios und Büros
der ARD ○
des ZDF □
RB
NDR
SFB
RIAS
WDR
DW
DLF
HR
SWF
SR
SDR
BR
SWF

(Abb. 1)

- Einbeziehung von Zuschauern in Fernsehsendungen von außerhalb der Studios und Produktionsstätten (z. B. aus öffentlichen Video-Konferenzstudios). Die Entwicklung neuer Sende- und Programmformen wird dadurch möglich. Während der Startphase könnten entsprechende Versuche unter Einbeziehung der 16 öffentlichen Videokonferenzstudios der Deutschen Bundespost TELEKOM erfolgen.

2.6.2 Schnelle Text- und Grafikkommunikation

- Informationsabruf aus dem Pressearchiv einer anderen Rundfunkanstalt (Faxsimlie-Aspeicherung mittels Scanner), einer Datenbank, eines Presseunternehmens etc.

- Gegenseitiger Zugriff der Rundfunkanstalten zu Nachrichten- und Informationssystemen.

2.6.3 Integrierte Sprach- und Datenkommunikation

- Videokonferenzen für unterschiedliche Teilnehmergruppen innerhalb einer Rundfunkanstalt zwischen verschiedenen Standorten und Rundfunkanstalten.

2.6.4 Übertragungen

- Überspielen von Beiträgen aus dem Archiv einer Rundfunkanstalt zu einer anderen zur Ansicht.

- Überspielen von Programmbeiträgen von Programmanbietern zu einzelnen Rundfunkanstalten zur Ansicht.

- Schneller Austausch von Bild- und Tonsignalen auch mit anderen Nutzern wie Produktionsfirmen, Instituten, Hochschulen etc.

- Überspielen in Auftrag gegebener Trailer von der Herstellerfirma zur Rundfunkanstalt.

- Überspielen von Komponentensignalen im 4:2:2-Format. Rundfunksatelliten ermöglichen künftig durch die neue Satellitennorm D2 MAC die Übertragung hochwertiger und gegenüber PAL verbesserter Fernsehsignale einschließlich des neuen Bildformates 16:9. Für den Austausch einzelner Programmbeiträge zwischen Rundfunkanstalten für Sendungen des deutschen Rundfunksatelliten TV SAT 2 müssen daher transparente 140 Mbit/s -Kanäle nutzbar sein, um durchgängig vom Produktionsstudio bis zum Teilnehmer das Fernsehsignal als Komponentensignal übertragen zu können.

  An zahlreichen Stellen in der Bundesrepublik Deutschland haben Bemühungen eingesetzt, die Nutzung der Übertragungsrate von 140 Mbit/s auch für die Übertragung von HD MAC(HDTV)-Signalen zu untersuchen. So ist gegenwärtig das Institut für Rundfunktechnik (IRT) federführend für ein vom Bundesministerium für Forschung und Technologie (BMFT) gefördertes Projekt engagiert, das neben der Satellitenübertragung auch die Übertragung von HDTV-Signalen über Glasfaserstrecken mit 140 Mbit/s näher untersuchen soll.

2.6.5 Übertragungsmöglichkeiten außerhalb der Studios

Aktuelle Berichte, die ein Kamerateam mit einer elektronischen Kamera vor Ort aufnimmt, müssen heute ins Studio gebracht werden, um bearbeitet und gesendet werden zu können.

Durch die Errichtung von "VBN-Steckdosen" in einer größeren Zahl von Orten entlang der Verbindungstrassen des VBN-Netzes kann künftig die Zuspielung aktueller (eiliger) Berichte von entsprechenden Einspeisepunkten über das Wählnetz direkt in das Studio erfolgen: Der Reporter schließt an die "VBN-Steckdose" seinen Kamerarecorder an, überspielt den Beitrag und kann gleichzeitig noch mit seiner Heimatredaktion über die 64 Kbit/s-Verbindung sprechen und so Erläuterungen zu seinem Beitrag geben.

Neue und aktuelle Programmformen werden sich dadurch entwickeln. Bereits zu Beginn der Nutzung des Vorläufer-Breitbandnetzes (VBN) können auch hierfür die 16 öffentlichen Videokonferenzstudios der Deutschen Bundespost TELEKOM als Versuchseinspeisepunkte für die Überspielung aktueller Berichte im Sinne einer Erprobung künftiger "VBN-Steckdosen" genutzt werden.

2.6.6 Anschluß der Rundfunkanstalten an das Vorläufer-Breitbandnetz

Ende 1990 werden etwa 25 Funkhäuser bzw. Studios der Rundfunkanstalten von ARD und ZDF an das Vorläufer-Breitbandnetz (VBN) angeschlossen sein. In einer zweiten Realisierungsstufe im Jahr 1990 werden weitere Studios hinzu kommen. Gleiches gilt für die Installation der beschriebenen Anschlußpunkte für die Einspeisung aktueller Fernsehreportagen in Orten, in denen sich kein Fernsehstudio befindet.

Auch zahlreiche private Programmveranstalter und private Produktionsfirmen nutzen zwischenzeitlich die Möglichkeiten des Vorläufer-Breitbandnetzes (VBN).

3. Künftige "transparente" Nutzungen

Das Vorläufer-Breitbandnetz (VBN) bietet nach dem Verbindungsaufbau in **beiden** Richtungen eine Übertragungskapazität von je 140 Mbit/s:

ein Fernsehsignal (analog - FBAS)
ein Stereotonsignal (2 x 15 KHz)
ein transparenter 2,048 Mbit/s-Kanal
zwei 64 Kbit/s-Kanäle

oder alternativ

ein transparenter Datenkanal mit einer Netto-Datenrate von 138,24 Mbit/s.

3.1 Tarife für digitale Übertragungsleistungen

Die künftige Nutzung der Telekommunikation hängt nicht nur von den neuen ordnungspolitischen Rahmenbedingungen der Liberalisierung im

Fernmeldewesen, sondern ganz entscheidend auch von Niveau und Struktur der Entgelte für Telekommunikationsleistungen ab. Dem Konzept der weiteren Tarifentwicklung und den Bedingungen der Nutzung für Übertragungswege - so auch für das Vorläufer-Breitbandnetz (VBN) - kommt für die Entwicklung des Dienstewettbewerbs in der Bundesrepublik Deutschland künftig eine entscheidende Bedeutung zu. Von der Deutschen Bundespost TELEKOM im Rahmen ihres Netzmonopols angemietete Übertragungswege sind zentrale Übertragungsleistungen, worauf private Anbieter ihren Dienst aufbauen (müssen). Mietleistungen müssen daher jedem Diensteanbieter zu angemessenen Bedingungen bereitgestellt werden.

Nach Vorstellungen der Bundesregierung sollen sich die Entgelte - natürlich und gerade auch für Übertragungsleistungen - auch in den Monopolbereichen an der Kostenstruktur orientieren. Sie sollen die Inanspruchnahme der Telekommunikation weitgehend fördern. Aus diesem Grund müssen heute vorhandene Strukturverzerrungen im Laufe der Zeit abgebaut werden. Dabei soll jedoch das Prinzip der Tarifeinheit und die damit verbundene Subventionierung verkehrsschwacher durch verkehrsintensive Strecken beibehalten werden.

Viele Fernmeldeverwaltungen in den westlichen Nachbarländern haben die Tarife für die Übertragung digitaler Informationen in ihren Netzen aufgrund der Vorteile der Glasfasertechnik beachtlich gesenkt, um rechtzeitig neue Impulse für innovatorische Entwicklungen und Anwendungen zu geben. So wurden von der Daimler Benz AG dazu folgende Vergleichszahlen für Übertragungsleistungen von zwei Mbit/s vorgelegt (Mietvolumen etwa 40 Mio. DM/Jahr):

Großbritannien	24 %
Frankreich	44 %
USA	53 %
Bundesrepublik Deutschland	100 %

Wie "unrealistisch" die Tarife der Deutschen Bundespost TELEKOM für eine Übertragungsleistung von zwei Mbit/s zur Zeit noch sind, zeigt der Vergleich verschiedener Übertragungsleistungen zwischen digitalen

Tonleitungen für die Übertragung von Hörfunkprogrammen und einer transparenter Verbindung in einem zwei Mbit/s-Kanal. Eine ähnliche "Unausgewogenheit" der Tarife ergibt sich auch bei einem Vergleich der Entgelte für die Übertragung eines analogen Fernsehsignals über eine bereits digitalisierte Strecke der Deutschen Bundespost TELEKOM im Vergleich zu den Kosten für eine entsprechend im Vorläufer-Breitbandnetz (VBN) belegte Verbindung (Abb. 2).

Es muß immer wieder gefordert werden, daß auch die Deutsche Bundespost TELEKOM demnächst die Entgelte für digitale Übertragungsleistungen der Kostenstruktur digitaler (Lichtwellenleiter-)Netze anpassen muß.

3.2 Bedingungen für die Nutzung des Vorläufer-Breitband- und des Glasfaser-Overlay-Netzes als "offene" Netze *)

Federführend für die Rundfunkanstalten von ARD und ZDF verhandelt der Bayerische Rundfunk seit 1988 über die Nutzung des Vorläufer-Breitbandnetzes (VBN) durch die Rundfunkanstalten. Dabei wurde immer besonderer Wert auch auf die Möglichkeit einer "transparenten Nutzung" des Netzes gelegt, wie sie durch die Neuordnung des Telekommunikationsmarktes in der Bundesrepublik Deutschland seit Änderung der fernmelderechtlichen Bestimmungen ab 01.07.1989 gilt und so auch dem 1987 veröffentlichten Grünbuch der EG zur künftigen Entwicklung der Telekommunikation in der EG entspricht: Ein offener Netzzugang soll privaten Diensteanbietern den Zugang zur Netzinfrastruktur garantieren.

Eine transparente Nutzung des Vorläufer-Breitbandnetzes (VBN) ist notwendig, um Fernsehsignale nach dem Komponenten-System zu übertragen; gleiches gilt auch ganz allgemein für Signalübertragungen mit von den Rundfunkanstalten speziell entwickelten und eingesetzten Verfahren zur Datenreduktion, z. B. MUSICAM.

*) Open Network Processor - OPN; Richtlinie des Rates der EG vom 28.06.1990 zur Verwirklichung des Binnenmarktes für Telekommunikationsdienste durch Einführung eines offenen Netzzugangs (90/387/EWG, Artikel 3 Abs. 1).

Vergleich verschiedener Übertragungsleistungen
(200 km Leitungslänge, monatlicher Tarif in DM)

1,024 Mbit/s:	DS 1-Tonleitungen für digitale Satellitenprogramme	
	entspr. VTL/LKR	11.300
	entspr. TKO	12.500
	Digitale Programmzuführung eines UKW-Programms zum Sender	
	entspr. VTL/LKR	12.500
	entspr. TKO	13.700
2,048 Mbit/s:	transparente Verbindung	
	entspr. TKO	90.000
	entspr. Ausschreibung D2 Mobilfunk	40.000
Analog 7 MHz:	Übertragung eines Fernsehprogramms (FBAS)	
	entspr. VTL/LKR	63.300
	entspr. TKO	75.000
140 Mbit/s:	Übertragung eines analogen Fernsehsignals über eine technisch bereits digitalisierte Strecke	
	entspr. VTL/LKR	63.300
	entspr. TKO	75.000
2 x 140 Mbit/s:	Vorläufer-Breitbandnetz (VBN): je Verbindungsrichtung 140 Mbit/s: Tarife des Videokonferenz-Dienstes (mit Mindestnutzungsdauer)	ca. 305.000

(Abb. 2)

Nachdem die Gespräche mit der Deutschen Bundespost TELEKOM bisher zu keinem einvernehmlichen Ergebnis geführt haben, wurde bereits im Mai dieses Jahres der Bundesminister für Post und Telekommunikation eingeschaltet. Dabei wurde insbesondere auf die Beschränkung der von der Deutschen Bundespost TELEKOM angebotenen Nutzung des Vorläufer-Breitbandnetzes (VBN) **ausschließlich** auf eine Ton-/Bild-Nutzung und auf Nutzungseinschränkungen durch Dritte hingewiesen. Die Deutsche Bundespost TELEKOM bietet ganz allgemein mit dem Vorläufer-Breitbandnetz (VBN) ein universelles Netz an, das unter anderem für Videokonferenzen, Datenübertragung, spezielle Bildübertragungen usw. durch ganz unterschiedliche Anwendergruppen bereits genutzt wird, bereits genutzt werden kann und genutzt werden soll. Den Rundfunkanstalten sei es daher unverständlich, wenn ihnen der **offene Netzzugang** zum Vorläufer-Breitbandnetz (VBN) nicht erlaubt und die Nutzung ausschließlich auf den Ton-/Bild-Dienst beschränkt sein solle. Der Grundsatz der Gleichbehandlung bei der Nutzung öffentlicher Wählnetze müsse auch für die Rundfunkanstalten gelten. Es sei bekannt, daß die Tarife, die derzeit für den Dienst Videokonferenz im Vorläufer-Breitbandnetz (VBN) gelten, auch anderen Nutzern berechnet werden. Darüber hinaus gebe es spezielle Tarifvereinbarungen für die transparente Nutzung des VBN.

Der Bundesminister für Post und Telekommunikation bat daher im Juni diesen Jahres die Deutsche Bundespost TELEKOM - Generaldirektion - um Überprüfung der Randbedingungen der den Rundfunkanstalten zugeleiteten Vertragsentwürfe. Dabei wurde insbesondere darauf hingewiesen, daß die vorgelegten Entwürfe Nutzungsauflagen enthielten, die im Hinblick auf die Neufassung des Übertragungswegemonopols und im Hinblick auf die im novellierten Fernmeldeanlagengesetz privaten Betreibern eingeräumte Rechtsansprüche in dieser Form in Frage zu stellen seien. Dies gelte z. B. für den Ausschluß für Nutzungen für Dritte. Außerdem machte der Bundesminister darauf aufmerksam, daß das Übertragungswegemonopol im Sinne der Postreform für die Deutsche Bundespost TELEKOM die Verpflichtung mit sich bringe, diensteneutrale transparente Übertragungswege zur Verfügung zu stellen, deren Nutzung nicht durch Auflagen, die über den Grundsatz "No Harm to Leased Line" hinausgehen, eingeschränkt werden dürfe. Selbstverständlich bliebe davon das Recht der Deutschen Bundespost TELEKOM unberührt, solche Monopolleistungen durch eigene Wettbewerbsleistungen zu ergänzen und für diese Leistungen selbst nach eigenem Ermessen Nutzungsbedingungen (in Form eigener Geschäftsbedingungen) festzulegen. Die Deutsche Bundespost TELEKOM bliebe jedoch verpflichtet, neben ihren Wettbewerbsleistungen jedermann die zugrundeliegende Monopolleistung (Vermieten von Übertragungswegen) zu **diensteneutralen Bedingungen** zugänglich zu machen. Im konkreten Fall des Vorläufer-Breitbandnetzes (VBN) bedeute dies, daß die Deutsche Bundespost TELEKOM auch die Monopolleistung "Vermieten von transparenten digitalen Breitband-Übertragungswegen" in ihr Angebot aufnehmen müsse.

Trotz mehrfacher Nachfragen an die Deutsche Bundespost TELEKOM - Generaldirektion - gibt es bis heute keinen geänderten Vertragsentwurf. Die nochmalige Einschaltung des Bundesministers für Post und Telekommunikation erscheint notwendig.

Die Verhaltensweise der Deutschen Bundespost TELEKOM steht auch nicht im Einklang mit den "Eckpunkten" zur Beschreibung des Netzmonopols des Bundes", die demnächst Gültigkeit erlangen werden.

4. Schlußbemerkungen

Wie bereits in der Einleitung erwähnt, eröffnet die Durchführung anwendertypischer Projekte große Chancen, am Bedarf orientiertes Know-how für die Weiterentwicklung des Dienstleistungsspektrums bzw. der offenen Nutzung des Vorläufer-Breitbandnetzes (VBN) zu gewinnen.

Auch sind positive Impulse für die Entwicklung von Endgeräten für die Breitbandkommunikation vor allem hinsichtlich der Konkurrenzfähigkeit auf internationalen Märkten zu gewinnen.

Die absolut konkurrenzlose Infrastruktur des Vorläufer-Breitbandnetzes (VBN) wird mit den besonderen Leistungsmerkmalen und der transparenten Nutzung durch Dritte die Entwicklung der Telekommunikation in der Bundesrepublik Deutschland nachhaltig prägen.

Das Vorläufer-Breitbandnetz (VBN) arbeitet, wie der größte Teil der heute verwendeten Vermittlungssysteme, nach dem SCM-Prinzip (Synchronous Transfer Mode). Dies bedeutet, daß zu jeder Verbindung über das Netz hinweg ständig ein "synchroner" Kanal zur Verfügung gestellt wird, dessen Kapazität z. B. beim Vorläufer-Breitbandnetz (VBN) 138,24 Mbit/s beträgt.

Die "Schmaldband"-Kommunikation im künftigen ISDN-Netz läßt sich auf diese Weise sehr wirtschaftlich realisieren, da der gesamte Verkehr über die standardisierte Bitrate von 64 Kbit/s. abgewickelt werden kann.

In der Breitbandkommunikation im vermittelten Bereich dagegen ist diese einheitliche Bitrate während der Verbindungsdauer nicht zu erwarten; zu unterschiedlich sind die Datenströme.

Für derartige Anforderungen erscheinen Paketvermittlungssysteme nach dem ATM-Prinzip (Asynchrone Transfer Mode) besser geeignet. Die unterschiedlichen Bitströme werden dabei in Datenpakete einheitlicher Länge unterteilt und auf einen, mit anderen Nutzern gemeinsam zugeteilten, digitalen Transportweg geschickt.

In diesem Zusammenhang wird in der Fachwelt zur Zeit intensiv diskutiert, **an welcher Stelle** in 10 oder 20 Jahren der **höhere** Aufwand zu treiben ist bzw. wohin die technologischen Entwicklung führt: Zu stark sinkenden Kosten für breitbandige Übertragungsleistungen, die spezielle und teuere Paketvermittlungssysteme mit entsprechend aufwendigen Endgeräten nicht im jetzt angedachten Umfang erfordern würden oder zu teueren Übertragungsleistungen mit entsprechender Datenreduzierung und Signalverarbeitung in den Endgeräten.

Das Vorläufer-Breitbandnetz (VBN) wird allein durch sein Vorhandensein (mit Wähl- und Standverbindungen) der Industrie und den Anwendern Gelegenheit geben, auch diese künftigen Entwicklungsschritte zu erproben. Die weltweite Vorreiterrolle der Deutschen Bundespost TELEKOM beim Vorläufer-Breitbandnetz (VBN) verpflichtet dazu.

The Fiberoptic Pilot Broadband Network (PBN) and its Possible Utilizations

F. Müller-Römer

In February 1989 the Deutsche Bundespost TELEKOM put on stream the pilot network of its first broadband switching system using fiber-optic cables. Twenty-nine major cities were linked by 16 broadband exchanges. In the first phase, access will be provided to about 1500 Subscribers.

The pilot broadband network (PBN) will firstly meet known existing requirements for broadband services (videoconference service, transmission of large volumes of scientific data, transmission of TV signals and medical pictures, etc.) and secondly, to test innovative types of broadband private communications in user projects in conjunction with interestend users. Broadband services can thus be developed in conjunction with customers and can be initiated to cater for demand.

The technical concept for access to the pilot broadband network (PBN) opens up the market for low-cost terminals bay offering standard interfaces and transmission bit rates (e.g. CCVS), 64 kbit/s). The high transmission bit rate also leaves a number of other options open to individual adaptation. Therefore, broadcasting corporations and scientific institutes can implement application-specific solutions in the pilot broadband network (PBN). The possibility of performing user-typical projects will also allow the performance and promotion of different broadband applications and determinde the acceptance of service features planned by the Deutsche Bundespost TELEKOM.

The performance of such user-typical projects also opens up great opportunities for gaining demand-oriented know-how for the further development of the range of services and for the open utilization of the pilot brandband network (PBN). Positive stimuli are also anticipated for the development of broadband communications terminals, especially in view of competition on international markets. By implementing the pilot broadband network (PBN), the Deutsche Bundespost TELEKOM has assumed a worldwide pioneering role. This peerless infrastructure will have a lasting effect on the development of telecommunications in the Federal Repbulic of Germany by reason of its special service features and its open utilization (transparent 140 Mbit/s channel) by third parties. As a result of intensive dialog with users, marketable services and the technical network criteria will be tested at an early stage of development in real demand situations. The paper will describe in detail the current utilization of the pilot broadband network (PBN) by various users.

BERKOM - Ausbaustand und Anwendungserfahrungen

J. Kanzow

1 *Ausgangssituation*

Das Projekt BERKOM (BERliner KOMmunikationssystem) wurde 1986 von der Deutschen Bundespost - in Abstimmung mit dem Berliner Senat - gestartet. Die ursprünglich geplante Laufzeit von vier Jahren erwies sich nach Abschluß der Feinplanungsphase Ende 1986 als zu knapp bemessen, so daß bereits 1987 vom Bundespostministerium die Verlängerung um zwei Jahre beschlossen wurde. In diesem Jahr erfolgte eine abermalige Verlängerung um ein Jahr, um die Projektlaufzeit an die Laufzeit der RACE-Anwendungspiloten TELEMED, TELEPUBLISHING und ESP anzupassen, die eng mit BERKOM verknüpft sind und erst Ende 1992 abgeschlossen werden sollen.

BERKOM erreicht damit eine Gesamtlaufzeit von sieben Jahren. Bereits heute, gut zwei Jahre vor dem Abschluß des Projektes, läßt sich eine erste Bilanz ziehen, da die im Rahmen des gegenwärtigen Planungsansatzes und Projektbudgets vorgesehenen Entwicklungsanstöße getätigt und die Ergebnisse abschätzbar sind.

Die Zielsetzung von BERKOM war und ist es, die Entwicklung von Diensten, Anwendungen und Endsystemen für das Breitband-ISDN (ISDN-B) anzuregen und zu fördern. Nicht die Entwicklung der Netztechnik des ISDN-B mit Breitbandvermittlung, Glasfasern und optischer Übertragung, sondern die künftige Nutzung dieses Netzes stand und steht im Vordergrund der Überlegungen. Das Breitbandnetz, das als BERKOM-Testnetz dem Projekt BERKOM zur Verfügung steht, ist demgemäß nur Hilfsmittel der Anwendungsentwicklung, auch wenn sich inzwischen zeigt, daß sich angesichts der in starkem Fluß befindlichen technischen Entwicklung von Breitbandnetzen die Anwendungs- und Netzentwicklung nicht so klar voneinander trennen lassen, wie ursprünglich (1985/86) angenommen wurde.

Mit BERKOM hat die Deutsche Bundespost erstmals den Schritt von der rein netzbezogenen Forschung und Entwicklung zur anwendungsorientierten Forschung getan. In erster Linie sollte damit zunächst erreicht werden, den seinerzeit für 1990 vorgesehenen Einführungsbeginn des ISDN-B und die dafür erforderlichen Investitionen durch das "Anschieben" von Nutzungen abzusichern. Aus den Erfahrungen mit anderen Innovationsprojekten war deutlich geworden, daß es zur Einführung neuer Fernmeldedienstleistungen nicht mehr ausreichte, allein den unmittelbaren Zuständigkeitsbereich der DBP, das Netz, zu betrachten, da die Nutzung neuer Fernmeldeangebote voraussetzt, daß ein stimmiges technisches, organisatorisches und ökonomisches Gesamtsystem aus Netz, Endsystemen, Telekommunikation, Anwendung und Nutzern geschaffen wird, bei dem der Anteil des Netzes an diesem Gesamtsystem oft von fast untergeordneter Bedeutung ist. Fernmeldedienste wie Telefon, Telex oder Telefax mit ihrer vergleichsweise einfachen Struktur aus Netz- und Endgeräten können jedenfalls nicht als Maßstab für die Problematik der Einführung Integrierter Fernmeldenetze gelten und darauf konzentrieren, ein möglichst tiefgehendes aktuelles Verständnis für die inneren Wirkungsmechanismen des Gesamtsystems zu entwickeln, um den eigenen Beitrag zu diesem System ohne Stoßstellen einfügen zu können.

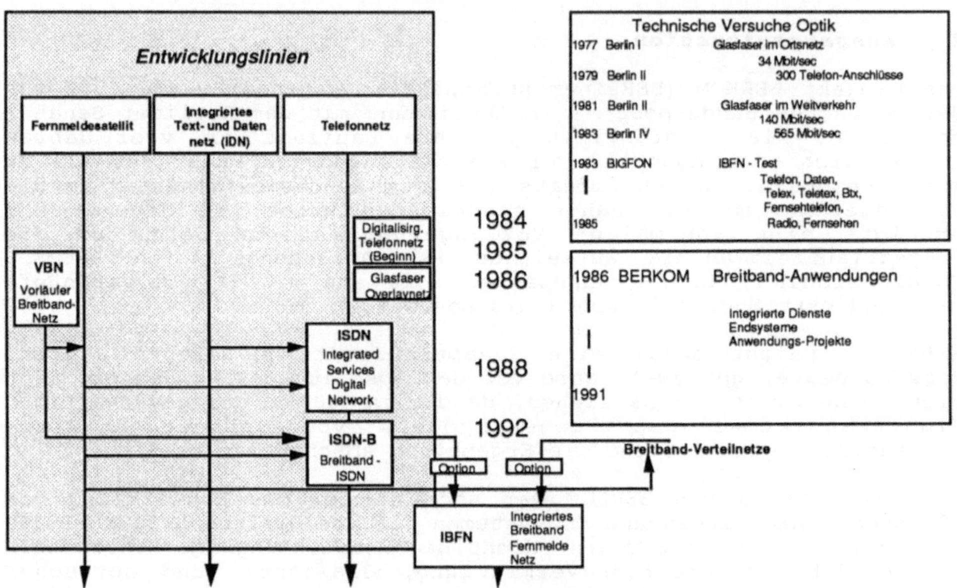

Netzentwicklung und Berlinprojekte

2 Das Projekt BERKOM Stand und bisherige Erkenntnisse

Die Planung des BERKOM-Projektes begann mit sehr allgemeinen Vorstellungen über die vermutlichen Nutzungsschwerpunkte eines ISDN-B. Neben der Videokommunikation wurden die schnelle Text- und Datenübertragung als Breitbanddienste genannt, ohne daß eine genauere Beschreibung möglicher Anwendungen dieser Fernmeldedienste möglich schien. Im Laufe der Erarbeitung eines konkreteren Programmes für das Projekt wurden Gespräche mit zahlreichen Unternehmen der Fernmeldetechnik und der Datenverarbeitung sowie mit Forschungseinrichtungen unterschiedlicher Fachbereiche mit Bezug zur Aufgabenstellung des Projektes geführt. Dabei nahmen die möglichen Formen der Breitbandkommunikation und ihre Anwendungen klarere Konturen an. Zu Beginn des Projektes zeigten sich eine Vielzahl unterschiedlicher Probleme, die die Durchführung des Projektes zu erschweren schienen. Es fehlten nicht nur klare Vorstellungen über die Nutzung des künftigen ISDN-B sondern auch die Standards und die Technologien für die Breitbandkommunikation, und zudem war mit der konkreten Einführung des ISDN-B erst in

Jahren zu rechnen. BERKOM schien daher zunächst eher ein Programm der Forschungs- denn der Entwicklungsförderung zu sein, weil diese Probleme eine intensive Beteiligung der Industrie schwierig machten, deren Produktplanungen üblicherweise auf der Basis gesicherterer Rahmenbedingungen erfolgen als dies im Projekt der Fall sein konnte. Dennoch stieß das Projekt auf zunehmendes Interesse der Indsutrie und hier besonders bei den Telematik-Herstellern, so daß bereits Ende 1986 ein Programmrahmen beschrieben werden konnte, der die Bereiche

- Marktstudien
- Anwendungsprojekte
- Integrierte Dienste
- Endsystementwicklung
- Netzadapter, Gateways
- ISDN-B-Testnetz

umfaßte.

Marktanalysen	*Anwendungs-Projekte*	*Dienste-Entwicklung*	*Endsysteme*	*Netz*
BREITBAND-POTENTIALE	TELEMEDIZIN	WISSENSCHAFTLICHE PROJEKTE	STUDIEN	STUDIEN
	TELEPUBLISHING			
BÜROSYSTEME	VERTEILTE FABRIKEN		MULTI-MEDIA-ENDSYSTEME	TESTNETZ
	BREITBAND-INFORMATIONS-SYSTEME	ARBEITS-GRUPPEN	VBN-ENDGERÄT	GATEWAYS ENDSYSTEM-ANSCHLUß
	BÜROSYSTEME	INTERNATIONALE STANDARDISIE-RUNG		
	STADTPLANUNG			

Das BERKOM-Arbeitsprogramm

In **Bild 2** sind die Projektbereiche nach Stand vom Oktober 1990 im Überblick mit den Schwerpunktthemen dargestellt. Insgesamt handelt es sich um 70 Einzelprojekte, so daß man eigentlich eher von einem "BERKOM-Programm" als von einem "Projekt" sprechen kann. An den einzelnen Projekten sind insgesamt 78 Partner aus Industrie, wissenschaftlichen Institutionen und von Anwenderseite beteiligt. Die Finanzierung von BERKOM erfolgt von drei Seiten. Als Hauptauftraggeber trägt die Deutsche Bundespost den größten Anteil an den Aufwendungen von insgesamt etwa 190 Mio. DM, an denen sich als weiterer Auftraggeber auch das Land Berlin beteiligt. Die Aufwendungen der wissenschaftlichen Institutionen werden aus diesem Budget vollständig, die der Industrie bis zur Hälfte finanziert.Die Industrie finanziert das Projekt BERKOM also mit. Auf diese Weise soll sichergestellt werden, daß nur solche Projektaufgaben gefördert werden, an deren Entwicklung die Industrie ein gewichtiges eigenes Interesse hat. Rechnet man die Eigenbeteiligung der Industrie in Höhe von etwa 125 Mio. DM dem Projektbudget hinzu, so ergibt sich ein Gesamtbudget von rund 215 Mio. DM. Dem **Bild 3** ist die prozentuale Verteilung des Budgets auf die verschiedenen Projektbereiche nach Bild 2 zu entnehmen.

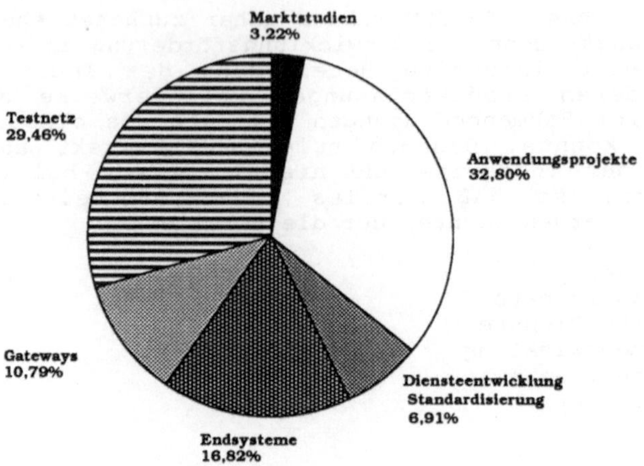

BERKOM-Budgetaufteilung auf die Projektbereiche
(Stand 9/90)

Wie bereits erwähnt, sind bei den Industriepartnern die Telematik-Firmen besonders stark vertreten und zwar nicht allein deutsche Hersteller sondern auch die großen internationalen Firmen. Das Hauptinteresse dieser Firmen richtet sich auf die Entwicklung von Multimedia-Workstations und deren Anschluß an ISDN-B sowie auf die Erarbeitung eines Referenzmodells für Integrierte Dienste auf der Basis des ISO/OSI-Modells **(Bild 4)**

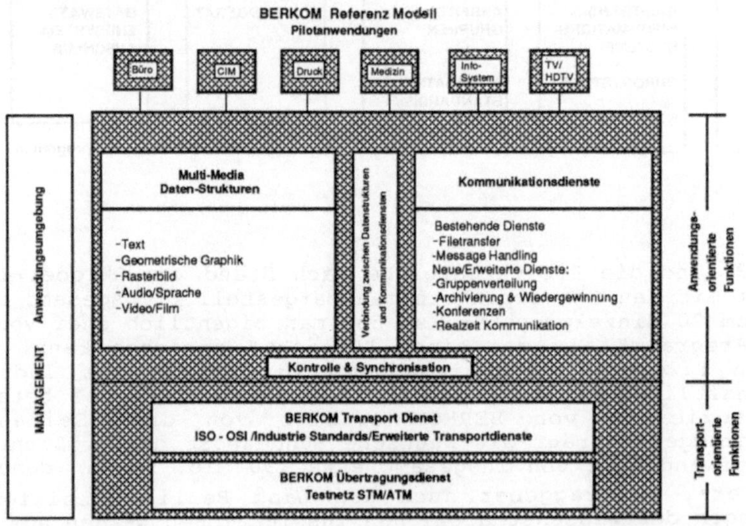

Die deutsche Fernmeldeindustrie beteiligt sich am Projekt in erster Linie im Netzbereich. Das BERKOM-Testnetz **(Bild 5)** verfügt über drei Breitbandvermittlungen (zwei STM- und eine ATM-Vermittlung) mit insgesamt 76 Teilnehmeranschlüssen. Die STM-Vermittlungen erlauben eine Durchschaltung von 2 Mbps- und 140 Mbps-Verbindungen; die ATM-Vermittlung schaltet Verbindungen bis zu etwa 120 Mbps. Außerdem steht ein Breitbandinformationssystem zum Abruf von Film, Foto, Musik, Sprache und Text zur Verfügung, an das zur Zeit 16 Terminals angeschlossen sind.

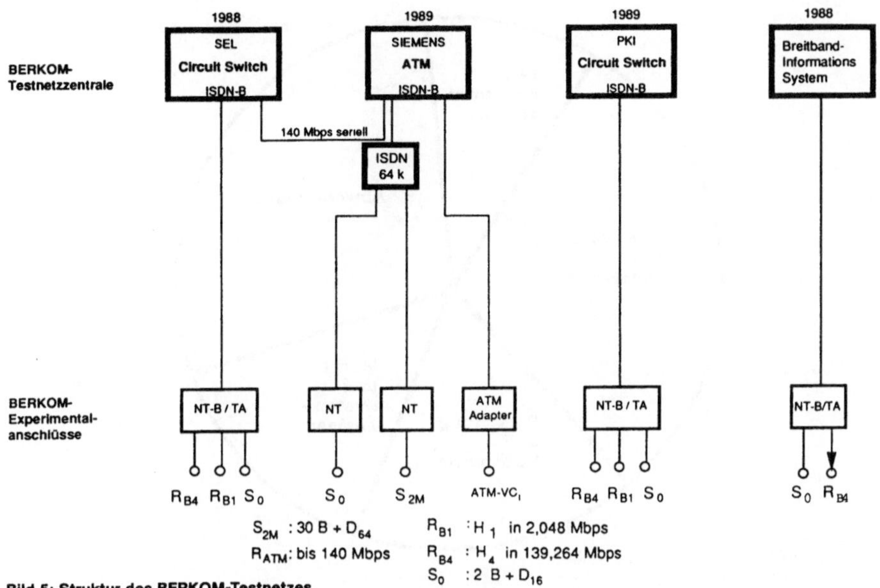

Bild 5: Struktur des BERKOM-Testnetzes

Wie bereits erwähnt, sind insgesamt bisher 78 Partner an dem Projekt beteiligt. Wie **Bild 6** zeigt sind mehr als die Hälfte aller Partner nicht der Industrie sondern Forschung und Anwendung zuzurechnen. Allerdings geben diese Zahlen keinen Aufschluß über den Umfang der Beteiligung der Partner, sie zeigen aber deutlich, daß BERKOM nicht allein von der Industriebeteiligung getragen wird sondern mindestans ebenso von der Forschung und den Anwendern. Dieses Zusammenwirken von Forschung Industrie, Post und Anwendern stellt im weitesten Sinne das wesentliche Merkmal von BERKOM dar, weil erstmals in gro0em Maßstab und sehr intensiv die am Innovationsprozeß Beteiligten zusammengeführt werden. Die Entwicklung von Telekommunikationsnetz, Endsystemen, Diensten und Anwendungen erfolgt gemeinsam und in ständiger Rückkopplung, so daß Fehlentwicklungen schnell erkannt und berichtigt werden können. Dabei geht es nicht allein um technische Fehler oder technische Stoßstellen zwischen den einzelnen Bereichen sondern mehr noch um die nicht-technischen Fehler, die vom Anwender als Nichtfachmann bei der Nutzung der Entwicklungsergebnisse meist schneller und erbarmungsloser erkannt und offengelegt werden als vom Entwickler. Für die technische Gestaltung von Netz und Endsystemen hat es sich darüberhinaus als nützlich erwiesen, daß Gesamtoptimierungen möglich werden, daß also z.B. die Reduzierung der Übertragungsrate für die Videokommunikation im Fernmeldenetz und die dadurch erzielbaren Kosteneinsparungen den Mehrkosten auf der Endgeräteseite (Videocodecs) unmittelbar gegenübergestellt werden können und zudem der Anwender zusätzlich darüber urteilen kann, ob der ggf. mit der Bitratenreduzierung verbundene Qualitätsverlust bei der Videokommunikation für ihn überhaupt akzeptabel ist. Die gerade hier gemachten Erfahrungen geben sehr interessante Hinweise auf die Problematik der traditionell sehr stark mnetzorientierten Denk- und Handlungsweise der Netzbetreiber und ihr Bestreben, technische und wirtschaftliche Optimierung allein innerhalb des Netzbereiches zwischen den Netzschnittstellen ohne Einbeziehung von Endsystmen und Anwendung zu sehen.

Bild 6 Struktur der BERKOM Beteiligung

Betrachtet man die einzelnen Projektbereiche von BERKOM etwas detaillierter, so kann man feststellen, daß sich einige Schwerpunkte gebildet haben. Bei den Anwendungsprojekten sind dies vor allem "Telemedizin", "Telepublishing" und Breitbandinformationssysteme. Telemedizin befaßt sich mit der technischen Möglichkeit, in Breitbandnetzen digitale Bilder (Röntgenbilder, Computertomographie usw.) schnell innerhalb und zwischen Kliniken sowie von und zu Ärzten zu übertragen und mit den Verbesserungen und Veränderungen, die sich daraus mittel- und langfristig in der Organisation medizinischer Versorgung ergeben können. Die Anforderungen an die Übermittlungsgeschwindigkeit medizinischer Bilder sind meist sehr hoch, weil einerseits in der Praxis Wartezeiten nicht akzeptabel sind und andererseits der Informationsinhalt radiologischer Bilder sehr hoch ist. Ein Röntgenbild kann beispielsweise einen Informationsinhalt von 40 Mbit aufweisen, für deren Übermittlung Netzübertragungsgeschwindigkeiten von 140 Mbps keineswegs zu hoch sind, wenn man an die anderen "zeitfressenden" Elemente des gesamten Kommunikationsprozesses, wie das Retrieval des Bildes aus dem Bildspeicher denkt. Es zeigt sich im übrigen, daß die noch begrenzte Leistungsfähigkeit der Endsysteme in der Telemedizin aus heutiger Sicht die Anwendungsmöglichkeiten begrenzt und nicht das Netz. Diese Feststellung gilt zumindest unter der Randbedingung, daß die mit der Glasfasertechnik gegebenen Indiviudalkommnikationsmöglichkeiten nicht durch andere Netzelemente (z.B. Vermittlungstechnik) oder ungeeignete Netzstrukturen erheblich eingeschränkt werden.

Auch das Telepublishing stellt erhebliche Anforderungen an die Leistungsfähigkeit des Netzes, da hier die zu übertragenden Informationsmengen noch erheblich größer als bei der Telemedizin sind. Auch wenn man beim Publishing im allgemeinen etwas weniger harte zeitliche Anforderungen vorfindet als bei der Übertragung medizinischer Bilder, so wirkt sich dies nicht sehr im Netz aus, weil z.B. eine Doppel-Magazinseite mit Farbfotos einen Informationsinhalt von etwa 1,6 Gbit aufweist (Qualitätsbuchdruck mit Farbfotos noch weitaus mehr), deren Übertragungszeit selbst in sehr breitbandigen Netzen bei der Betrachtung des gesamten Produktionsprozesses (z.B. Aktualität) nicht vernachlässigt werden kann.

Betrachtet man die Marktaussichten dieser und anderer aktuell diskutierter Anwendungsfelder der Breibandkommunikation, dann stellt man fest, daß die erreichbaren Marktpotentiale gemessen an der Verbreitung des Telefons eher als gering anzusehen sind, selbst wenn es schwierig wäre, heute einer sich entwickelnden Nachfrage nach Breitbanddiensten in diesem Bereich durch ein qualitativ und quantitativ ausreichendes Telekommunikationsangebot zu entsprechen.

Die große Nachfrage nach Breitbanddiensten wird sich nach den bisherigen Feststellungen vermutlich vor allem aus der Entwicklung der Multimedia-Endsysteme und ihrer Kommunikation entwickeln. "Multimedia" bedeutet dabei Text, Graphik, Pixel, Sprache, Audio und Video in beliebiger Kombination. Ein typischer Anwendungsfall hierfür ist die gesamte Bürokommunikation einschließlich der Dokumentenerstellung- und verarbeitung, wobei die heute gewohnten Formen der Bürokommunikation eine deutliche Weiterentwicklung vom Papier zur Elektronik erfahren werden. Voraussetzung für diese Entwicklung sind nicht allein die Verfügbarkeit geeigneter Multimedia-Endsysteme (Workstations, lokale Netze, elektronische Archive) sondern wahrschienlich mehr noch eine produktionsübergreifende Standardisierung der Multimedia-Kommunikation und eine erhebliche Verbesserung und Vereinfachung der Bedienbarkeit der Technik am Arbeitsplatz.

Das BERKOM-Testnetz diente ursprünglich "nur" dem Zweck, die Kommunikationsbedürfnisse der Anwendungsprojekte zu erfüllen. Inzwischen wurde allerdings deutlich, daß für die Entwicklung der Netztechnik ein solches Testnetz unschätzbare Dienste leisten kann, weil neue technische Einrichtungen bereits als Labortechnik und ggf. auch mit noch eingeschränkter Zuverlässigkeit in den praktischen Einsatz gebracht und auf ihre Leistungsfähigkeit hin überprüft werden können. Und zwar getestet nicht nur von Bit-Generatoren sondern von realen Anwendungen und Anwendern. Umgekehrt ist es auf diese Weise den Endsystem-Entwicklern und den Anwendern möglich, bereits erheblich vor dem allgemeinen Einsatz einer fertig entwickelten Serientechnik im Fernmeldenetz die neue Technik zur praktischen Grundlage ihrer Entwicklungsarbeiten zu machen. Für das BERKOM-Testnetz gewinnt der Aspekt der Entwicklung der Netztechnik zunehmend an Bedeutung, weil die seit 1989 im Testnetz installierte ATM-Vermittlungstechnik als vermutlich weltweit erste ATM-Installation außerhalb eines Labors erstmals Gelegenheit zur Untersuchung des ATM-Vermittlungsprinzips in realer Anwendungsumgebung erlaubt. Durch die gleichzeitige Verfügbarkeit der STM-Vermittlungen ist es sogar möglich, dieselben Anwendungssysteme an den verschiedenen Breitbandnetz-Varianten zu testen, um so Rückschlüsse auf die Auswirkung der unterschiedlichen Merkmale dieser Netztypen und die Kosten der Endsysteme zu gewinnen. Es scheint selbstverständlich, daß der Aspekt der Netzentwicklung bei den Überlegungen zur weiteren Gestaltung des BERKOM-Projektes eine besondere Rolle spielt.

Die Laufzeit des BERKOM-Projektes endet nach dem gegenwärtigen Planungsstand Ende 1992. Es zeichnet sich ab, daß die mit BEKROM begonnenen Aktivitäten anwendungsbezogener Forschung fortgesetzt werden, weil es sich bestätigt hat, daß die Nutzung der Fernmeldenetze der Zukunft bewertet werden muß und durch ein Vorgehen wie mit BERKOM auch vorbereitet werden kann. Als beinahe noch wertvoller hat sich darüberhinaus erwiesen, daß durch diese Art anwendungsbezogener Forschung ein Netzbetreiber Kenntnisse und Erfahrungen auf allen Gebieten sammeln kann, die von der Entwicklung der Telekommunikation berührt werden und die miteinander zusammenwirken. Das Gesamtsystem besteht ja nicht nur aus dem öffentlichen Fernmeldenetz sondern auch aus den Endsystemen und den Anwendungen und ihrer Organisation. Vor allem ist daran zu denken, daß letztlich erst der Nutzer, der Mensch also, darüber entscheidet, ob und wie das Gesamtsystem "Telekommunikation" genutzt wird, er muß also viel stärker Ausgangspunkt der Überlegungen werden als es heute meist der Fall ist. Projekte wie BERKOM und anwendungsbezogene Forschung ganz allgemein erfordern es, in Gesamtzusammenhängen zu denken und erlaubt es, Gesamtsysteme zu realisieren und Wirkungszusammenhänge zu studieren. Die daraus gewonnenen Erkenntnisse können die Entscheidungen der TELEKOM in vielen Bereichen auf eine sicherere Grundlage stellen. Diese Feststellung läßt sich heute, zwei Jahre vor dem Abschluß des BERKOM-Projektes treffen, ebenso wie die Festellung daß anwendungsbezogene Forschung eine dauernde Aufgabe und nicht nur hinsichtlich der Breitbandkommunikation ist.

BERKOM - State of Development and Application Experiences

J. Kanzow

For more than ten years Berlin (West) has been playing an important role in the development and testing of modern telecommunications technology in Germany. In this city the Deutsche Bundespost has tested (with several projects) the possibilities and limits of the digitization of the existing local telephone network in several projects and the use of optical message transmission systems in local and wide area networks in practical trials. Thus the preconditions for ISDN (Services Integrated Digital Network) and the introduction of optical fibre technology have been provided here in Berlin.

The BERKOM project continues this tradition, (Berlin Communication System) which, in the period from 1986 to 1992, is to initiate and promote the development of telecommunication services and end-systems for the broadband ISDN respectively IBFN (Integrated Broadband Communication Network). The project is financed by the Deutsche Bundespost, the Berlin Senate and the participating industry.

In the realization of the project two main objectives are aimed at. On the one hand application examples of broadband communication are to be realized in so-called "demonstration projects", on the other hand contributions to the definition of a reference model for integrated (narrow- and broadband-) telecommunications services are planned to be elaborated.

The demonstration projects concentrate on the fields of telemedicine, telepublishing, video communication, Broadband-Information systems, distributed factories (CIM) and multimedia document communication.

The multimedia document communication is closely related to the development of the BERKOM Reference Model for integrated services, since documents comprise all elements of the basic communication forms such as text, graphics (vector data), fixed images (pixel data) as well as - as it is the case in future computer workstations -speech/audio and moving images. The BERKOM Reference Model combines these different communication forms so far separated into single teleservices in the sense of one common Multimedia-OSI-Model. The BERKOM Reference Model is an attempt to describe total telecommunications comprehensively in a model, to standardize it and at the same time to open up the possibility of guaranteeing the flexibility needed on the part of the user side for the creation of individual communications proceedings.

The Deutsche Bundespost provides an optical fibre network with B-ISDN laboratory exchanges for the testing of development results, which enables circuit- and packet-switched transmission of information flows. 60 users can be connected to this network.

Transferprinzipien im optischen Teilnehmeranschlußbereich

B. Schaffer/H. Bauch

1. Einführung

Nachdem sich in den höheren Ebenen der öffentlichen Fernmeldenetze Systeme mit Glasfaserkabeln gegenüber denen mit Kupferkabeln als technisch und wirtschaftlich überlegen erwiesen haben, konzentriert sich das Interesse nun auf die Einführung der Glasfaser im Teilnehmeranschlußnetz. Daß sie dort in Netzen wie dem kommenden Breitband-ISDN (BISDN) das geeignetste Übertragungsmedium sein wird, steht außer Zweifel. Da aber unsicher ist, wie schnell die Nachfrage nach Breitbanddiensten wächst, bedeutet das Errichten von Teilnehmeranschlußnetzen nur dafür ein hohes wirtschaftliches Risiko, das die Netzbetreiber nur zögernd einzugehen bereit sind [1]. Neuere Systementwicklungen ermöglichen aber nun, auch die herkömmlichen Dienste mit Hilfe der Glasfaser abzuwickeln. Sie tritt dann in Konkurrenz zu den bisher gebräuchlichen Übertragungsmedien, dem symmetrischen Kupferkabel für Telefon und Dienste mit ähnlich niedriger Bandbreite einerseits und dem Koaxial-Kabel für die Verteildienste Fernsehen und Hörrundfunk andererseits. Soll die Glasfaser die Kupfertechnik verdrängen, so muß sie technisch und wirtschaftlich überlegen sein. Diese Möglichkeit ist immer dann gegeben, wenn die besonderen Vorzüge der Glasfaser, große Bandbreite und niedrige Dämpfung, genutzt werden. Dies ist auf Verbindungsleitungen von Wählnetzen und bei den Leitungen der Verteilnetze der Fall. Hingegen waren alle Versuche erfolglos, mit der gleichen Sternstruktur wie beim Anschlußnetz mit Kupferleitungen zu wirtschaftlich konkurrenzfähigen Telefon-Teilnehmernetzen zu kommen. Nur mit Netz- und Systemstrukturen, die die technischen Vorzüge der Glasfaser besser nutzen, kann die Teilnehmeranschlußtechnik mit Glasfasern auch für bestehende Dienste wie Telefon und 64-kbit/s-ISDN mit der heutigen Technik konkurrieren. Noch günstiger ist es, auch die Verteildienste einzubeziehen.

Mit einem solchen Netzkonzept wird ohne wirtschaftliches Risiko eine Basis geschaffen, die später den Übergang zum Breitband-Universalnetz, dem BISDN, erleichtert.

2. Anforderungen

Eine zukunftssichere Lösung für den optischen Teilnehmeranschluß muß hauptsächlich folgende Anforderungen erfüllen:

- keine merkbar höheren Kosten im Vergleich zur Kupferanschlußtechnik, schon bei Nutzung allein mit heutigen Diensten.
- Evolutionsfähigkeit zum integrierten Breitbandnetz.
- Gute Wartbarkeit und Zuverlässigkeit.
- Breite Einsetzbarkeit sowohl in Neubaugebieten als auch dort, wo das vorhandene Kupfernetz ersetzt oder erweitert werden muß.

3. Transferprinzipien und Netzstrukturen

3.1 Strukturen des Kabelnetzes

Das Errichten eines flächendeckenden neuen Teilnehmeranschlußnetzes erfordert sehr große Investitionen über viele Jahre hinweg. Einen wesentlichen Anteil daran machen die Kosten für den Tiefbau sowie für die Kabelverlegung und -montage aus. Deswegen ist die Netztopologie so zu wählen, daß die Gesamtkosten hierfür in dem zu versorgenden Gebiet möglichst klein werden, andererseits aber die Anlage so zukunftssicher ist, daß sie später für höhere Dienste aufgewertet werden kann, ohne daß dafür erneut Tiefbauarbeiten anfallen.

Die Struktur des Kabelnetzes kann ein Stern- oder Doppelstern-, ein Bus- oder ein Ringnetz sein (Bild 1). Stern- bzw. Doppelsternstruktur haben im allgemeinen die heutigen Telefonnetze. Im Netz der DBP ist die Stelle der ersten sternförmigen Verzweigung der Netzknoten, im allgemeinen der Ort der Vermittlungsstelle, der zweite Verzweigungspunkt der Kabelverzweiger (KVz). Eine solche Struktur ist günstig für interaktive Dienste, wo man eine individuelle Verbindung auf direktem Weg vom Teilnehmer zur nächsten Vermittlung herstellen will. Sie eignet sich also auch für künftige Breitandnetze für interaktive Dienste, wie das BISDN.

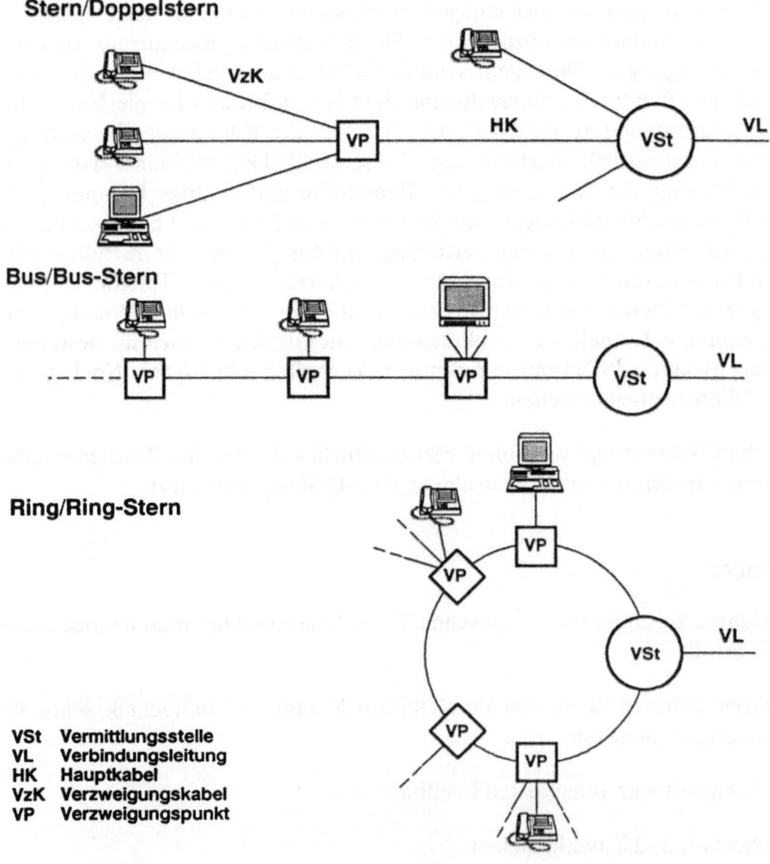

Bild 1 : Netzstrukturen

Busnetze sind besonders geeignet für die Verteilung von Nachrichten von einer Quelle an viele Teilnehmer, beispielsweise bei den Verteildiensten. Unter Umständen werden Busstrukturen auch für Multiplexsysteme verwendet, die logische Sternnetze sind und auf einer Längsfaser Signale mehrerer Teilnehmer zwischen deren Räumen und der Vermittlung übertragen. Solche Strukturen benötigen sehr wenig Kabellänge je Teilnehmer, sind aber nur schwer umzukonfigurieren wegen der vielen Abzweigpunkte, die auch nur durch kostspielige Maßnahmen zugänglich gehalten werden können. Besser ist es daher, mehrere Abzweige in einem einzigen Punkt zu vereinigen, also ein Mehrfachsternnetz aufzubauen und von dort mehrere individuelle Fasern zu den Teilnehmern zu führen. Ringnetze dienen u. a. dazu, mehrere Wege zwischen Vermittlungsstelle und Teilnehmer herzustellen, um eine erhöhte Sicherheit gegen Leitungsunterbrechungen zu erreichen.

3.2 Modulations- und Multiplextechnik

Techniken für Interaktive Dienste

Interaktive Dienste benötigen individuelle Übertragungskanäle je Verbindung zwischen zwei Teilnehmern, also auch zwischen Teilnehmer und nächster Vermittlungsstelle. Hierfür ein Faser-Sternnetz zu konzipieren, das heißt, je Teilnehmer eine eigene Faser zur Vermittlung zu belegen, ist für Breitbandanschlüsse mit der höchstmöglichen Anschlußkapazität des BISDN oder für Multiplexanschlüsse mit großer Übertragungskapazität die wirtschaftlich angemessene Technik. Bei Anschlüssen mit einem oder wenigen Telefonen oder bei ISDN-Basisanschlüssen hingegen ist sie, wie im Abschnitt 1 ausgeführt, unwirtschaftlich. Eine zum Telefonanschluß mit Kupferkabel konkurrenzfähige Lösung ist nur möglich durch weitgehend gemeinsame Nutzung von Breitbandkomponenten wie Glasfasern, optoelektronischen Wandlern und elektrischen Schaltkreisen durch viele Teilnehmer. Dieses Vorgehen führt auch für BISDN-Teilnehmer, die wesentlich weniger als die maximale Kapazität benötigen, zu wirtschaftlichen Lösungen. Die für optische Übertragung geeignetsten und meist diskutierten Techniken werden im folgenden hinsichtlich ihrer Eignung für die Anwendung im Teilnehmeranschlußnetz näher betrachtet.

Im Bild 2 sind Lösungen für interaktive Dienste dargestellt. Dem Trend der Entwicklung folgend werden nur Digitalsignale übertragen. Viele nahe benachbarte Teilnehmer an den heutigen Diensten, beispielsweise in einem Wohn- oder Bürohochhaus, schließt man zweckmäßig über ein synchrones Zeitmultiplexsystem, dessen eine Endstelle unmittelbar am oder im Haus der Teilnehmer steht, an die Vermittlungsstelle VSt an (Bild 2 oben). Die Verbindung vom Multiplexer zu den Endgeräten wird durch herkömmliche Kupferkabel hergestellt. - Vom gleichen Typ ist der Breitbandanschluß des BISDN mit hoher Kapazität. Optoelektronische Wandler und Multiplexeinrichtung für den Anschluß mehrerer Endgeräte auf der Seite des Teilnehmers befinden sich hier unmittelbar bei diesem. Der Systemtakt ist netzsynchron. Die Signale werden paketiert im asynchronen Transfermode (ATM) übertragen , der eine außerordentlich flexible Aufteilung der verfügbaren Übertragungskapazität auf viele Signale mit sehr unterschiedlichem Kapazitätsbedarf ermöglicht.

Für kleinere Gruppen benachbarter Teilnehmer kommen für die Teilnehmerseite Multiplexer für etwa 16 Telefonanschlüsse infrage (Bild 2 Mitte). Auf der Seite des Netzknotens hingegen kann man einen Multiplexer für wesentlich mehr Telefonkanäle einsetzen und so dort optoelektronische Wandler und die Glasfaser für die Anschlüsse mehrerer Häuser gemeinsam nutzen.

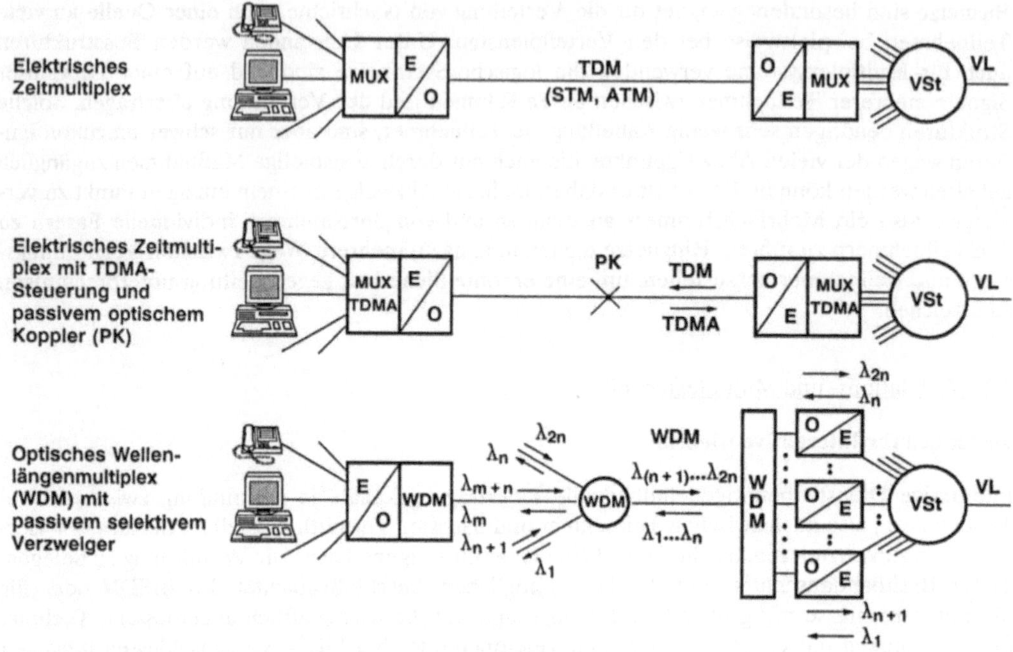

Bild 2 : **Netzstrukturen und Multiplexverfahren für interaktive Dienste**

Die Verteilung der Signale und der optischen Leistung auf die zu den einzelnen Häusern führenden Leitungen geschieht durch passive optische Koppler PK an einem oder mehreren Verzweigerpunkten. Dort ist das Kabel zugänglich, so daß die Leitungen rangiert werden können, beispielsweise wenn einzelne Teilnehmer irgendwann einen Anschluß mit einer wesentlich höheren als der bisherigen Bandbreite wünschen. Die Anzahl der an eine Multiplexleitung anschließbaren Multiplexer beim Teilnehmer (Splittingfaktor) ist wesentlich durch die Rauschbandbreite der optischen Empfänger, d. h. die Gesamtkapazität des Systems, und durch die Ausgangsleistung der optischen Sender begrenzt. Das Multiplexverfahren in solchen Netzen mit passiven Verzweigern im Vorfeld ist in der Richtung zum Teilnehmer synchrones Zeitmultiplex (TDM). In der Richtung zur Vermittlungsstelle ist zusätzlich eine Zugangssteuerung für die von den verschiedenen Quellen auf den Verzweigungspunkt zulaufenden Signale erforderlich. Man wendet Verfahren an, die aus der Richtfunk-, besonders der Satellitentechnik unter dem Namen TDMA (Time Division Multiple Access) bekannt sind. Systeme dieser Art sind außerordentlich flexibel. Da in beiden Übertragungsrichtungen bei jedem Multiplexer die gesamte Übertragungskapazität des Systems zur Verfügung steht, kann grundsätzlich jedem Teilnehmer für jede Verbindung ein beliebiger Anteil an der im System gerade nicht belegten Kapazität zur Verfügung gestellt werden.

Bei allen Multiplexsystemen wird der Aufwand für Schnittstellen und Multiplexer am Anschluß zur Vermittlung wesentlich verringert, wenn dort nicht eine a/b-Schnittstelle für jeden einzelnen Telefonanschluß, sondern ein Multiplexanschluß geschaffen wird.

Diese unter dem Namen TPON (Telephone Passive Optical Network) erstmals von British Telecom angegebenen Netze [2] ermöglichen nicht nur den beschriebenen sehr flexiblen Betrieb, sondern sind auch aufwertungsfreundlich. Wenn man schon bei der Erstinstallation mit Telefonanschlüssen vom Verzweigungspunkt bis zu den Teilnehmern eine individuelle Faser für jeden Teilnehmer vorgehalten hat, kann man beispielsweise ohne Tiefbauarbeiten durch Umspleißen im Verzweigungspunkt auf eine eigene zur Vermittlung führende Faser auf ein BISDN-Sternnetz übergehen. An den Enden des Multiplexsystems sind nur die zugänglich untergebrachten elektronischen Geräte auszuwechseln oder zu ergänzen und gegebenenfalls der Anschluß an den Breitbandteil der Vermittlung herzustellen. - Dasselbe Netz- und Multiplexprinzip läßt sich auch auf BISDN-Anschlußleitungen anwenden, um mehrere Teilnehmer über eine einzige Glasfaser an einen Breitband-Ausgang der Vermittlung anzuschließen. Den Teilnehmern steht gemeinsam die Kapazität an dem betreffenden Anschluß zur Verfügung. Da der Übertragungsmodus in der BISDN-Vermittlung und an ihren Schnittstellen ATM ist, wird auch zur Übertragung und Multiplexbildung sowie für die TDMA-Steuerung die Zellenstruktur des Signals ausgenutzt. Das Verfahren ist unter dem Namen APON bekannt [3].

Für ein Netz mit passiven Verzweigern wurde neben der im Bild 2 Mitte dargestellten Art mit nichtselektivem Verzweiger und elektronischem Zeitmultiplex als Übertragungsprinzip die in Bild 2 unten dargestellte Lösung mit selektivem optischem Koppler und optischem Wellenlängenmultiplex vorgeschlagen. Jedem teilnehmerseitigen Multiplexer ist eine optische Wellenlänge zugewiesen. Auf der Vermittlungsseite befindet sich ein optischer Sender je Wellenlänge, d. h. je teilnehmerseitigem Multiplexer. Der als optisches Filter ausgebildete Koppler läßt nur Licht einer Wellenlänge zum zugehörigen Multiplexer gelangen und leitet das von dort ankommende Licht nur in Richtung zur Vermittlung weiter. Dieses Verfahren hat die Eigenschaften eines Sternnetzes. Das von einem Sender ausgehende Licht gelangt zu einem einzigen Empfänger. Allen Teilnehmern gemeinsam ist nur noch die Glasfaser zwischen Vermittlungsstelle und Verzweiger, während je Empfänger, wie beim Sternnetz, ein eigener Sender erforderlich ist. Abgesehen vom Aufwand für die optischen Filter, ist eine größere Anzahl von Sendern mit verschiedenen Wellenlängen und mit hohen Anforderungen an deren Genauigkeit und Stabilität erforderlich. Deshalb wird diese Technik nur nach einer intensiven Weiterentwicklung der Technologie wirtschaftlich konkurrieren können.

Bei allen im Bild 2 dargestellten Anschlußnetzen kann bidirektionales WDM als Multiplexprinzip angewendet werden, um nur eine einzige Glasfaser für die beiden Übertragungsrichtungen zu benötigen. Der Vorteil liegt nicht nur im Einsparen der zweiten Glasfaser, sondern auch in einfacheren und kleineren Einrichtungen in der Vermittlungsstelle und einer einfacheren Handhabung mit weniger Fehlermöglichkeiten beim Rangieren. Auch Zeitmultiplexverfahren (Ping-Pong) sowie Gleichlageverfahren können für die bidirektionale Übertragung auf einer Faser verwendet werden, erscheinen aber weniger attraktiv hinsichtlich Reichweite und geringer Anfälligkeit gegen Störungen durch Reflexionen.

Techniken für Verteildienste

Auch für den Transport der Signale der Verteildienste Fernsehen (TV) und Hörrundfunk wird die Digitalübertragung angestrebt. Für die nähere Zukunft gibt es jedoch gewichtige Gründe, zunächst Analogverfahren anzuwenden. Einmal benötigt die Verteiltechnik für Digitalsignale noch einige Entwicklung, um mit der ausgereiften Analogtechnik wirtschaftlich konkurrieren zu können. Andererseits sind in den Verteilnetzen derzeit für TV-Signale Restseitenband-Amplitudenmodulation (RSB-AM) und Frequenzmultiplex (FDM) auf dem gesamten Übertragungsweg vom Studio bis zum Heimempfänger üblich. Soweit über Kabel übertragen wird, werden Koaxialkabel benutzt, auch für die Verkabelung im Haus des Teilnehmers. Vor allem wegen der auf diese Technik zugeschnittenen Einrichtungen und Geräte beim Teilnehmer wird die analoge Modulations- und Multiplextechnik auch für Glasfasernetze bevorzugt, zumindest für die Einführungsphase. Das kritische Element in der Übertragungskette ist der erforderliche hochlineare Sender. Laserdioden, die die Anforderungen für so hochwertige FDM-Systeme erfüllen, sind zur Zeit noch sehr teuer. Deshalb müssen die von einem Sender ausgehenden Signale für viele optische Empfänger gemeinsam sein. Hier bietet sich ebenfalls das Prinzip des passiven verzweigten optischen Netzes (PON) an. Bild 3 zeigt oben eine derartige Übertragungskette. Leider ist bei AM-Systemen der Splittingfaktor im Glasfasernetz auf kleine Werte beschränkt. Deshalb reicht die optische Übertragungstechnik höchsten bis zum Ort eines für mehrere Teilnehmer gemeinsamen Verstärkers. Von dort aus erfolgt die endgültige Verteilung zu den Übergabepunkten und weiter zu den einzelnen Empfängern in der bekannten Koaxialtechnik der heutigen Verteilnetze. Eine gewisse Erhöhung der Sendeleistung und damit des Splittingfaktors dürfte in Kürze der Einsatz von optischen Verstärkern bringen.

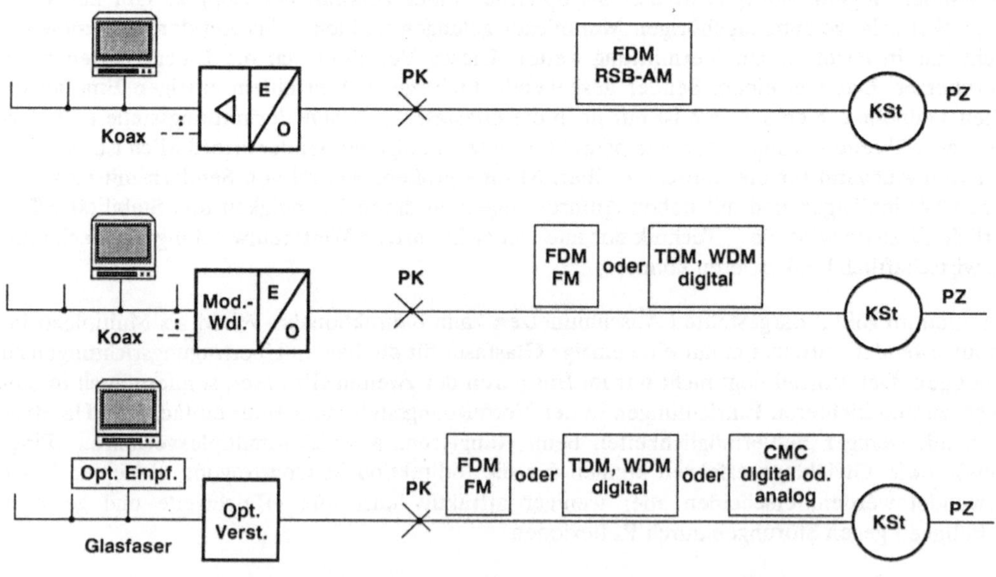

Bild 3 : **Netzstrukturen, Modulations- und Multiplexverfahren für Verteildienste**

Auf längere Sicht dürfte sich auch in den TV-Verteilnetzen die Digitalübertragung durchsetzen (Bild 3 Mitte). Die Anforderungen an die Linearität des Senders und damit dessen Kosten sind dann erheblich geringer als bei AM-Systemen. Der geforderte Signal-Geräuschabstand am Empfängereingang ist erheblich geringer, folglich der Splittingfaktor deutlich höher. Nachteilig ist die hohe elektrische Bandbreite, die die Ergänzung des elektrischen Multiplexens durch optisches (WDM) erfordert. Auch ist die bisherige Hausverkabelung für derartige Signale nicht mehr brauchbar. Will man sie weiterbenutzen, so benötigt man einen Modulationswandler (Mod.-Wdl.), der die ankommenden Digitalsignale demultiplext, decodiert und in empfängergerechte FDM/RSB-AM-Signale umwandelt. Will man alle empfangenen Programme als Digitalsingale bis zum Endgerät führen, so ist eine Glasfaser-Hausverkabelung zu installieren (Bild 3 unten). Die Empfänger benötigen einen Glasfasereingang und einen optischen Empfänger mit Decoder für Digital-Eingangssignale. Heutige Empfänger benötigen ein Zusatzgerät mit den genannten Komponenten. Will man auch die vorhandene Hausverkabelung weiterbenutzen, so müßte ein zentral angeordneter ferngesteuerter Demultiplexer installiert werden, mit dessen Hilfe nur die gleichzeitig gewünschten Progammsignale zu den Empfängern weitergeführt werden. Dort wird ein Decoder für Digitalsignale benötigt. Alle diese Prinzipien, die Digitaltechnik durchgängig einzuführen, bedürfen noch einer intensiven Entwicklung, ehe sie die heutige Technik verdrängen können.

Manchmal wird auch FM als geeignetes Modulationsprinzip für TV-Verteilung diskutiert. Wegen der großen Ähnlichkeit der technischen Möglichkeiten und Probleme sind im Bild 3 die Modulationsart FM und das zugehörige Multiplexverfahren FDM an den gleichen Stellen eingetragen wie die Digitalübertragung mit den Multiplexarten TDM und WDM. FM hat bei genügend großem Frequenzhub gegenüber AM ebenfalls den Vorteil des geringeren erforderlichen Signal-Geräuschabstandes am Empfängereingang und damit des größeren möglichen Splittingfaktors. Hinsichtlich der Signalbandbreite und der Unbrauchbarkeit der vorhandenen Hausverkabelung und der vorhandenen Empfänger bzw. der Notwendigkeit von Zusatzgeräten gelten dieselben negativen Aussagen wie bei der Digitalübertragung. Gibt man sich allerdings mit einer relativ bescheidenen Anzahl verfügbarer Programme zufrieden, so kann man marktgängige Empfangsgeräte der Rundfunksatellitentechnik verwenden.

Als modernstes Multiplexprinzip ist im Bild 3 unten neben den schon diskutierten elektrischen Analog- und Digitalverfahren noch die Übertragung im optischen Frequenzmultiplex (Coherent Multichannel, CMC) kombiniert mit optischem Überlagerungsempfang erwähnt. Mit diesem Verfahren kann in einem relativ sehr kleinen Teil des enorm breiten Übertragungsbandes der Glasfaser eine sehr große Anzahl nahe benachbarter modulierter optischer Träger übertragen und im Empfänger mit Hilfe eines abstimmbaren optischen Lasers durch Überlagerungsempfang die gewünschte Nachricht detektiert werden. Abgesehen von dieser enormen Übertragungskapazität ist die Empfängerempfindlichkeit erheblich höher als bei Direktempfang, zum Teil dadurch, daß die optische Trägerschwingung statt in der Amplitude in der Frequenz oder Phase moduliert werden kann (FM bzw. PM). Die hohe Empfängerempfindlichkeit ermöglicht einen sehr großen Splittingfaktor. Die Realisierung der genügend stabilen modulierbaren optischen Sender, vor allem aber eines kostengünstigen optischen Überlagerungsempfängers ist ein mit Hilfe der integrierten Optik noch zu lösendes Problem. Die Probleme hinsichtlich Hausverkabelung und Empfänger sind die gleichen wie bei Digitalübertragung mit Direktempfang. Vor allem aber befindet sich das ganze Verfahren im Forschungsstadium und kann allenfalls langfristig konkurrenzfähig werden.

In den bisher betrachteten Verteilnetzen werden alle Programme gleichzeitig zum Teilnehmer übertragen, der mit Hilfe seines Empfängers das gerade gewünschte Programm auswählt.

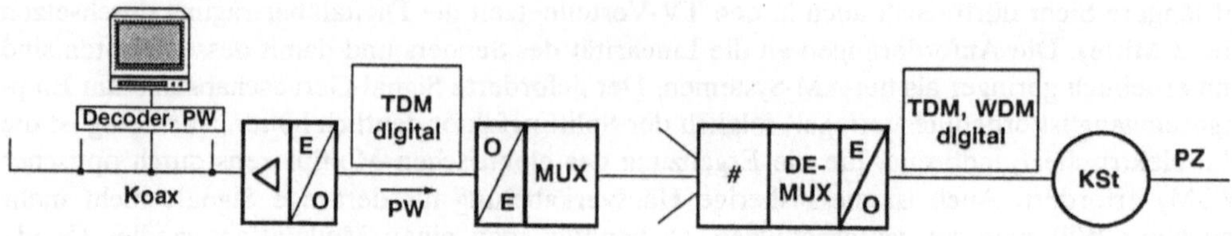

Bild 4 : Verteilnetz mit Vermittlung

Eine vieldiskutierte Alternative ist, wie im Bild 4 an einem Beispiel gezeigt, an einem zentralen Punkt des Netzes mittels eines vom Teilnehmer über einen Programmwahlkanal PW gesteuerten Koppelfeldes das jeweils gewünschte Programm auszuwählen. Zum Teilnehmer werden nur die gerade gewünschten Programme gleichzeitig übertragen. Die erforderliche Übertragungskapazität zwischen Koppelfeld und Teilnehmer ist auf die für die maximal gleichzeitig zu übertragenden (etwa 3) Programme begrenzt. Für die Hausverkabelung genügt eine übliche Koaxleitung. Bei oder in jedem Empfänger ist ein Decoder für das empfangene Digitalsignal und eine Einrichtung zum Erzeugen und Senden der Programmwahlsignale erforderlich. Die Vermittlung kann sich auch am Ort der Kopfstelle befinden.

Kombination von interaktiven Diensten und Verteildiensten

Für viele Telekommunikationsanschlüsse, besonders im Heim, interessiert die Kombination von interaktiven Diensten, vorzugsweise Telefon, und Verteildiensten. Aus wirtschaftlichen Gründen ist es erstrebenswert, die gleiche Kabeltrasse und möglichst auch das gleiche Kabel zu benutzen. Solange für die beiden Dienstearten getrennte Fasern verwendet werden und so die Systeme völlig getrennt sind und die Kopfstelle für die Verteildienste einigermaßen günstig zur Vermittlungsstelle für die interaktiven Dienste liegt, ist es ohne große Probleme möglich, die Anlagen für Verteildienste in den Bildern 3 und 4 mit denen für interaktive Dienste in Bild 2 zu kombinieren. Will man dagegen für beide Dienstearten dieselbe Faser benutzen, so sind nur bestimmte Kombinationen günstig oder überhaupt verträglich. Bild 5 zeigt zwei solcher Kombinationen. Oben ist in einem Netz mit passivem Verzweiger das in der Mitte von Bild 2 dargestellte System mit dem Verteilsystem nach Bild 3 Mitte kombiniert. Das Multiplexprinzip ist Wellenlängenmultiplex (WDM). Die Kombination ist deshalb günstig, weil der erreichbare Splittingfaktor für das interaktive System und der für das Verteilsystem vergleichbar sind, so daß im Koppler PK die Lichtleistung der optischen Sender beider Systeme optimal auf die gleiche Anzahl von Empfängern verteilt wird. Ein Multiplex mit dem in Bild 3 dargestellten RSB-AM-System wäre wegen des viel kleineren erzielbaren Splittingfaktors erheblich schwieriger. - Eine ebenfalls günstige Kombination ist das im Bild 5 unten gezeigte digitale elektrische Zeitmultiplexsystem. Es verbindet im Breitband-Sternnetz des BISDN das interaktive System zwischen Vermittlungsstelle und T_B-Schnittstelle des Netzabschlusses mit dem Verteilsystem mit Vermittlung gemäß Bild 4. Die Schnittstelle beim Teilnehmer ist T_D. Ob solche Mischungen der Multiplexsysteme für Signale interaktiver Dienste und Verteildienste auf einer Faser wirklich eingesetzt werden, hängt nicht nur von technischen sondern auch von kommerziellen und juristischen Überlegungen ab.

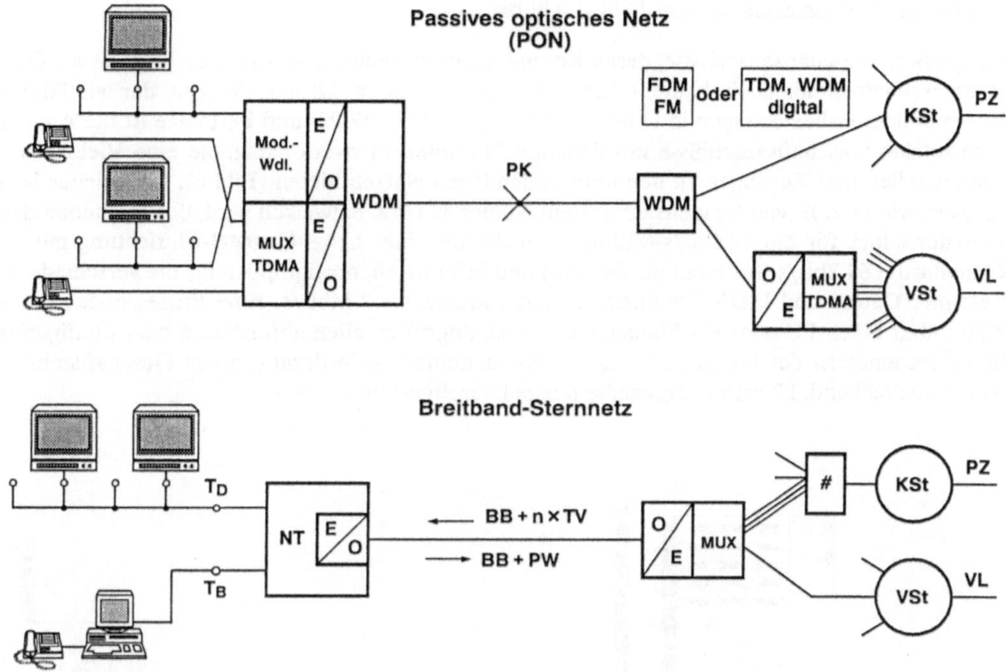

Bild 5 : **Netze für interaktive Dienste und Verteildienste**

4. Kostenoptimierte Einführungslösungen

Bei der Einführung der Glasfaser im Teilnehmeranschlußbereich können im wesentlichen zwei Anwendungsgebiete unterschieden werden:

- Anschlüsse für größere Unternehmen, die eine Vielzahl von Telefonkanälen benötigen (i. A. für den Anschluß einer Nebenstellenanlage) und darüber hinaus noch Datenkanäle für Wähl- und Festnetze. Manche dieser Unternehmen betreiben eigene Firmennetze (Corporate Networks) mit denen sie verschiedene Standorte verbinden.

- Anschlüsse für Privatteilnehmer und kleinere Unternehmen müssen in erster Linie für wenige (Schwerpunkt 1 ... 2) Telefonkanäle optimiert sein; dazu kommt beim Privatteilnehmer noch das Kabelfernsehen, das, wenn möglich, über das Glasfaserkabel geboten werden soll.

Die Glasfaseranschlußtechnik ist für diese Anwendungsfelder nur dann effektiv, wenn sie zu Gesamtkosten führt, die mit der konventionellen Kupferanschlußtechnik vergleichbar sind. Allenfalls können wegen der Zukunftssicherheit der Glasfaser geringe Mehrkosten (im Bereich von < 10 %) vertreten werden.

4.1 Flexibler Netzzugang für Geschäftsanschlüsse

Für größere Geschäftsanschlüsse, deren Kommunikationsbedarf 2 Mbit/s übersteigt, ist die Glasfaseranschlußtechnik auch heute schon die kostenoptimale Lösung. Wegen der vielfältigen Kommunikationsbeziehungen in Unternehmensnetzen über Wähl- und Festnetze ist die Ausstattung solcher Geschäftsanschlüsse mit flexiblen Multiplexern zweckmäßig, die eine Vielzahl von Schnittstellen und Zugängen zu den unterschiedlichen Netzen bieten (Bild 6). Ein solcher Multiplexer, wie er z. B. von Siemens unter dem Namen NTMX entwickelt wird, besteht neben dem Funktionsblock für die 2-Mbit/s-Multiplexsignale aus einer Cross-Connect-Einrichtung mit der Granularität 64 kbit/s (für Routing-Zwecke) und Schnittstellenbaugruppen für die verschiedenen Telefon-, Daten- und ISDN-Schnittstellen mit Bitraten bis 2 Mbit/s. Eine Prozessor-Steuerung bietet über einen PC oder ein Management-Netz Zugriff zu allen abfragbaren oder konfigurierbaren Parametern des Geräts, so daß den momentanen Anforderungen des Geschäftsteilnehmers entsprechend, Übertragungskanäle flexibel bereitgestellt werden.

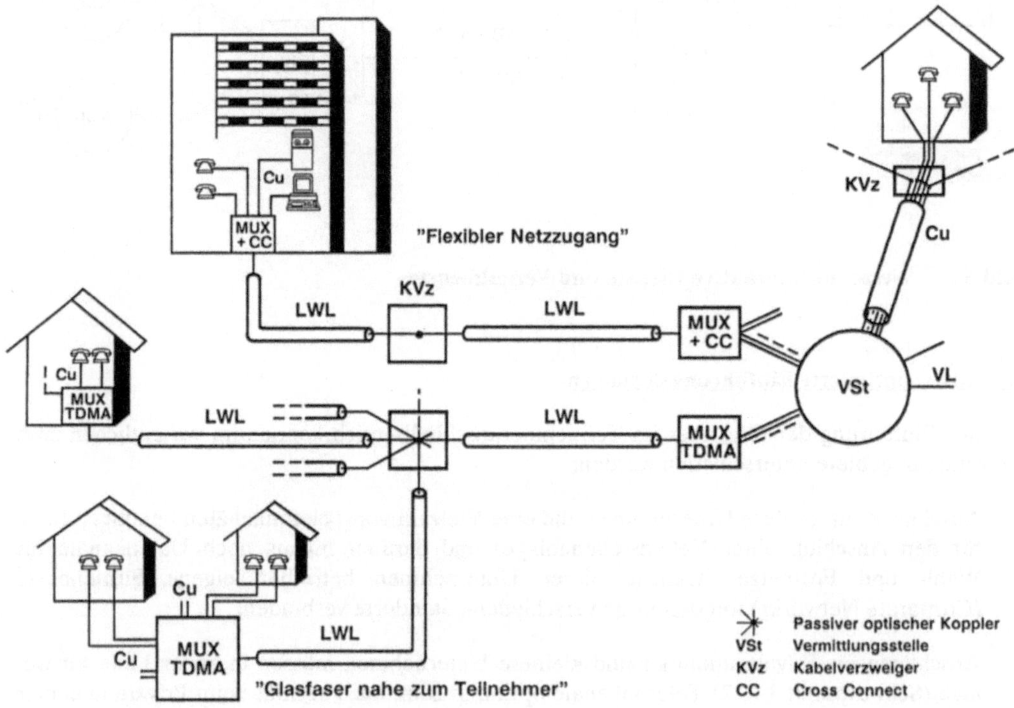

Bild 6 : Teilnehmeranschluß für interaktive Dienste

Cu-Einzel- und optische Punkt-zu-Punkt bzw. Punkt-zu-Multipoint (PON)-Multiplexanschlüssen

4.2 Passives optisches Netz für Telefon- und Verteildienste

Für Privatteilnehmer und kleinere Geschäfte ist ein Glasfaseranschluß, der direkt in deren Räume führt, in der nächsten Zeit nicht kostengünstig realisierbar. Aus diesem Grund werden heute weltweit für diesen Anwendungsfall Lösungen diskutiert, bei denen die Glasfaser in einer "Distant Unit" (DU) endet, die für mehrere Teilnehmer gemeinsam vorhanden ist und in der Nähe der Teilnehmer, z. B. im Keller eines Hauses mit mehreren Wohnungen oder Geschäften oder in einem Gehäuse am Straßenrand ("Fiber-to-the-Curb") aufgestellt wird. Von der DU führen Kupferleitungen zu den Teilnehmern, so daß z. B. die optoelektrischen Wandler in der DU für mehrere Teilnehmer genutzt und dadurch Kosten gespart werden. Bild 7 zeigt, daß mit wachsender Anzahl von Teilnehmern pro DU die Kosten pro Teilnehmer sinken. Allerdings entfernt man sich damit auch von dem Ziel, die Glasfaser bis zum Haus (Fiber to the Home) zu verlegen, da naturgemäß mit einer größeren DU auch die Länge der Kupferleitungen zunimmt und die DU immer zentraler angeordnet werden muß. Ein akzeptabler Kompromiß zwischen Kosten und DU-Größe scheint bei ca. 16 ... 24 Teilnehmern pro DU zu liegen, da bei größeren DU die Kosten nur mehr geringfügig sinken.

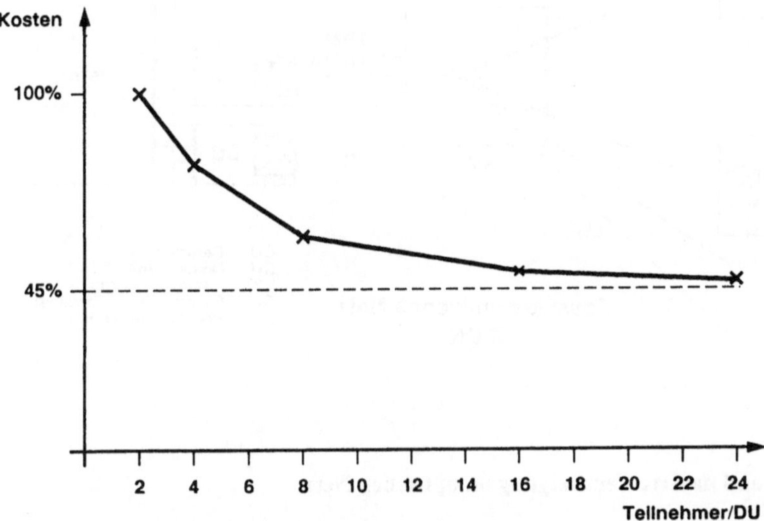

Bild 7 : Kosten für den Glasfaseranschluß in Abhängigkeit von der Zahl der Teilnehmer/DU (incl. Kabelnetz)

Weitere wichtige Parameter für die Architektur des Anschlußnetzes sind die Netztopologie und die Verzweigungstechnik im optischen Netz. Wie bereits in 3. ausgeführt, ist die Stern- bzw. Stern-Stern-Topologie zumindest für die Netzperipherie die günstigste Lösung. Für die Anbindung von Zubringersystemen an die Vermittlung kommen darüber hinaus auch Ringstrukturen in Frage.

In Bild 8 wird gezeigt, daß für die Realisierung von Stern-Stern-Strukturen im optischen Netz im wesentlichen zwei Verzeigungstechniken angewendet werden können:

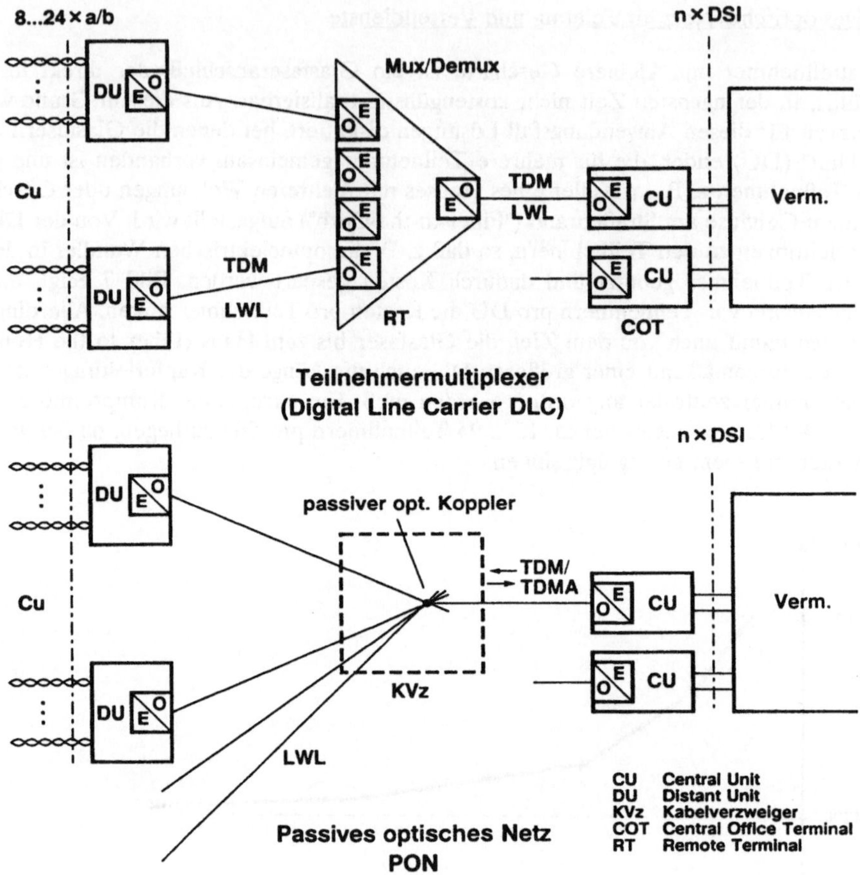

Bild 8 : Aktive und passive Verzweigung im optischen Netz

- Konventionelle Teilnehmer-Multiplexer wie sie z. B. in den USA als DLC-Systeme (Digital Line Carrier) bekannt sind. Sie erfordern eine "aktive" Verzweigungseinrichtung mit Elektronik- und o/e-Wandlern.

- Passive optische Verzweiger (optische Richtkoppler) können ebenfalls eingesetzt werden. Sie ermöglichen ein "transparentes" passives optisches Netz (PON), wobei die Multiplexfunktion des DLC-Systems in den DU verteilt realisiert wird ("Verteilter Multiplexer"). Dazu wird ein TDMA-Verfahren angewendet, das den Zugriff auf das für mehrere DU gemeinsame Medium, nämlich das verzweigte Glasfasernetz, regelt.

Werden beide Systeme verglichen, dann hat das PON-System folgende Vorteile:

- Es ist bei vergleichbaren Konfigurationen kostengünstiger, da es weniger optoelektrische Wandler enthält.

- Es ist flexibler und zukunftssicherer, da es keine die Bitrate und Anwendungen begrenzenden elektronischen Einrichtungen (wie Multiplexer) im Glasfasernetz enthält.

- Das gleiche Verzweigungsprinzip kann auch für Verteildienste vorteilhaft eingesetzt werden (Bild 9).

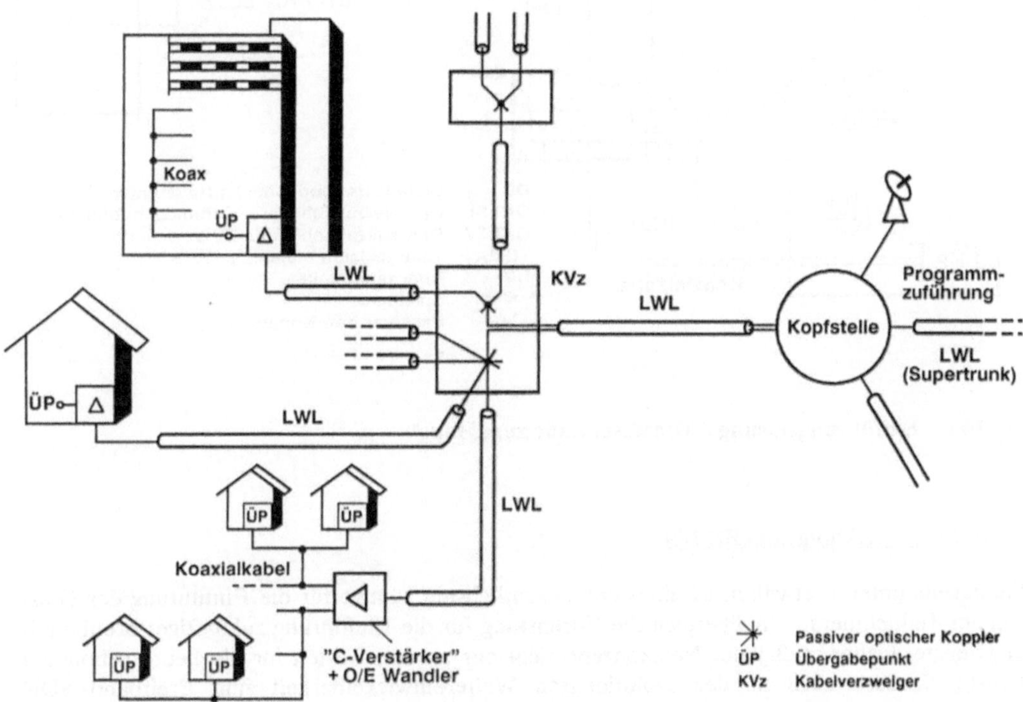

Bild 9 : Optisches Teilnehmeranschlußnetz für Verteildienste

Das aktive Multiplexsystem hat vor allem den Vorteil, daß es in Ländern, in denen DLC-Systeme bereits eingeführt sind, eine Erweiterung vorhandener DLC's mit Glasfaseranschlüssen ermöglicht.

Langfristig und besonders in Netzen ohne DLC-Technik, wird sich höchstwahrscheinlich das PON durchsetzen. Aus diesem Grund entwickelt Siemens eine Glasfaseranschlußtechnik für interaktive und Verteil-Dienste, die auf dem PON-Prinzip aufgebaut und für Privatteilnehmeranschlüsse und kleine Geschäftsanschlüsse optimiert ist (Bild 10), [4].

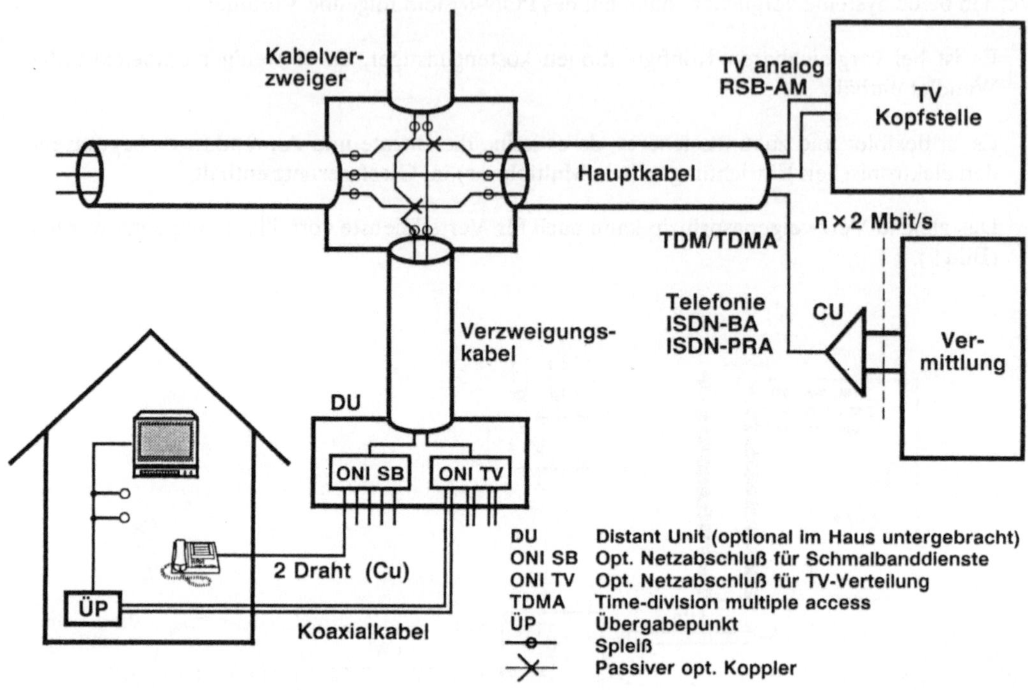

Bild 10 : Einführungslösung : "Glasfaser nahe zum Haus"

5. Weiterentwicklung zum BISDN

Wie bereits unter 1. erwähnt, ist eines der wesentlichsten Motive für die Einführung der Glasfaser im Teilnehmeranschlußbereich die Vorleistung für die Einführung zukünftiger breitbandiger Dienste. Daher muß jedes Netzkonzept nicht nur an den Kosten für die heute gebotenen Dienste, sondern auch an der evolutionären Weiterentwickelbarkeit zum Breitband-ISDN (BISDN) gemessen werden. Es ist heute die allgemeine Ansicht der Experten, daß BISDN ab Mitte dieses Jahrzehnts zunächst für Geschäftsteilnehmer eingeführt wird, und daß die ATM-Technik die technische Basis für BISDN darstellt.

Darüber hinaus wird wahrscheinlich in einem ähnlichen Zeitraum, nämlich in der zweiten Hälfte dieses Jahrzehnts, die Glasfaser für die Übertragung von digitalem TV oder HDTV bis zum Teilnehmer genutzt werden. Aus diesen Entwicklungslinien (BISDN Einführung, Glasfaser bis zum Haus, digitales TV) läßt sich ein Netzkonzept ableiten, das in Bild 11 dargestellt ist und folgende Hauptmerkmale aufweist:

- Für Geschäftsteilnehmer mit hohem Bandbreitebedarf wird BISDN über eine Punkt-zu-Punkt-Verbindung geboten, wofür im Glasfasernetz Reservefasern aktiviert werden.
- Für den BISDN-Anschluß wird ein STM1-Übertragungssystem verwendet, dessen Payload zur Übertragung von ATM-Zellen dient.
- ATM-Multiplexer (im Bild nicht dargestellt) werden zur Heranführung entfernter Teilnehmer an eine ATM-Vermittlung eingesetzt.
- Die Übertragung von TV-Signalen erfolgt in digitaler Form, was die Nutzung einer einzigen Faser (im Wellenlängenmultiplex) für distributive und interaktive Dienste erleichtert und Fasern für BISDN-Anschlüsse freimacht.
- Die Weiterentwicklung der optischen und elektrischen Technologien ermöglicht es, kostengünstig die Glasfaser bis ins Heim zu installieren. Die DU sitzt damit nicht mehr im Vorfeld, der Endverzweiger kann so wie der KVz rein passive Faserkoppler enthalten. Damit ist aus dem Anschlußnetz, bis auf die Einrichtungen beim Teilnehmer und in der Vermittlung, jede Elektronik verschwunden.

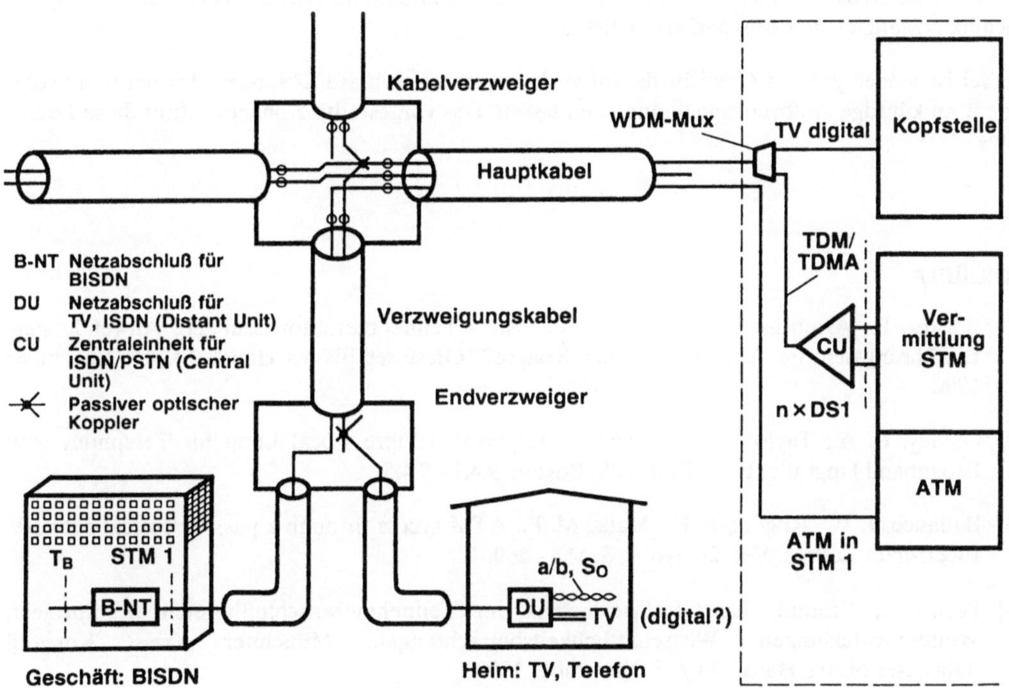

Bild 11 : BISDN-Einführung, Glasfaser bis ins Haus

Das in Bild 10 gezeigte Netz ist sicher nicht der letzte Schritt der Evolution. In weiterer Zukunft werden auch Privatteilnehmer interaktive Breitband-Dienste nutzen und die Entwicklung der Technologien wird weitere Veränderungen bewirken. Folgende Tendenzen sind heute schon erkennbar:

- Mit Hilfe der ATM-Technik kann ein Breitband-ATM-PON (APON) entwickelt werden, das für mittlere Nutzbitraten (um 10 Mbit/s) im BISDN optimal sein könnte.

- Die kohärente Vielkanaltechnik kann nahezu beliebig viele Programme hoher Qualität bis zum Teilnehmer transportieren.

Auf alle diese Entwicklungsschritte ist das Konzept des passiven optischen Netzes vorbereitet.

6. Schlußbemerkungen

Die breite Anwendung der Glasfasertechnik im Teilnehmeranschlußbereich steht vor der Tür. Technologien und Netzkonzepte sind vorhanden, die für viele Anwendungen heute (bei großen Geschäftsanschlüssen) oder in wenigen Jahren (bei Privatteilnehmern) im Vergleich zur Kupfertechnik kostengleiche Lösungen ermöglichen.

Dabei ist jedoch größtes Gewicht darauf zu legen, daß sich diese Lösungen flexibel und evolutionär an künftige Anforderungen anpassen lassen. Das vorgestellte Konzept erfüllt diese Bedingung.

Schrifttum

[1] Bocker, P.; Armbrüster, H.: Breitbanddienste - Teilnehmeranforderungen, Anwendungen, Einführungsschritte. Münchner Kreis, Kongreß "Glasfaser bis ins Haus", 14./15. November 1990.

[2] Oakley, K. A.; Taylor, C. G.; Stern, J. R.: Passive Fibre Local Loop for Telephony with Broadband Upgrade. Proc. ISSLS 88, Boston, 9.4.1 - 9.4.5.

[3] Ballance, J. W.; Rogers, P. H.; Halls, M. F.: ATM access through a passive optical network. Electronics Letters, Vol. 26, No. 9, S. 558 - 560.

[4] Peisl, U.; Schmid, L.: Glasfasertechnik im Teilnehmeranschlußbereich: Pilotprojekt, Weiterentwicklungen, Wirtschaftlichkeitsbetrachtungen. Münchner Kreis, Kongreß "Glasfaser bis ins Haus", 14./15. November 1990.

Transfer Principles for the Optical Subscriber Area

B. Schaffer/H. Bauch

1. Introduction

Until recently, strategies for introducing the optical fiber into the loop area were closely linked to the introduction of the broadband ISDN. Now solutions are emerging which will enable fiber-optic loop technology to be introduced for existing services such as telephone, 64-kbit/s ISDN and TV.

2. Requirements

A future-oriented solution for the optical subscriber loop must primarily meet the following requirements:

- Costs not significantly higher than those of the copper loop even if only the present services are used.
- Capable of evolving into the broadband integrated network.
- Good maintainability and reliability.
- Wide-scale application both in newly developing areas and in areas where the existing copper network requires renewal.

3. Transfer Principles and Topologies for the Subscriber Loop

3.1 Cable Network Structure

The cable network forms the major part of the capital expenditure and a considerable proportion of that is accounted for by the civil engineering costs. The network must therefore take special account of future requirements. Star or double star, bus and ring network structures are under discussion (Fig. 1).

3.2 Modulation and Multiplex Technologies

Technologies for Interactive Services

Interactive services require separate transmission channels for each connection. It is economic to reserve a separate fiber to the exchange for each subscriber for broadband connections with the maximum possible connection capacity of the BISDN or for multiplex connections with high transmission capacity. On the other hand, for connections with one or a few telephones or for ISDN basic accesses, a solution competitive with a telephone connection via copper cable is only possible with extensive common usage by several subscribers of broadband components, such as optical fibers, optoelectronic transducers and electrical circuits. This provides economic solutions even for BISDN subscribers who require substantially less than the maximum capacity.

Solutions for interactive services are shown in Fig. 2. In keeping with the development trend, only digital signal are transmitted.

Large numbers of subscribers in a single location are efficiently connected to modern services via a synchronous time-division multiplex system, one terminal unit of which is located directly in or at the subscriber's house (Fig. 2 top). The connection from the multiplexer to the terminals is made via conventional copper cable. The broadband connection of the BISDN with high transmission capacity is of the same type. Optoelectronic transducers and multiplex equipment for the connection of several terminals are located directly at the subscriber's premises. The transfer mode is ATM.

Multiplexers for about 16 telephone connections are suitable for the subscriber side with smaller groups of neighboring subscribers (Fig. 2 center). In contrast, a multiplexer for considerably more telephone channels can be employed on the network node side. The distribution of the signals and the optical power to the lines leading to the individual houses is effected by passive optical couplers (PK). The multiplex method employed in such networks with passive couplers is synchronous time-division multiplex (TDM) in the direction to the subscriber. TDMA (time-division multiple access) is employed for access control in the direction to the exchange.

The same network and multiplex principle can be employed on BISDN access lines. Here the transmission mode is ATM, the cellular structure of the signal is exploited for transmission and multiplexing, as well as for TDMA control (APON).

The solution shown at the bottom in Fig. 2, with selective optical couplers and optical wavelength-division multiplexing has the characteristics of a star network. Only the optical fiber between the exchange and the coupler is common to all subscribers.

Bidirectional WDM can be employed as the multiplex principle for all access networks shown in Fig. 2. Also time-division multiplex methods (ping-pong) as well as common-frequency operation can be employed, but do not appear very attractive.

Technologies for Distribution Services

Digital transmission is also preferred for transporting the signals of the distribution services television and broadcast radio. However, for the immediate future the conventional analog methods used for TV signals, employing vestigial sideband amplitude modulation (VSB-AM) and frequency-division multiplex (FDM) will be used. The principle of the passively branched optical network (PON) is also a possibility (Fig. 3 top). Becauce with AM systems the splitting factor in the optical fiber network is small, an optical transmission system can only be used up to the location of an amplifier common to several subscribers. The well-known coaxial systems of modern disribution networks are used for the final distribution from there to the individual receivers. An increase in the splitting factor could result in the use of optical amplifiers.

In the longer term, digital transmission will no doubt also gain acceptance in the TV distribution networks (Fig. 3 center). The high electrical bandwidth will make it necessary to supplement electrical multiplexing by optical (WDM). If all received programs are to be transmitted as digital signals to the terminal equipment, optical fiber house cabling must be installed (Fig. 3 bottom). All principles for the universal introduction of digital technology still require extensive development.

FM is sometimes considered as a suitable modulation principle for TV distribution. Due to the great similarity of possibilities and problems, FM modulation and the associated TDM multiplex method are shown in Fig. 3 in the same position as digital transmission.

Optical frequency-division multiplex (Coherent Multichannel, CMC) transmission combined with optical heterodyne reception is mentioned at the bottom in Fig. 3 as the most modern multiplexing principle. The whole process is, however, in the research stage and can at best only become competitive in the long term.

An alternative to the distribution networks considered so far is to select the desired program by means of a switching matrix arranged at a central point in the network and controlled by the subscriber via a program selection channel (Fig. 4), and to simultaneously transmit to the subscriber only the programs currently required.

Combination of Interactive and Distribution Services

The combination of interactive services, preferably telephone and distribution services, is of particular interest in the home. For economic reasons, it is desirable to use the same cable route and the same cable. If the same fiber is to be used for both types of service, only certain combinations are suitable or actually compatible. Two favorable combinations are shown in Fig. 5.

4. Cost-Optimized Introductory Solutions

In principle, a distinction can be made between two applications:

- Connections for large companies which require a large number of telephone channels and data channels for switched and dedicated networks.

- Connections for private subscribers and smaller companies for fewer telephone channels; in the case of private subscribers this includes cable TV.

4.1 Flexible Network Access for Business Connections

For larger business connections with a communication requirement exceeding 2 Mbit/s, glass-fiber access technology is already a cost-effective solution. It is necessary to equip such business connections with flexible multiplexers which offer a large number of interfaces and access to the various networks (Fig. 6).

4.2 Passive Optical Network for Telephone and Distribution Services

For private subscribers and smaller businesses, solutions are being considered worldwide in which the optical fiber ends in a distant unit (DU) provided in common for several subscribers. With an increasing number of subscribers per DU the cost per subscriber sinks (Fig. 7).

For star-star structures two branching technologies can be employed (Fig. 8):

- Conventional subscriber multiplexers, such as are known in the USA as DLC systems. They require an "active" coupling device with electronics and optoelectronic transducers.

- Passive optical couplers in a passive optical network (PON). A TDMA method is used for this purpose.

The latter coupling principle can also be used with advantage for distribution services (Fig. 9). In the long term the PON will most likely gain acceptance. An acces technology under development at SIEMENS is shown in Fig. 10.

5. Evolution to the BISDN

Any network concept must be assessed not only on the costs for currently provided services but also on its ability to evolve into the broadband ISDN (BISDN). Experts now hold the view that BISDN will be introduced for business customers initially as from the middle of this decade and that ATM will provide the technical basis for the BISDN. Moreover, in the second half of this decade, it is likely that the optical fiber will be used for transmitting digital TV or HDTV up to the subscriber. It is possible to derive from these lines of development a network concept as shown in Fig. 11 with the following principal features:

- Business customers will be offered BISDN via a point-to-point link using spare fibers in the fiber-optic network for the purpose.
- The BISDN loop will employ an STM1 transmission system whose payload will be used to transmit ATM cells.
- ATM multiplexers will be employed to bring distant subscribers to an ATM exchange.
- TV signals will be transmitted in digital form.
- Further development of optical and electrical technologies will allow the fiber to be installed to the home cost-effectively. This would eliminate all electronic circuitry from the loop network except for that located at the subscriber's premises and in the exchange.

In the more distant future private subscribers will also be using interactive broadband services and technological advances will produce further changes:

- APON could be ideal for the medium traffic bit rates (around 10 Mbit/s).
- The coherent multichannel system can transport almost any number of high-quality programs to the subscriber.

The concept of the passive optical network is prepared for all these advances.

6. Final Remarks

The wide-scale application of fiber technology to the subscriber loop network is imminent. Technologies and network concepts are available now (for large business connections) or will be available in a few years (for private subscribers) to provide solutions on a par with the cost of similar copper systems. However, in establishing such solutions it is most important to ensure that they can be adapted flexibly and in an evolutionary manner to future requirements.

Breitbanddienste – Teilnehmeranforderungen, Anwendungen, Einführungsschritte

P. Bocker/H. Armbrüster

1. Breitbandkommunikation und Breitbanddienste

Die Weiterentwicklung der Telekommunikation wird durch die Wünsche der Anwender, Diensteanbieter und Netzbetreiber nach mehr Intelligenz, Mobilität und Flexibilität in Netzen und Diensten auch bei größerer Bandbreite, d.h. Leistungsfähigkeit der zur Verfügung gestellten Verbindungen, geprägt. Als langfristiges Ziel zeichnet sich die universelle personenbezogene Telekommunikation (UPT) ab. Sie schließt ortsunabhängige Erreichbarkeit und den Netzzugang über Kabelanschlüsse oder Funkanschlüsse ebenso ein wie schmalbandige und breitbandige Nutzungen. Für die tatsächliche Evolution der weltweiten Netze und Dienste gelten eine Reihe von Randbedingungen: die verfügbare Technik, die internationale Standardisierung, die Regulierung, die Wirtschaftlichkeit und nicht zuletzt die Akzeptanz bei allen Beteiligten.

Breitbandkommunikation gibt es schon heute. Dazu zählen nicht nur das Fernsehen über terrestrische Sender, Satelliten und Kabel sondern auch Videokonferenzen und schnelle Datenübermittlung über Vorläufer-Breitbandnetze und innerbetriebliche Netze. Für die Weiterentwicklung der Breitbandkommunikation ist ein Aspekt die Forderung nach mehr Flexibilität und Wirtschaftlichkeit der technischen Einrichtungen und der Nutzung im Büro, in der Fabrik und im Heim. Ein weiterer Aspekt ist das Zusammenkommen von Nachrichtentechnik, Datenverarbeitung, Bürotechnik, Industrieautomatisierung und Unterhaltungselektronik vor dem Hintergrund der Entwicklungen bei der Mikro- und Optoelektronik. Hier zeichnen sich mögliche neue Formen der Breitbandkommunikation ab, die zum Teil schon erprobt oder gar begrenzt angeboten werden (Bild 1 und [1 - 9]):

- interaktive Datenkommunikation,
- interaktive Bewegtbildkommunikation,
- Verteilkommunikation.

Dabei ist zwischen Anwendungen und Diensten zu unterscheiden. Anwendungen sind die Art der Nutzung der Telekommunikation im Bereich des Teilnehmers (unter Einbeziehen der Endeinrichtungen und der organisatorischen Einbettung). Dienste werden in Form ihrer Dienstmerkmale durch die Diensteanbieter über das Netz bereitgestellt. Sie sollen jeweils ein breites Spektrum von Anwendungen realisieren.

Breitbandanwendungen		Breitbanddienste		
Kategorie	**Beispiele**	**Bezeichnung**	**Übermitt-lungsdienst**	**Tele-dienst**
Interaktive Daten-kommunikation	CAD/CAM, gemeinsames Editieren, Picture Archiving and Communication System (PACS), File-Transfer, Verbund von Rechnern, Ferndrucken von Zeitungen, Kopplung von LAN/NStA, Zugang zu vorhandenen Netzen/Diensten	Datenübermittlung (verbindungs-orientiert)	×	
	Realisierung von MAN (d.h. virtuellen privaten Netzen)	Datenübermittlung ("connectionless")	×	
	Farb-Telefax, Fax-Mail, Blättern in Dokumenten-Archiven	Dokumentenüber-mittlung und -abruf	×	×
Interaktive Bewegtbild-kommunikation	Bewegtbildkommunikation zwischen Gruppen, Personen/Gruppe, Personen in Studios oder am Arbeitsplatz (Punkt-zu-Punkt oder Mehrpunkt)	Videokonferenz	×	×
	Bewegtbildkommunikation zwischen Personen, Übermittlung oder Mail individueller Videoszenen, Videoüberwachung	Bildfernsprechen		×
	Informationsabruf, Buchen, Ferneinkauf, Beratung, Schulung, Spiele, persönliche Faksimilezeitung, Telesoftware, "Video-on-Demand", "Copying-on-Demand"	Breitband-Bildschirmtext, Videoabruf		×
	Programmübermittlung zu Studios oder KTV-Kopfstellen, Versorgung elektronischer Kinos, elektronische Berichterstattung	TV-Zuspielung	×	
Verteil-kommunikation	Fernsehen mit heutiger oder verbesserter Qualität (PAL, SECAM, NTSC oder D2-MAC), Pay-TV, "Corporate TV", Kabeltext/Kabelbild	TV-Verteilung		×
	Fernsehen mit hochauflösender Qualität, 3D-Fernsehen	HDTV-Verteilung		×

Bild 1 Breitbandanwendungen und Breitbanddienste

2. Bedarf und Nutzen durch Breitbandanwendungen

Eine wachsende Rolle in der Telekommunikation spielen Individualität in der Nutzung und selektiver Zugriff auf Informationen und Fernsehprogramme - neben höherer Übermittlungsgeschwindigkeit und verbesserter Darstellungsqualität. Im Büro- und Fabrikbereich stehen als Motive erhöhte Produktivität, Kostensenkungen und verbesserte Kundenbeziehungen im Vordergrund. Im Heimbereich sind Vielfalt, Bequemlichkeit und persönliche Selbstverwirklichung wichtige Anstöße für die Nutzung neuer Telekommunikationsmöglichkeiten.

Im professionellen Bereich reichen die Anwendungen vom Computer-Aided-Design (CAD) und Computer-Aided-Manufacturing (CAM), dem gemeinsamen Editieren von Zeitschriftenseiten oder Bildarchiven in der Medizin (Bilder 2 und 3) über Farb-Telefax und Arbeitsplatz-Videokonferenzen bis hin zum Informationsabruf unter Einbeziehung von Bildern und dem elektronischen Kino. Eine wachsende Rolle spielt dabei die Kommunikation innerhalb von Gruppen in Form geschlossener Benutzergruppen oder virtueller privater Netze innerhalb des öffentlichen Netzes. Solche virtuellen privaten Netze lassen sich beispielsweise als Metropolitan Area Networks (MAN) auf Basis von "connectionless" Datenübermittlungsdiensten im öffentlichen Netz realisieren. Ein Beispiel ist der von Bellcore/USA vorgeschlagene "Switched Multi-

Bild 2 Gemeinsames Editieren von Zeitschriftenseiten

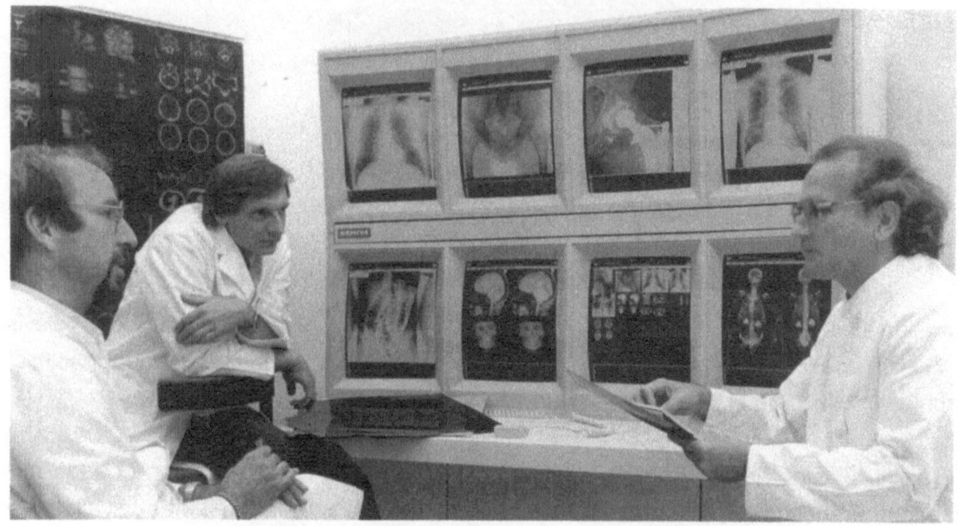

Bild 3 Picture Archiving and Communication System (PACS)

Megabit Data Service" (SMDS) für die leistungsfähige Kopplung von geografisch weit verteilten Local Area Networks (LAN). Hierfür besteht ein stark wachsender Bedarf bei gleichzeitiger Zunahme der zu übermittelnden Bitraten. Immer wichtiger wird außerdem die Multimediakommunikation (Bild 4), die kombinierte Nutzung von Daten, Text, Grafik, Bild, Video (Bewegtbild), Audio (Sprache und Ton). Sie paßt sich am besten der differenzierten Wahrnehmung, Kommunikation und Handlungsweise des Menschen an, sie stellt aber auch neue technische Anforderungen.

Die Anwendungen im privaten Bereich schließen künftig unter anderem Breitband-Bildschirmtext, Video-on-Demand, Pay-TV in der Form von Pay-per-View und Fernsehen mit verbesserter Qualität ein. Zunächst zeichnet sich bereits die Umstellung auf Fernsehen mit breiterem Bild-

Bild 4 Multimediakommunikation mit Arbeitsplatzstation und Fenstertechnik

schirm im 16x9-Format ab; echtes hochauflösendes Fernsehen (High-Definition Television HDTV) ist - bei akzeptablen Kosten - erst gegen Ende der 90er Jahre in Verbindung mit flachen Bildschirmen von 1-Meter-Diagonale bis hin zur "Videowand" zu erwarten.

Bild 5 zeigt für eine Reihe von Einsatzfällen den Nutzen von Breitbandanwendungen in verschiedenen Branchen. Er ist je nach Anwendung recht verschieden, besteht aber allgemein in einer umfassenderen, rascheren und genaueren Information.

Für die Breitbandkommunikation ist es nicht möglich, den künftigen Bedarf durch die Extrapolation der Vergangenheit zu ermitteln. Viele der relevanten Einflußgrößen verändern sich und es gibt immer substituierende und konkurrierende technische Lösungen. Ein Beispiel für eine vergleichbare Entwicklung ist die heutige Verbreitung von Personal Computern, die in diesem Ausmaß vor einigen Jahren praktisch nicht vorhergesagt werden konnte. Eine wichtige Rolle spielen die kritische Masse und die Selbst-Stimulation.

Anforderungen und Bedarf unterscheiden sich bei der Breitbandkommunikation einerseits nach Größe und Branche der Betriebsstätten bzw. nach Einkommen der Haushalte. Sie unterscheiden sich andererseits nach Regionen, wie Innenstadt, Gewerbegebieten, Mischgebieten und Wohngebieten. Entsprechend gestaffelt entwickelt sich die Einführung und Verbreitung der neuen Techniken und Anwendungen. Aus Nutzen- und Aufwandsgründen wird der Bedarf an

Branche	Einsatzfall	Nutzen
Öffentliche Verwaltung	Zentrale Fachberatung zum Arbeitsmarkt durch Arbeitsämter und Verbände	+ Spezifische Beratung + Höhere Effektivität
Medizin	Zugriff auf Patientendaten/-bilder und Spezialisten bei Operationen	+ Rasche Information + Wirksame Unterstützung
Verlage	Gemeinsames Editieren sowie Ferndrucken von Zeitungen und Zeitschriften	+ Später Redaktionsschluß + Geringere Transportkosten
Banken	Elektronische Zweigstelle	+ Umfassender 24-Stunden-Service + Bessere Sicherheit
Industrie	Verteiltes Mikrochip-Design zwischen Entwicklungszentren internationaler Unternehmen	+ Weniger Abstimmungsprobleme + Kurze Entwicklungszeiten
Bau	Planungsdialog zwischen Architekten/Ingenieuren	+ Jeweils aktuelle Pläne + Dreidimensionale Bilder
Handel	Wartungsunterstützung und Schulung für Kraftfahrzeug-Werkstätten durch Servicezentrum	+ Neuestes Knowhow + "Natürliche" Demonstration
Heim	Telearbeit, Fernunterricht und Ferneinkauf	+ Mehr Zeit/Bequemlichkeit + Größere Flexibilität

Bild 5 Nutzen von Breitbandanwendungen (Beispiele)

zusätzlicher Breitbandkommunikation zunächst bei großen Unternehmen entstehen (Verlage, Banken, Versicherungen, Industrie) sowie bei Forschung und öffentlicher Verwaltung [10]. Mit zunehmend flächendeckenden Netzen sowie mit fallenden Gerätekosten und Tarifen können dann auch mittlere und kleinere Organisationen sowie private Haushalte an den erweiterten Möglichkeiten der Breitbandkommunikation teilhaben.

In Bild 6 sind die Breitbanddienste aufgeführt, für die in Deutschland ein Bedarf über digitale öffentliche Netze zu erkennen ist. Zunächst stehen Übermittlungsdienste (Bearer Services) für

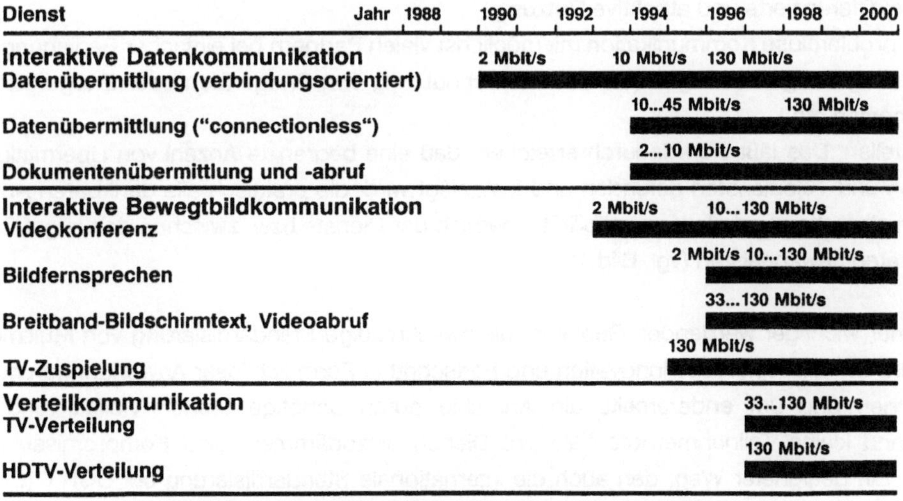

Bild 6 Mögliche Einführung von digitalen Breitbanddiensten (Bundesrepublik Deutschland; jeweils maximale Bitrate)

die interaktive Datenkommunikation im Vordergrund; die anwendungsspezifischen Funktionen werden dabei in den angeschlossenen Endeinrichtungen realisiert. Später spielen dann Teledienste für interaktive Bewegtbildkommunikation (z.B. Bildfernsprechen oder Breitband-Bildschirmtext) eine zunehmende Rolle.

Die zu übermittelnden Bitströme treten teilweise nicht kontinuierlich auf (so bei der "burst"-orientierten interaktiven Datenkommunikation), teilweise sind sie kontinuierlich, insbesondere bei der interaktiven Bewegtbildkommunikation. Allerdings kann hierbei die Bitrate vom jeweiligen Bildinhalt abhängen; geeignete Codierer erzeugen bei gleichbleibender Bildqualität auch variable Bitströme.

3. Offene Kommunikation, Standardisierung und Regulierung

Die Voraussetzung für eine bedarfsgerechte, verbreitete, vielfältige und benutzerfreundliche Telekommunikation ist ein "offenes System" auf der Basis der internationalen Standardisierung von Diensten, Benutzer-Netz-Schnittstellen etc. sowie auf der Basis der geeigneten Regulierung des Netzzugangs für weitere Diensteanbieter [11]. Dies schafft die Grundlage für die unterschiedlichsten Kommunikations- und Informationsbeziehungen zwischen Teilnehmern untereinander oder mit Anbietern von Dienstleistungen, Hörfunk- und Fernsehprogrammen.

Bei der Standardisierung müssen - wie für Schmalbanddienste - auch für Breitbanddienste ausgewogene Vereinbarungen getroffen werden, die

- eine differenzierte und attraktive Nutzung,
- die problemlose Kommunikation mit möglichst vielen Partnern bei einfacher Bedienung,
- kostengünstige Lösungen (durch Mehrfachnutzung von Endgeräten oder Endgerätekomponenten etc.)

sicherstellen. Das läßt sich dadurch erreichen, daß eine begrenzte Anzahl von Übermittlungsdiensten und Telediensten gefunden und festgelegt wird, die praktisch alle denkbaren Anwendungen abdecken und die Kompatibilität innerhalb der Dienste bzw. zwischen den zugehörigen Endgeräten gewährleisten (vgl. Bild 1).

Ein immer wichtiger werdendes Gebiet ist die zweckmäßige Standardisierung von Multimediadiensten. Um hier einerseits Innovation und Fortschritt in Form zahlloser Anwendungen nutzen zu können und um andererseits die Anarchie durch unnötige Dienste-Vielfalt (und entsprechend kleine Teilnehmerpotentiale pro Dienst) einzudämmen, sind Kompromisse erforderlich. Ein geeigneter Weg, den auch die internationale Standardisierung bei CCITT (Comité Consultatif International Télégraphique et Téléphonique) eingeschlagen hat, ist (Bild 7):

Breitbanddienste	Informationsform						Stand der Standardisierung	
	Daten	Text	Grafik	Bild	Video	Audio	Erste Entwürfe	Empfehlungen
Datenübermittlung (verbindungsorientiert)	×						1990	1992
Datenübermittlung ("connectionless")	×						1990	1992
Dokumentenübermittlung und -abruf	×	×	×	×			1993	1994/96
Videokonferenz					×	×	1990	1992
Bildfernsprechen					×	×	1990	1992
Breitband-Bildschirmtext, Videoabruf	×	×	×	×	×	×	1990	1994
TV-Zuspielung					×	×	1990	1994
TV-Verteilung					×	×	1990	1994
HDTV-Verteilung					×	×	1990	1994

Bild 7 Standardisierung von Breitbanddiensten (CCITT)

1. das einheitliche Festlegen von Kommunikationsbausteinen je Informationsform (d.h. für Daten-, Text-, Grafik-, Bild-, Video- und Audio-Dienstekomponenten), unabhängig von den Multimediadiensten, für die sie verwendet werden;

2. das zusätzliche Festlegen einer überschaubaren Anzahl von Multimediadiensten mit ihren allgemeinen Merkmalen und der jeweils zugehörigen und nutzbaren Kombination von Kommunikationsbausteinen für die speziell enthaltenen - wenigen - Informationsformen.

Ein Beispiel ist die Weiterentwicklung von Bildschirmtext zu Breitband-Bildschirmtext durch das Einbeziehen von Bewegtbild und Ton als Ergänzung zu Text, Grafik und Festbild. Bei einem standardisierten Multimediadienst "Breitband-Bildschirmtext" läßt sich mit demselben Endgerät - neben anderen Anwendungen - eine Vielzahl von Informations- und Informationsverarbeitungsdienstleistungen nutzen, die von unterschiedlichen Organisationen an verschiedenen Orten angeboten werden (Bild 8).

Für die weltweite bzw. europaweite Standardisierung im Telekommunikationsbereich sind insbesondere die Arbeiten bei CCIR (Comité Consultatif International de Radio) und CCITT sowie bei ETSI (European Telecommunications Standards Institute) maßgebend. Bei CCITT werden implementierbare Empfehlungen für neue breitbandige Übermittlungs- und Teledienste bis 1992 erwartet; erste abgestimmte Entwürfe liegen schon Ende 1990 vor (Bild 7).

Zwischen den an der Standardisierung Beteiligten wird eine enge Zusammenarbeit immer notwendiger. Das gilt nicht nur für die Standardisierungsgremien untereinander (wie für gemein-

- **Abruf von neuesten Nachrichten aus Politik, Wirtschaft, Kultur und Sport**
- **Filmbeilagen zu Zeitungen, Zeitschriften und Büchern**
(Bücher mit Bewegtbild, animierte Grafik)
- **Elektronische Reiseprospekte und Sightseeing-Touren**
(Urlaubsreisen, Wandervorschläge, Hotels, Restaurants, Verkehrsmittel mit unmittelbarer Reservierungs- und Buchungsmöglichkeit)
- **Elektronisches Branchenverzeichnis, Versandhauskataloge und Ferneinkauf**
(Werbung, Angebote von Immobilien oder Produkten, Gebrauchsanweisungen, Verbraucherinformation mit Warentestergebnissen; unmittelbare Bestellmöglichkeit)
- **Beratung in allen Lebensbereichen**
(Berufsbilder und Karriere-Empfehlungen, Haushaltsführung und Küchenrezepte, Reparaturanleitungen, Anregungen für Hobby und Freizeit, Kindererziehung, Ratgeber für Gesundheit und erste Hilfe)
- **Theater-, Opern-, Konzert-, Kino- und Museumsführer**
- **Lexikon-Informationen und Zugang zu "elektronischen Bibliotheken"**
(Allgemeinwissen, Spezialgebiete, Biographien; einschließlich kurzer Filmszenen)
- **Generelle und berufliche Aus- und Weiterbildung**
(Interaktiver audiovisueller Unterricht, Simulation von technischen Systemen, Intelligenz- und Eignungstests)
- **Telespiele**
(Computerspiele mit Illusion der wirklichen Welt etc.)
- **Ton-, Bild- und Filmarchive**
(Recherchen und individuelle Material-Zusammenstellungen für Journalisten, Lehrer, Berater, Vertriebspersonal, Werkstätten, "Informationshändler")

Bild 8 Anwendungsbeispiele von Breitband-Bildschirmtext

same Themen von CCIR und CCITT), sondern auch für das rechtzeitige Einbeziehen der Anwender sowie der Hersteller von Infrastruktur- und Endeinrichtungen (Zusammenarbeit mit ISO - International Organization for Standardization - und bei ETSI). Auf diese Weise können zum Beispiel

- eine auf lange Zeit ausgelegte Aufwärtskompatibilität der Technik und ihrer Nutzung sichergestellt werden,
- einheitliche Bitraten und Codierverfahren für interaktive Dienste und Verteildienste sowie eine Beschränkung der Varianten für die Qualität, Auflösung und Formate von Bilddarstellungen festgelegt werden und
- ausgewogene Schnittstellen zwischen öffentlichen und privaten Netzen, geeignete Konzepte für Büro- und Heimverkabelung sowie für die Anschlußtechnik und die (Fern-) Bedienung erarbeitet werden.

Ein weiterer wichtiger Aspekt ist eine geeignete Regulierung des offenen Zugangs von unabhängigen Diensteanbietern zu den Netzleistungen, technisch und wirtschaftlich vergleichbar mit dem von Netzbetreibern, die gleichzeitig auch Dienste anbieten. Das ist das Ziel der "Open Network Provision" (ONP) in Europa im Hinblick auf die Harmonisierung, Verbreitung und Nutzung wichtiger Dienste (zu vernünftigen Tarifen), im Hinblick auf die Förderung von Innovationen und im Hinblick auf das Verhindern marktbeherrschender Stellungen mit dem Ziel eines freien Marktes für "Kommunikation und Information" [12]. ONP umfaßt zum einen ordnungspolitische Auflagen für die Netzbetreiber, zum anderen die daraus resultierenden technischen Anforderungen an die Netzinfrastruktur und ggf. an reservierte Dienste, d.h.

technische Schnittstellen, Benutzungsbedingungen und Tarifgrundsätze für den nicht-diskriminierenden Netzanschluß und Dienstebetrieb der unabhängigen Anbieter von nicht-reservierten Diensten. Dadurch soll insbesondere ein fairer Wettbewerb bei "Value Added Services" (VAS) sichergestellt werden.

4. Einführungsschritte für Breitbanddienste und Breitbandnetze

4.1 Der Weg zum Breitband-ISDN

Langfristig wird in vielen Ländern ein intelligentes integriertes Breitbandnetz für alle Dienste angestrebt, das Breitband-ISDN. Es beruht auf dem Übermittlungsverfahren ATM (Asynchronous Transfer Mode) und bezieht die Vorteile des intelligenten Netzes und eines integrierten Netzmanagements ein [13]. ATM bietet für den Benutzer die Möglichkeit, flexibel Bitraten und mehrere "virtuelle" Verbindungen je nach momentanem Bedarf über seinen Anschluß bis zur verfügbaren Gesamtkapazität von etwa 150 Mbit/s oder 600 Mbit/s in Anspruch zu nehmen. Damit wird ATM - neben der Übermittlung beliebiger kontinuierlicher Bitströme - insbesondere den geschilderten Anforderungen der "burst"-orientierten Datenübermittlung, der Bewegtbildkommunikation mit variablen Bitraten sowie der vielseitigen Multimediakommunikation gerecht. Für den Betreiber verspricht ATM eine verbesserte Wirtschaftlichkeit: einerseits durch die übersichtliche und einfach steuerbare Netzinfrastruktur mit Hilfe des Konzepts virtueller Pfade (Einsparen von Hierarchieebenen und teilweises Ersetzen von Fernvermittlungen durch Crossconnectoren), andererseits durch eine einheitliche bitraten-unabhängige Übertragungs- und Vermittlungstechnik. Sowohl in der Nutzung als auch in den Kosten wird das universelle ATM-Netz gegenüber der Alternative mehrerer spezialisierter Netze nebeneinander - bei den steigenden Anforderungen - überlegen sein.

Wegen des großen Entwicklungs- und Investitionsaufwands läßt sich das Breitband-ISDN auf ATM-Basis jedoch nicht kurz- oder mittelfristig flächendeckend aufbauen. Ziel muß daher sein,

- o einerseits die vorhandenen Netze mit geeigneten technischen Konzepten schrittweise zu erweitern; das gilt für den Ausbau des Fernsprechnetzes über das ISDN zum Breitband-ISDN;

- o andererseits neu entstehende Netze so auszulegen, daß sie von Anfang an wirtschaftlich die vorhandene Nachfrage bedienen und dabei später in das Breitband-ISDN überführt werden können; das gilt
  - für frühzeitige Glasfaseranschlüsse im geschäftlichen Bereich in Verbindung mit

flexiblen Zugangsmöglichkeiten zum Netz und der Konzentration von Schmalbanddiensten auf Breitbandverbindungen (Fiber-to-the-Office);
- für "öffentliche" Metropolitan Area Networks (MAN);
- für frühzeitige Glasfaseranschlüsse im privaten Bereich zunächst für Fernsprechen und ggf. für Fernsehen (Fiber-to-the-Home);

sowohl im Büro- als auch im Heimbereich lassen sich dann später weitere Breitbanddienste kostengünstig über die schon vorhandene Glasfaser-Anschlußleitung ergänzen.

Dieses Ziel führt zur Notwendigkeit eines umfassenden, technisch und wirtschaftlich vernünftigen Konzepts für die Evolution der öffentlichen und privaten Netze und Dienste. Das ermöglicht beispielsweise den Einstieg mit MAN nach dem IEEE-802.6-Standard für erste LAN-Kopplungen. Später, sobald die Anzahl der zu vernetzenden Standorte oder der Kommunikationspartner, die Entfernungen oder die Bitraten je Nutzung zunehmen, kann diese Lösung auf ATM-Anschlüsse mit oder ohne "Connectionless-Server" im öffentlichen Netz umgestellt werden.

Bild 9 gibt einen Überblick über derzeitige und künftige Netze und das zugehörige Diensteangebot. Dazu kommen noch spezielle Netze, wie zum Beispiel das Vorläufer-Breitbandnetz (VBN) in Deutschland. Während die heutigen und die sich mittelfristig abzeichnenden Netze nur jeweils bestimmte Dienste ermöglichen, umfaßt das Breitband-ISDN langfristig das volle Dienstespektrum. Hochauflösendes Fernsehen (HDTV) läßt sich - ohne Qualitätsverluste - überhaupt nur über Glasfaseranschlüsse übertragen, insbesondere mit Breitband-ISDN.

Dienste	**Netze**				
	1990		**1992**		**1995**
	Fernsprechnetz, ISDN	KTV-Netze u.a.	MAN	Fiber-to-the-Home	Breitband-ISDN
Schmalbanddienste:	☐		☐	☐	☐
Breitbanddienste:					
Datenübermittlung (verbindungsorientiert)			☐		☐
Datenübermittlung ("connectionless")			☐		☐
Dokumentenübermittlung und -abruf			☐		☐
Videokonferenz					☐
Bildfernsprechen					☐
Breitband-Bildschirmtext, Videoabruf		☐		☐	☐
TV-Zuspielung		☐			☐
TV-Verteilung		☐		☐	☐
HDTV-Verteilung		☐		☐	☐

Bild 9 Netze und zugehöriges Diensteangebot

Eine zunehmende Bedeutung haben die Leistungsmerkmale eines intelligenten Netzes (IN). Das intelligente Netz bietet durch die Verteilung der Netzintelligenz, definierte Schnittstellen und die Dienste-"Komposition" die Möglichkeit für den Netzbetreiber und die Diensteanbieter, schnell auf Änderungen in den Anforderungen der Anwender oder in der Regulierung zu reagieren. Während das ISDN und Breitband-ISDN vor allem den Dienstezugang unterstützen, übernimmt das IN die Dienstesteuerung und den Diensteablauf. Beide erlauben die rasche, auch probeweise Einführung von Diensten sowie deren einfache Nutzung.

Von entscheidender Bedeutung für die Nutzung von Breitbanddiensten und -netzen sind anwendungsgerechte und kostengünstige Endeinrichtungen, darunter zunehmend multifunktionale Endgeräte (Arbeitsplatzstationen, kommunikationsfähige Personal Computer). In Verbindung mit der Fenstertechnik können bei Bedarf den einzelnen Fenstern virtuelle Verbindungen für Daten, Text, Grafik und Bild zugeordnet werden. Durch Einschieben einer Videokarte lassen sich diese Desktop-Rechner auch für die Bewegtbildkommunikation einrichten. Häufig sind solche Geräte als Bestandteile lokaler Systeme schon vorhanden und können künftig - mit geeigneten Adaptern - auch über öffentliche ATM-Netze genutzt werden. In einem zweiten Schritt sind diese ATM-Adapter in die Endgeräte integriert, bevor später auch echte ATM-Endgeräte verfügbar werden.

4.2 Pilotanwendungen und Pilotnetze

Auf dem Weg zum intelligenten integrierten Breitbandnetz spielt die rechtzeitige Erprobung neuer Anwendungen und Techniken im Hinblick auf eine rasche Einführung und wachsende Nutzung in Zusammenarbeit zwischen Anwendern, Diensteanbietern, Netzbetreibern und Herstellern eine wichtige Rolle.

Pilotanwendungen von ATM-Breitbanddiensten mit geeigneten Partnern tragen dazu bei, frühzeitig reale Nutzungsszenarien und Bedienungskonzepte zu gestalten, die Akzeptanz zu klären, Anforderungen an das öffentliche Netz und die Endeinrichtungen zu ermitteln (einschließlich Daten- und Persönlichkeitsschutz) und die internationale Standardisierung voranzutreiben. Heute gibt es weltweit schon eine große Anzahl an Pilotanwendungen von Breitbanddiensten. Neben Projekten am Vorläufer-Breitbandnetz (VBN) der Deutschen Bundespost Telekom und beim Berliner Kommunikationssystem BERKOM gehören dazu auch 18 "Application Pilots" bei RACE (Research and Development in Advanced Communication Technologies for Europe).

Bei einer Gegenüberstellung des mittelfristigen Breitband-Marktpotentials verschiedener Branchen mit heute laufenden oder geplanten Pilotprojekten für Breitband-Applikationen zeigt sich, daß insbesondere zusätzliche Vorhaben im Bereich der Industrie weitere wichtige Impulse für die Einführung und Nutzung künftiger Breitbandnetze auf ATM-Basis geben können (Bild 10). Als besonders geeignete zusätzliche Vorhaben bieten sich an:

Branchen mit Breitbandpotential	Breitband-Marktpotential (mittelfristig)	Pilotprojekte heute Europa	USA	Japan
Öffentliche Verwaltung	Mittel	Wenige, keine		Mehrere
Ausbildung/Kultur	Klein	Mehrere	Wenige, keine	Mehrere
Forschung/Wissenschaft	Klein	Mehrere	Mehrere	Mehrere
Medizin	Mittel	Viele	Viele	Viele
Verlage	Mittel	Viele		
Banken/Versicherungen	Mittel	Wenige, keine		
Industrie	Groß	Mehrere	Mehrere	Viele
Bau	Klein	Wenige, keine		
Handel	Klein	Wenige, keine		Mehrere
Tourismus/Transport	Klein	Wenige, keine		
Heim/Unterhaltung	Klein; Langfristig groß	Viele	Viele	Viele

■ Groß ▨ Mittel □ Klein ● Viele ◍ Mehrere ○ Wenige, keine

Bild 10 Marktpotential und Pilotprojekte für Breitbandanwendungen

(1) Verteilte Ingenieurtätigkeit in den Bereichen Computer-Aided-Design (CAD) und Computer-Integrated-Manufacturing (CIM), unterstützt durch LAN-Kopplung, Videokonferenzen unter Einschluß von Daten und 3D-Grafiken, Editieren, Archivieren und Abrufen von Multimedia-Dokumenten;

(2) Zusammenarbeit von Experten zur Vorbereitung, Koordinierung, Abstimmung und Dokumentation im Rahmen internationaler Gremien oder Programme (z.B. CCITT, ETSI oder RACE), unterstützt durch Multimedia-Konferenzen (einschließlich Video) am Arbeitsplatz, gemeinsames Editieren mit integrierter Text-/Grafikverarbeitung, Mailboxen und Zugang zu Archiven;

(3) Wartung von komplexen Systemen (wie Kundendienst in der Automobilbranche), unterstützt durch Bewegtbildkommunikation, Abruf von Multimedia-/Hypermedia-Dokumentation, Demonstration und Simulation von Anleitungen und Prozessen sowie Übermittlung von Diagnosedaten;

(4) Personenbezogener Fernunterricht und Ferntraining in der Industrie, unterstützt durch Verteilen oder interaktiven Abruf von Lehrmaterial (einschließlich Video), Teleberatung und Telekooperation mit entferntem Lehrer sowie die Möglichkeit der Telepartizipation an Veranstaltungen.

Unverzichtbare Voraussetzung für die Erprobung von unterschiedlichsten Breitbandanwendungen und Breitbanddiensten ist die Installation von Breitband-ISDN-Pilotnetzen auf ATM-Basis und in mehreren funktionalen Ausbaustufen (vom Crossconnector bis zu einer vollen Vermittlung), zunächst lokal, später national und schließlich europaweit und international. Das dient nicht nur der Klärung technischer und betrieblicher Fragen, sondern stimuliert auch die organisatorische Einbettung geeigneter Anwendungen und die zügige Entwicklung der dafür benötigten kostengünstigen Endeinrichtungen. Beispiele hierfür sind - neben anderen Vorhaben in einer Reihe von Ländern - das Projekt BERKOM mit der weltweit ersten ATM-Vermittlung (Bild 11) und Projekte des europäischen Förderungsprogramm RACE. EURESCOM (European Institute for Research and Strategic Studies in Telecommunications) als Vereinigung der europäischen Netzbetreiber beabsichtigt, ein paneuropäisches Breitbandpilotnetz einzuführen. In seiner ersten Stufe sollen europaweite Anwendungsprojekte unterstützt werden; im Vordergrund stehen kommerzielle Anwendungen.

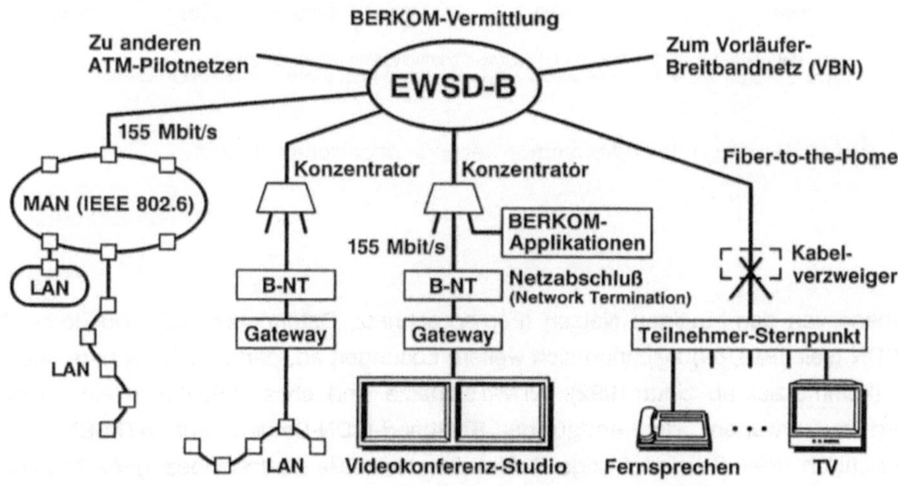

Bild 11 Breitband-ISDN-Pilotnetz auf ATM-Basis (denkbarer Ausbau von BERKOM)

5. Abschließende Bemerkungen

Die Wünsche und der Bedarf der Anwender, Dienste-, Informations- und Programmanbieter sowie der Netzbetreiber führen zu neuen Diensten, neuen Netzkonzepten und geeigneten Evolutionsstrategien (Bild 12). Die Verfügbarkeit von Breitbanddiensten mit Teilnehmeranforderungen, Anwendungen und Einführungsschritten ist zwar ein wichtiger, aber doch nur einer der Aspekte bei der Weiterentwicklung der Telekommunikation.

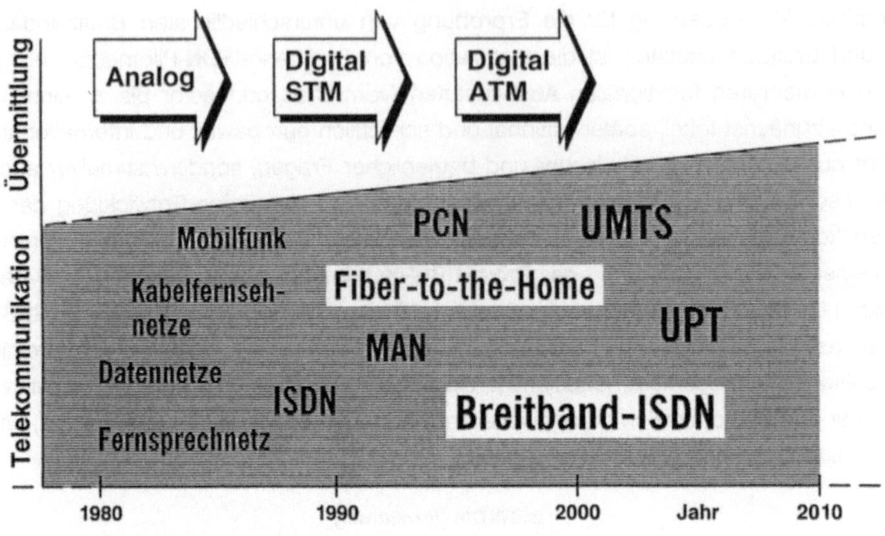

Bild 12 Evolution der Telekommunikation in öffentlichen Netzen

Ausgehend von den heutigen Netzen (Fernsprechnetz, Datennetze etc.) und deren Ausbau zum ISDN (seit 1988/89) zeichnen sich weitere Lösungen ab, darunter MAN und Fiber-to-the-Home (kommerziell ab zirka 1992). ATM-Testnetze sind etwa 1992/93 in einer Reihe von Ländern zu erwarten, der endgültige Breitband-ISDN-Betrieb auf ATM-Basis beginnt voraussichtlich 1995. Das langfristige Ziel ist die universelle personenbezogene Telekommunikation (UPT) mit allen Informationsformen, unabhängig vom augenblicklichen Aufenthaltsort des Kommunikationspartners.

Die zur Zeit noch verbreitete analoge Übermittlung wird mehr und mehr durch die flexiblere und wirtschaftliche digitale Alternative abgelöst, zunächst nach dem STM- (Synchronous Transfer Mode), später nach dem ATM-Verfahren.

Sowohl für das Erarbeiten umfassender Konzepte für die Evolution der Telekommunikation als auch für die Standardisierung und Regulierung sowie die frühzeitige Erprobung von ATM-Anwendungen und -Technik ist eine enge Zusammenarbeit aller Beteiligten erforderlich. Eine wichtige Aufgabe stellt dabei das Harmonisieren der zum Teil unterschiedlichen Arbeiten und Vorschläge im Hinblick auf die rasche Realisierung gemeinsamer Lösungen dar. Hier liegt eine große Chance für die Kommission der Europäischen Gemeinschaft, für EURESCOM, die Telekom-Betreiber, aber auch für die Telekom-Anwender und Telekom-Hersteller.

Schrifttum

[1] Armbrüster, H.; Rothamel, H.J.: Breitbandanwendungen und -dienste - Qualitative und quantitative Anforderungen an künftige Netze. Nachrichtentechnische Zeitschrift 43 (1990) Heft 3, Seiten 150 - 159.

[2] Kanzow, J.: Künftige Dienste von Breitband-ISDN am Beispiel von BERKOM. Kongreßband Medien-Forum, Berlin, 30. August - 1. September 1989, Teil 4, Seiten 70 - 81.

[3] Patterson, J.F.; Egido, C.: Three Keys to the Broadband Future - A View of Applications. IEEE Network Magazine (1990) Heft 2, Seiten 41 - 47.

[4] Punj, V.: Broadband Applications and Services of Public Switched Networks. IEEE Transactions on Consumer Electronics 35 (1989) Heft 2, Seiten 106 - 112.

[5] Weinstein, S.B.: Services and Applications for a Switched Broadband Public Network. Speakers' Papers ITU World Electronic Media Symposium, Genf, 4. - 7. Oktober 1989, Seiten 413 - 417.

[6] Kohli, J.: Medical Imaging Applications of Emerging Broadband Networks. IEEE Communications Magazine (1989) Heft 12, Seiten 8 - 16.

[7] Gordon, G.M.W.; Whiskin, B.: HDTV - The Determinants of Success. Speakers' Papers ITU World Electronic Media Symposium, Genf, 4. - 7. Oktober 1989, Seiten 519 - 522.

[8] Ludwig, L.F.: Multi-Media in ISDN and BISDN: A Paradigm Shift Driven By Evolving User Technology and Applications. Bellcore Digest of Technical Information, Januar 1989, Seiten 5 - 11.

[9] Tachikawa, K.; Sano, K.: The Corporate Philosophy and Service Vision of NTT. NTT Review 2 (1990) Heft 3, Seiten 6 - 11.

[10] Timms, S.: Broadband Communications - The Commercial Impact. IEEE Network Magazine (1989) Heft 4, Seiten 10 - 15, 39.

[11] Bocker, P.: Requirements for Standardizing Interconnectivity and Interoperability. Proceedings USERCOM '89 - International Telecommunication User Conference, Amsterdam, 15. - 17. März 1989, Seiten 169 - 178.

[12] Carrelli, C.: Open Network Provision - Concept in Europe. Beilage zu British Telecommunications Engineering 8 (1989), Juli 1989, Seiten 4 - 8.

[13] Schaffer, B.: ATM Switching in the Developing Telecommunication Networks. Proceedings ISS '90 - International Switching Symposium, Stockholm, 28. Mai - 1. Juni 1990, Band 1, Seiten 105 - 110.

Broadband Services – Subscriber Needs, Applications, Introduction Steps

P. Bocker/H. Armbrüster

1. Broadband Communication and Broadband Services

The continuing development of telecommunications is characterized by the demands of users, service providers and network operators for more intelligence, mobility and flexibility of networks and services, combined with greater bandwidth and cost effectiveness. The long-term objective is seen to be the broadband ISDN and universal personal telecommunications.

Broadband communication is here today. It includes not only television, but also first video-conferencing and high-speed data transfer applications. In addition, new broadband services can be expected for interactive data communication, interactive video communication and distributive communication (Fig. 1).

2. Demand and Benefits of Broadband Applications

In the office and factory environment the primary motives are increased productivity, cost reductions and improved customer relationships. Examples of broadband applications that have been quoted - apart from the high-performance coupling of local area networks (LAN) and many others - are the joint editing of magazine pages or picture archives in the medical area (Figs. 2 and 3). In the home environment, variety, convenience and personal self-realization are important stimuli for the acceptance of new telecommunications facilities. The applications in the private sector will in the future include, for example, pay TV in the form of pay-per-view and television with improved quality. In all areas, growing importance is being attached to multi-media communication (Fig. 4) with combined use of data, text, graphics, image, video and audio information. Fig. 5 shows the benefits of broadband applications in various sectors when put to a number of different purposes.

For broadband communication it is not possible to assess future demand by extrapolation from the past. Requirements and demand differ on the one hand in the size and sector of business, and in the income of households. They differ on the other hand also by region, such as in the inner cities and residential areas. For reasons of benefits and costs the demand for additional broadband communication will initially arise in large companies, in research institutes and public authorities. As networks spread their coverage, and as equipment costs and charges decline, then medium-sized and smaller organizations and private households will come to enjoy the extended range of capabilities, too.

Fig. 6 lists the broadband services for which there is seen to be a demand in Germany over digital public networks. Initially, bearer services for interactive data communication will occupy the foreground. Later, teleservices for interactive video communication (e.g. videotelephony) will play an increasing part.

3. Open Communication, Standardization and Regulation

The way is paved for widespread, varied and user-friendly telecommunications by an "open system" on the basis of international standardization and suitable regulation.

For standardization of broadband services - as for narrowband services - well-balanced agreements must be arrived at that guarantee attractive utilization for the largest possible number of partners with favorably priced solutions. This can be achieved by finding a limited number of services to cover all conceivable applications (Fig. 7). For example, with an internationally standardized multi-media service "broadband videotex" it is possible with one and the same teminal to use numerous services from different organizations at different locations (Fig. 8). In the CCITT (Comité Consultatif International Télégraphique et Téléphonique) recommendations that can be implemented worldwide for new broadband bearer and teleservices are expected by 1992; the first agreed drafts will be ready by the end of 1990 (Fig. 7).

A further important aspect is the appropriate regulation of open access of independent service providers to the network facilities, which is both technically and economically comparable to that of the network operators, who simultaneously also offer services. This is the aim of "open network provision" (ONP) in Europe with regard to a free market for "communication and information".

4. Introductory Steps for Broadband Services and Broadband Networks

In the long term, the objective in many countries is an intelligent integrated broadband network for all services, the broadband ISDN. It is based on the asynchronous transfer mode ATM and encompasses the advantages of the intelligent network and of integrated network management. ATM offers the user a means of availing himself flexibly of any desired bit rates and several "virtual" connections via his network access, depending on instantaneous demand. For the network operator, ATM promises greater cost effectiveness, on the one hand thanks to the clear and simply controlled network infrastructure and on the other hand thanks to the uniform, bitrate-independent transmission and switching equipment. The universal ATM network will thus be superior to the alternative arrangement whereby several specialized networks exist side-by-side.

Because of the high development and investment costs involved, however, the broadband ISDN based on ATM will not be able to attain wide coverage in the short or medium term. The aim must therefore be on the one hand to extend the existing networks step-by-step with suitable technical concepts (telephone network, ISDN), and on the other to design newly formed networks with glass-fiber accesses for the business and private sectors (fiber-to-the-office, metropolitan area networks, fiber-to-the-home) such that they can economically cope with existing demand from the outset and can later be incorporated in the broadband ISDN. Fig. 9 gives an overview of the present and future networks and the associated range of services offered. Whereas the networks of today and those anticipated in the medium-term future each permit only certain services, the universal broadband ISDN will in the long term cover the entire spectrum of services.

On the way to the intelligent integrated broadband network it is important that new applications and techniques be tested in good time in order to ensure their rapid introduction and growing utilization. Pilot applications of ATM broadband services with suitable partners are contributing toward clarification of acceptance at an early stage, and determining the requirements on the public network and terminal equipment. A comparison of the medium-term broadband market potential in various sectors with the current or planned pilot projects for broadband applications shows that especially additional projects in the industrial sector can give further important stimuli to future broadband networks (Fig. 10).

An indispensable condition for trying out a wide variety of broadband applications and broadband services is the installation of broadband-ISDN test networks on an ATM basis in several functional capacity stages (from a cross connect to a full exchange), first locally, then nationally and finally throughout Europe and internationally. This serves not only to clarify technical and operational questions, but also stimulates speedy development of the necessary low-cost terminal equipment, including multi-functional terminals. One example of this is the BERKOM project, the Berlin communication system with the world's first ATM exchange (Fig. 11).

5. Concluding Remarks

The wishes and requirements of the users, service providers and network operators lead to new services, new network concepts and suitable evolution strategies (Fig. 12). The availability of broadband services with subscriber needs, applications and introduction steps is an important aspect, but only one aspect of the continuing development of telecommunications.

Departing from today's networks and their expansion into the ISDN (since 1988/89) we can see that metropolitan area networks and fiber-to-the-home solutions are coming into being (commercially by about 1992). ATM test networks can be expected in a number of countries by 1992/93, and the ultimate broadband-ISDN operation on an ATM basis will probably commence by 1995.

Both for working out comprehensive concepts for the evolution of telecommunications and for the early testing of ATM applications and technology, close cooperation is necessary between all concerned. One important task in this connection is the harmonization of the - to some degree divergent - work in progress and of conflicting proposals, with a view to rapid realization of common solutions. This offers a big chance for the Commission of the European Communities, for EURESCOM (European Institute for Research and Strategic Studies in Telecommunications), for telecom operators as well as for telecom users and telecom manufacturers.

Das integrierte Glasfasernetz in Konkurrenz zu anwendungsoptimierten Teilnetzen - Systemanalytische Betrachtungen zur Einführungsstrategie

A. Ziemer

1. Einleitung

Der Aufbau von Glasfaserteilnehmeranschlüssen wird meistens mit der Errichtung eines dienstintegrierenden breitbandigen Glasfasernetzes (IBCN = Intergrated Broadband Communication Network) in Verbindung gebracht. Ein solches, völlig neu aufzubauendes Breitbandvermittlungsnetz muß in seiner Struktur und Leistungsfähigkeit wie aber auch mit seinem Übertragungsangebot und seiner Teilnehmerkosten in Konkurrenz zu bereits bestehenden anwendungsoptimierten Teilnetzen gesehen werden. Dieses neue Netz muß die Teilnetze ablösen oder in sich integrieren. Dazu muß es diesen gegenüber neben technischen vor allem auch betriebliche und wirtschaftliche Vorteile bieten. Es lohnt sich also, in einer kurzen Analyse zunächst auf Leistungsfähigkeit und wirtschaftliches Potential der in Frage kommenden anwendungsoptimierten Teilnetzen einzugehen, bevor die Frage behandelt werden kann, ob der Glasfaserteilnehmeranschluß (FTTH = Fibre to the Home) über den Neuaufbau eines IBCN entstehen kann. Diese Teilnetze sind in den Bildern 1 bis 9 wiedergegeben bzw. charakterisiert.

2. Konkurrenzanalyse zu anwendungsoptimierten Teilnetzen

In Bild 1 und 2 wird das terrestrische Sendernetz für die Rundfunkversorgung dargestellt. Am Beispiel des ZDF-Fernsehprogramms sieht man, daß mit etwa 89 Grundnetzsendern und 2.376 Füllsendern ein Versorgungsgrad von über 99 % erreicht wird. Mit weiteren 5 Grundnetzsendern kann ein ähnlich hoher Versorgungsgrad auch auf das Gebiet der 5 neuen Bundesländer ausgedehnt werden. Die jährlichen Betriebskosten des Netzes betragen für das ZDF etwa 196 Mio DM. Die Gesamtkapazität ist so beschaffen, daß mit dem als Verteilnetz aufgebauten terrestrischen Netzen eine Vollversorgung mit 3 - 4 Fernsehprogrammen und einer Vielzahl von Hörfunkprogrammen in UKW-Qualität (15 KHz) sichergestellt wird. Dieses Sendernetz sichert die Grundversorgung im Rundfunkbereich (Hörfunk und Fernsehen). Es macht insbesondere mobilen Empfang möglich.

Die Kapazitätseinschränkung auf 3 - 4 Fernsehprogramme des terrestrischen Netzes ist durch die Systeme Kabel und Satellit sowie die Satellitendirektversorgung aufgehoben worden (vgl. Bild 3 bis Bild 5). Mit einem Investitionsaufwand von bislang über 12 Mrd DM ist allein das auf Kupferkoaxialbasis aufgebaute BK-Netz soweit in der Fläche installiert worden, daß es heute bereits nahezu 30 % aller Haushalte mit bis zu 26 Fernsehprogrammen versorgt. Weitere 12 Kanäle des Hyperbands lassen dabei in Zukunft auch eine schmalbandige Versorgung mit HDTV über die europäische Ausstrahlungsnorm HD-MAC zu. Die Ausbaupläne für das BK- Netz laufen auf eine Flächendeckung von etwa 80 % hinaus.

Überlagert wird dieses Teilnetz von dem System Direct-to-home (DTH)-Satellit, bei dem heute in Deutschland bereits für etwa 1,5 Mrd DM Individualempfangsanlagen installiert worden sind. Bei der Versorgung von etwa 20 % aller Haushalte mit diesem System als geschätzte Obergrenze beliefe sich die bodenseitige Infrastruktur für Empfangsanlagen auf etwa 7 bis 8 Mrd DM. Auch über dieses System kann später mühelos HDTV übertragen werden, wobei u. U. sogar die Einschränkung auf den schmalbandigen Übertragungsweg HD-MAC fallengelassen werden kann.

Eine vollgültige, flächendeckende und auch zukunftssichere Hörfunk- und Fernsehversorgung ist mit den Teilnetzen "Terrestrisch", "Kabel + Satellit" und "Satellit direkt (DTH)" also sichergestellt und mit großem Investitionsaufwand weitgehend ausgebaut.

In Bild 6 und 7 ist die schmalbandige Kommunikation auf der Basis der heutigen Vermittlungsnetze, Telefonnetz und IDN sowie ihrer Integration zum ISDN wiedergegeben. Insbesondere mit dem Ausbau zum ISDN wird es dabei - wie bekannt - möglich sein, nahezu die gesamte schmalbandige Kommunikation in hervorragender Qualität über ein Netz flächendeckend sicherzustellen. Die Flächendeckung ist durch die Entwicklung aus dem Fernmeldenetz sichergestellt. Zur Steigerung der Akzeptanz des ISDN kann davon ausgegangen werden, daß auch für die qualitativ eingeschränkte Bewegtbildkommunikation des Bildfernsprechens in ISDN technisch gute und preiswerte Lösungen gefunden werden. Das Bildfernsprechen wird oft als ein künftiger Dienst mit Massenattraktion genannt, der das IBCN erfordern würde; dieses wäre dann nicht mehr zutreffend.

In Bild 8 und 9 sind die Merkmale des auf Glasfaser aufgebauten Vorläuferbreitbandnetzes VBN dargestellt. Dieses breitbandige Vermittlungsnetz erfüllt inzwischen wichtige und akzeptierte Funktionen im geschäftlichen Bereich. Erwähnt seien Videokonferenzen, schnelle Datenkommunikation aber auch die Signalzuführung für Rundfunkanstalten (Reportagedienste). Eine Flächendeckung kann von diesem Netz bei einer solchen Angebotsstruktur auch langfristig nicht erwartet werden. Es kann jedoch rein "leitungsmäßig" als ein Grundelement eines IBCN angesehen werden.

In Bild 10 sind die Konsequenzen für das IBCN aus dieser Konkurrenzsituation zu den bestehenden anwendungsoptimierten Teilnetzen zusammengefaßt. Das IBCN muß mit einem großen Entwicklungs- und Investitionsaufwand - Schätzungen belaufen sich auf hohe 2-stellige Mrd-DM-Zahlen - gegen diese Teilnetze und ihren funktionierenden Service aufgebaut und durchgesetzt werden. Dazu wären neue, massenattraktive Breitbanddienste notwendig, die einzig und allein über das IBCN geboten werden können. HDTV und Bildtelefon werden in diesem Zusammenhang oft genannt, sie können jedoch - wie dargestellt - bereits über die bestehenden Teilnetze und zwar ingesamt und von Beginn an flächendeckend angeboten werden. Weitere Optionen für massenattraktive Breitbanddienste sind z. Z nicht absehbar. Es muß daher davon ausgegangen werden, daß sich der Teilnehmeranschluß in Glasfaser nicht durch eine Verlagerung schon vorhandener oder beabsichtigter (Breitband-) Dienste von den anwendungsoptimierten Teilnetzen auf ein IBCN herbeiführen läßt.

3. Der Teilnehmeranschluß in den anwendungsoptimierten Teilnetzen

Nach diesem eher negativen Ergebnis aus einer Konkurrenzanalyse zwischen dem IBCN und existierenden anwendungsoptimierten Teilnetzen, scheint es geboten, die Einsatzmöglichkeit eines Glasfaserteilnehmeranschlusses in diesen Teilnetzen selbst näher zu betrachten. Dabei bietet sich vor allem und mit größter Bedeutung das Fernsprechnetz = Telefonnetz an, weil es einmal bereits die gewünschte Flächendeckung erreicht hat und es sich außerdem um ein vermittelndes Sternnetz handelt, einer besonders vielseitig und flexibel einsetzbaren Netzstruktur. Sollte hier ein Glasfaserteilnehmeranschluß in einem absehbaren Zeitraum und in Konkurrenz zum herkömmlichen Kupfer-Anschluß die Wirtschaftlichkeitsgrenze erwarten lassen, wäre das sicherlich die erfolgversprechendste und sicherste Möglichkeit für das Umsetzen einer entsprechenden Einführungsstrategie.

Die Bilder 11 und 12 behandeln zwei Alternativen im Telefonnetz; einmal das analoge Fernsprechen (EMD-Technik) und einmal den Anschluß an digitale Ortsvermittlungsstellen (DIV-O). Sie beruhen auf einer Arbeit der Autoren Dornaus und Müller, die in den Technischen Mitteilungen von PKI veröffentlicht worden sind.

Betrachtungszeitpunkt für den Anschluß von Glasfaserteilnehmerleitungen an EMD-Vermittlungen ist das Jahr 1993, weil erst ab diesem Zeitraum nennenswerte Stückzahlen zu wirtschaftlichen vertretbaren Bedingungen für Glasfaserfernsprechanschlüsse erwartet werden können. Bei einem geschätzten Marktvolumen von

> 100.000 Hauptanschlüssen und einem Kostenvergleich basierend auf einem Mittelwert von 4 Fernsprechanschlüssen je Endverzweiger ergibt sich für den Glasfaseranschluß gegenüber dem herkömmlichen Kupfer-Anschluß eine Kostensteigerung von 100 %. Obwohl man auch sagen könnte, daß es "nur" 100 % sind, mit denen man sich die erwünschte Zukunftssicherheit erkaufen würde, scheint dieser Weg wirtschaftlich nicht gangbar zu sein. Es muß auch daran erinnert werden, daß die bislang über das Fernsprechnetz erfolgte Stromversorgung der Endgeräte beim Glasfaseranschluß wegfällt und neue Netzanschlüsse oder Batteriespeisung weitere Aufwendungen erfordern, die im Vergleich noch nicht berücksichtigt sind.

Bei der 2. Alternative, dem Glasfaseranschluß an eine digitalen Ortsvermittlung (Bild 12) schrumpft dieser Abstand aber auf etwa 22 bis 24 %, und zwar sowohl für den Einzelanschluß wie auch für den ISDN-Basisanschluß. Der Betrachtungszeitraum wurde mit 1995 angenommen, da ab diesem Zeitpunkt die entsprechend notwendige "Grundmenge" von DIV-O-Vermittlungen verfügbar sein wird, die jährlich etwa 50.000 Basisanschlüsse und 300.000 Hauptanschlüsse entsprechnd 1 % der Fernsprechhauptanschlüsse zuläßt.

Ein Abstand aber von nur noch 22 bis 24 % im wirtschaftlichen Vergleich zwischen Kupfer und Glasfaser im Teilnehmerendbereich scheint eine Größenordnung zu sein, die vor dem Hintergrund des Zukunftspotentials einer Glasfaser entsprechende Substitutionen zuläßt.

4. Einführungsstrategie für den Glasfaserteilnehmeranschluß

Im Bild 13 ist daher noch einmal zusammengefaßt, wie diese zukunftssichere Einführungsstrategie für den Glasfaserteilnehmeranschluß zu verstehen ist. Durch sukzessive Substitution bzw. Ausbau der Glasfasertechnologie in dem flächendeckenden und massenattraktiven Fernsprechnetz, dem sich evtl. ein entsprechender Einsatz im BK-Netz überlagern kann, wird der Glasfaseranschluß zunehmend eingeführt und ausgebaut. Die so entstehenden Glasfaserinseln weiten sich aus und können auf Dauer zusammengeschlossen werden. In einer Endstufe erlauben sie dann über neue und breitbandige Vermittlungsstellen und mit Integration des VBN die Umstellung auf ein breitbandiges, flächendeckendes Wahlnetz, das IBCN. Es wäre dies eine umgekehrte Vorgehensweise wie beim Aufbau des ISDN, das mit dem Austausch der Vermittlungseinrichtungen eingeleitet wurde. Aber auch hier wäre es wieder nur eine Vorgehensweise, die schrittweises Vorgehen erlaubt und damit wirtschaftlichen Erfolg und Marktdurchsetzung erwarten läßt.

Literatur

J. Dornaus, K. Müller: Glasertechnik im Ortsnetz,
PKI Techn. Mitteilungen 1/1989, Nürnberg

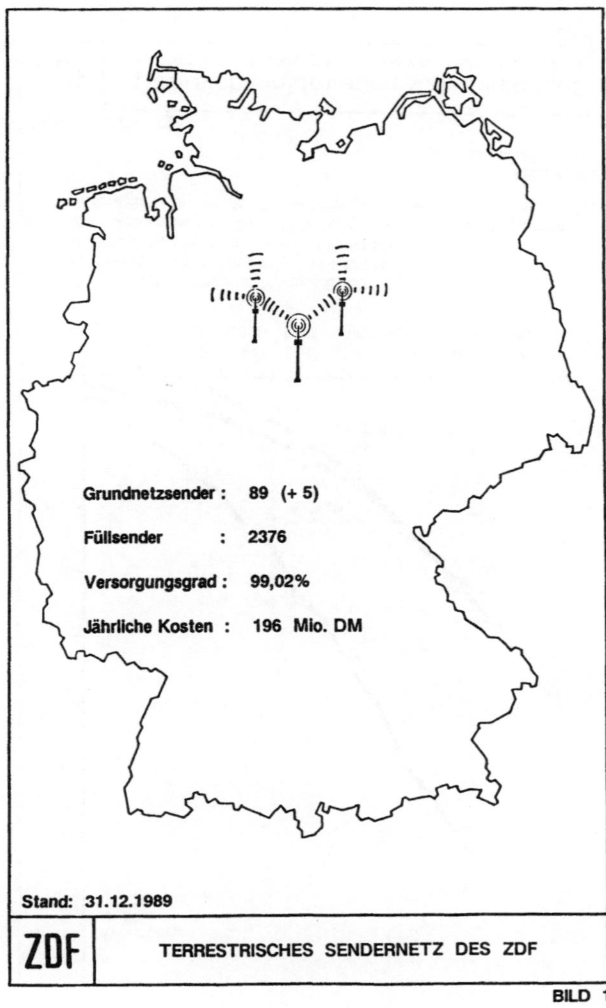
Grundnetzsender : 89 (+ 5)
Füllsender : 2376
Versorgungsgrad : 99,02%
Jährliche Kosten : 196 Mio. DM
Stand: 31.12.1989
ZDF
TERRESTRISCHES SENDERNETZ DES ZDF

BILD 1

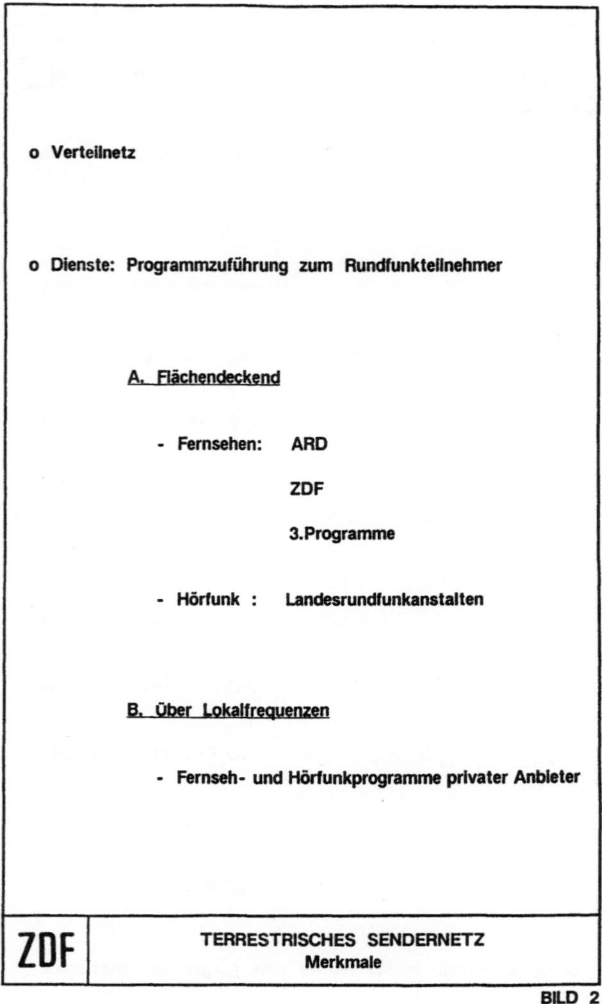
o Verteilnetz
o Dienste: Programmzuführung zum Rundfunkteilnehmer
A. Flächendeckend
- Fernsehen: ARD
ZDF
3.Programme
- Hörfunk : Landesrundfunkanstalten
B. Über Lokalfrequenzen
- Fernseh- und Hörfunkprogramme privater Anbieter
ZDF
TERRESTRISCHES SENDERNETZ
Merkmale

BILD 2

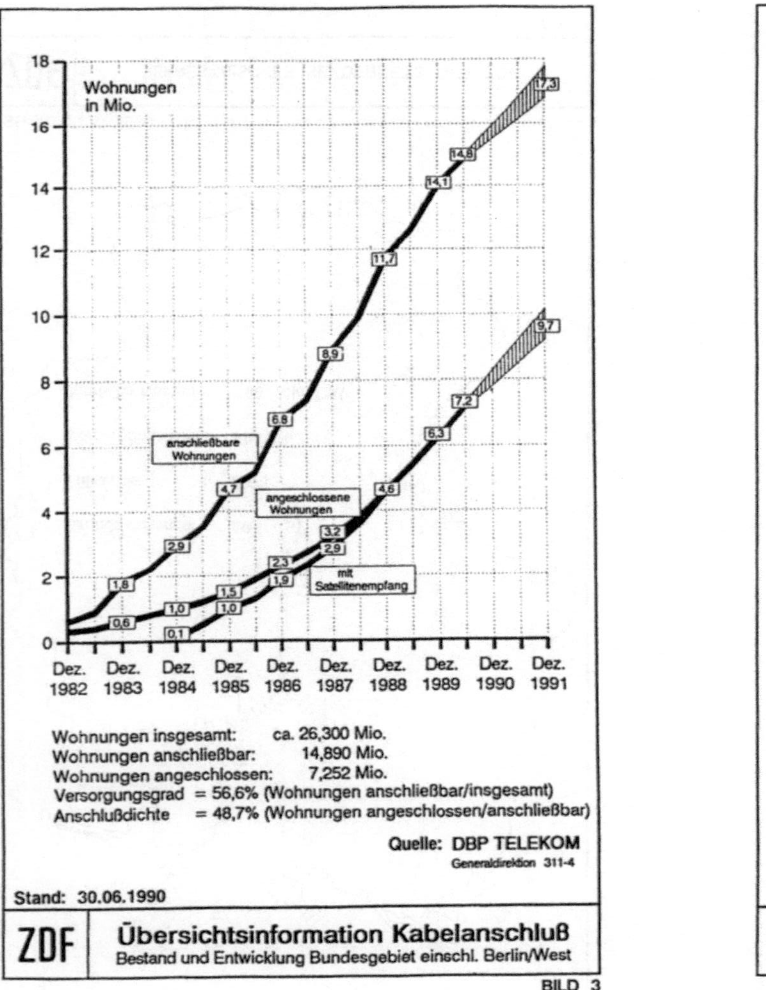

Übersichtsinformation Kabelanschluß
Bestand und Entwicklung Bundesgebiet einschl. Berlin/West

BILD 3

Investitionen der DBP T zum Ausbau der Breitbandverteilnetze:

1980:	0,097 Mrd. DM
1981:	0,193 Mrd. DM
1982:	0,247 Mrd. DM
1983:	0,561 Mrd. DM
1984:	1,000 Mrd. DM
1985:	1,155 Mrd. DM
1986:	1,276 Mrd. DM
1987:	1,474 Mrd. DM
1988:	1,710 Mrd. DM
1989:	1,750 Mrd. DM
1990:	1,800 Mrd. DM
1991:	1,300 Mrd. DM

ZDF JÄHRLICHE INVESTITIONSKOSTEN IM BK - NETZ

BILD 4

- Flächendeckendes System

- Versorgungsmöglichkeit auch für HDTV gegeben

- Kosten und Marktelemente:

Systemkosten Satellit einschließlich Start	Bisherige Investitionen in Empfangsinfrastruktur: (Ende 1990 ca. 1 Mio. HH mit Individualempfang; Durchschnittspreis für eine Empfangsanlage: 1500 DM)
	----> 1,5 Mrd. DM
	Abschätzung des Gesamtmarktes: ca. 20% aller HH ≙ 5,2 Mio. HH
ca. 0,5 Mrd. DM .... 1 Mrd. DM	Marktvolumen: 5,2 Mio. HH x 1500 DM = 7,8 Mrd. DM

ZDF SYSTEM SATELLIT (Individualempfang)

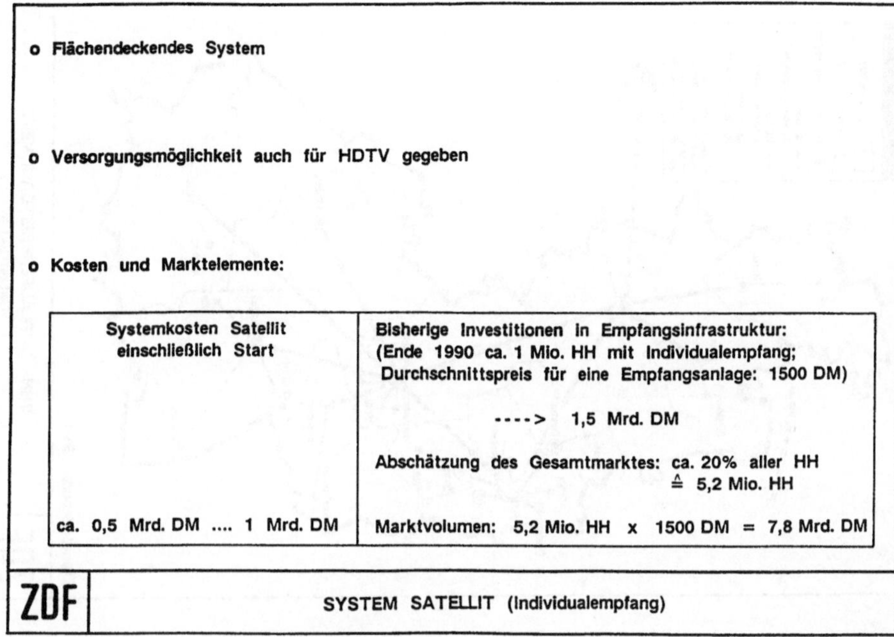

BILD 5

Telefon Teletex Bildfernsprechen Datenübertragung
Telefax Bildschirmtext Standbildübertragung
Datex - L (Dienste)
Datenfestverbindungen (HfD)
Datex - P (Dienste)
Telex
I S D N
Telex
HfD

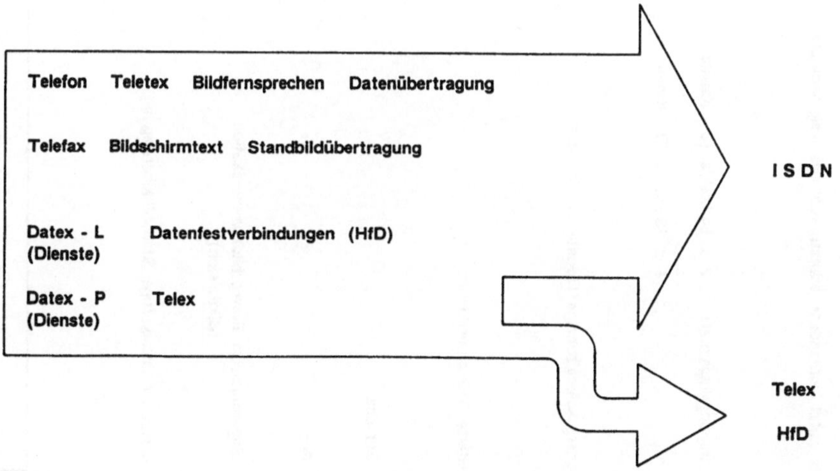

ZDF SCHMALBANDIGE VERMITTELTE NETZE

BILD 6

o ISDN nutzt vorhandene Infrastruktur des Telefonnetzes
o Übertragungskapazität: 2 x 64 kbit/s (B - Kanäle)
1 x 16 kbit/s (D - Kanal)
o Integriert schmalbandige Dienste in ein Netz
o Erweiterte Telefonmerkmale:
- Sprache
- Fax
- Eingeschränkte Bewegtbildkommunikation (Bildtelefon)
- Qualitativ hochwertige Standbildübertragung
ZDF
ISDN - MERKMALE

BILD 7

Struktur des VBN
Standort einer BDV
Standort einer BAV
Orte mit Gf-Overlaynetzen
140 Mbit/s-Verbindungsleitungen *
140 Mbit/s-Anschlußleitungen *
Grenze eines VBN-Anschlußbereichs
Kiel
Hamburg
Oldenburg
Bremen
Hannover
Braunschweig
Berlin
Münster
Essen
Dortmund
Duisburg
Düsseldorf
Wuppertal
Köln
Bonn
Koblenz
Wiesbaden
Frankfurt
Mainz
Darmstadt
Saarbrücken
Mannheim
Nürnberg
Karlsruhe
Stuttgart
Ulm
Augsburg
München
Freiburg
Stand: Januar 1990
ZDF
VBN - VORLÄUFERBREITBANDNETZ
Netzstruktur

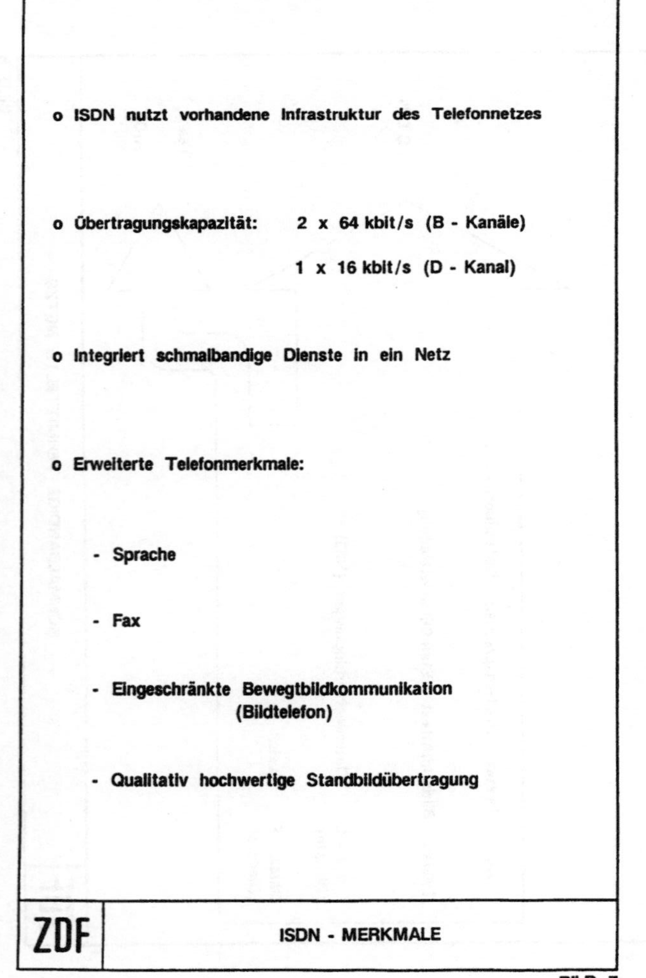

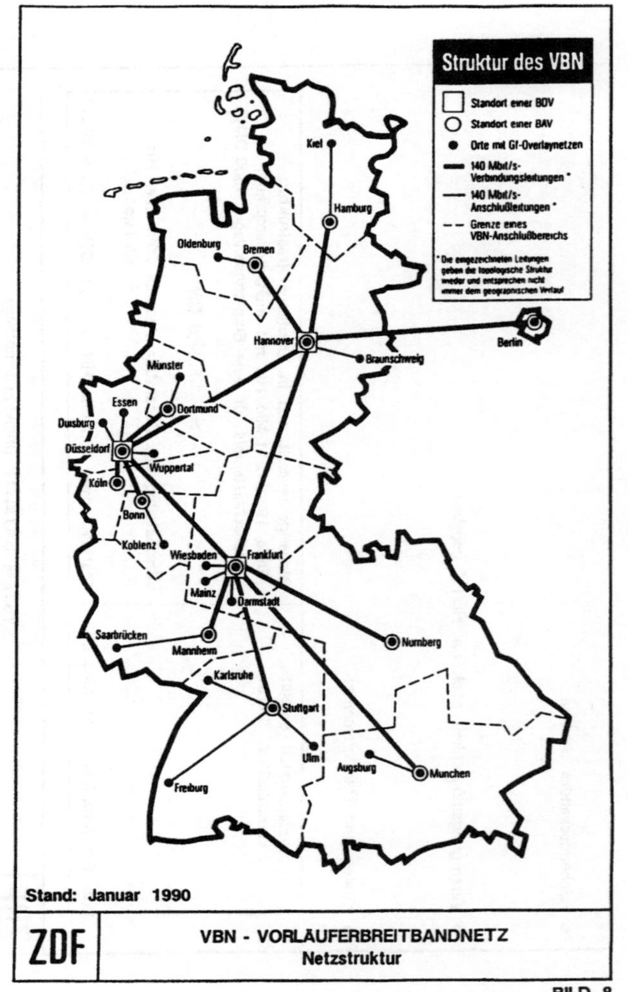

BILD 8

o Leitungsvermitteltes, selbstwahlfähiges Breitbandnetz

o Video- und Datenkommunikation bis 140 Mbit/s

o Über VBN abwickelbare Dienste:

- Videokonferenzen (140 Mbit/s und 2 Mbit/s)
- Tn/TV - Übertragungen (Contribution Quality)
- Qualitativ hochwertige Bewegtbildübertragung (z.B. Computertomographie - Bilder)
- Schnelle Datenkommunikation (insbesondere Verbund von Großrechenanlagen und LAN's)

ZDF | VBN - MERKMALE

BILD 9

o Herausbilden von FTTH über den Aufbau des IBCN:

- Das IBCN muß gegen die Konkurrenz der anwendungsoptimierten Teilnetze (AOT) fast vollständig neu aufgebaut werden (Glasfaseroverlaynetze wie VBN integrierbar)
- Großer Entwicklungs- und Investitionsaufwand
- Neue, massenattraktive Breitbanddienste sind notwendig, die <u>einzig</u> und <u>allein</u> über das IBCN geboten werden können
- HDTV und Bildtelefon können über bereits heute bestehende AOT's abgewickelt werden

o <u>Fazit:</u> Der Glasfaserteilnehmeranschluß kann voraussichtlich nicht durch die Verlagerung schon vorhandener oder neu einzuführender Breitbanddienste von den AOT's in das IBCN entstehen.

ZDF | STRATEGIEN ZUR EINFÜHRUNG DER GLASFASER IM TEILNEHMERANSCHLUSSBEREICH

BILD 10

Kostenrelationen bei Einsatz der Glasfaser auf Anschluß-leitungen im Telefonnetz

o Technische Voraussetzungen: Pro Anschluß 1 Einmodenfaser, Laserdioden als Sendeelemente und Wellenlängenmultiplex.

o 1.Alternative: Analoges Fernsprechen über Glasfaseranschluß-leitungen an EMD - Ämtern

- Betrachtungsjahr: 1993
- Geschätztes Marktvolumen in 1993: > 100.000 HA
- Kostenvergleich basierend auf einem Mittelwert von 4 Fernsprechanschlüssen pro Endverzweiger
- Relative Kosten je Teilnehmer bei:
  - A. herkömmlicher Anschaltung analoger FeAp: 100 %
  - B. Anschaltung über Glasfasersysteme : 200 %
- Glasfaseranschlußleitungen an EMD - Ämtern wirtschaftlich nicht vertretbar

ZDF | STRATEGIEN ZUR EINFÜHRUNG DER GLASFASER IM TEILNEHMERANSCHLUSSBEREICH

Quelle: Dornhaus / Müller in PKI TECH. MITT. 1/89 BILD 11

o 2.Alternative: Basis (ISDN) - und Fernsprechanschlüsse über Glasfaseranschlußleitungen an digitalen Ortsvermittlungen (DIV - O):

- Betrachtungsjahr: 1995
- Mengenvorgabe für optische BA in 1995: ca. 50.000
  Mengenvorgabe für Glasfaserfernsprechanschlüsse (GfFeAs) in 1995 : ca. 300.000
- Kostenrelation je Teilnehmer (bezogen auf analogen FeAs an DIV - O):

		Differenz [opt zu Cu]
BE analog an DIV - O:	100 %	22 %
GfFeAs :	122 %	
BA_{Cu} :	150 %	24 %
BA_{opt} :	186 %	

o Fazit: Ab Mitte der 90er Jahre können Glasfaseranschlußleitungen mit wirtschaftlich vertretbarem Aufwand für Fernsprechen und ISDN - Verbindungen genutzt werden.

ZDF | STRATEGIEN ZUR EINFÜHRUNG DER GLASFASER IM TEILNEHMERANSCHLUSSBEREICH

Quelle: Dornhaus / Müller in PKI TECH. MITT. 1/89 BILD 12

o Anforderungen für eine zukunftssichere Einführungslösung des Glasfaserteilnehmeranschlusses:

- Eine Glasfaserinfrastruktur im kostenintensiven Teilnehmeranschlußbereich kann nach dieser Betrachtung nur entstehen, wenn sich diese durch die massenattraktiven Dienste "TELEFON" und "BK - ANSCHLUSS" umsetzen läßt.

- Dazu: Sukzessive Substitution bzw. Ausbau vorhandener Teilnetze mit flächendeckender Massenattraktivität in Glasfasertechnologie. Das gilt besonders für das Telefon - und BK - Netz.

- So entstehende Glasfaserinseln im Anschlußbereich wachsen dann sukzessive zusammen.

ZDF | STRATEGIEN ZUR EINFÜHRUNG DER GLASFASER IM TEILNEHMERANSCHLUSSBEREICH

BILD 13

The Integrated Optical Network vs. Dedicated Application-oriented Networks - Systemanalytic Views for Introduction Strategies

A. Ziemer

The glass fibre subscriber line is frequently associated with the construction of an Integrated Broadband Communication Network (IBCN). In order to develop an introductory strategy for this type of broadband network which is completely to be constructed by means of glass fibre technology, the first step will be to make an analysis of the application optimized sub-networks competing - from our actual point of view - with this network. These are structures developed over the years for narrow- and broadband communication on the basis of already existing sub-networks or for those being prepared.

Sup-networks	Services
ISDN	all narrowband language, data, text and video services (narrowband switching and retrieval service communication)
Terrestrial broadcasting network	all broadcasting services of radio and television
+ broadband cable network with distribution satellite	broadband distribution communication
+ broadcasting satellite	
VBN (Interim Broadband Network) glass fibre overlay network and distribution satellites	broadband switching communication (business video telephony, video conferences, broadband TV and data communication)

An "Integrated Broadband Communication Network (IBCN)" which is able to incorporate all these switching and distribution services will almost completely to be rebuilt, entering into competition with the application optimized sub-networks mentioned above. Only the glass fibre overlay network could be integrated. From the operational point of view, thus the realization of the Fibre To The Home (FTTH) via IBCN would be conceivable by means of introducing a new, generally attractive service which could exclusively be offered via IBCN.

As one possible new service frequently is mentioned the High Definition Television (HDTV). An HDTV transmitted via IBCN without any restrictions - reduction of bandwidth - would in fact to be considered as being very beneficial to the establishment of the glass fibre subscriber line. The HDTV transmission standard (HD-MAC) developed within the EUREKA EU 95 project requires, however, a reduction of the bandwidth of the signal to be transmitted to about 11,2 MHz. On the other hand, this kind of narrowband HDTV transmission can extensively be covered by means of the following application optimized networks:

Broadband
* Cable network with distribution satellite for community antenna television; feeding into the hyperband (302 MHz - 446 MHz) (bandwidth = 12 MHz)

* Broadcasting satellite for individual reception

As another service with eventually large general attractiveness is to be mentioned the video phone. In order to support the commercialization of ISDN subscriber lines, Deutsche Bundespost TELEKOM is, however, already preparing narrowband video phone via ISDN. The transmission of motion pictures is already a classical field of application of a broadband universal network. As this service - with significant restrictions due to the small bandwidth - is already to be offered in ISDN it cannot be used as a promotive means of advertising appeal for the introduction of the desired glass fibre infra-structure in the field of subscriber lines.

To sum it up: An integrated services broadband glass fibre network and thus the characteristic of a glass fibre subscriber line is only to be constructed by means of the successive substitution or the expansion, respectively, of the existing telephone network with its broad general attractivity, and not by means of shifting the already existing services or those to be introduced (e.g. transmission of TV programms in PAL and/or HD-MAC, video phone, video conferences, etc.) from the application optimized networks into the IBCN. In accordance to these considerations, a glass fibre infra-structure in the high-cost field of subscriber lines can only develop if it is able to be realized via the generally attractive service of "telephone". All FTTH strategies will thus have to start at this point in order to become economically successful.

Ein kombiniertes Teilnehmer-Anschlußnetz mit Lichtwellenleiter für Sprachkommunikation und Bewegtbildverteilung in dünn besiedelten Gebieten - Wirtschaftlichkeitsüberlegung

H. Schüssler

1. Einleitung

Für die Einführung der Glasfaser in Fernmeldenetzen einschließlich der Verbindung zum Teilnehmer und zum Anschluß der Teilnehmergeräte sind in den letzten 10 bis 15 Jahren eine Fülle von technischen Vorschlägen vorgelegt worden. Dabei ist das stärkste Gewicht auf die technische Ausgestaltung dieser neuen Systeme gelegt, und nur in manchen Fällen ist bereits auch ein Kostenvergleich dieser neuen Techniken zu konventionellen Lösungen untersucht worden.

2. Ausgangssituation

Für den Bau von Teilnehmeranschlußnetzen sind Regeln eingeführt. In Bild 1 ist ein Modellnetz dargestellt. Die Verbindung zwischen benachbarten Ortsvermittlungsstellen erfolgt über Ortsverbindungskabel OVk, die im Mittel 4 km lang sind und die mit der Einführung der digitalen Vermittlungstechnik auf Lichtwellenleiter umgestellt worden sind. Das eigentliche Teilnehmeranschlußnetz beginnt mit den Hauptkabelstrecken Hk, die im Mittel 1,5 km lang sind und die sich im Kabelverzweiger rangierbar verzweigen in das Verzweigungskabelnetz Vzk, das üblicherweise über etwas mehr als 300 Meter Länge zu den Endverzweigern EVz führt, die am Eingang der Gebäude gelegen sind. In dünn besiedelten Gebieten werden diese Entfernungen bis zum Faktor 5 überschritten. In den Gebäuden besteht eine Innenverkabelung bis zu dem Netzabschluß NT an den die Geräte angeschlossen werden. In diese übliche Struktur ist noch eine zusätzliche Komponente eingezeichnet, der sogenannte Kleinkabelverzweiger, der als unterirdische Einrichtung ausgeführt werden kann und zukünftig eine Mehrfachnutzung von linientechnischen Einrichtungen, z.B. durch Multiplex-Techniken ermöglichen soll.

Die Frage muß gestellt werden, warum beim heutigen Bestand von etwa 600 Mio. Teilnehmeranschlüssen auf der Welt - 32 Mio. in Deutschland - (Bild 2) grundsätzlich neue Überlegungen für die Realisierung von Teilnehmeranschlußnetzen interessant sind. Das zu erbringende Investitionsvolumen ist so groß, daß Verbesserungen dringend notwendig sind. Die Neuanschaltung von 40 Mio. Teilnehmern erfordert ein Investitionsvolumen von 50 Milliarden DM im Jahr für die Kabelanlage des Teilnehmeranschlusses. Man erkennt ferner, daß je nach Ausstattung und Bauweise dieser Kabelanlage etwa 1.000 - 2.000 DM für einen Teilnehmeranschluß zu investieren sind und daß an diesen Aufwendungen das Verzweigungskabelnetz, das in seiner Ausdehnung wesentlich kleiner ist als das Hauptkabelnetz, mit 60 % der Kosten beteiligt ist. Der Kabelanteil bei der Realisierung der Kabelanlagen ist mit 10,0 % niedrig und liegt überwiegend im Hauptkabelnetz. Im Verzweigungskabelnetz mit 2,4 Mrd. DM pro Jahr dominieren Bauleistungen und Zubehör.

Wegen der hohen Kosten der Teilnehmeranschlußleitung, die vom gesamten Fernsprechnetz immerhin 40 % des Aufwandes ausmachen, muß man folgern, daß der Leistungsfähigkeit, Zukunftssicherheit, Verfügbarkeit und Lebensdauer hohe Bedeutung zukommen. Wegen der beschränkten Leistungsfähigkeit der leitungsgebundenen Übertragungsmedien, wie symmetrische Kabel mit Kupfer-Doppeladern und koaxiale Kupferkabel, hat man getrennte, dienstspezifische Netze aufbauen müssen, z.B. für Kabelfernsehen (Bild 3). Für eine wirtschaftliche Gestaltung des Netzaufbaues empfiehlt sich auf alle Fälle die gemeinsame Verlegung der verschiedenen Übertragungswege. Nachdem deutlich wurde, daß der Lichtwellenleiter die Leistungsmerkmale der bestehenden Kupferkabeltechniken weit übertrifft, gewinnt die Idee, zukünftig ein Universalnetz mit Lichtwellenleitern zu realisieren, an Bedeutung.

3. Technische Randbedingungen

Für den Aufwand bei der Realisierung von Teilnehmeranschlußnetzen sind die Verlegungsarten besonders wichtig. Aus Bild 4 wird deutlich, daß die oberirdische Verlegung, die im Verzweigungskabelnetz im Westen Deutschlands in Ausnahmefällen noch üblich ist, aber in vielen Ländern die fast ausschließliche Verkabelungsart in dünnbesiedelten Gebieten darstellt, besonders kostengünstig ist und nur etwa 1/3 der

Kosten einer Erdkabelanlage verursacht. Die Rohrverlegung und das anschließende Einziehen von Kabeln ist zwar etwas teurer, erlaubt aber einen bedarfsgerechten Ausbau in der Kabelkapazität. In Bild 5 ist die in Teilnehmeranschlußnetzen übliche Abzweigetechnik dargestellt. Man erkennt, daß im Hauptkabelnetz mit längeren Abständen zwischen den Verzweigungspunkten Kabelkanalanlagen sehr zweckmäßig eingesetzt werden können. Im Verzweigungskabelnetz mit den kurzen Abständen zwischen Verzweigungspunkten werden Kabelkanalanlagen auch für eine aufteilungsfreie Verzweigungsstruktur ohne Muffen aufwendig.

Die Ergebnisse dieser Überlegungen sind in Bild 6 als Schlußfolgerungen für zukünftige Ausbaustrategien dargestellt:

- Bau von Rohranlagen im Hk-Netz;
- Vollausbau mit Erdverlegung im Vzk-Netz.

Da der Bauanteil deutlich überwiegt und der Kabelanteil insgesamt im 10%-Bereich liegt, kann der Kabelbedarf nicht die entscheidende Einflußgröße sein, wenn es gelingt bei der Einführung einer neuen Technologie den Aufwand für Kabel pro Teilnehmer in vergleichbarer Größenordnung zu halten. Deshalb sind aber Untersuchungen über die Reduzierung des Bauaufwandes notwendig.

Ferner muß bei der Auswahl zukünftiger Netze die physikalische Netztopologie beachtet werden, weil der Kabelaufwand von diesen Netztopologien abhängig ist. Wie aus dem Bild 7 erkennbar, ist die Einzelanschaltung jedes Teilnehmers an die Vermittlungsstelle, das Sternnetz, wohl die aufwendigste Lösung. Systeme mit einem Stern-Sternnetz, Baum- oder Liniennetz mit Mehrfachnutzung von wesentlichen Teilen der Übertragungsstrecke haben deutlich geringeren Kabelaufwand.

Elektronische Schaltungen auch komplexer Art sind wesentlich wirtschaftlicher herstellbar als optoelektronische Wandler. Damit stellt sich für den zukünftigen Systementwurf die Aufgabe, mit einer möglichst geringen Fasermenge pro Teilnehmer und geringen Zahl von optoelektronischen Komponenten je Teilnehmer auszukommen. Optische Verzweigungstechnik kombiniert mit elektronischen Multiplextechniken erlauben der physikalischen Netzwerkstruktur eine logische Netzwerkstruktur zu überlagern, so daß die mehrfach genutzte Anschlußleitung wie eine direkte Einfachverbindung wirkt. Der Aufwand für die Fasern läßt sich also wegen der großen Bandbreite und der geringen Dämpfung reduzieren (Bild 8). Die Zahl der elektrooptischen Sender und Empfänger kann um den Faktor 5 reduziert werden, wenn man eine Mehrfachnutzung der Teilnehmerleitung für einzelne Gebäude oder benachbarte Gebäude einführt.

4. Ausbaustrategie

Ausgehend von diesen Überlegungen sind eine Reihe von Vorschlägen für die Faseranwendungen im Teilnehmeranschlußbereich gemacht worden, die in Bild 9 zusammengestellt sind. Diesen Systemvorstellungen lag die Aufgabe zugrunde, für den Regelausbau möglichst frühzeitig Fasern einzuführen, für bestehende Dienste zu nutzen und damit für zukünftige Breitbanddienste entsprechend vorzuleisten. Dabei war es die Zielsetzung durch Substitutierung bestehender Technik Preisgleichheit auf Systemebene zu erreichen. Im folgenden werden die neuen Konzepte vorgestellt (Bild 10).

- Beim Feederline-Konzept werden anstatt Kupfer-Doppeladern auf der Hauptkabelstrecke Lichtwellenleiter verlegt. Die Faser reicht also von der Vermittlungsstelle bis zum Kabelverzweiger. Im KVz ist ein optoelektronischer Wandler notwendig.

- Ein weitergehendes Konzept ist Fiber-to-the-Curb. Hier reicht die Faser wesentlich näher zum Teilnehmer. Nur die letzten 30 Meter werden noch mit konventioneller Kabeltechnik mit einem Mini-Sternnetz überbrückt, ein Konzept, das in besonders hohem Maße die Mehrfachnutzung von Fasern und elektrooptischen Wandlern gestattet.

- Ein von einer Arbeitsgruppe der Firmen AEG KABEL, ANT und PKI entworfenes Verzweigungskabelnetz ist als nächste Variante dargestellt. Dieses Netz ist der Ausgangspunkt für Fiber-to-the-Home, einer direkten Faserverbindung von der Vermittlung zum Teilnehmer.

- Fiber-to-the-Desk ist das am weitesten reichende Konzept mit einer durchgehenden Faserverbindung von der Vermittlung bis zum Gerät beim Teilnehmer.

Diesen Strategien des Regelausbaues steht der bedarfsorientierte Ausbau von Anschlüssen mit Lichtwellenleitern in Form eines Overlay-Netzes gegenüber.

5. Vergleich der Konzepte

Um eine möglichst einfache Wichtung der Vor- und Nachteile dieser Ausbaustrategien zu erhalten, beschränken wir uns auf Untersuchungen, die man als Realisierung eines Netzes auf der grünen Wiese bezeichnen könnte. In den Bildern 11 - 14 sind jeweils für die verschiedenen vorgeschlagenen Systeme Kennzeichen und wesentliche Merkmale aufgelistet.

Das Feederline-Konzept (Bild 11) kann man beim Neubau, aber auch beim Ausbau einsetzen, wenn hohe Bündelstärken zu realisieren und größere Entfernungen zu überbrücken sind. Als belastende Faktoren für diese Konzepte stellen sich die Adaptionseinrichtungen an Standardvermittlungseinrichtungen heraus. Üblicherweise haben Vermittlungen Ausgangsports für Einzelkanäle und nicht für Bündel von Kanälen. Deshalb werden zusätzlich Geräte für die Bildung von teilnehmerseitigen PCM-Systemen in der Vermittlung und im KVz zusätzliche Teilnehmeranschlußschaltungen benötigt. Bisher hat sich dieses Konzept überwiegend in angelsächsischen Ländern eingeführt, wo bereits entsprechende Ausgänge an Vermittlungseinrichtungen vorhanden sind (DLC) und längere Hauptkabelstrecken von der Länge unserer OVk-Strecken von 4 km vorliegen. Eine spätere Nutzung des für die Feederline verlegten LWL-Hauptkabels für Breitbandanschlüsse bringt nur einen kleinen wirtschaftlichen Vorteil gegen die Einzelbaumaßnahme Overlay-Netz und keine Einsparung in der Realisierungszeit.

Für die Fiber-to-the-Curb-Konzepte (Bild 12) werden ähnlich wie bei dem Feederline-Konzept zusätzliche Anpassungsschaltungen an Vermittlung und Teilnehmerschaltungen im KKVz benötigt. Hinzu kommen noch spezielle Steuerschaltungen, um z.B. nach dem TDMA-Konzept eine Mehrfachnutzung von Übertragungswegen zu realisieren. Die Vorbereitung für die spätere Einführung von Breitbanddiensten ist dann günstiger, wenn ausreichend Fasern im Verzweigungskabelnetz verlegt werden. Es müssen deutliche Mehrkosten gegenüber eingeführten Systemen mit Kupferkabeln in Kauf genommen werden. Die spätere Herstellung eines Breitbandanschlusses pro Teilnehmer ist etwas kostengünstiger als bei der Feederline und wegen der beschränkten Länge der Baumaßnahme (etwa 30 Meter bis zum Haus) ist dieser Anschluß auch schneller realisierbar.

Der Vorschlag für das hybride Verzweigungsnetz (Bild 13) als Vorstufe für Fiber-to-the-Home geht davon aus, daß im Verzweigungskabelnetz alle heute benötigten Kabeltypen verlegt werden, einschließlich Lichtwellenleiter in einer Menge, die einer Vollversorgung des zukünftigen Universalnetzes entspricht. Die dadurch bei dem Ausbau des Verzweigungskabelnetzes entstehenden Zusatzkosten bleiben beschränkt und betragen mit knapp 200,-- DM pro Teilnehmer nur 10 % der Gesamtkosten des rein konventionellen Netzes. In dünn besiedelten Gebieten liegt dieser Prozentsatz sogar noch niedriger. Für eine spätere Ausnutzung des Verzweigungsnetzes für Breitbanddienste ist nur ein Betrag von 1.000,-- DM für die Nachrüstung im Hauptkabelnetz zu investieren.

Diesen Vorschlägen mit Vorleistungen für zukünftige Breitbandanschlüsse und ein Universalnetz steht die bedarfsorientierte Realisierung von Lichtwellenleiteranschlüssen in Form eines Overlaynetzes gegenüber (Bild 14). Dieses Overlaynetz kann sicherlich zu einem Universalnetz ausgebaut werden, weil die Faser von der Vermittlung bis zum Teilnehmer sternförmig verlegt wird. Dieser bedarfsgerechte Ausbau kostet im Mittel 23.500 DM pro Teilnehmer, bei dünner Besiedelung wesentlich mehr, und ist dann allerdings, was die Kabelanlage angeht, ohne Zusatzkosten auch für weitere Teilnehmerdienste nutzbar.

6. Nutzungsmöglichkeiten bei Fernsprechern und Kabelfernsehen

Die vorgeschlagene Vorgehensweise, bei Neuausbau oder bei Ergänzung eines Netzes als Vorleistung für einen späteren Ausbau Lichtwellenleiter einzubringen, ist daraufhin zu untersuchen, wie die Nutzung dieser Vorleistungen gesichert werden kann. Am Beispiel des hybriden Verzweigungsnetzes wird die schrittweise Nutzung für zwei Dienste untersucht, Telefon und Kabelfernsehen. Ausgehend von der Standardkonfiguration im obersten Teil des Bildes 15 werden beim ersten Ausbauschritt des Netzes für den Telefondienst und einen verbesserten Fernsehprogrammzubringer im Hauptkabelnetz Lichtwellenleiter nachgerüstet und gleichzeitig entsprechende elektrooptische Wandler in der Vermittlungsstelle, im KVz und im EVz sowie Steuerschaltungen in der

Vermittlung und im EVz und Teilnehmerschaltungen im EVz nachgerüstet. Die Kosten hierfür können bei einer entsprechenden Anschaltung von vier Teilnehmern am EVz und Einführung eines TDMA-Systemes für die Übertragungstechnik mit 100 - 200 Teilnehmern in einem Strang mit 850 DM geschätzt werden, ein Betrag der durch eine vereinfachte Ausgangsschnittstelle an der Vermittlung mindestens teilweise kompensiert werden kann. Ein weiterer Schritt wäre die direkte Versorgung der Teilnehmer mit Kabelfernsehen, die noch weitere technische Fortschritte in der linearen optischen Übertragungstechnik erfordert. Deswegen kommt hier eine sofortige Einführung etwa des nach dem 3. Teilbild vorgestellten Netzes mit ausschließlich Lichtwellenleitern zwischen der Vermittlung bzw. der Verstärkerstelle und den Teilnehmern noch nicht infrage. Die Kabelanlage allerdings ist bereits vorgeleistet für diesen Einsatz und das zukünftige Universalnetz.

7. Wirtschaftlichkeitsüberlegungen

Zum Abschluß sollen die Wirtschaftlichkeitsüberlegungen zusammengestellt werden. Im Bild 16 sind die Barwerte aller Aufwendungen für die Kabelanlage bei 3 % bedarfsgerecht realisierten Breitbandanschlüssen für die verschiedenen Ausbaustrategien zusammengestellt. Die Aufwendungen sind dabei umgelegt auf alle Netzteilnehmer. Man erkennt, daß das von uns vorgeschlagene hybride Verzweigungskabelnetz mit einer stufenweisen Nutzung entsprechend dem technischen Fortschritt in den Übertragungsmitteln die geringsten Nachrüstungsarbeiten für die Nutzung als Breitbandübertragungssystem erfordert. Viel schlechter schneidet das Feederline-Konzept, am schlechtesten das Overlay-Netz ab. Das Fiber-to-the-Curb-Konzept ist ebenfalls günstig. Bei der angenommenen Abzinsung von 6 %/a sind die Barwerte in diesem interessierenden Bereich von 10 - 15 Jahren nicht besonders unterschiedlich. Der angenommene Anschaltgrad von 3 % in den nächsten 10 - 15 Jahren für Breitbanddienste mit Lichtwellenleitern ist so niedrig gewählt, daß mit großer Sicherheit eine solche Nutzung erwartet werden kann.

Für die Einführung von Diensten gilt erfahrungsgemäß eine Wachstumskurve für die Teilnehmerzahlen nach Bild 17. Anfangend mit einer flachen Steigerung setzt nach einer kritischen Teilnehmerzahl ein verstärktes Wachstum ein. Es wird dann notwendig, auf alle Fälle zu einer flächendeckenden Herstellung von Teilnehmeranschlüssen überzugehen. Das ergibt jedoch erhöhte Abschreibungen für die Nutzung des Tiefbaues entsprechend Bild 18. Es ist hier angenommen, daß im Mittel bis zur Neuverkabelung 15 Jahre vergehen.

In einer Tabelle in Bild 19 sind alle Ergebnisse der Wirtschaftlichkeitsuntersuchung als Kostenvergleich noch einmal dargestellt. Die drei bewerteten Kostenelemente sind für die untersuchten Ausbaustrategien dargestellt. Anfangsinvestitionen sind am höchsten für FTTH, aber auch noch hoch für FTTC und die Feederline. Für den bedarfsgerechten Aufbau von Breitbanddiensten hat das Overlaynetz die höchsten Kosten, aber die Feederline erfordert ebenfalls wesentliche Aufwendungen. Die erhöhten Abschreibungen treten beim Overlaynetz, der Feederline und FTTC in vergleichbarer Größe auf und müssen beachtet werden.
Am günstigsten schneidet das Hybridnetz mit niedrigen Anfangsinvestitionen, mit sehr kleinen Aufwendungen für den bedarfsgerechten Ausbau und faßt keine Aufwendungen für erhöhte Abschreibungen ab.

Als Resümee ist in Bild 20 das Ergebnis der Überlegungen zur Glasfaser im Teilnehmeranschlußnetz aufgelistet.

8. Zusammenfassung

Der sofortige Beginn der Realisierung des vorgeschlagenen Hybridnetzes gibt der Betreibergesellschaft Zukunftssicherheit für die weitere Netzentwicklung und erfordert an kurzfristigen Investitionen lediglich knapp 10 % der Investitionssumme zusätzlich. Die jährlichen Mehraufwendungen würden bei der Realisierung der Hälfte der neu zu erstellenden Anschlüsse pro Jahr - in Deutschland 1 Mio. Anschlüsse mit 400.000 FaserKm/a - 200 Mio. DM betragen.

Barwertrechnungen zeigen, daß bereits heute eine generelle Einführung des Hybridennetzes für den Neubau von Netzen wirtschaftlich ist, wenn man davon ausgehen kann, daß in den nächsten 15 Jahren nur 3 % der heutigen Fernsprechteilnehmer einen Lichtwellenleiteranschluß benötigen werden.

Die Realisierung eines solchen Netzes soll in einer konsortialen Zusammenarbeit zwischen AEG KABEL, ANT und PKI in Nürnberg erfolgen, wobei bereits auch die Nutzung der Glasfaser z.B. für Fernsprechen und für den Kabelfernsehzubringer mit erprobt werden soll.

AEG KABEL

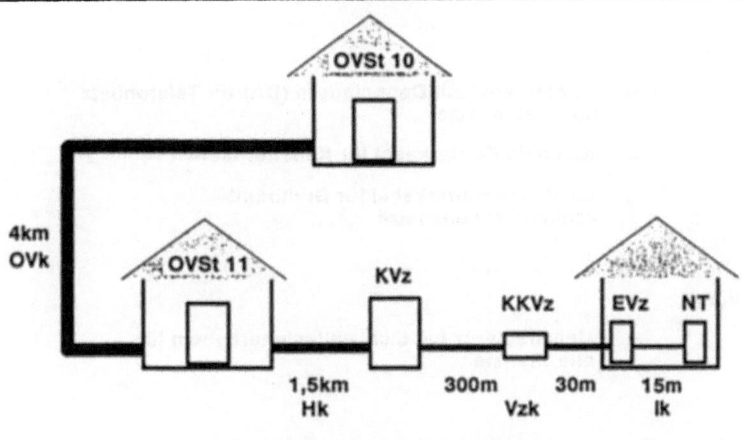

Kabellinien im Ortsnetz

Bild 1

AEG KABEL

	Welt		Deutschland	
Bestand an TlnA.	600	Mio.	32	Mio.
Zuwachs an TlnA.	40	Mio./a	2	Mio./a
Investitionsvolumen	50	Mrd. DM/a	4,0	Mrd. DM/a
Hk-Netz			1,6	Mrd. DM/a
Vzk-Netz			2,4	Mrd. DM/a
Kabelbedarf	150	Mio. DA km/a	6,0	Mio. DA km/a
Hk-Netz			0,3	Mrd. DM/a
Vzk-Netz			0,1	Mrd. DM/a

Weltweites Bauvolumen in Ortsnetzen
Fernsprechteilnehmeranschlüsse

Bild 2

AEG KABEL

Heute:

- **Kupferkabel mit Doppeladern (DA) für Telefonnetz und Datennetze**
- **Koaxiale Kupferkabel für Kabelfernsehen**
- **Lichtwellenleiterkabel für Breitband-kommunikationsnetze**

Zukunft:

- **Universalnetz mit Lichtwellenleiterkabeln für alle Dienste**

Universalnetz mit Lichtwellenleiterkabeln

Bild 3

AEG KABEL

Kosten in DM/m

Verlegungsart	Strecke	Kabel		Bau Tiefbau, Verlegung, Montage, Zubehör		Gesamt	
Oberirdische Verlegung	Hk Vzk	6	(22%)	21	(78%)	27	(100%)
Erdverlegung	Hk	30	(22%)	105	(78%)	135	(100%)
	Vzk	4	(5%)	86	(95%)	90	(100%)
Rohrverlegung	Hk	30	(20%)	123	(80%)	153	(100%)
	Vzk	4	(3%)	116	(97%)	120	(100%)

Verlegungsarten für Ortsnetzkabelanlagen

Bild 4

AEG KABEL

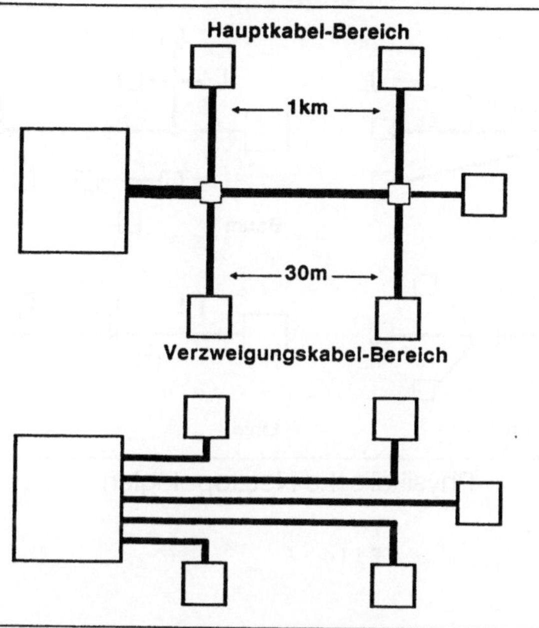

Teilnehmeranschlußbereich
Abzweigetechnik

Bild 5

AEG KABEL

Ergebnisse der Analyse:

- o **Oberirdische Verlegung im Vzk-Netz ein Drittel der Kosten für Erdverlegung aber nur als Übergangslösung aus ästhetischen Gründen**
- o **Bauanteil um 80% im Hk-Netz und 95% im Vzk-Netz**
- o **Kabelanteil um 20% im Hk-Netz und 5% im Vzk-Netz**
- o **Rohranlagen sind nur sinnvoll bei Hauptkabelstrecken**

Schlußfolgerung:

- o **Genereller Bau von Rohranlagen im Hk-Netz**
- o **Vollausbau der Verzweigungskabelbereiche bei Erdverlegung**

Randbedingungen für Ausbaustrategien

Bild 6

AEG KABEL

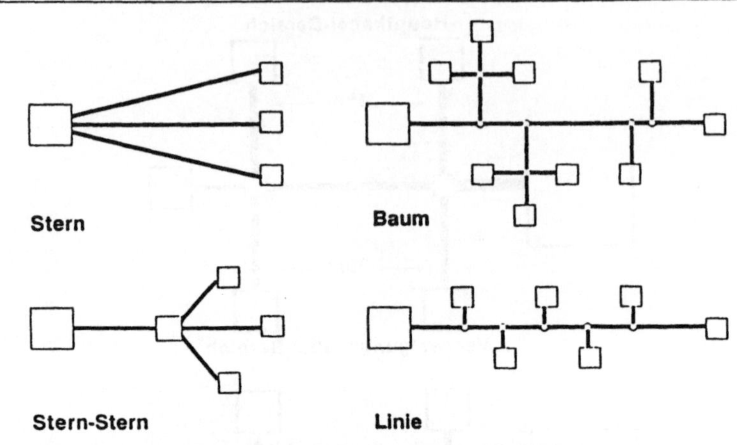

Physikalische Netztopologien

Bild 7

AEG KABEL

	Aufwand an	
	Fasern	optischen Sendern/Empfängern
Stern mit physikalischer Zuordnung	**100%**	**100%**
Stern-Stern mit logischer Zuordnung (z.B. TDMA)	**10%**	**20%**

Mehrfachnutzung von optischen Komponenten

Bild 8

AEG KABEL

Einzelausbau:

- **Overlay-Netz**

Regelausbau:

- **Feederline-Konzept (DLC): Faser bis zum KVz (Hauptkabelstrecke)**
- **Fiber-to-the Curb (FTTC): Faser bis zum KKVz (30m vor Teilnehmer)**
- **Fiber-to-the Home (FTTH); Fiber-to-the Office (FTTO): Faser bis ins Haus**
- **Fiber-to-the Desk (FTTD): Faser bis zum Gerät**
- **Hybrides Verzweigungsnetz: Faser von KVz bis ins Haus**

Ausbaustrategien für bedarfsorientierte Einzeilbaumaßnahme und für Regelausbau

Bild 9

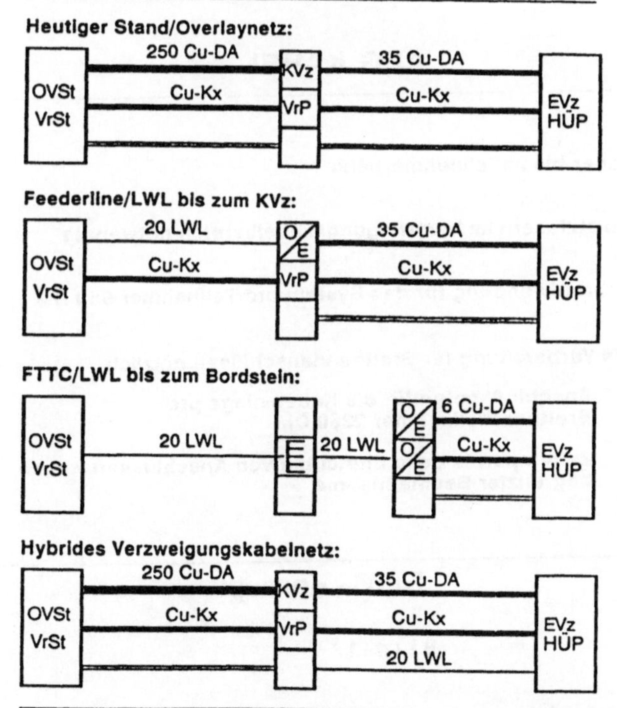

Bild 10

AEG KABEL

- o Substitution von Kupferhauptkabeln bei Wirtschaftlichkeit sinnvoll
  - längere Strecken
  - höhere Bündelstärken
  - geeignete Vermittlungsschnittstelle notwendig
- o Einige Zusatzfasern im Kabel wünschenswert für Netzreserve
- o Als Vorbereitung für Breitbandanschlüsse nützlich
  - geringer wirtschaftlicher Vorteil: Breitbandanschluß erfordert einen Zusatzaufwand von 22 500 DM im Verzweigungskabelnetz
  - keine Zeitersparnisse bei Errichtung von Anschlüssen

Feederline - Konzept

Bild 11

AEG KABEL

- o Faser bis in Teilnehmernähe
- o Zusatzfasern im Verzweigungskabelbereich notwendig
- o Mehraufwendung für das System pro Teilnehmer 550 DM
- o Als Vorbereitung für Breitbandanschlüsse nützlich
  - Anschlußkosten für die Kabelanlage pro Breitbandteilnehmer 2250 DM
  - Zeitersparnis beim Einrichten von Anschlüssen wegen begrenzter Baumaßnahme

FTTC - Konzept

Bild 12

AEG KABEL

- o Faser vom KVz bis zum Teilnehmer im Erdkabelbereich
- o Vollausbau für Universalnetz
- o Mehraufwendung für die Kabelanlage pro Teilnehmer 200 DM
- o Volle Nutzbarkeit der Verzweigungskabelanlage für Breitbandanschlüsse
  - Anschlußkosten für das Hauptkabel pro Breitbandteilnehmer 1000 DM
  - Zeitersparnis beim Einrichten von Anschlüssen wegen Wegfall aller Bauarbeiten

Hybrides Verzweigungskabelnetz

Bild 13

AEG KABEL

- o Physikalische Verbindung von der Vermittlung zum Teilnehmer mit Faser
- o Bedarfsgerechter Ausbau für speziellen Breitbanddienst (Videokonferenz, schnelle Daten)
- o Volle Nutzbarkeit für Breitbandanschlüsse
  - keine Zusatzkosten in der Kabelanlage
  - sofortige Verfügbarkeit
  - hohe Vorleistung von 23 500 DM pro Breitbandteilnehmer für die gesamte Kabelanlage

Overlay - Netz

Bild 14

AEG KABEL

Hybrides Verzweigungskabelnetz:

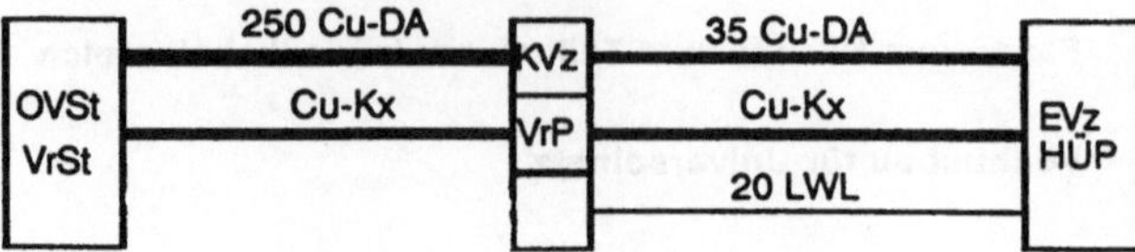

FAST/LWL für Telefon:

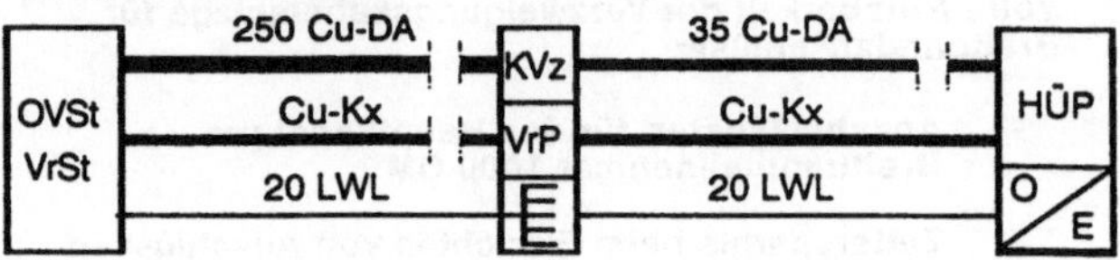

FAST/LWL für Telefon und Kabelfernsehen:

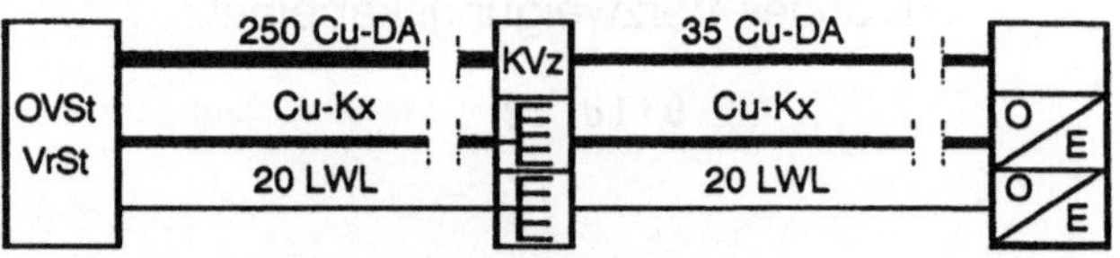

Weitere Nutzungsmöglichkeiten für hybrides Verzweigungskabelnetz

Bild 15

AEG KABEL

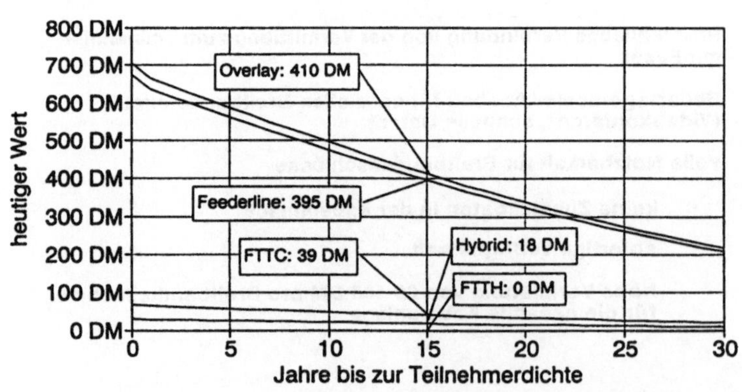

Barwert der Aufwendungen in die Kabelanlage für 3% bedarfsgerechte Breitbandanschlüsse

Bild 16

AEG KABEL

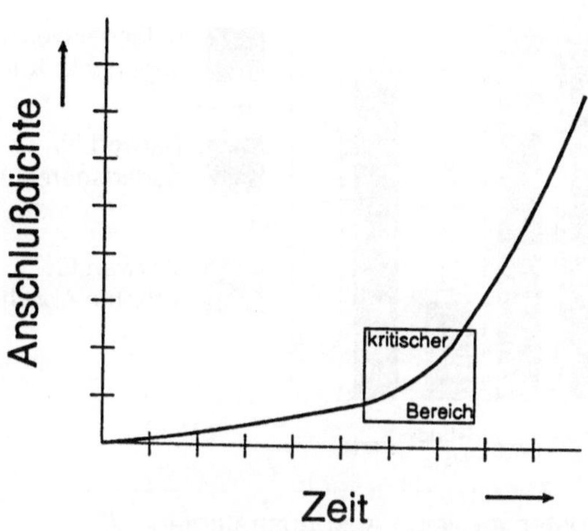

Typischer Verlauf der Teilnehmerdichte für Fernmeldedienste

Bild 17

AEG KABEL

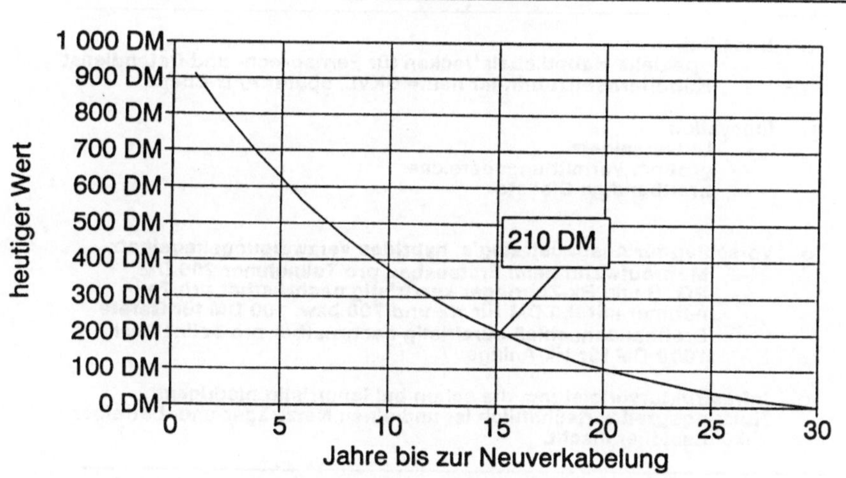

Barwert der erhöhten Abschreibung bei den Strategien Overlaynetz, Feederline und FTTC wegen verkürzter Nutzung des Tiefbaus

Bild 18

AEG KABEL

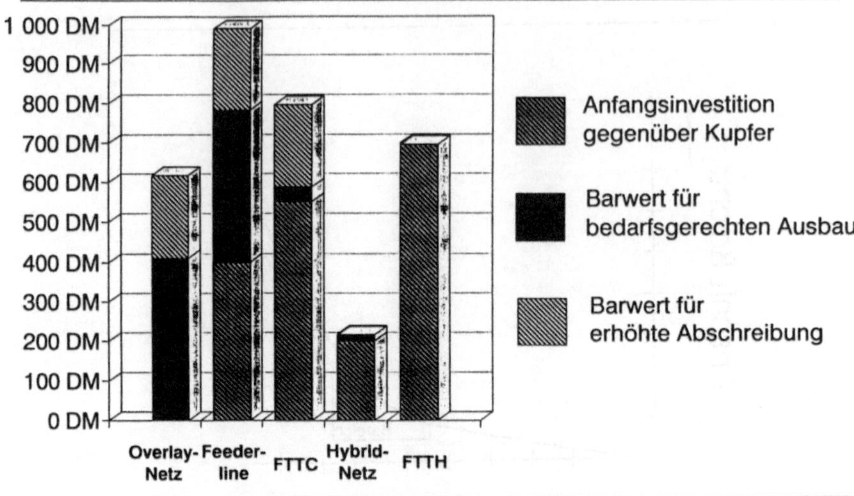

Kostenvergleich Ausbaustrategien
für 3% Breitbandteilnehmer in 15 Jahren

Bild 19

AEG KABEL

- o **Substitution**
  - **spezielle Hauptkabelstrecken für Fernsprech- und Datendienst**
  - **Kabelfernsehzubringer heute BKVL, später A/ B-Ebene**
- o **Innovation**
  - **Universalnetz**
  - **größere Vermittlungsbereiche**
  - **breitbandige Dienste**
- o **Vorschlag für Ausbaustrategie: hybrides Verzweigungskabelnetz**
  - **Mehraufwand beim Erstausbau pro Teilnehmer 200 DM**
  - **POTS und Bk-Zubringer kurzfristig nachrüstbar pro Teilnehmer mit 50 DM für Hk und 700 bzw. 100 DM für Geräte**
  - **Breitbandanschluß kurzfristig nachrüstbar pro Teilnehmer 1000 DM für Hk-Anlage**
- o **Infrastrukturvorleistung, die schon bei langfristig niedrigem Nutzungsgrad wirtschaftlich ist und einen Netzträger und -betreiber zukunftssicher macht.**

Glasfaser im Teilnehmeranschlußnetz
Schlußfolgerung

Bild 20

A Combined Subscriber Network with Optical Fibers for Telephone and Broadband Distribution in Suburban Areas - Economical Considerations

H. Schüssler

In the last 10 to 15 years there has been a lot of technical proposals for the introduction of optical fibres in telecommunication networks including the connection to the subscriber partially including the connection to the subscriber set. The technical aspects of these new systems were borne in mind most, and only in a few cases the costs of these new techniques in comparison with conventional solutions were undertaken, too.

In this contribution the attempt is made to develop - for the example of suburban areas - network configurations for a long-term introduction strategy. These network configurations must take into account a short-term availability of a broadband infrastructure in order to fulfill the future demands of the carrier and the user of telecommunication services.

A comparable task has existed already 60 to 70 years ago for telephone services and at that time it was solved by introducing an installation scheme for a subscriber network with copper cables. The result of these strategic considerations has been a collection of recommendations and rules for the erection of telecommunication networks which are valid up to now. Surprisingly in the realisation of cable TV networks this planning method was not overtaken fully, because - due to the actual need - an inforced installation has been necessary.

The planning method for an economical telecommunication infrastructure must consider the most economical way in form of a step-by-step procedure on order to achieve an overall service availability following a prognosted final state for 20 to 30 years.

In Europe it can be shown that especially in suburban areas the portion of digging work is dominant in the realisation of buried subscriber connection lines.

Nowadays the optical fibre has economically substituted the previously used copper cables in the higher network levels. Therefore it seems obvious to follow this way and penetrate the subscriber network with optical fibres from the switching office beginning with the main cables. In this contribution it will be shown that this is an economically unsatisfying procedure.

As a real bottleneck in the installation of broadband subscriber connections the distribution network comes up. Therefore for this part of the network a switch-over to optical fibres must be found in very short time.

For the distribution network it can be shown by "cash value calculation method" as a tool for economic calculations that it will be economic in near future to install additionally optical fibres down to the subscriber. This scheme will be economic if within the next 10 to 20 years only a few percent of broadband communication subscribers which will need an optical fibre connection will come up. Therefore it seems useful to start with a strategy which uses optical fibres primarily in the distribution network. In the main cable network the optical fibres will be introduced following the actual need. There the laying of tubes is seriously recommended. Such a strategy will be from the viewpoint of the carrier (improved economy) and also from the viewpoint of the cable industry (continuous increase of the optical fibre need in the local network) very useful.

Anwendungen der Breitbandkommunikation

K. Jobmann

Diese Veranstaltung befaßt sich mit dem technischen Problem "fibre to the home" (FTTH). Sie glauben gar nicht, wie egal es dem Teilnehmer ist, ob er über Kupfer, Glas oder Brieftauben versorgt wird. Der Teilnehmer hat Kommunikationsnöte. Diese gilt es zu analysieren und festzustellen, ob sie eine Glasfaserinfrastruktur benötigen.

Unruhig macht mich die Tatsache, daß fast ausschließlich POTS (Plain Old Telephone Service) Anwendungen in FTTH Pilotprojekten untersucht werden. Abgesehen von Sonderfällen, wie in den Beitrittsgebieten, ist gerade für den POTS die Infrastruktur excellent ausgebaut. Sicher ist es notwendig, langfristig den Glasfaseranschluß in die gleiche Preis-Größenordnung zu bringen, wie den heutigen POTS. Sicher wird auch über den Preis die Dauer der Einführungsphase bestimmt. Aber es besteht die Gefahr, daß mit dieser Vorgabe die Entwicklung neuer Dienste unterdückt wird. Deshalb lassen Sie uns noch einmal etwas genereller an das Thema herangehen.

Was sind Breitbanddienste ?

Breitbanddienste (s.a. CCITT I.121)

1. **Bewegtbilddienste**
   - **Bildtelephonie (BT)**
   - **Videokonferenz (VK)**
   - **Video-Überwachung (VÜ)**
   - **Breitband-Btx (BX)**
2. **Festbilddienste**
   - **Breitband-FAX (BF)**
   - **Breitband-Btx (BB)**
3. **Datendienste**
   - **n x 64 kb/s (transparent)**
4. **Audiodienste**
   - **n x 64 kb/s (z.B. n = 6)**

Die Anwendungen setzen auf den Dienst auf und sind häufig zielgruppenspezifisch ausgeprägt.

Folie 1

Wir unterscheiden zwischen Bewegt- und Festbilddiensten, den Daten-und den Audiodiensten. Die Videokonferenz ist aus ihrer Vorreiterrolle für die Bildkommunikation herausgekommen. Sie ist ein wertvolles Hilfsmittel zur Einsparung von Arbeitszeit geworden. Gerade habe ich mit einer US-Firma Kontakt gehabt, die innerhalb des ersten Jahres ihrer Marketingaktivitäten bei 60 Kunden 250 Videokonferenzinstallationen verkauft hat.

Weiter setzen wir die Bewegtbildübertragung auch zur Objektüberwachung im privaten, wie im öffentlichen Bereich ein.

Mit großer Energie treiben wir die Realisierung des Bildtelefondienstes voran. Allerdings brauchen wir gerade für den, als Massendienst, die Glasfaser nicht. Wir setzen hier auf die vorhandene Infrastruktur des ISDN, um eine möglichst schnelle Verbreitung des Dienstes zu erreichen. Nur so lassen sich die erforderlichen Zielpreise für die Endgeräte und den Dienst erreichen.

Der Breiband-Bildschirmtext kann nicht nur mit höherer Geschwindigkeit glänzen, sondern auch um eine Bewegtbild-Komponente erweitert werden, um z.B. in der Verkaufsunterstützung Eingang zu finden.

Die Begriffe Bewegtbild, Festbild, Datendienste und Audiodienste sind mir zu sehr technologiebetont! Deshalb möchte ich auf die Anwendungen ansich zurückkommen.

Kommunikations-Anwendungen

Konferenzen
Arbeitsplatz - Verbindungen
Management - Unterstützung
- **Zuwendung**
- **Geschäftsverlauf**
- **Prozessverlauf**
- **Kundenkontakt**
- **Partnerkontakt**
- **Info (Wirtschaft, Politik)**

Folie 2

Die Konferenzen benötigen Mittel zum Darstellen der Konferenzteilnehmer in Wort und Bild. Dabei muß das Bild der Personen ein Maximum der Körpersprache mit übertragen. Daraus ergibt sich die Forderung nach Echtzeitverhalten und hoher Bildauflösung. Auch redudanzreduzierende Codierverfahren benötigen immer noch Bandbreiten, die deutlich höher sind als 2*64 Kbit/s. Damit ist die Glasfaser das geeignete physikalische Übertragungsmedium. Die weiteren Kanäle für hochqualitative Sprache, Faximile, Festbildübertragung, Cursorübertragung und Datenübertragung zum Aufbau einer Multimediakonferenz lassen sich leicht in der verfügbaren Bandbreite von Glasfasern mit unterbringen.

Anders ist die Situation bei der Arbeitsplatzverbindung. Die Bewegungsinformation kann auf eine Person beschränkt werden. Damit läßt sich das Kommunikationsproblem auf eine Multimediastation mit Bildfernsprechen zurückführen und über ISDN abwickeln. Sicher wäre eine höhere Auflösung wünschenswert, sie ist aber nicht zwingend.

Im Bereich der Managementunterstützung können neue Kommunikationsformen mit Bildanteilen die Effizienz wesentlich steigern. Unternehmen werden mehr und mehr international arbeiten. Moderne Managementmethoden zwingen zu flachen Hierarchien. Flache Hierarchien heißt, mehr Mitarbeiter in selbständige Entscheidungsprozesse einzubinden. Entscheidungen können aber nur auf der Basis von Kommunikation und Abstimmprozessen getroffen werden. Entweder beschäftigen wir in der Zukunft mehr Mitarbeiter durch Reisen, oder wir simulieren die persönliche Anwesenheit durch breitbandige Kommunikationsverbindungen.

Kommunikations-Anwendungen

Kataloge, Wurfsendungen
Bestellungen
Service
Freizeit
Beratungen
Erfahrungsaustausch
Kreativprozesse
Schulung
Gerichtsverhandlungen
Prozessbeobachtung

Folie 3

Massendienste in modernen Kommunikationsnetzen sind sicher nicht im geschäftlichen Bereich zu finden, sondern im Freizeitbereich. Beispielhaft möchte ich sie in den Bereich der Fernsehgewohnheiten entführen. Das Videogerät hat sich zum Massenunterhaltungsgerät entwickelt. Die Beschaffung von Filmen durch Überspielen öffentlicher Fernsehsendungen oder den Gang zur Videothek ist sehr zeitintensiv. Die Existenz von Videotheken und die Preise von Filmen (z.B.7 DM/Tag) beweist, die Bürger sind bereit, mehr als nur die monatliche Grundgebühr für dies Vergnügen zu bezahlen. Die Schaffung von zentralen Videotheken, die ein großes Angebot im zeitgerechten Einsatz anbieten, ist eine echte Alternative zur Videothek um die Ecke. Voraussetzung hierfür ist jedoch die Glasfaser bis ins Heim. Nur darüber läßtsich die benötigte Informationsmenge übertragen. Dieser Dienst ist der einzige, der eine flächendeckende FTTH Versorgung erfordert und wahrscheinlich auch finanzieren könnte.

Interessante weitere Anwendungen sind mir wieder aus den USA auf den Schreibtisch gekommen. Dort wird die Videokonferenz im Gerichtssaal zur Verbilligung von Zeugenaussagen eingesetzt. Zeugen aus anderen Orten brauchen nicht mehr persönlich erscheinen, sondern können ihren Dialog mit dem Gericht per Bildkommunikation erledigen. Ebenso können Inhaftierte dem Gericht vorgeführt werden. Der Aufwand sinkt bei steigender Sicherheit.

Im nächsten Bild zeige ich Ihnen die unterschiedlichen Zielgruppen für Breitbandanwendungen (Folie 4). Von Bedeutung für dies Bild ist die Vielfalt der Benutzer und das sehr große Potential. Die Zahl der potentiellen Benutzer ist allein in Deutschland im Bereich mehrerer Millionen!

Zielgruppen Breitband (BRD)

Branche	Population		Anwendungen			
	Betr. Tsd	MA Tsd	VK	BT	FB	BB
Banken	36	610		X	X	?
Versicherungen	34	230	X	X	X	
Reise				X	X	
Verlage	2	213	X		X	
Krankenhäuser	3		X		X	
Polizei			X	X	X	X
Architekten	150				X	?
Makler				X	X	
Gerichte	1	20	X		X	?
Werbung			X		X	X
Bibliotheken	20				X	?
Archive					X	X
Museen	2				X	X
Hotels	10	(720)	X	X		
Anwälte	42	120			X	
Versandhäuser					X	
Ärzte	69		X	X	X	X
Notare	1				X	
Sicherheit		780				X
Chemie	6	650	X	X	X	
Metallindustrie	30	930	X	X	X	X

Folie 4

Auffällig ist auch die Betonung für den Breitband-Fax-Dienst. Hier liegt klar völlige Formatfreiheit vor und damit ein Maximum an Einfachheit.

Der Teilnehmer muß nicht erst lernen, wie er sein Dokument in die richtige Form bringt. Dennoch müssen wir vorsichtig sein mit der Abschätzung, wie schnell dieser Dienst den Markt durchdringen kann.

Voraussetzung für die Annahme eines Dienstes als Massendienst ist immer die Existenz einer Infrastruktur. Beim analogen Fax war das klar gegeben!

Die Anwendungen entwickeln sich erst, wenn die Infrastruktur vorhanden ist. Andererseits kann aber die Infrastruktur erst aufgebaut werden, wenn sie aus Anwendungen finanziert werden kann. Jeder Techniker hier im Raume weiß, wie schwer sich solche Regelprozesse mit Totzeit berechnen lassen. An die Stelle der analytischen Berechnung muß also das Unternehmertum treten.

Natürlich gibt es mehr Vorausetzungen für den Erfolg bei der Einführung neuer Dienste als Unternehmertum (Folie 5 : Marktentwicklung Breitbandvermittlung).
Neben der Infrastruktur spielen die Preise für die Endgeräte und den Dienst selber eine entscheidende Rolle. Exclusive Preise halten auch den Benutzerkreis exclusiv. Was ja durchaus gewollt sein kann. Nur muß diese Tatsache vorher durchdacht sein, damit man keine Überraschungen erlebt.

Für Kommunikationsdienste spielt auch die Standardisierung eine entscheidende Rolle. Fehlende Standards führen zu Insellösungen. Meistens sind Insellösungen unbefriedigend und ungewollt.

Bei Großanwendern ist ein weiterer Gesichtspunkt für die Attraktivität eines neuen Dienstes herausragend, nämlich die Planungssicherheit.
Wer will schon gern mehrere hunderttausend DM vergebens investiert haben.

Als roten Faden für das bisher diskutierte zähle ich noch einmal die Hemmnisse der heutigen Kommunikation auf:

Empfänger ist besetzt/ nicht erreichbar
Information/Unterhaltung muß zum Zeitpunkt des Bedarfs bereitstehen
Zeitverschiebung
Aktion und Reaktion muß kommuniziert werden
Entfernung zwischen Kommunikationspartnern
Komplizierte Dokumente als Arbeitsunterlage
Verhältnis muß persönlich sein
Bandbreiten sind nur in festen Größen vorhanden

Dagegen können wir die Vorteile von Kommunikationslösungen auf dem Medium Glasfaser halten:

Unabhängigkeit von Zeit und Ort
Kein Verkehrschaos
Anpassung an flache Führungsstrukturen
Keine Umweltbelastung
Mehr Zeit

Schon Kennedy sagte:

" Fragt nicht, was Euer Land für Euch tun kann.
Fragt, was Ihr für Euer Land tun könnt." >>

Etwas freier kann das heißen:

" Fragt nicht, was der Kunde für uns tun kann.
Fragt, was wir für unseren Kunden tun können."

Es ist viel darüber nachgedacht worden, warum nicht bereits mit der Entwicklung des Fernsehens in den 30er Jahren, oder mit den ATT-Bemühungen zum Videokonferenzdienst in den 60er und 70er Jahren, oder mit dem BIGFON-Projekt der Durchbruch zu Breitbandbanddiensten geschafft wurde. Neben den Gründen der Akzeptanz und den noch nicht ausgefeilten Bedienoberflächen war für mein Empfinden die fehlende Infrastruktur das größte Hemmnis.

In jedem Fall war eine analoge Telefon-Infrastruktur flächendeckend vorhanden. Wer aber sollte eine flächendeckende analoge Breitbandinfrastruktur finanzieren. Und das in einer Zeit, in der noch nicht absehbar war, wie man mit einer Infrastruktur eine Vielzahl von Diensten unterstützen kann. Können Sie sich vorstellen, 5 bis 10 KOAXIALSYSTEME in Ihr Haus geführt zu bekommen? Ich kann das nicht!

Gerade die Möglichkeit eine Vielzahl von Diensten zu unterstützen ist mit der heutigen hybriden Infrastruktur der Glasfaser bis zum Teilnehmer möglich.

Der Ausbau der Infrastruktur kann selbstverständlich nur schrittweise erfolgen. Die Schritte des Infrastrukturbaus müssen am Bedarf orientiert sein. Häufig sagen wir, wir wissen noch nicht genug über den Bedarf. Ich denke nicht, daß Unwissen das Problem ist. Statt dessen liegt hier ein Regelprozeß mit Totzeit vor, manchmal auch als Henne/Ei-Problem bezeichnet.

Marktentwicklung Breitbandleitungsvermittlung

- **Es gibt bisher keine gesicherten Erkenntnisse über die zu erwartende Marktentwicklung (ist auch nicht möglich, da Neuland mit vielen Einflußfaktoren)**
- **Zur möglichen Marktgröße liegen Prognosen und Schätzungen vor, die von bestimmten Randbedingungen und Szenarien ausgehen**
- **Einflußfaktoren sind**

Einflußfaktor	
– Klare Einführungsstrategie	2
– Aktives Marketing	2
– Endgerätepreise	3
– Angebot sinnvoller Anwendungen	3
– Standardisierung	2
– Flächendeckendes Angebot	3
– Einrichtungskosten	1
– Laufende Fixkosten	2
– Nutzungsabhängige Kosten	3
– Pilotprojekte bei Kunden mit Vorbildfunktion (Trendsetters)	2
– Planungssicherheit	3

1 = Wichtig
2 = Sehr wichtig
3 = Entscheidend

- **Der Bedarf kommt aus den einzelnen Zielgruppen, wobei letztlich jeder Nutzer selbst entscheidet !**

Folie 5

Genau dies tun wir alle gemeinsam. Die Telekom indem sie die Infrastruktur ausbaut, wir als Vertreter der Industrie, indem wir Systeme und Endgeräte entwickeln und Feldversuche durchführen.

Von diesen Feldversuchen will ich abschließend berichten. Eines unserer Projekte befaßt sich (Bild 6,7,8) mit der Unterstützung von landwirtschaftlichen Betrieben. Die Bauernhöfe sind über Videokommunikationseinrichtungen mit Beratern, Informationsdiensten und Tierärzten verbunden. Schädlingsbefall kann dem Berater am Telefon nicht nur verbal erläutert werden, sonden per Videobild gezeigt werden. Periodisch erscheinende Informationen können den Farmer auf Aktivitäten zum Schutze seiner Ernte hinweisen. Der Tierarzt ist in der Lage, erste Hilfe schon aufgrund von Bildübertragungen zu leisten.

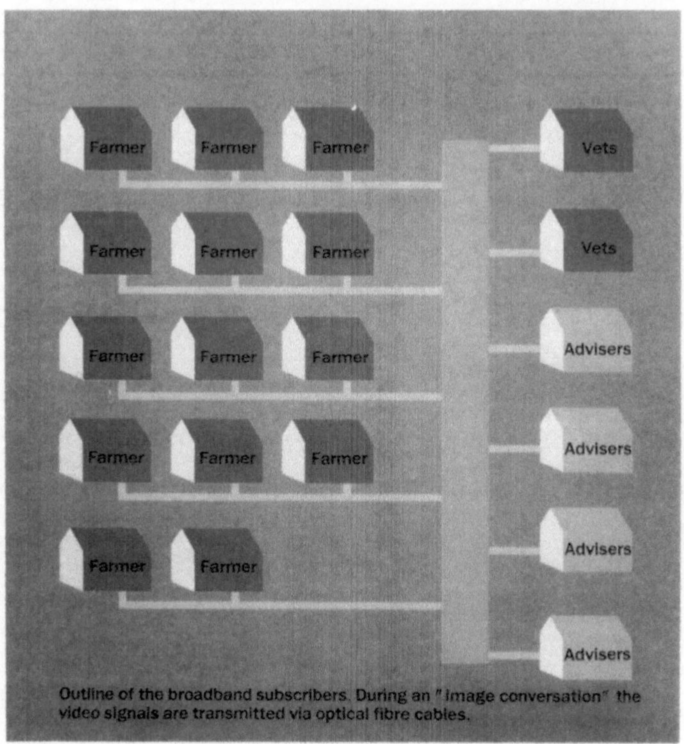

Outline of the broadband subscribers. During an "image conversation" the video signals are transmitted via optical fibre cables.

Folie 6

Mr Holger Gosvig, farmer: " On the phone, it may be quite difficult to describe a certain disease."

Mr Alan Lunde, advisor: " We can give much more precise advice with images to support us."

Folie 7

Mr Jens Chr. Pedersen, farmer: " Once a week in the video news, we are told what to be aware of in the fields."

Ms Solveig Lund: " Now, I stay in my house until the cow actually starts calving."

Folie 8

Im Bild 9 stelle ich Ihnen einen weiteren Pilotversuch, an dem PHILIPS beteiligt ist, vor. Es geht hier um die Erhöhung der Sicherheit im Flugverkehr. Durch Ferndiagnose mit Bildunterstützung können die Flugzeuge nach jedem Flug auf Änderungen ihrer Flugtauglichkeit untersucht werden. In der Heimatbasis werden die empfangenen Daten und Bilder mit den gespeicherten Informationen verglichen. Im Falle der Abweichung werden Experten in der Zentrale zu Rate gezogen.

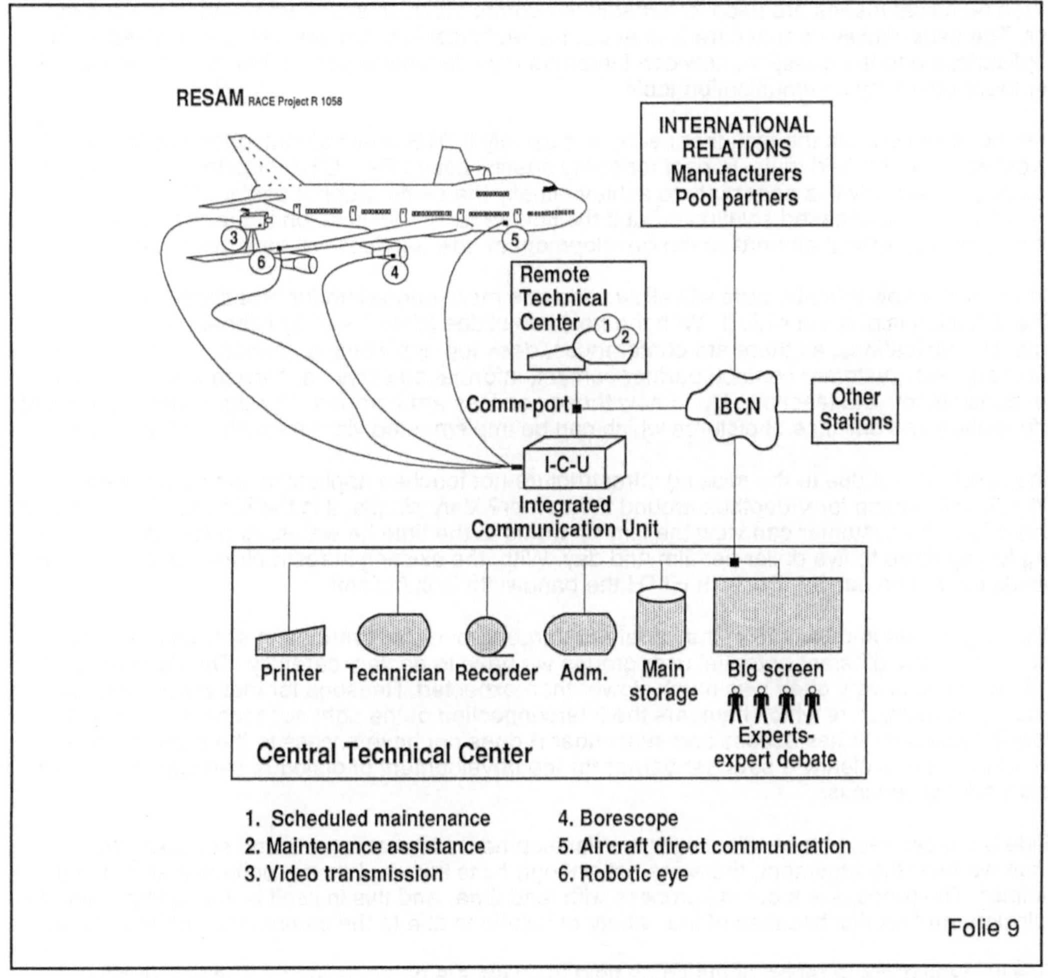

Gemeinsam ist beiden Projekten die Notwendigkeit einer Breitbandigen Infrastruktur bis zum Teilnehmer.

Applications of Broadband Communication

K. Jobmann

The term ' fibre to the home '(FTTH) is a technical expression, which says something about which technical means are used to transmit the communication signal from and to the subscriber. The user himself cannot care less about the technical implications. He is interested in the applications and the question, how can I improve my telecommunication behaviour. How can I get more out of my communication tools.

I am not satisfied with the fact, that nearly exclusively POTS (Plain old telephone services) are investigated in the field trials. Except for some special cases the POTS infrastructure is well equipped. Certainly it is necessary to achieve finally the same order of cost for FTTH then for the existing copper based solutions. But if the cost requirement is taken in the very beginning as a condition without alternative the development of new services will be suppressed.

Certainly the new infrastructure will allow us to use more bandwidth for broadband services. The definition is given in slide 1. With the next two slides (slide 2 and 3) I come back to communication applications, as there are conferences, desk top applications, management support, court support, customer contact, partner contact, information services, service and maintenance, consultancy and teaching. Up to now those services are hampered by the speed, amount of information and brillance of pictures which can be implemented via the existing infrastructure.

An important, but due to the missing infrastructure not touched application is tv on demand. What is the reason for Videothek around the corner? Very simple, it is the independency of time and offer. The customer can view the film he wants at the time he wants. And for that he is willing to pay three to five dollar per film and day. With the existing infrastructure these customer needs cannot be served. But with FTTH the bandwidth is sufficient!

Slide 4 gives an impression on the variety of trarget groups for broadband services. Although there are many different potential user groups we have to be very carefully. The development of new services very often was much slower than expected. Reasons for that were the none existing infrastructure which hampers the interconnection of the right subscribers. It does not help if subscriber A has access and subscriber B does not have access to the required infrastructure. This is clearly a stronger barrier for the development of dialogue services compared to broadcast services.

Slide 5 concentrates on conditions for the development of new markets and services. Very often we hear the argument, there are not enough facts known. I do not believe that. It is muchsimpler. The process is a control process with lead time. And this in itself is very complicated to calculate and predict because of the variety of solutions due to the combination of boundaries.

Finally I would like to report about some field trials we are participating in. The first (slide 6,7, and 8) deals with the needs of farmers. To run a modern farm numerous consulting jobs can improve the results. The farmer needs for example to contact the veterinarian, the meteorological office and the advisors for plant deceases. It is much more efficient to use picture communications in addition to audio services than the well known broadcast services in this field.

A second project we are in, deals with picture support for airplane supervision (slide 9). Technical experts in the home base of the air line can support by the usage of picture dialogue communications the local technicians.

The conclusion of the statements above are, the infrastructure has to be implemented to enable the broadband services to grow. We have to take the same decisions our predecessors took when they thought about the ' simple ' telephone services hundred years ago.

Glasfaser bis ins Haus (FTTH) - Die Sicht der Deutschen Bundespost TELEKOM

G. Tenzer

Der Münchner Kreis hätte keinen aktuelleren Zeitpunkt für diese Veranstaltung wählen können als diesen. Die Diskussion über die Möglichkeiten des Einsatzes von Glasfasersystemen im Ortsnetz ist weltweit in eine entscheidende Phase getreten. Die DBP TELEKOM hat sich zur strategischen Aufgabe gestellt, diese Diskussion nicht nur zu begleiten, sondern entscheidend zu prägen. Die Benennung von Herrn Haist als "Generalbevollmächtigter Glasfaser" ist auch ein äußerer Beweis. Dabei muß das Thema FTTH (Fibre to the home) eingebettet sein in die Gesamtstrategie der DBP TELEKOM. Unser Unternehmen steht vor 3 großen Herausforderungen, die mit gleicher Intensität und mit dem gleichen Nachdruck bewältigt werden müssen:

- Die Ausrichtung des Unternehmens auf sein wettbewerbliches Umfeld. Die Marktorientierung jedes einzelnen Mitarbeiters, der gesamten Organisation. Das Verhalten gegenüber unseren Kunden in Preis, Leistung und Qualität als ein in allen Bereichen im Wettbewerb operierendes Unternehmen, auch im Monopolbereich!

- Die Bewältigung der uns durch die Vereinigung Deutschlands zufallenden besonderen Anstrengungen:

  . die personelle und organisatorische Integration der 42000 Mitarbeiter der ehemaligen Deutschen Post,

  . die Bereitstellung einer funktionsfähigen Telekommunikations-Infrastruktur, zügig und innovativ. Wir versuchen diese Aufgabe unkonventionell, durch weitgehende Modifizierung unserer Vorschriften, durch Improvisationsmaßnahmen insbesondere im Interesse der sich entwickelnden Unternehmen im östlichen Teil Deutschlands zu beschleunigen. Hier haben meine Kollegen und Mitarbeiter bisher schon Unvorstellbares geleistet. Wir sind dabei offen für jede Art von sinnvoller Anregung. Wir lassen uns andererseits von z.T. ideologischer

Kritik von unseren Anstrengungen nicht abhalten und beirren. Wir sind davon überzeugt, daß wir den richtigen Weg eingeschlagen haben und die Erfolge bald sichtbar werden.

- Die dritte große Herausforderung ist die Umsetzung neuer Technologien in den Telekommunikations-Netzen und das aus 2 Gründen:

  . Die Kostenbelastung der DBP TELEKOM wird zu 60 % von den Investitionen in unsere Netze bestimmt. Das bedeutet, daß wir aufgerufen sind, die kostengünstigsten Systeme auf dem Weltmarkt einzukaufen.

  . Der zweite Grund führt uns zurück zum Thema der Kundenorientierung unserer Maßnahmen. Wir müssen die Technologie einsetzen, die unseren Kunden Leistungsmerkmale bieten, die im Markt nachgefragt werden. Ja wir müssen bei der Langfristigkeit der Amortisationszeiten von Telekommunikations-Netzen die Systeme zukunftsorientiert und aufwärtskompatibel auswählen.

So setzt sich nicht nur bei der DBP TELEKOM seit Ende der siebziger Jahre die Erkenntnis durch, daß die vorhandenen terrestrischen Fernmeldenetze in ihren wesentlichen Komponenten, durch die Einführung grundlegend neuer Technologien in den kommenden Jahrzehnten nahezu vollständig ausgetauscht und die Zuwächse direkt in neuen Technologien aufgebaut werden können. Diese neuen Technologien können mit drei Stichworten, die den drei Komponenten eines Telekommunikations-Netzes entsprechen, beschrieben werden:

- der rasante und ungebrochene Fortschritt der Halbleitertechnologie (Endgeräte= Cheap Chips),

- die Entwicklung und der Einsatz der digitalen Vermittlungs- und Übertragungstechnik (Digital Switching und PCM) und

- die Entwicklung der optischen Nachrichtenübertragung über Glasfaser, die ein neues physikalisches Übertragungsmedium mit dem klassischen Kupferkabel überlegenen Grunddaten und nahezu unbegrenzter Bandbreite bietet.

Die optische Nachrichtentechnik stellt einen Eckpfeiler bei der Erneuerung der Fernmeldenetze in den Industrienationen dar, und sie wird in den heute, gemessen an ihrer Fernmeldeinfrastruktur, unterentwickelten Ländern eine überragende Bedeutung gewinnen. Während jedoch ihr Einsatz als breitbandiges Übertragungsmedium im Fernmeldefernnetz bereits seit Anfang der achtziger Jahre hinsichtlich Kosten und Wirtschaftlichkeit den klassischen Übertragungsmedien wie Kupferkoaxialkabel und Richtfunk zumindest ebenbürtig und wegen ihrer Aufwärtskompatibilität insbesondere hinsichtlich der Bandbreite überlegen ist, stellt ihr Einsatz als Serientechnik im Ortsnetz und insbesondere im sehr kostenintensiven Teilnehmeranschlußbereich (Fiber in the loop) auch heute noch eine ingenieurmäßige Herausforderung mit einer Vielzahl von Alternativen bezüglich Topologien/Architekturen und den dabei im Detail einzusetzenden technischen Lösungen dar.

Die DBP TELEKOM wird sich dieser Herausforderung unter Beachtung sowohl ihres volkswirtschaftlichen Auftrags als auch ihrer betriebswirtschaftlichen Ziele und Randbedingungen stellen. Zweifellos hat jedoch diese Herausforderung durch die Wiedervereinigung Deutschlands, d.h. die Einbeziehung des Gebiets von 5 neuen Bundesländern in den Verantwortungsbereich der DBP TELEKOM, in denen nach westlichen Maßstäben heute nahezu noch keine Fernmeldeinfrastruktur vorhanden ist, eine neue Dimension bekommen.

Es besteht unter Fachleuten überhaupt kein Zweifel, daß die Heranführung eines neuen Kabelnetzes bis in die Wohnungen der Teilnehmer, d.h. der Einsatz der Glasfaser im Teilnehmeranschlußbereich, wohl die langfristigste Investition innerhalb der Fernmeldenetze darstellt. Die Langfristigkeit derartiger Investitionen benötigt ähnlich wie in anderen Wirtschaftszweigen mit Infrastrukturauftrag, z.B. Verkehr- und Energiewirtschaft, einen stabilen ordnungspolitischen Rahmen als wesentliche Voraussetzung, um die mit der Langfristigkeit stets verbundenen betriebswirtschaftlichen Risiken eingehen zu können. Dieser stabile Rahmen ist in der Bundesrepublik Deutschland mit dem erst am 1.7.1989 verabschiedeten Poststrukturgesetz und einer Novellierung des Fernmeldeanlagengesetzes gegeben.

Die DBP TELEKOM, die mit über 40 Mrd. DM Umsatz und 16,5 Mrd. DM an Investitionen im Jahre 1990 zu den drei größten Fernmeldenetzbetreibern der Welt gehört, hat weiterhin ein Monopol auf die Errichtung und den Betrieb aller Übertragungswege (Kabel, Richtfunk, übertragungstechnik) sowie auf den Telefondienst ("living speech"). Damit ist eine wesentliche Voraussetzung für eine zügige Weiterentwicklung der Fernmeldeinfrastruktur in Westdeutschland und ihren Neuaufbau im neu hinzugekommenen Ostdeutschland gegeben. In Westdeutschland wird die Weiterentwicklung durch folgende drei großen Aktivitätsbereiche gekennzeichnet:

- Zügige Fortführung der Digitalisierung der Vermittlungs- und Übertragungstechnik des Fernsprechnetzes,
- Aufbau eines Glasfasernetzes für breitbandige Individualkommunikation und
- Forcierung eines wirtschaftlich optimalen Einsatzes der Glasfasertechnologie im Teilnehmeranschlußbereich für die bestehenden Telekommunikations-Dienste.

In Ostdeutschland hat die DBP TELEKOM das Ziel, innerhalb von 7-10 Jahren die Fernmeldeinfrastruktur auf den Status des westdeutschen Teils zu bringen. Hierzu sind allein im Bereich der öffentlichen Netze der DBP TELEKOM ca. 55 Mrd. DM an Investitionen erforderlich, von den ca. 6-8 Mrd. DM auf Fernmeldekabel entfallen. Im Gegensatz zu Westdeutschland handelt es sich hierbei im wesentlichen nicht um Ersatz- und Erweiterungsinvestitionen, sondern um Neuinvestitionen. Diese Situation ist für den Einsatz neuer Techniken wie der Glasfasertechnik geradezu ideal, falls es gelingt, die Kosten der neuen Techniken in den Bereich vorhandener Techniken,d.h. des Kupferkabels zu führen.

Nun reichen die Überlegungen der DBP TELEKOM zum kommerziellen Einsatz der Glasfaser im Fernmeldenetz bis in die siebziger Jahre zurück.

Die DBP hatte daher Pilotprojekte zu deren Einsatz sowohl im Fernnetz als auch im Ortsnetz im Jahre 1980 begonnen.

Die Pilotprojekte zielten darauf ab, möglichst frühzeitig den gesamten Sachverstand der Industrie in einer Art Ideenwettbewerb für den Einsatz von Glasfasertechnik zu nutzen und konkrete praktische Betriebserfahrung zu sammeln. Das Pilotprojekt BIGFON (Breitbandiges Integriertes Glasfaser Fernmelde-Orts-Netz) war darauf angelegt, im Ortsnetzbereich Glasfaser für die vollständige Versorgung der Teilnehmer mit allen heutigen und künftig denkbaren schmal- und breitbandigen Diensten der Individual- und Massenkommunikation zu nutzen.

Es war von Anfang an klar, daß wegen zahlreicher noch nicht festgelegter, technischer Randbedingungen und des Fehlens internationaler Standards am Ende der Versuche keine Ausschreibung für Serientechnik stehen konnte. Aber es wurden für die DBP und die Industrie wichtige Erkenntnisse über noch zu lösende Probleme vor dem serienmäßigen Einsatz von Glasfaser im Teilnehmeranschlußbereich gewonnen.

Das Pilotprojekt BIGFERN (Breitbandiges Integriertes Glasfaser Fernnetz) hatte das Ziel, den Einsatz der Glasfasertechnologie im Fernnetz durch einen Ideenwettbewerb der Industrie mit praktischer Erprobung vorzubereiten. Im Gegensatz zu BIGFON zeigte sich am Ende der Versuchsserie, daß einem baldigen serienmäßigen Einsatz der Glasfaser als Übertragungsmedium im Fernnetz für die vorhandenen schmalbandigen Dienste, d. h. in erster Linie für die Fernübertragungsstrecken des Telefondienstes, aber auch für die Zuführung von Fernsehsignalen auf der Fernnetzebene, keinerlei wesentliche technischen oder wirtschaftlichen Hindernisse mehr entgegenstehen. Die Folge war der Regeleinsatz der Glasfaser im Fernnetz ab 1983.

Die damalige Strategie der DBP TELEKOM zur Einführung von Glasfasersystemen im Fernmeldenetz war geprägt durch zwei Zielsetzungen.

1. Durch den Regeleinsatz dieser Technologie im Fernbereich eine wirtschaftlich und betrieblich optimierte Netzgestaltung für eingeführte Telekommunikationsdienste herbeizuführen.

2. Mit einem zu Beginn noch begrenzten Ausbauumfang eine Glasfaser-Mindestinfrastruktur (Overlaynetz) im Ortsbereich bereitzustellen und damit die Voraussetzung für die Entwicklung und Erprobung neuartiger Breitbanddienste zu schaffen.

Das von der Deutschen Bundespost TELEKOM gewählte Konzept für den Ausbau einer Glasfaser-Mindestinfrastruktur für neue breitbandige Dienste sah zunächst den Aufbau von lokalen Glasfasernetzen in Overlaystruktur in ausgewählten Geschäftszentren im Bundesgebiet einschließlich Berlin (West) vor. Der im Jahre 1986 konzeptgemäß in 14 Geschäftszentren begonnene und 1987 auf insgesamt 29 Städte (Bild 1) ausgedehnte Ausbau der lokalen Glasfaser-Overlaynetze wird bis zum Jahresende 1991 im Rahmen einer Vorleistung der Deutschen Bundespost TELEKOM fortgesetzt. Darüber hinaus leistete die Deutsche Bundespost TELEKOM mit der Inbetriebnahme des digitalen, selbstwahlfähigen Vermittelnden Breitbandnetzes (VBN) (Bild 2) im Februar 1989

Pionierarbeit, die sich jedoch nicht in netzseitigen technologischen Innovationen erschöpft, sondern vielmehr vorrangig darauf abzielt, durch einen intensiven Dialog mit Anwendern frühzeitig marktgerechte Dienste der breitbandigen Individualkommunikation zu entwickeln und in realen Bedarfssituationen zu erproben.

Das weltweit vorerst noch konkurrenzlose VBN ermöglicht den Anschluß von bis zu 1 000 interessierten Teilnehmern, denen hier die Chance des Experimentierens mit neuen breitbandigen Kommunikationsformen und des Sammelns von Know-how geboten wird.

Insbesondere der von z. Z. 240 privaten Videokonferenzanschlüssen über das VBN auf kommerzieller Basis genutzte Videokonferenzdienst unterstreicht die Bedeutung dieses Netzes und das Interesse, das ihm anwenderseitig entgegengebracht wird.

Die für das VBN angeführte Zielsetzung wird durch das Projekt Berlin Kommunikation (BERKOM) unterstützt und ergänzt.

Das in Berlin durchgeführte Projekt dient vorrangig zur Gewinnung von Erkenntnissen und Erfahrungen, die von der DBP TELEKOM in Form von Vorschlägen in den beginnenden Prozeß der Standardisierung von Breitbanddiensten eingebracht werden; ein weiteres wesentliches Projektziel stellt die forcierte Entwicklung der für das künftige Breitband-ISDN benötigten Komponenten und Übertragungsverfahren (Asynchroner Transfer Modus, ATM) dar.

Für die Entwicklung und Erprobung der Komponenten und Übertragungsverfahren wurde ein umfangreiches BERKOM-Glasfaser-Testnetz mit eingefügten ATM-Vermittlungsstellen auf der Basis des in Berlin ausgedehnt vorhandenen Glasfaser-Overlaynetzes errichtet. Im Bereich der Entwicklung von Breitbandanwendungen und dazugehörigen Endgeräten haben sich im Projekt BERKOM zwischenzeitlich bereits Schwerpunkte herausgebildet, von denen hier nur

- der Rechnerverbund,
- das Telepublishing und
- die Telemedizin

angeführt werden sollen.

Die im Rahmen des Projektes BERKOM praktizierte enge Zusammenarbeit der DBP TELEKOM mit der Industrie, verschiedenen Forschungsinstituten und interessierten Anwendern gewährleistet im technischen Bereich realitätsnahe und zukunftssichere Ergebnisse; bezogen auf die Anwendungsentwicklung wird die enge Kooperation zur Entwicklung von Breitbanddiensten führen, die bedarfsgerecht ausgestaltet ihren Markt finden werden.

Wie eben schon erwähnt, setzt die DBP TELEKOM seit 1983 im Fernnetz und für die Verbindung neuer digitaler Vermittlungsstellen im Ortsnetz als Regeltechnik die Glasfasertechnologie ein. Hierfür sind rein wirtschaftliche Gründe maßgebend. Die wirtschaftliche Netzgestaltung des Fernnetzes und des Ortsverbindungsliniennetzes beruht allein auf den bisher bereits eingeführten Telekommunikationsdiensten.

Die Deutsche Bundespost TELEKOM wird Ende 1990 ca. 1 Mio. Glasfaserkilometer in das Telekommunikationsnetz eingebaut haben (Bild 3). Ca. 1/4 der insgesamt eingebauten Faserkilometer entfallen auf das Ortsnetz und ca. 3/4 auf das Fernnetz. Im Fernnetz wird Ende 1990 der Bestand ca. 768 000 Faserkilometer betragen. Davon entfallen ca. 61 % auf das überregionale und ca. 39 % auf das regionale Fernnetz (Bild 4). Bezogen auf die insgesamt im Fernnetz vorhandenen Kabelkilometer entsprechen die bisher ausgelegten Glasfaserkilometer ca. 23 %.

Im Ortsnetz werden bis Ende 1990 ca. 262 000 Faserkilometer eingebaut sein. Von diesen Faserkilometern entfallen ca. 75 % auf das Verbindungsliniennetz und ca. 25 % auf das Anschlußliniennetz (Bild 5). Während im Bereich des Verbindungsliniennetzes die Investitionen in die Glasfasertechnologie ausschließlich auf wirtschaftlichen Gesichtspunkten beruhen, wurde der Ausbau im Anschlußliniennetz in diesem noch begrenzten Umfang durchgeführt, um eine Mindestinfrastruktur für die Entwicklung und Erprobung neuer Breitbanddienste zu schaffen.

Alle diese Anstrengungen lassen natürlich nicht darüber hinwegtäuschen, daß der eigentliche Durchbruch für Glasfasersysteme im Teilnehmeranschlußbereich noch nicht gelungen ist.

Da der Teilnehmeranschlußbereich den kostenintensivsten und damit auch den langfristigsten Bereich der Fernmeldenetze darstellt, müssen an die dort eingesetzten Techniken eine Vielzahl von sich z. T.

widersprechenden Forderungen gestellt werden, zwischen denen ein sinnvoller Kompromiß zu finden ist. Außerdem müssen vor allem Einführungsstrategien gefunden werden, welche die erhebliche Zeitkomponente zur Einführung solcher Techniken und die in diesen Zeiträumen noch zu erwartenden, aber nicht exakt im Detail bekannten technischen Fortschritte und Kundenanforderungen in die Entscheidungen miteinbeziehen.

Heute werden im Teilnehmeranschlußbereich die eingeführten schmalbandigen Telekommunikationsdienste und der Breitbandverteildienst in unterschiedlichen Netzen (Telefonnetz, IDN, Breitbandverteilnetz) abgewickelt. Da diese Netzebene den kostenintensivsten Bereich darstellt, haben sich hier spezifische Netztopologien (Stern- und Baumstrukturen) auf der Basis eines diensteorientierten wirtschaftlichen Optimums entwickelt (Bild 6).

Der Übergang von dieser Kupfernetz-Vielfalt zu der angestrebten diensteintegrierten Glasfaserinfrastruktur erfordert neue technische Konzepte, die einen ökonomisch vertretbaren Glasfaserausbau im Anschlußbereich bis zum Teilnehmer oder zumindest bis in die Nähe des Teilnehmers ermöglichen.

Die Deutsche Bundespost TELEKOM arbeitet seit einiger Zeit an diesen technischen Konzepten, die einerseits das Errichten der angestrebten Glasfaserinfrastruktur über die wirtschaftliche Nutzung durch eingeführte Dienste (Telefon, Datenübertragung/-kommunikation, Rundfunk- und TV-Verteilung usw.) ermöglichen und andererseits die Option offenhalten, die neuen Glasfasersysteme zu gegebener Zeit auch für ein kostengünstiges Angebot breitbandiger Kommunikationsformen hochzurüsten und damit eine gute Basis für die weitere Entwicklung und Akzeptanz dieser Dienste und das Einbringen der bei der DBP TELEKOM in diesem Bereich vorhandenen Erfahrungen zu schaffen.

Aus dem Vorstehenden ergibt sich ein Anforderungsprofil an alle "Glasfasersysteme im Teilnehmeranschlußbereich" (Fiber in the Loop-Systeme), die mit folgenden Stichworten umrissen werden können (Bilder 7 und 8):

- Kostengleichheit mit äquivalentem Kupfersystem bei gleichen Einkaufsmengen

- Kompatibilität mit vorhandenen und geplanten Übertragungs- und Vermittlungssystemen der DBP TELEKOM

- Offenhaltung der Einbeziehung künftiger Technologiefortschritte insbesondere bei der Ein- und Ausspeisung des Signals (Laser) und des Einsatzes von Verstärkern (Fotonik)

- Netzstrukturen, die eine größere Ausfallsicherheit gegenüber Störungen und Kabelunterbrechungen bieten

- Entwicklung einer Übergangstechnik zur Verbindung der neuen Glasfasernetze mit vorhandenen Kupfernetzen

- Möglichkeit zur Integration der Glasfasernetze in das Netzmanagement-Gesamtkonzept der DBP TELEKOM. Hierbei sind Stand-Alone-Lösungen vorübergehend denkbar.

- Option auf Erweiterung des Dienstangebotes (Breitbanddienste) durch kostengünstigen Ausbau der Systeme

Die in den vorstehenden Anforderungen ausgedrückte, wesentliche Neuausrichtung der Unternehmenspolitik beim Glasfasereinsatz besteht darin, daß sie heute als das herausragende Medium für den Ersatz der Kupferkabelnetze für die vorhandenen schmalbandigen Dienste betrachtet wird und ihre Fähigkeit zum Angebot breitbandiger Dienste nicht mehr Voraussetzung sondern "Option auf die Zukunft" ist. Dies erhöht wesentlich die Entscheidungsfreiheit für derart langfristige Investitionen.

Für den Aufbau einer Glasfaserinfrastruktur im Teilnehmeranschlußbereich bietet sich eine Vielfalt möglicher Glasfasernetz-Topologien an. Diese vorhandene Vielfalt vorstellbarer Glasfasernetz-Topologien läßt sich unter technischen und wirtschaftlichen Gesichtspunkten durch die vier wesentlichen Grundtypen

- Stern,

- Doppelstern (mit passiven oder aktiven Komponenten im Verzweigungspunkt),

- Bus und

- Ring,

darstellen (Bild 9).

Die angeführten Grundtypen werden international von verschiedenen Netzbetreibern im Hinblick auf den Einsatz von FITL-Systemen unterschiedlich bewertet. Diese Bewertung und die daraus resultierenden Präferenzen für bestimmte FITL-Systeme werden u. a. in erheblichem Maße von dem regulatorischen Umfeld, in dem der jeweilige Netzbetreiber tätig ist, bestimmt.

Insbesondere sind in vielen Ländern die Netze der Individualkommunikation und die der Massenkommunikation in den Händen verschiedener Betreiber. In manchen Ländern ist diese Trennung durch die Regulierung vorgegeben, in anderen wiederum stehen beide Bereiche künftig hinsichtlich der Integration von Individual- und Massenkommunikation auf gemeinsamen Kabelnetzen im Wettbewerb zueinander. In Deutschland hat die DBP TELEKOM durch die Tatsache, daß sie sowohl die Netze der Individual- als auch der Massenkommunikation betreibt, erhebliche Freiheitsgrade bei der Wahl geeigneter Glasfasernetz-Topologien. Berücksichtigt man weiterhin, daß ihr durch die Wiedervereinigung in Ostdeutschland die Aufgabe des Aufbaus völlig neuer Fernmelde-Infrastrukturen ohne wesentliche Kompromisse hinsichtlich bestehender Netze zugewachsen ist, so sind dies sehr gute Voraussetzungen für das Finden und Einführen von Glasfasernetzen, die die vorstehend genannten Anforderungen erfüllen. Gleichzeitig bietet die Aufgabe in Ostdeutschland auch die Chance für einen Einsatz der Glasfaser mit erheblichen Abnahmemengen.

Der dargestellte Sachverhalt verdichtet sich in der Konsequenz für die DBP TELEKOM zu einer sehr komplexen Aufgabenstellung (Bild 10), da sie unterschiedliche Netze für unterschiedliche Kundengruppen (Geschäfts- und Privatkunden) in sehr unterschiedlich entwickelten Regionen (Ost- und Westdeutschland) mit möglichst großen Synergieeffekten in Glasfasernetzen zusammenfassen und gleichzeitig die Glasfasersystem-Vielfalt gering halten muß.

Dieses ist nur eine der ungeklärten Fragen, die noch einer Lösung bedürfen. Nun will ich Sie am Ende dieser zwei Tage nicht mit der Aufzählung noch weiterer Problemfelder im einzelnen behelligen. Aber vor dem Hintergrund der auch weltweit noch nicht gelösten Aufgaben haben wir eine Reihe von Pilotprojekten beschlossen, die unsere

Unsicherheiten in manchen Bereichen beseitigen sollen. Diese Pilotprojekte sollen auch unser Interesse unterstreichen, auf diesem Gebiet die Entwicklungsabteilungen der Industrie zu treiben und nicht der Getriebene zu sein.

Einen ersten sichtbaren Beleg für die FITL-Aktivitäten der DBP TELEKOM bietet der Abschluß eines Kooperationsvertrages mit der Raynet Corporation, Menlo Park (USA), im Juli 1988. Im Rahmen der vereinbarten Kooperation sollte eine von Raynet ursprünglich für den amerikanischen Markt entwickelte Systemtechnik den Anforderungen der DBP TELEKOM entsprechend angepaßt und unter dem Aspekt eines kostengünstigen Einsatzes weiterentwickelt werden.

Den zweiten Schritt stellte der im Juli 1989 durch die DBP TELEKOM initiierte weltweite Konzeptwettbewerb "Wirtschaftlicher Einsatz der Glasfasertechnik im Teilnehmeranschlußbereich "dar.

Mit dem Konzeptwettbewerb (Bild 11) wurde eine breitere Basis für die beabsichtigte Intensivierung der FITL-Aktivitäten der DBP TELEKOM geschaffen.

Wenn ich nun das Programm einsehe, muß ich an dieser Stelle nicht auf die Einzelheiten der vorgestellten Systeme eingehen. Vielmehr möchte ich noch einmal deutlich machen, daß der Konzeptwettbewerb dazu diente, aus neuen Konzepten für innovative Glasfasersysteme die für die Belange der DBP TELEKOM geeigneten auswählen zu können und anschließend als realisierungswürdig und zukunftsweisend eingeschätzte Konzepte in weiteren Pilotprojekten OPAL zu erproben und damit dem Ziel, frühzeitig konkurrierende FITL-Systeme für unterschiedliche Einsatzbereiche zu erhalten, näherzukommen.

Die in der Angebotsanforderung formulierten Anforderungen (Bilder 12 und 13) waren auf ein Minimum beschränkt, um den gewünschten, breiten Überblick über existierende Konzepte zu erhalten. Insgesamt 16 Firmen bzw. Konsortien haben in der Folge alternative Konzeptvorschläge vorgelegt und damit das firmenseitig sehr lebhafte Interesse am Konzeptwettbewerb dokumentiert.

Die vorgelegten Konzeptvorschläge für Glasfasersysteme zur Abdeckung der geforderten Dienste/Dienstekombinationen (Bild 14) wurden bis zur Jahresmitte 1990 vom Fernmeldetechnischen Zentralamt der DBP TELEKOM ausgewertet.

Die Auswertung des Konzeptwettbewerbs führte zu zwei Grundsatzentscheidungen, nämlich:

1. Vier weitere Pilotprojekte durchzuführen (Bild 15). (Siemens - Leipzig; SEL - Media Park Köln; FAST (PKI,ANT,AEG) - Nürnberg; Bosch - Bremen) und die laufenden Pilotprojekte (Raynet - Köln, Frankfurt, Lippetal) weiterzuführen.

2. Erste Beschaffungsmaßnahmen für solche Systeme einzuleiten, die bereits als genügend erprobt und damit serienreif angesehen werden können.

Die unter 2. genannten Beschaffungsmaßnahmen erstrecken sich auf Glasfasersysteme, die bereits heute im Vergleich zu herkömmlichen Kupfersystemen kostengünstig

- im Verbindungslinienbereich des Breitbandverteilnetzes und

- im Hauptkabelbereich des Telefonnetzes/IDN

einsetzbar sind.

Den Pilotprojekten OPAL der DBP TELEKOM (Bilder 16 und 17) ist eine insgesamt sehr komplexe Zielsetzung unterlegt.

Die Pilotprojekte sollen u. a.

- eine Realisierbarkeit unterschiedlicher, innovativer Konzepte nachweisen,

- grundsätzliche Erkenntnisse über das im Bereich der Glasfasertechnik erreichte bzw. in einem überschaubaren Zeitraum erreichbare Leistungs- und Kostenniveau vermitteln und damit im notwendigen Umfang Anhaltspunkte für die Spezifizierung/Standardisierung der angestrebten Infrastruktur im Teilnehmeranschlußbereich liefern und eine frühzeitige Bereitstellung von kostengünstigen, integrationsfähigen und optional für neue Diensteangebote hochrüstbaren Glasfasersystemen für die heutige Versorgung diverser Kundensegmente mit verfügbaren, geeignet kombinierten Diensteangeboten herbeiführen.

Ich bin der festen Überzeugung, daß wir diese Pilotprojekte für die Entwicklung unserer endgültigen Strategie und Spezifizierung benötigen. Daher bin ich an einem raschen Vertragsabschluß interessiert und lege großen Wert auf einen Beginn der Pilotprojekte noch Mitte 1991. Es macht vor dem Hintergrund der weltweiten Entwicklung und unserer besonderen Situation durch die fünf neuen Bundesländer keinen Sinn, mit dem Beginn der Pilotprojekte zu warten. Jetzt müssen die Weichen für die Zukunft gestellt werden, nicht erst wenn der Zug die Weiche überfahren hat.

Entscheidend für den Einsatz von FITL-Systemen entsprechend der Strategie der DBP TELEKOM ist die Wirtschaftlichkeit dieser Systeme gegenüber der Kupferkabelversorgung für eingeführte Telekommunikationsdienste.

Dafür wurden für zwei Musterversorgungsbereiche Vergleichsplanungen und Kostenermittlungen durchgeführt. Es wurde dabei eine herkömmliche Kupferkabelversorgung einer Glasfaserkabelversorgung auf der Basis der Firmenvorschläge zum Konzeptwettbewerb gegenübergestellt.

Der Kostenvergleich brachte folgende Ergebnisse:

- Die Kosten der FITL-Systeme unterscheiden sich strukturell von den Kosten der Kupferversorgung. In Bild 18 sind für ein Wohngebiet die Kostenstrukturen für zwei aussichtsreiche FITL-Konzepte auf der Basis einer Doppelsternarchitektur denen der Kupferversorgung gegenübergestellt. Der Vergleich der Kostenstrukturen zeigt, daß sich die Kosten bei Kupferversorgung im Wohnbereich fast ausschließlich aus Kabel- und Tiefbaukosten zusammensetzen. Dagegen werden die Kosten bei den FITL-Systemen in größerem Maße durch die Kosten von Glasfaser-Übertragungssysteme bestimmt.

- Kosten für die Übertragungstechnik sind stark abhängig von der Art der Anschaltung an die Ortsvermittlungsstelle. Bei Anschaltung über Einzelanschlußschnittstellen ergeben sich erheblich höhere Kosten als bei Anschluß über eine noch zu definierende Muliplexschnittstelle (vergleiche Balken 1 mit Balken 2).

- Weitere Kostenvorteile lassen sich erreichen, wenn zusätzlich zu den vermittelten Diensten auch noch Breitbandverteildienste über das gleiche Glasfaserkabel übertragen werden (Bild 18, Balken 3).

- Bild 19 zeigt die Kostenvergleiche für geschäftliche Nutzungen.

- Die Wirtschaftlichkeit von FITL-Systemen gegenüber der herkömmlichen Kupferversorgung ist abhängig von der Entfernung des Versorgungsbereiches von der Ortsvermittlungsstelle. Sie verschiebt sich mit größerer Entfernung zugunsten der FITL-Systeme, weil die Kabel- und Tiefbaukosten entfernungsabhängig und die Kosten für die Glasfaserübertragungstechnik im Anschlußbereich entfernungsunabhängig sind. Weitere Berechnungen mit den beiden Konzepten zeigen, daß sich bei Anschluß über Multiplexschnittstellen an die Ortsvermittlunsstelle die FITL-Systeme bei einer Entfernung von ca. 2 - 3 km kostengünstiger als die Kupferversorgung realisieren lassen.

Sie sehen auf Bild 20 einmal die durchschnittliche Anschlußleitungslänge der deutschen Ortsnetze. Im Vergleich zu den USA-Strukturen beträgt sie etwa die Hälfte.

Ein Kostenvergleich müßte grundsätzlich auch die Kosten für das Betreiben, das Verwalten und die Unterhaltung von äquivalenten Kupfer- und FITL-Systemen beinhalten. In diesem Bereich können aus heutiger Sicht durch den Einsatz von Betriebsunterstützungssystemen (Operation Support Systems, OSS) für Glasfasersysteme erhebliche Kosteneinsparungen erzielt werden, indem z.B. durch Fernwirken/-steuern Personaleinsätze vermieden werden. Auf eine Quantifizierung dieses Kostenaspekts muß im Augenblick verzichtet werden, da entsprechende aussagefähige Erkenntnisse noch nicht mit ausreichender Sicherheit vorliegen.

Für den wirtschaftlichen Einsatz von FITL-Seriensystemen im Netz der DBP TELEKOM ergeben sich weitere Möglichkeiten zur Kostenreduzierung.

Unter den Voraussetzungen, daß

- der Multiplexanschluß an die Digitale Ortsvermittlungsstelle mittelfristig realisiert wird,

- die Versorgungsbereichsabgrenzung für die Leistungsfähigkeit der FITL-Systeme optimiert wird,

- die FITL-Systeme nicht voll, sondern bedarfsweise Zug um Zug mit Baugruppen bestückt werden (Investitionsverschiebung),

- sich die Kabelpreise für Glasfaserkabel gegenüber Kupferkabeln bei steigenden Kupferpreisen günstiger entwickeln, und

- für Glasfaserübertragungssysteme im Wettbewerb niedrigere Preise gegenüber den Preisangaben der Firmen im Konzeptwettbewerb erzielt werden können,

kann man prognostizieren, daß der Einsatz von FITL-Regelsystemenab ca. 1994 schon bei einer relativ kurzen Entfernung von der OVSt kostengünstiger sein wird als die Kupferkabelversorgung.

Die Ergebnisse der sehr unterschiedlich gestalteten und z. T. in Grenzbereiche vorstoßenden Pilotprojekte werden für eine Spezifizierung aus heutiger Sicht wertvolle Erkenntnisse vermitteln.

Diese Spezifizierung im nationalen Rahmen wird durch Aktivitäten im internationalen Raum (Kooperationen u.a.m.) ergänzt. Die Standardisierung der Glasfaser-Systemarchitektur sollte nach Einschätzung der DBP TELEKOM im mittelfristigen Zeitraum auf das unbedingt notwendige Maß beschränkt bleiben und erst nach und nach ausgeweitet werden.

Unsere Vorgehensweise zur Erarbeitung von Spezifikationen und Technischen Lieferbedingungen von Glasfasersystemen wird folgendermaßen aussehen. Dabei wird deutlich, daß wir auf keinen Fall Zeit verlieren wollen!

- Wir werden in einem ersten Schritt untersuchen, was wir sofort realisieren können.

- Noch im Jahre 1990 werden wir eine Organisationseinheit einrichten, die im Rahmen international offener Gesprächskreise zwischen DBP TELEKOM einerseits und Firmen und Experten andererseits die Basiskriterien einer internationalen Ausschreibung für Glasfaser in Serientechnik vor dem Hintergrund der bei den Pilotprojekten gewonnenen Erfahrungen erarbeitet. Die so erarbeitete Spezifikation wird in einem zweiten Schritt allen Interessenten zur Kommentierung angeboten. Danach werden auf dieser Grundlage die Technischen Lieferbedingungen erarbeitet, die für die Ausschreibung nötig sind. Das Zeitziel ist, daß wir mit diesen Arbeiten im Jahre 92 abgeschlossen haben. Bei dieser Vorgehensweise habe ich mit einem europäischen Carrier eine enge Kooperation vereinbart, um zu einer zunächst europäischen Lösung beizutragen.

Die DBP TELEKOM ist bereit, heute ihre "Option auf die Zukunft" energisch in die Hand zu nehmen, denn besser als alle regulatorischen Zusicherungen garantieren moderne zukunftsträchtige Fernmeldenetze ein erfolgreiches, den Anforderungen der Volkswirtschaft gerecht werdendes Unternehmen DBP TELEKOM in einem erheblich größer gewordenen Deutschland, das gleichzeitig eine Mittlerrolle in der Telekommunikation für die sich entwickelnden Volkswirtschaften in den osteuropäischen Ländern übernehmen will. Dies ist auch die Voraussetzung dafür, daß die DBP TELEKOM in einem politisch schnell zusammenwachsenden Europa, in dem die traditionellen Grenzen der Märkte für Netzbetreiber zunehmend durchlässiger werden, eine hervorragende Rolle spielen kann.

Orte mit Overlay-Netzausbau

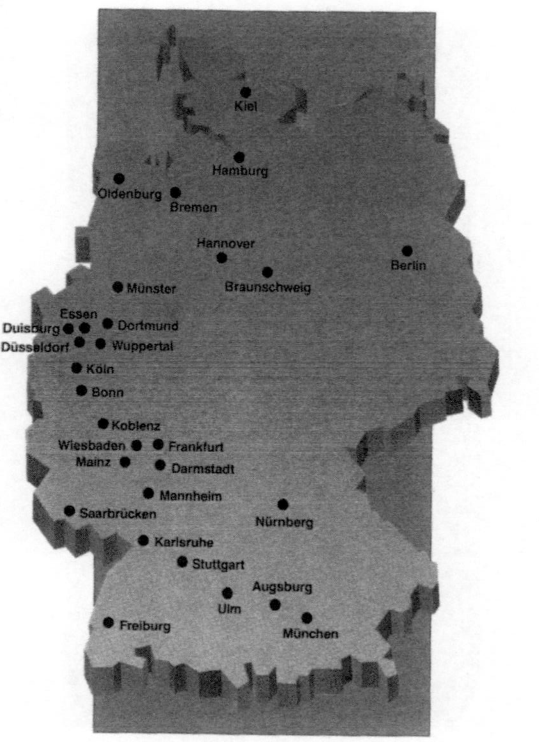

Vermittelndes Breitbandnetz (VBN)

Leitungsstruktur

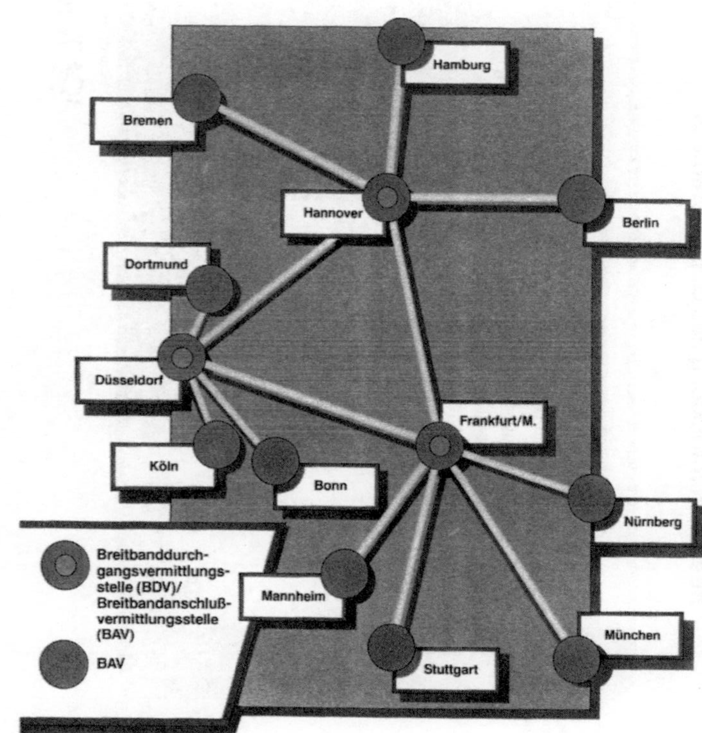

Telekom
Deutsche Bundespost

Telefonnetz
Bestandsentwicklung des Glasfaseranteils

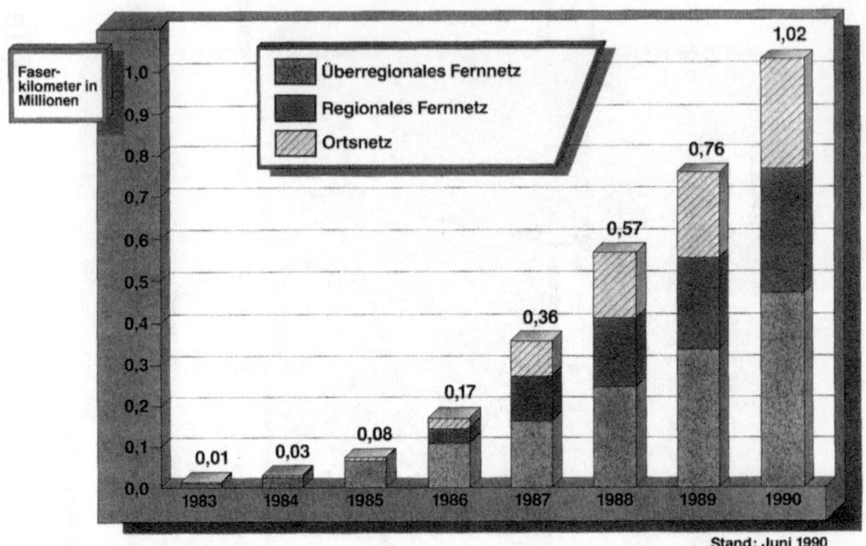

Glasfaserbestand im Fernnetz

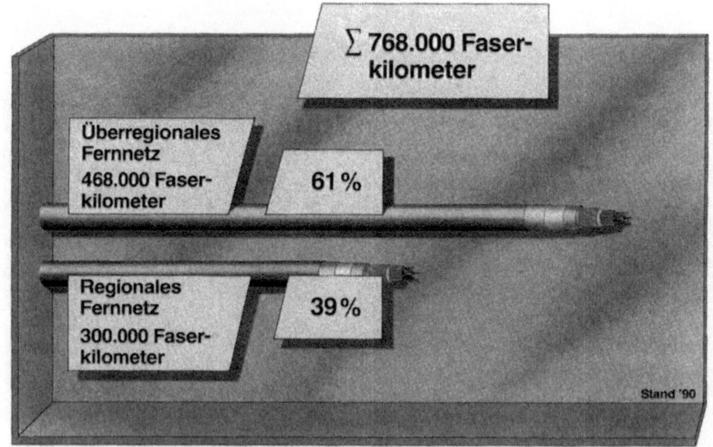

Glasfaserbestand im Ortsnetz

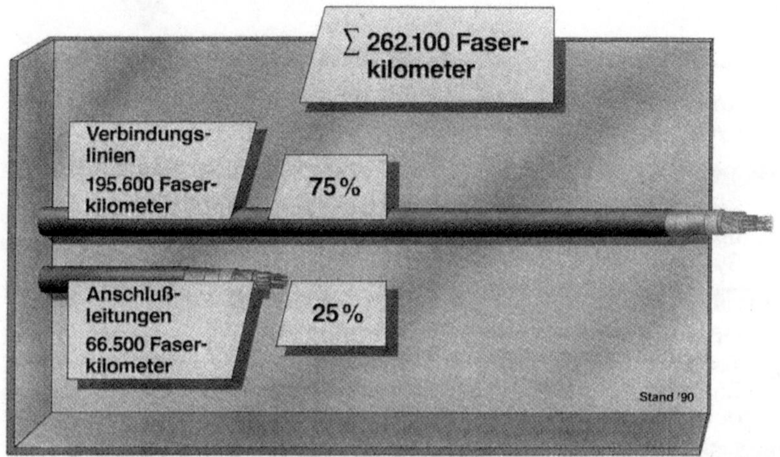

Kupfer-Anschlußleitungen

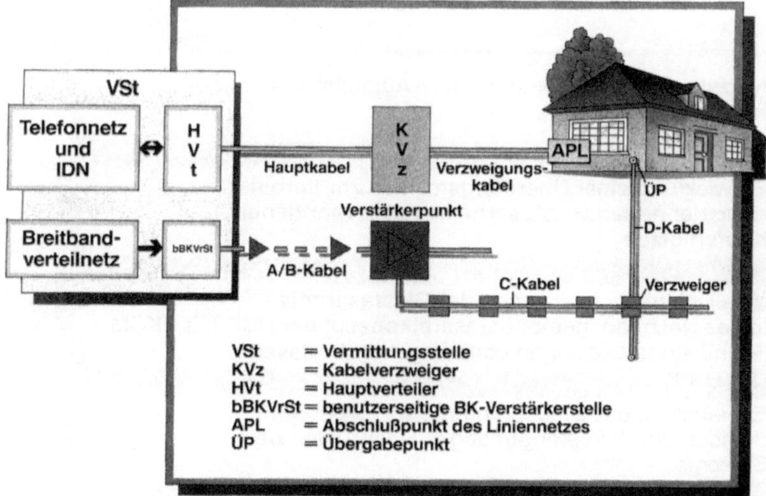

Anforderungen an FITL (Fibre In The Loop)-Systeme

- Kostengleichheit mit äquivalenten Kupfersystemen bei gleichen Einkaufsmengen
- Kompatibilität mit vorhandenen und geplanten übertragungs- und vermittlungstechnischen Systemen der DBP TELEKOM
- Offenhaltung der Einbeziehung künftiger Technologiefortschritte insbesondere bei der Ein- und Ausspeisung des Signals (Laser) und des Einsatzes von Verstärkern (Fotonik)

Anforderungen an FITL (Fibre In The Loop)-Systeme (Fortsetzung)

- Netzstrukturen, die eine größere Ausfallsicherheit gewährleisten
- Entwicklung einer Übergangstechnik zur Verbindung der neuen Glasfasernetze mit vorhandenen Kupfernetzen
- Möglichkeit zur Integration der Glasfasernetze in das Netzmanagement-Gesamtkonzept der DBP TELEKOM (Stand alone-Lösungen vorübergehend zulässig)
- Erweiterung des Diensteangebotes (Breitbanddienste) durch kostengünstiges Hochrüsten des Systems

Topologien im Teilnehmeranschlußbereich

Fiber to the Home

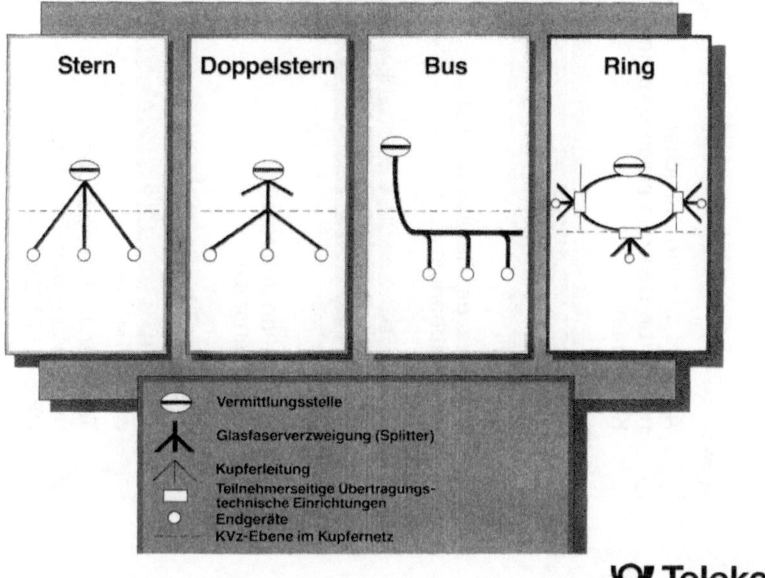

Glasfasernetz der DBP TELEKOM

Unterschiedliche Anforderungen von Geschäfts- und Privatkunden in West- und Ostdeutschland erfordern unterschiedliche Lösungen

Konzeptwettbewerb
Zielsetzung

- Der Glasfasereinsatz soll auch im Tln-Anschlußnetz vorangetrieben werden
- Investitionen in Kupferinfrastruktur sollen zugunsten der Glasfaserinfrastruktur umgeschichtet werden
- Der BK-Ausbau auf der Basis von Glasfaserlösungen soll kostengünstiger gestaltet werden
- Der Durchbruch „Fiber to the Home“ soll unter wirtschaftlich vertretbaren Randbedingungen geschaffen werden

Telekom
Deutsche Bundespost

Konzeptwettbewerb
Pilotprojekte

- Auswahl an zukunftssicher/ realisierungswürdig erscheinenden Konzepten
- Nachweis der Realisierbarkeit/ Handhabbarkeit
- Verifikation unterstellter Kostenansätze
- Technische Bedingungen und Leistungsumfang legt DBP TELEKOM fest

Telekom
Deutsche Bundespost

Konzeptwettbewerb
Pilotprojekte (Fortsetzung)

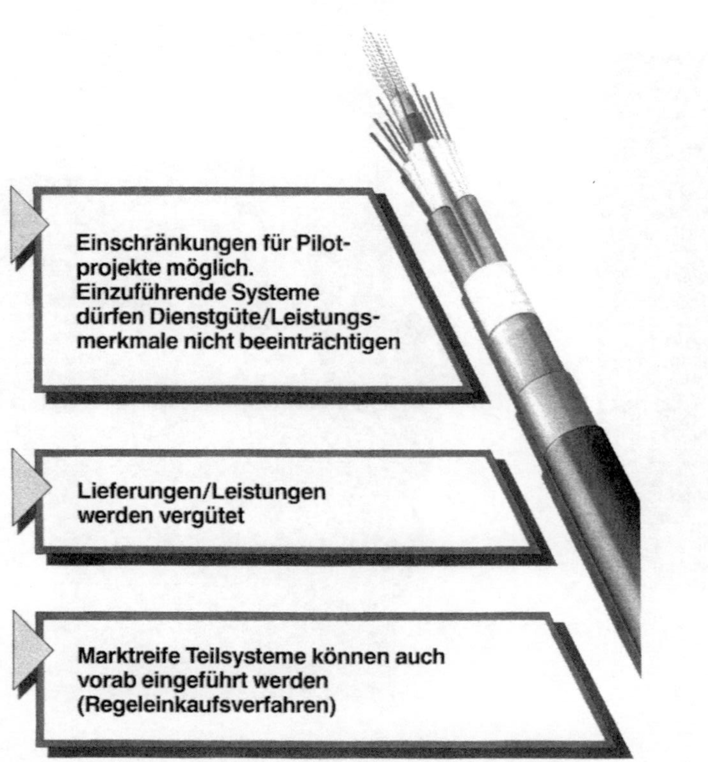

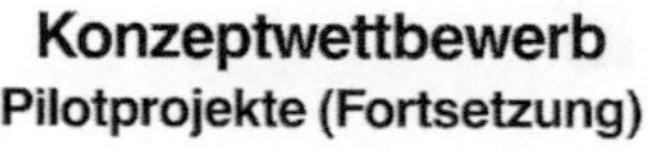

Anwendungsbereiche

Orte mit Pilotprojekten OPAL

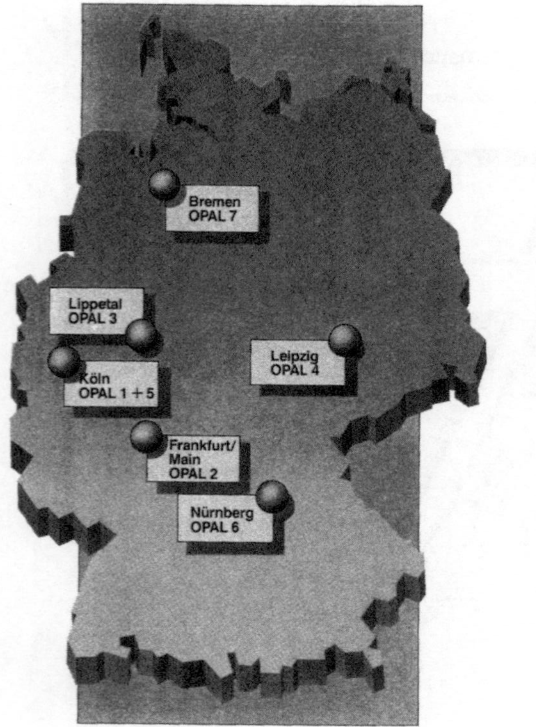

Zielsetzung der Pilotprojekte OPAL
(**Op**tische **A**nschlußleitung)

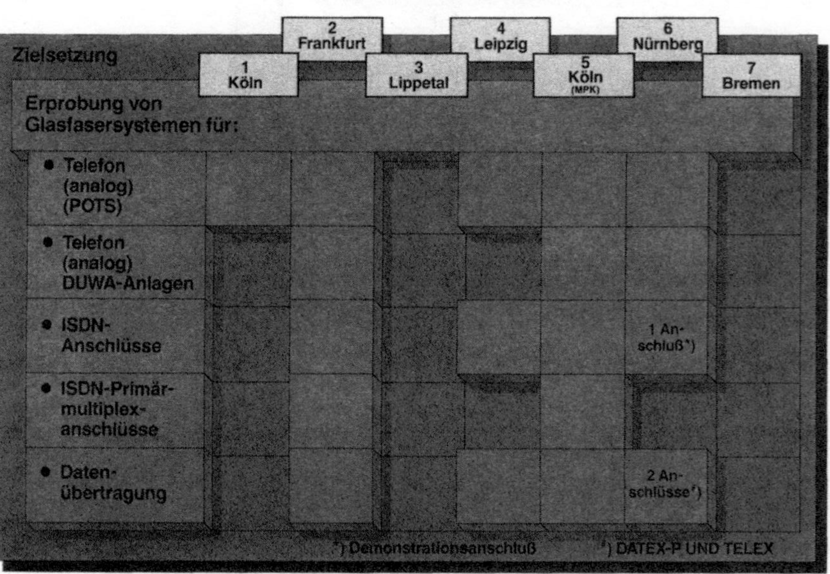

Zielsetzung der Pilotprojekte OPAL (Optische Anschlußleitung); Fortsetzung

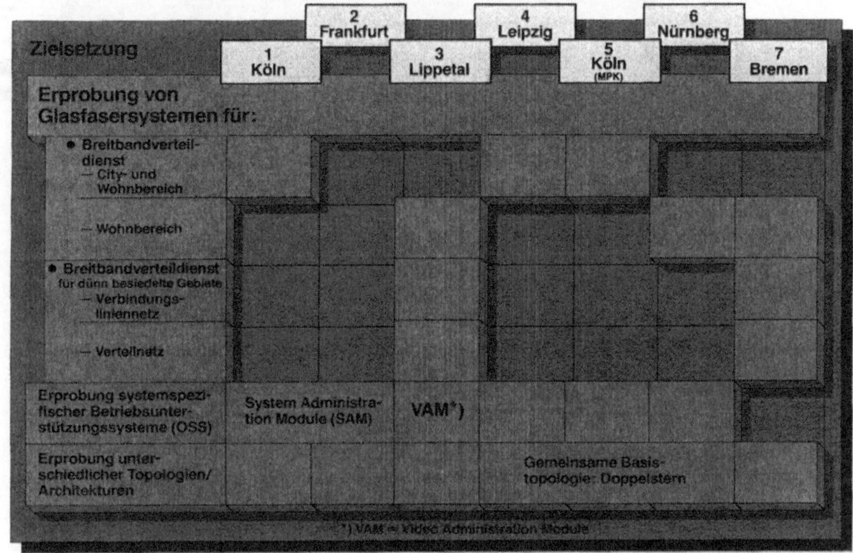

Kostenvergleich für ein Wohngebiet

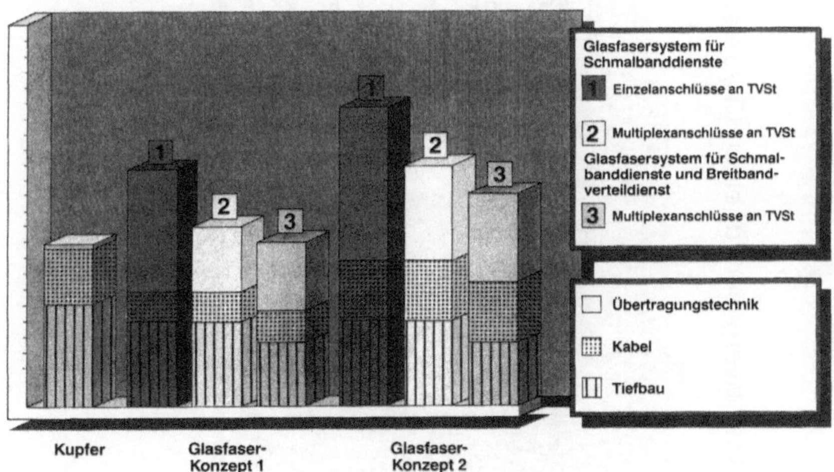

Kostenvergleich für einen Citybereich

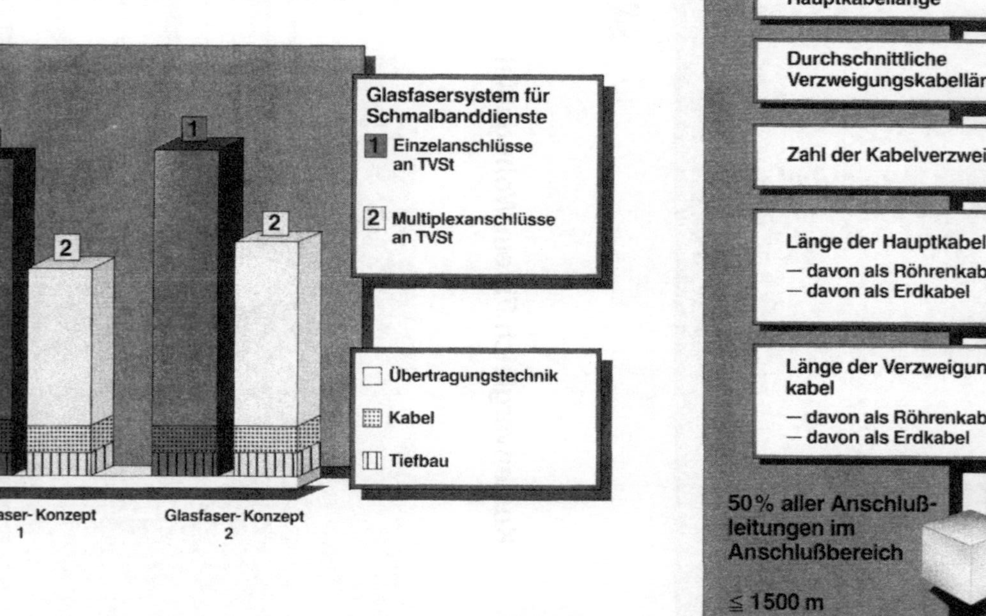

Netzwerkparameter des Ortsnetzes
Westdeutschland

Durchschnittliche Hauptkabellänge	1.700 m
Durchschnittliche Verzweigungskabellänge	300 m
Zahl der Kabelverzweiger	232.000
Länge der Hauptkabel	210.000 km
— davon als Röhrenkabel	24 %
— davon als Erdkabel	73 %
Länge der Verzweigungskabel	720.000 km
— davon als Röhrenkabel	7 %
— davon als Erdkabel	81 %

50 % aller Anschlußleitungen im Anschlußbereich ≤ 1500 m

90 % aller Anschlußleitungen im Anschlußbereich ≤ 4500 m

The Strategy of Deutsche Bundespost TELEKOM for Fiber to the Home

G. Tenzer

The organizers could not have chosen a better date for Comforum than this. Throughout the world, the discussion about the use of optical fiber systems at local network level has reached a decisive stage. DBP TELEKOM's strategy is not only to pursue this discussion but to influence it decisively.

The introduction of optical fiber systems should be seen in direct relation to our corporate strategy. We are facing three big challenges, each to be met with the same intensity and the same efforts:

- Following last year's restructuring of DBP TELEKOM and the liberalization of telecommunications in the Federal Republic of Germany (figure 1), our enterprise will have to adapt to its competitive environment. That means: every single employee, the whole organization must adopt market orientation. With a view to our customers, we will have to develop a policy of prices, performance and quality standards worthy of an enterprise operating in all competitve areas and even in the monoply area!

- Second, we will have to cope with the particular tasks resulting from the German unification:

    - Integration of the 42,000 employees of the former German Post of the GDR into the DBP staff and organization.

    - Rapid provision of an effective and innovative telecommunications infrastructure. We are trying to speed up this process by unconventional measures, by improvisation, particularly in order to support the companies emerging in the eastern part of Germany.

- The third major challenge will be to implement new technologies in the telecommunications networks for two reasons:

  o Investments in our networks will account for 60 percent of the total expenses to be borne by DBP TELEKOM. This means that we must try and purchase the most cost-effective systems available in the world market.

  o The second reason again has to do with the necessity of taking customer-oriented activities. We will have to use systems that offer our customers features for which there is a market demand. And, what is more, with a view to the long amortization periods for telecommunications networks we will have to select future-oriented and upward-compatible systems.

Inside and outside DBP TELEKOM people have been realizing since the end of the 70s that within the next few decades the basic elements of the terrestrial telecommunications networks can almost entirely be exchanged for new components as completely new technologies are being introduced and additional systems can be established on the basis of the new technologies right away. These new technologies may be defined by three key aspects corresponding to the three components of a telecommunciations network:

- The sweeping advance in semiconductor technology which seems still unstoppable (terminals = cheap chips).

- The development and use of digital switching and Transmission.

- The development of optical fiber communications offering a new physical transmission medium with an almost unlimited bandwidth.

Optical communications (figure 2) plays a central part in the restoration of telecommunications networks in the industrialized countries and will gain outstanding significance in the countries where telecommunications are still poorly developed. Indeed, the use of this technology as a broadband transmission system in the telecommunications network has been superior to the conventional transmission systems such as copper coax cables and microwave systems in terms of costs and economic efficiency since the early eighties. However, the use of optical communication systems as the standard technology for the local network and especially at the highly cost-intensive subscriber line level (fiber in the loop) certainly is a challenge for today's engineers, considering its numerous possible alternatives with regard to topologies / architectures and the individual technical solutions to be applied.

DBP TELEKOM will accept this challenge both in line with its commitment to the national economy as a whole and its own commercial interests and conditions. There is however no doubt that this challenge has assumed a new dimension owing to the German reunification and the resulting integration of the five new federal states into the service area of the DBP TELEKOM, if one considers that compared to western standards, a telecommunications infrastructure is almost non-existent in that area today.

There is absolutely no doubt among experts that the establishment of a new cable network laid as far as to the subscriber's premises, in other words the introduction of optical fibers in the loop, will require the longest-term investment ever in telecommunications networks. Much like other industrial branches having an infrastructural mandate - e.g. the transport and energy industries - the long terms of such investments require a sound regulatory policy framework that provides protection against the commercial risks usually related with such long terms. These sound framework conditions were created in the Federal Republic of Germany only recently with the new laws adopted on 1st July 1989.

DBP TELEKOM, belonging to the world's top three telecommunications network operators with annual sales of more than 40 billion Deutschmarks and investments of 16.5 billion Deutschmarks in 1990, continues to hold a monopoly on setting up and operating all transmission paths (cables, microwave lines, transmission systems) as well as on the telephone service ("living speech"). This is an essential requirement for the swift evolution of the telecommunications infrastructure in western Germany and the establishment of a new infrastructure in the new eastern states of Germany.

Evolution in western Germany is characterized by three main areas of activity:

- Speedy expansion of digitalization in the telephone network's switching and transmission systems,

- establishment of an optical fiber network for individual broadband communications, and

- acceleration of the most efficient use of optical fibers in the loop for existing telecommunications services.

In the eastern part of Germany DBP TELEKOM intends to adapt the telecommunications infrastructure to the standard of the western part within 7 years. This will require investments of about DM 55 billion for public networks alone. This is an almost ideal situation for the introduction of new technologies such as optical fibers if we manage to cut the cost of such new systems down to the cost level of existing technologies, e.g. copper cables.

DBP TELEKOM's considerations regarding the commercial use of optical fibers in the telecommunications network go back as far as the 70s.

Appropriate pilot schemes were launched both at trunk and at local network level in 1980.

The aims of these pilot projects were to make the industry's entire expertise available as soon as possible through a kind of "competition of concepts" for the use of optical fiber technology and to gather specific experience with the practical operation of these systems. The BIGFON pilot project (BIGFON means Breitbandiges Integriertes Glasfaser-Fernmeldeortsnetz or, in English, broadband integrated optical fiber local telecommunications network) was designed to introduce optical fibers in the local network to supply subscribers with all existing and future narrow and broadband services of individual and mass communications.

The BIGFERN pilot project (BIGFERN means Breitbandiges Integriertes Glasfaser-Fernnetz or, in English, broadband integrated optical fiber trunk network) was to provide a basis for the use of optical fibers in the trunk network by means of a competition of concepts among companies including an operational trial phase. In contrast with

BIGFON, this project had shown, upon completion of the trial operation, that serious technical or economic obstacles were no longer in the way of an early implementation of optical fibers as the standard medium for transmission of existing narrowband services in the trunk network. Consequently, optical fibres were regularly applied in the trunk network from 1983.

DBP TELEKOM's strategy for the introduction of optical fiber systems in the telecommunications network then was characterized by two major goals:

First: To implement an optimum network configuration in terms of economic and operational efficiency for established telecommunications services by making optical fibers the regular medium in the trunk network.

Second: To provide a minimum optical fiber infrastructure during the initial phase of only limited implementation at local level (overlay network), thus creating the basis for the development and trial of novel broadband services.

The concept Deutsche Bundespost TELEKOM has chosen for the establishment of a minimum optical fiber infrastructure for new broadband services was based on the idea to first set up local optical fiber overlay networks in some selected business centres of the Federal Republic of Germany and West Berlin. In 1986, such overlay networks were started to be built up in 29 cities (figure 3) and will be completed by the end of 1991. Investments in these networks are an advance performance by Deutsche Bundespost TELEKOM. In addition, Deutsche Bundespost TELEKOM was the first operator to open a digital switched broadband network suitable for subscriber dialling when it put its VBN (German for Vermittelndes Breitbandnetz, that is: switched broadband network) (figure 4) into operation in February 1989.

This network (VBN), which is still the world's first system of its kind operated at 140 Mbit, allows up to 1,000 subscribers to be connected and offers them the opportunity of trying new forms of broadband communications and gathering knowledge in this field.

The intention of the switched broadband network (VBN) is supported and complemented by a project called "Berlin Kommunikation" or BERKOM in short.

This project, which is being implemented in Berlin, mainly serves to establish results and gather experiences to be used by Deutsche Bundespost TELEKOM as a basis for its proposals supporting the evolving process of standardization of broadband services. Another essential aim of this project is to accelerate the development of components and transmission procedures required in the future broadband ISDN (asynchronous transfer mode, ATM).

To support the development and testing of such components and transmission procedures, a comprehensive optical fiber BERKOM trial network with ATM switching centres was established on the basis of the large-scale optical fiber overlay network available in Berlin. As regards the development of broadband applications and the appropriate terminal equipment, the BERKOM project has meanwhile focused on some areas of special interest, of which

- computer interworking,
- telepublishing, and
- telemedicine

are only a few examples.

As I have said before, DBP TELEKOM has used optical fibres in the trunk network and for the interconnection of new digital switching centres in the local network as the regular technology since 1983. This is due to purely economic reasons. The efficient design of the network at trunk and junction line level is exclusively based on the already established telecommunciations services.

By the end of 1990, Deutsche Bundespost TELEKOM will have laid about 1 million optical fiber kilometres in the telecommunications network (figure 5), about 25 percent of these in the local network and the remaining 75 percent in the trunk network (figure 6). The optical fiber kilometres laid so far account for 23 percent of the total cable kilometres existing in the trunk network.

About 262,000 fiber kilometres will be installed in the local network by the end of 1990, about 75 percent of these at junction line and 25 percent at subscriber line level (figure 7). While at junction line level investments in fiber optics are exclusively due to economic aspects, this technology has so far been applied only to a limited extent at subscriber line level in order to create a minimum infrastructure allowing new broadband services to be developed and tested.

However, all these efforts and activities cannot conceal that the real breakthrough of fiber in the loop systems has not yet been achieved.

Today, the established narrowband telecommunications services and the broadband distribution service are being transported over separate networks at subscriber line level (telephone network, IDN, broadband distribution network). As this is the most cost-intensive network level, specific topologies (star-shaped and tree and branch-shaped structures) have been developed for this area on the basis of service orientation and optimum economic efficiency (figure 8).

The change-over from this variety of copper networks to the desired integrated services optical fiber infrastructure requires new technical concepts which make an economically acceptable laying of optical fibers to the premises of subscribers or at least to a point near their premises possible.

Deutsche Bundespost TELEKOM has been working on such technical concepts for some time. They will on the one hand ensure that the desired optical fiber infrastructure can be established by using it efficiently for the existing services (telephone, data transmission and communication, sound and TV broadcasting etc.), and on the other hand they will provide the opportunity to upgrade the new optical fiber systems at a later date for the cost-effective provision of other broadband applications. We will thus create a sound basis for the future development of and positive response to these services and ensure that Deutsche Bundespost TELEKOM will make the experiences gathered in this field available for future applications.

As a result of these considerations the catalogue of requirements to be fulfilled by all "fiber in the loop systems" can be identified and described as follows (see figures 9 and 10):

- Same costs as for equivalent copper systems when the same volumes are purchased.

- Compatibility with existing and planned transmission and switching systems of DBP TELEKOM.
- Inclusion of future technological advances, particularly with a view to the feeding in and out of signals (laser) and the use of amplifiers (photonics) must be guaranted.
- Network structures providing better protection against downtime caused by interference and cable failures.
- Design of an interim system interconnecting the new optical fiber networks with existing copper networks.
- Possibility of integrating the optical fiber networks into the general network management concept of DBP TELEKOM. Stand-alone solutions can be considered for an interim period.
- Option on the expansion of the range of services offered (broadband services) by cost-effective upgrading of the system.

The major reorientation in the corporate policy concerning the use of optical fibers - reflected in the catalog of requirements above - is marked by the fact that today they are the most important substitute system for copper cable networks used for the existing narrowband services. Optical fibers are no longer a prerequisite for providing broadband services but an "option on the future". This increases considerably the freedom of decision in favor of such long-term investments.

There are numerous possible optical fiber topologies for implementing an infrastructure of fibers in the loop. Taking the technical and economic aspects into consideration, this variety of possible optical fiber network topologies can be divided into four basic types which are as follows:

- star,
- double-star (with passive or active components in the distribution point),
- bus and
- ring

(figure 11).

Internationally these basic types are assessed differently by the various network operators. The assessment and the resulting preferences of certain FITL systems are to a great extent determined by the regulatory situation in which each network operator works.

In many countries the networks of individual communication and those of mass communication are run by different operators. In some countries the regulatory policy dictates this separation, in other countries these two areas will in future be competing with one another regarding the integration of individual and mass communication in common cable networks. In Germany, DBP TELEKOM has quite a lot of freedom in choosing adequate optical fiber network topologies due to the fact that it operates the individual as well as the mass communication network. If you also consider that the reunification has brought about the task of building completely new telecommunications structures in eastern Germany without being tied down to already existing network structures, these are very good prerequisites for selecting and introducing optical fiber networks that fulfil the requirements specified above.

As a consequence DBP TELEKOM is confronted with a very complex task. Different networks for different customer groups (business and residential users) in differently developed regions (eastern and western Germany) must be combined in optical fiber networks using the greatest possible synergy effects and at the same time keeping the variety of optical fiber systems as low as possible.

This is only one of the many problems still unsolved. Against the background of worldwide problems yet to be solved, we have decided to carry out a series of pilot projects that are to overcome the uncertainties in some areas. These pilot projects should also make clear that we intend to be the driving force in the development departments of industry instead of being the driven force.

The first proof of the DBP TELEKOM's FITL activities was the conclusion of a cooperation agreement with Raynet Corporation, Menlo Park (USA), in July 1988. Within the framework of the agreed cooperation a system technology originally developed by Raynet for the US market was to be adapted to the requirements of DBP TELEKOM and further developed in terms of cost-efficiency.

The second step was the European-wide competition of concepts concerning the "economic use of fibers in the loop" initiated by DBP TELEKOM in July 1989.

This competition of concepts (figure 12) has provided a wider basis for the planned intensification of FITL activities of DBP TELEKOM.

The requirements specified in the invitation for bids (figure 13) were restricted to a minimum to obtain a general idea of existing concepts. A total of 16 companies or consortia submitted alternative concepts and thus showed their vivid interest in the competition of concepts.

The submitted concepts of optical fiber systems covering the required services or service combinations (figure 14) were evaluated by mid-1990 by the Telecommunication Engineering Center of DBP TELEKOM.

The evaluation of the competition of concepts resulted in two basic decisions:

Additional to the three Raynet projects

First: four pilot projects will be carried out (figure 15).

Second: Initial procurement measures will be taken for such systems that have been sufficiently tested and are considered ready for series-type production.

These procurement measures encompass optical fiber systems that, compared with existing copper systems, are already cost-effective today

- for the junction lines of the broadband distribution network and
- for the main feeders of the telephone network.

The OPAL pilot projects of DBP TELEKOM (figure 16) have a very complex overall target.

Among other things the pilot projects are to

- prove the feasibility of different innovative concepts,

- provide basic insights into the service and cost standards which have already been reached in optical fiber systems or which will be feasible within a reasonable time period and thus provide clues for the specification/standardization of the planned infrastructure at subscriber line level to the extent necessary,

- provide as early as possible optical fiber systems for the provision of existing services, which must be cost-effective, integrative and capable of being upgraded for new service offers at a later date.

The pilot projects are to begin by mid-1991. Against the background of the worldwide development and our special situation owing to the five new federal states, it does not seem appropriate to postpone the beginning of the pilot projects. The course for the future must be set now, before it is too late.

For the use of FITL systems according to the strategy of the DBP TELEKOM it is essential that these systems are economically efficient as compared with the copper cables used for existing telecommunications services.

Comparative planning and cost finding have been carried out for two typical exchange areas. A traditional copper cable network was contrasted with an optical fiber network on the basis of proposals made by companies participating in the competition of concepts.

The cost comparison showed the following results:

- The costs of FITL systems differ from the costs of copper systems in their structure. On the basis of one residential area figure 17 compares the cost structure of two promising FITL concepts based on a double star architecture with that of the copper system. The comparison of the cost structures shows that almost 100 percent of the costs of the copper system in the residential area are made up of almost only cable and civil engineering costs. In contrast the costs of the FITL systems are determined to a greater extent by the costs of optical fiber transmission systems.

- Costs of the transmission system depend heavily on the type of interface applied at the local exchange. If connected via individual access interfaces, the costs are considerably higher than with an access via a multiplex interface yet to be defined (compare column 1 with column 2).

- Other cost benefits can be achieved if, in addition to the switched services, broadband distribution services are transmitted via the same optical fiber (figure 17, column 3).

- Figure 18 shows the cost comparisons for business use.

- The economic efficiency of FITL systems, as compared with existing copper systems, depends on the distance between thhe local exchange and the subscribers' premises to be served by that exchange. As the distance grows, FITL systems become more and more favourable because the cable and civil engineering costs depend on the distance while the costs of optical fiber systems in the loop don't. Other calculations based on the two concepts show that the use of the FITL systems is cheaper than copper if the line is connected to the local exchange via a multiplex interface and has a range of two to three kilometres.

(Figure 19) This figure shows the average length of a subscriber line of the German local network which is about half the length as compared with the structures in the USA.

The comparison of costs should also include the costs of operating, managing and maintaining equivalent copper and FITL systems. From today's standpoint the use of operation support systems (OSS) for optical fiber systems can reduce costs considerably, for example with telemetry/telecontrol which reduces personnel. This cost aspect cannot be quantified now since the available results are not sufficient yet.

The economic use of standard-type FITL systems in the network of DBP TELEKOM will lead to additional possibilities of reducing costs.

If

- the multiplex access to the digital local exchange is implemented in the medium term,

- the restructuring of exchange areas is optimized with regard to the performance of FITL systems,

- FITL systems are not fully but gradually equipped with assemblies according to demand (shift in investments),

- optical fiber prices develop more favourably than copper cable prices as copper prices increase,

- in a competitive environment optical fiber transmission systems succeed in demanding lower prices than indicated by the companies particpating in the competition of concepts,

we can predict that by about 1994 the use of standard FITL systems will be less expensive than copper systems, even in the case of relatively short distances from the local exchange.

Before it is possible to begin with establishing an optical fiber network on a large scale, national specifications are necessary. These national specifications must also be supplemented by activities at the international level (cooperation etc). In the opinion of DBP TELEKOM the standardization of the optical fiber system architecture should be restricted to the absolutely necessary extent in the medium term and extended only gradually.

The procedure for establishing specifications and technical terms of delivery for optical fiber systems will be as follows. It shows that in any case we should not lose any time!

In the spring of 1991 we will begin to elaborate the basic criteria of an international invitation for bids for optical fibers as the standard technology within the framework of international talks between DBP TELEKOM on the one hand and companies and experts on the other hand. In a second step the specifications elaborated in this manner will be submitted to everyone interested for comment. On this basis the technical terms of delivery necessary for the invitation for bids will be elaborated later on. Our target is that this work will be completed by 1992. The experience gained in the pilot projects will be integrated as appropriate.

DBP TELEKOM is prepared to tackle its "option on the future" because what counts are not regulatory assurances but modern, future-oriented telecommunications networks that will garantee a successful DBP TELEKOM able to cope with the requirements of the economy in a

considerably larger Germany that also wishes to play the role of a telecommunications mediator for the eastern European countries. This will also be decisive for DBP TELEKOM's ability to play a significant role in a politically merging Europe where traditional market borders will become increasingly permeable for the network operators.

Locations of the Optic Fibre Overlay Networks

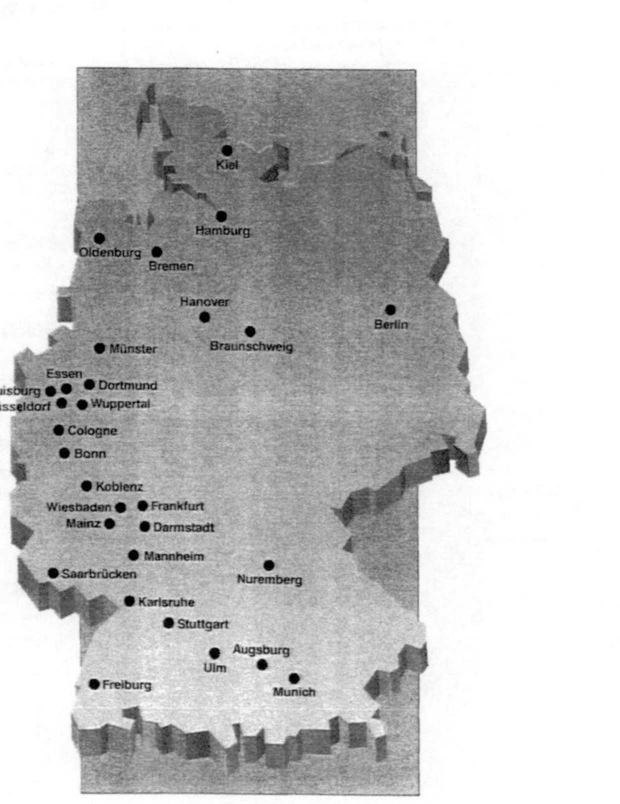

The DBP TELEKOM
A Company of the Deutsche Bundespost

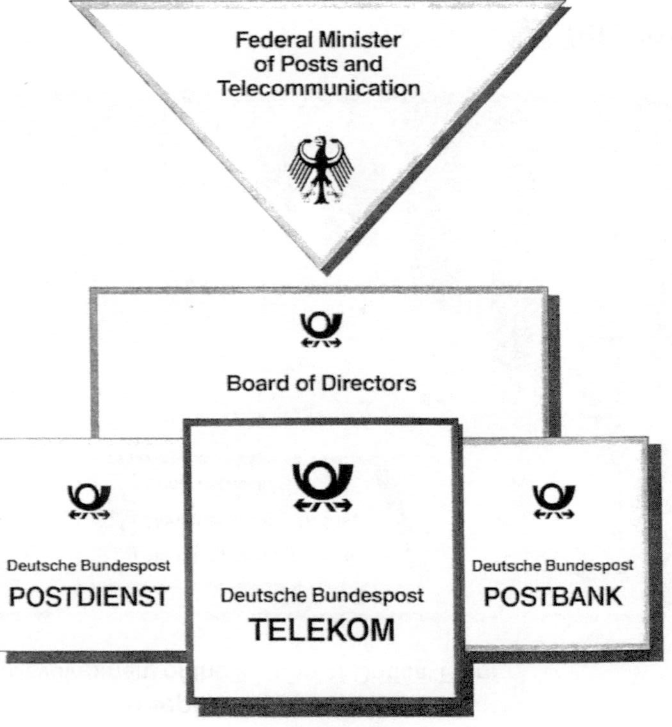

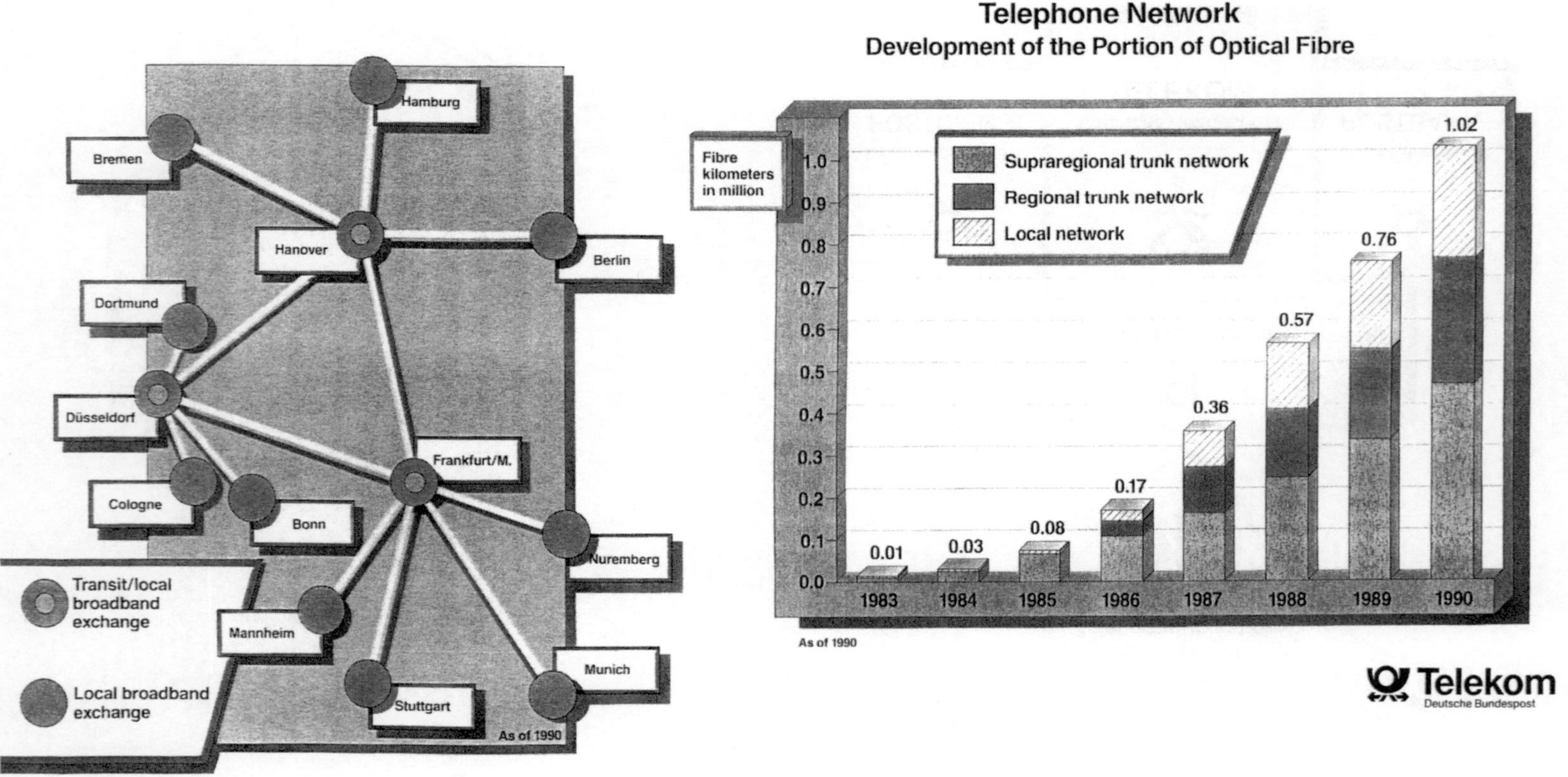
Switched Broadband Network
Hamburg
Bremen
Hanover
Berlin
Dortmund
Düsseldorf
Frankfurt/M.
Cologne
Bonn
Nuremberg
Mannheim
Munich
Stuttgart
Transit/local broadband exchange
Local broadband exchange
As of 1990
Telekom
Deutsche Bundespost
Telephone Network
Development of the Portion of Optical Fibre
Fibre kilometers in million
Supraregional trunk network
Regional trunk network
Local network
1.0
0.9
0.8
0.7
0.6
0.5
0.4
0.3
0.2
0.1
0.0
0.01
0.03
0.08
0.17
0.36
0.57
0.76
1.02
1983
1984
1985
1986
1987
1988
1989
1990
As of 1990
Telekom
Deutsche Bundespost

Optical Fibre Coverage in the Trunk Network

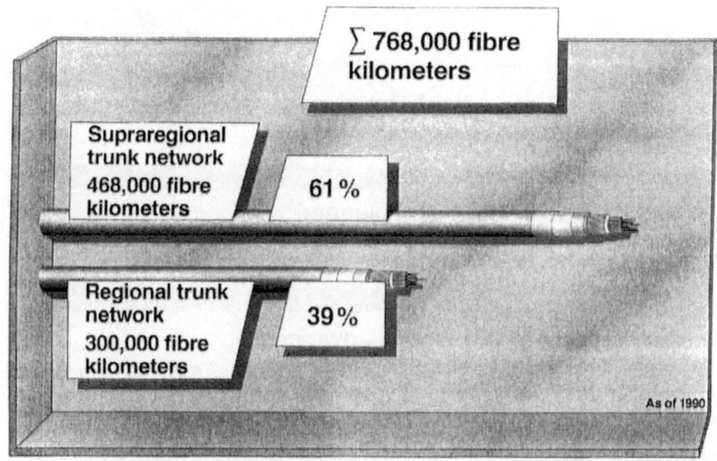

Optical Fibre Coverage in the Local Network

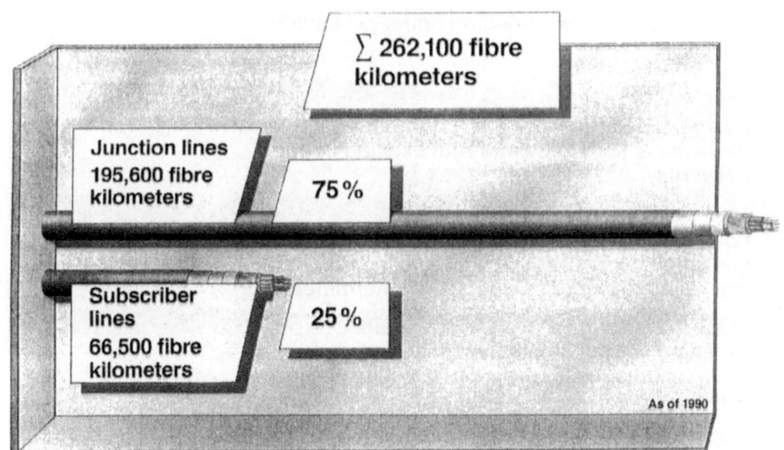

Requirements to be Fulfilled by FITL (Fibre In The Loop) Systems

Same costs as for equivalent copper sytems when the same volumes are purchased

Compatibility with existing and planned transmission and switching systems of DBP TELEKOM

Inclusion of future technological advances, particularly with a view to feeding in and out of signals (laser), and the use of amplifiers (photonics) must be guaranteed

Requirements to be Fulfilled by FITL (Fibre In The Loop) Systems (Continued)

Network structures providing better protection against failures

Design of an interim system interconnecting the new optical fibre networks with existing copper networks

Possibility to integrate the optical fibre networks into the general network management concept of the DBP TELEKOM (stand-alone solutions temporarily permitted)

Expansion of the range of services offered (broadband services) by cost-effective upgrading of the system

Schematic Illustration of Topologies at Subscriber Line Level

Fiber to the Home

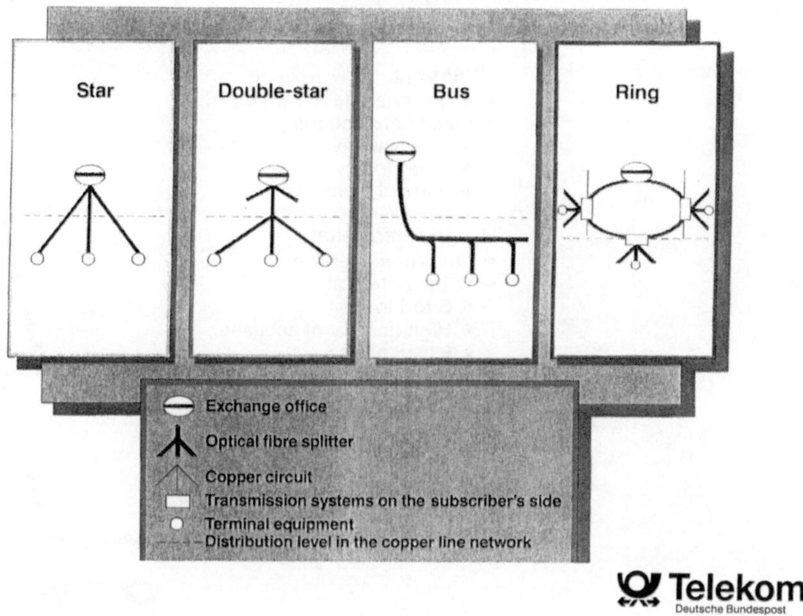

Telekom
Deutsche Bundespost

Copper Loop

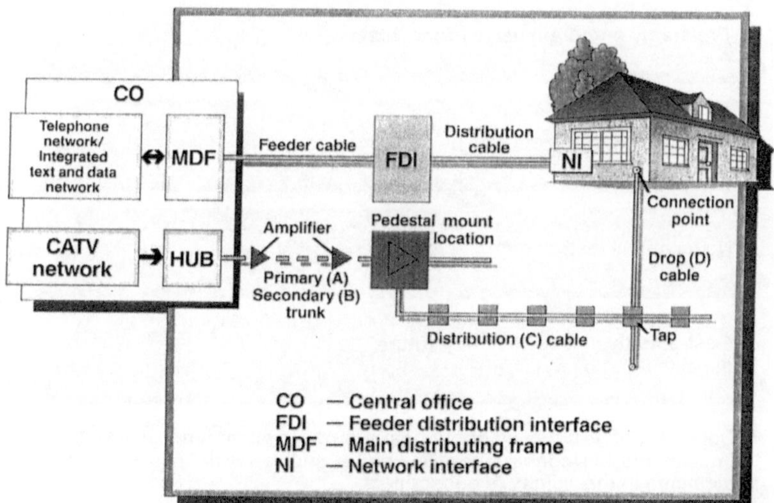

DBP TELEKOM's Optical Fibre Network

Different Needs of Business and Residential Customers in West and East Germany Require Different Solutions

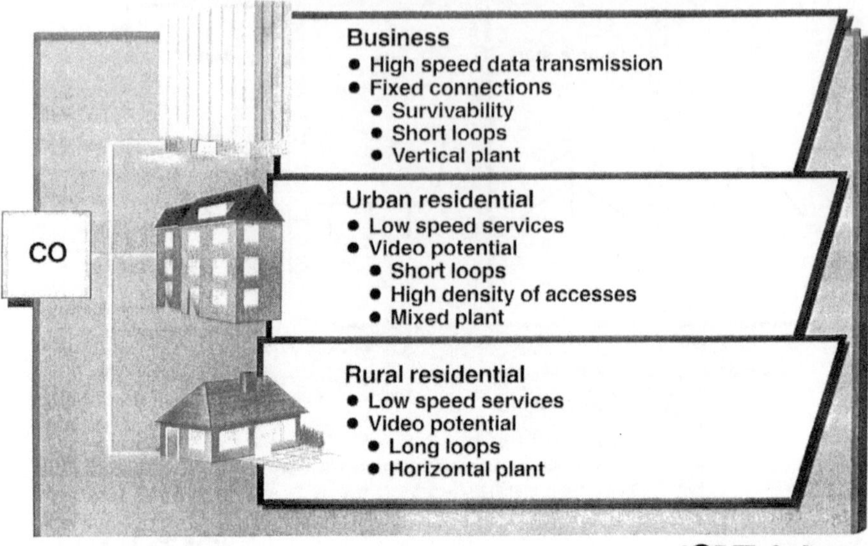

International Competition of Concepts

Requirements

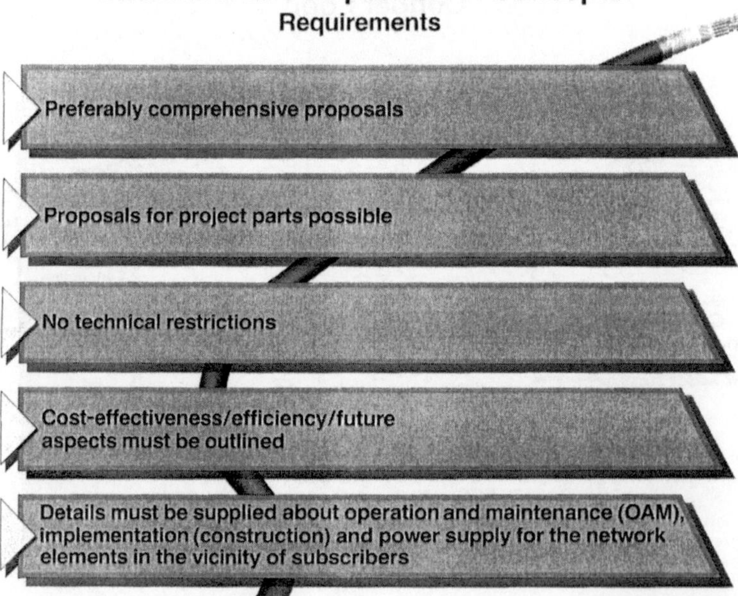

Competition of Concepts
Fields of Application

a) CATV
— In general
— In rural areas
— At junction line level

b) Fixed connections/switched services for analog and digital (up to 2 Mbps) interfaces
— In general
— For business accesses in cities

c) Combinations of CATV and fixed connections/switched services

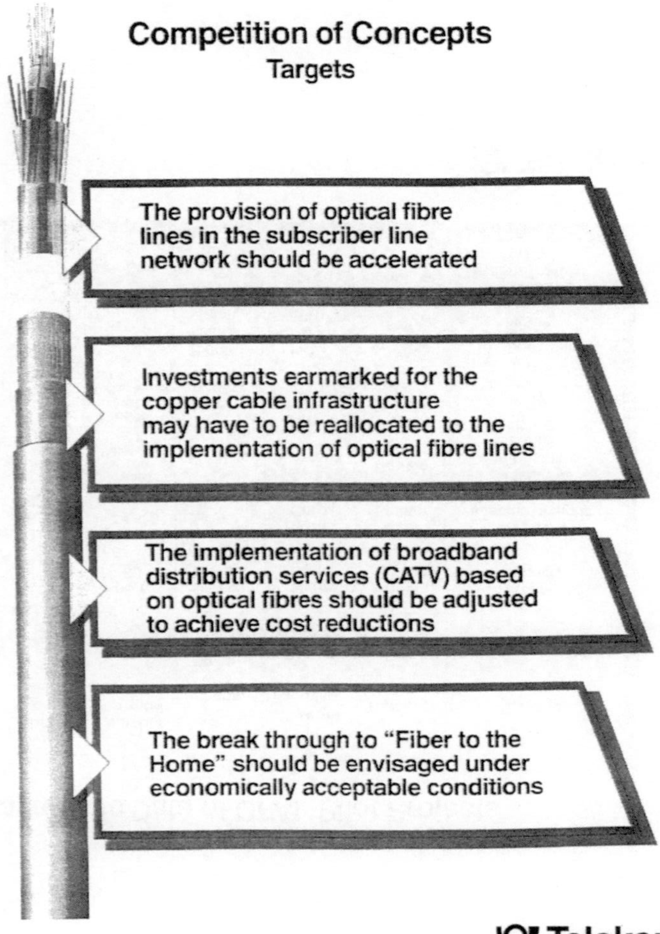

Locations of OPAL Pilot Projects

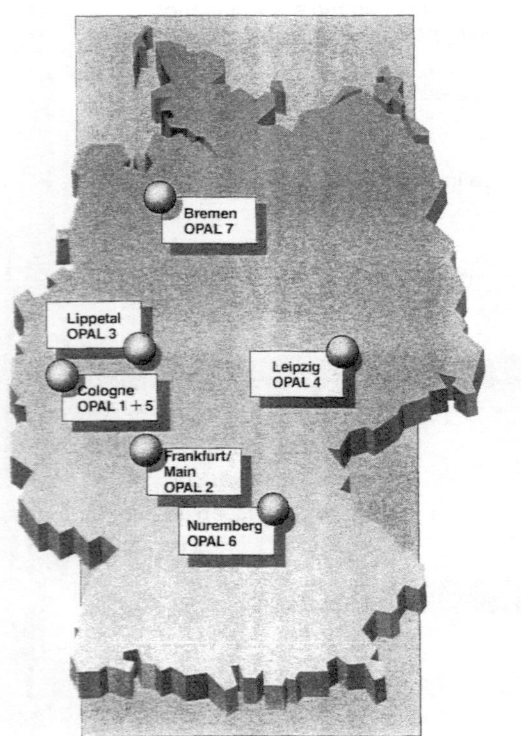

Characteristic Data of OPAL Pilot Projects

OPAL no.	Location	Operations starts	Number of subscribers	Exchange	System supplier	Topology	Remarks
1	Cologne	06. 90	192	Electro-mechanical	Raynet Corp.	Bus	Operating
2	Frankfurt/ Main	(07. 91)	Approx. 50	Siemens EWSD	Raynet Corp.	Bus/ Splitter	City (banking district)
3	Lippetal	03. 92/ 06. 92/ 09. 92	≦ 4,500		Raynet Corp.	Bus/ Splitter	3 stages; specific designs
4	Leipzig	07. 91	Private: 100 Business: 100	SEL Alcatel	Siemens	Double star	Residential and business areas
5	Cologne/ Media Park	07. 91	Private: 192 Business: not yet decided	Siemens EWSD	SEL Alcatel	Double star	City
6	Nuremberg	07. 91	≦ 200	Electro-mechanical	FAST (AEG, ANT, PKI)	Double star	Residential areas
7	Bremen				Bosch Telecom	Junction line	Alternative system instead of OPAL

Comparison of Costs for a Residential District

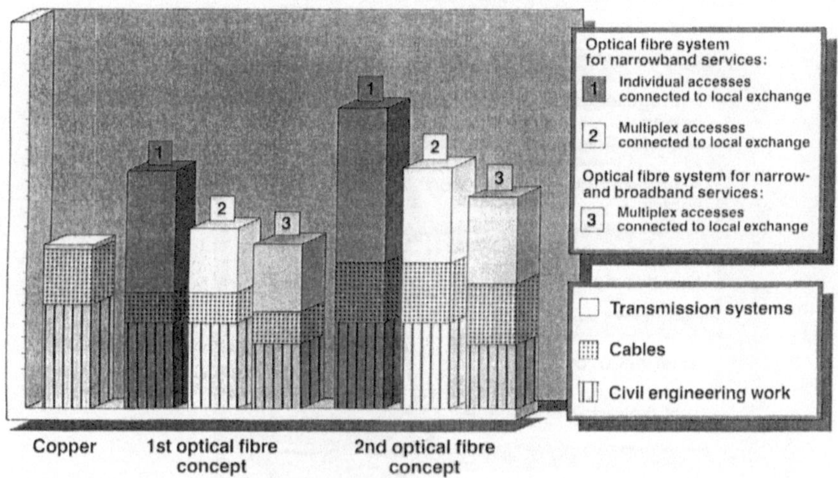

Comparsion of Costs for a City District

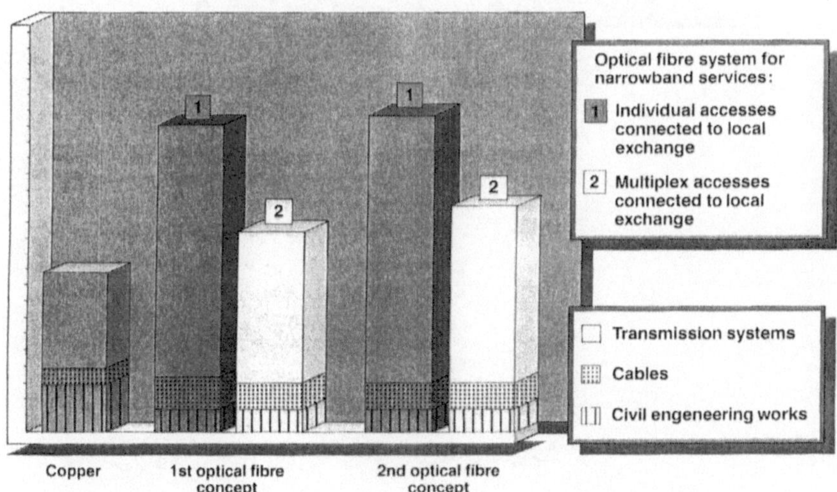

Network Parameters of the Local Subscriber Line Network
West Germany

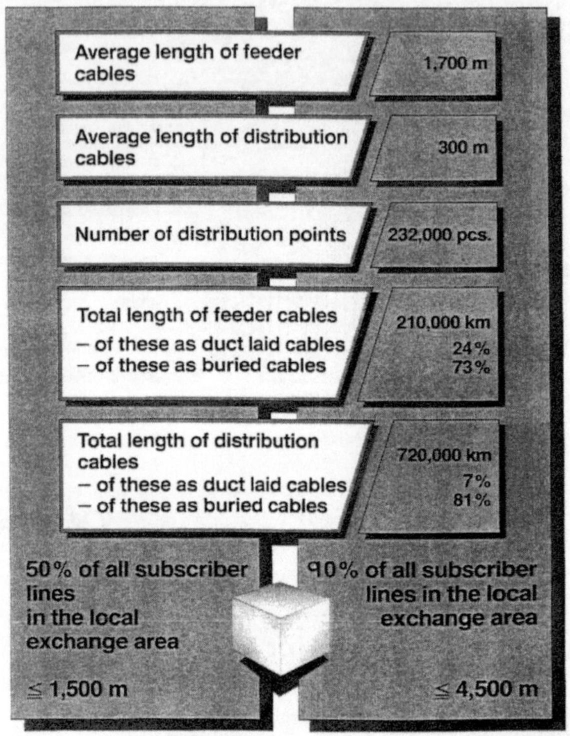

As of 1990

Telekom
Deutsche Bundespost

Liste der Autoren/Index of Authors

Dr. H. A r m b r ü s t e r
Siemens AG - N ZL PK 2
Hofmannstr. 51

8000 München 70

Prof. Dr.-Ing. C. B a a c k
Heinrich-Hertz-Institut für
Nachrichtentechnik Berlin GmbH
Einsteinufer 37

1000 Berlin 10

Dr.-Ing. H. B a u c h
Siemens AG - N ZL SÜ
Hofmannstr. 51

8000 München 70

Dr. P. B o c k e r
Siemens AG - N ZL P
Hofmannstr. 51

8000 München 70

Walter S. C i c i o r a
Vice President
American Television &
Communications Corporation
Corporate Headquarters
300 First Stamford Place

Stamford, Connecticut 06902-6732 USA

J. G o l d e n
Raynet Corporation
230 Constitution Drive

94025 Menlo Park, California USA

Dr. R. H e i d e m a n n
Standard Elektrik Lorenz AG
Forschungszentrum ZFZ/NO
Holderäckerstr. 35

7000 Stuttgart 31

Dr. K. J o b m a n n
Philips Kommunikations Industrie AG
Postfach 35 38

8500 Nürnberg 1

Prof.Dr.-Ing.Dr.-Ing.E.h.W. K a i s e r
Institut für Nachrichtenübertragung der
Universität Stuttgart
Breitscheidstr. 2

7000 Stuttgart 1

Dipl.-Ing. J. K a n z o w
DETECON Berlin GmbH
Voltastr. 5

1000 Berlin 65

D. K n o d e l
Philips Kommunikations Industrie AG
Thurn- u. Taxis-Str. 10

8500 Nürnberg 10

Staatsminister
Dr.h.c.August R. L a n g
Bayerisches Staatsministerium
für Wirtschaft und Verkehr
Prinzregentenstr. 28

8000 München 22

Dr. P. M e i ß n e r
Heinrich-Hertz-Institut für
Nachrichtentechnik Berlin GmbH
Einsteinufer 37

1000 Berlin 10

Dr. S. M e t z
Standard Elektrik Lorenz AG
Abt. US PO
Lorenzstr. 10

7000 Stuttgart 40

T. M i k i
Transport Processing Laboratory
NTT Transmission Systems Labs.
1-2356 Take,
Yokosuka-shi 238-03 - Japan

H. M o e r s
AEC Kabel Mönchengladbach
Bronnenbroicher Str. 2-14

4050 Mönchengladbach

Dipl.-Ing. F. Müller-Römer
Technischer Direktor
Bayerischer Rundfunk
Rundfunkhaus 1

8000 München 2

A. Naab
Raynet GmbH
Clemens-August-Str. 16-18

5300 Bonn 1

U. Peisl
Siemens AG - ÜB EP
Hofmannstr. 51

8000 München 70

P. Rosher
British Telecom Research Labs.
Research & Technology
Martlesham Heath

GB-Ipswich IP5 7 RE

Prof.Dr. T. Rowbotham
British Telecom Research Labs.
Research & Technology
Martlesham Heath

GB-Ipswich IP5 7 RE

Dipl.-Ing. B. Schaffer
Siemens AG - KZL Syst.
Hofmannstr. 51

8000 München 70

Dipl.-Ing. L. Schmid
Siemens AG - ÜB EP
Hofmannstr. 51

8000 München 70

Dr. H. Schüßler
AEG Kabel Mönchengladbach
Bronnenbroicher Str. 2-14

4050 Mönchengladbach

Mme. H. Seguin
CNET
Centre National d'Etudes de Télécom.
38-40, rue du Général Leclerc

F-92131 Issy les Moulineaux

Prof. Dr. G. Siegle
Robert Bosch GmbH
Forschungsinstitut Kommunikationstechnik
Postfach

3200 Hildesheim

R. K. Snelling
Executive Vice President Network
21S85 Southern Bell Center
675 West Peachtree Street, N.E.

Atlanta, Georgia 30375 USA

Dr. F. Sporleder
Forschungsinstitut der
Deutschen Bundespost TELEKOM
Am Kavalleriesand 3

6100 Darmstadt

Dipl.-Ing. G. Tenzer
Mitglied des Vorstandes
Deutsche Bundespost TELEKOM
Postfach 2000

5300 Bonn 1

Prof.Dr.Dres.h.c.E. Witte
Vorsitzender des Vorstandes
MÜNCHNER KREIS
Tal 70

8000 München 2

Dr.-Ing. G. Zeidler
Siemens AG - NK/LWL
Kistlerhofstr. 174 a

8000 München 70

H. G. Zielinski
ANT Nachrichtentechnik GmbH
Gerberstr. 33

7150 Backnang

Dr. A. Ziemer
Technischer Direktor
Zweites Deutsches Fernsehen
Postfach 40 40

6500 Mainz

Sitzungsleiter/Session Chairmen

Dr.-Ing. H. F o r n e r
IBM Deutschland GmbH
Postfach 80 08 80

7000 Stuttgart 80

Prof. Dr. W. G l a s e r
Humboldt-Universität zu Berlin
Sektion Elektronik
Invalidenstr. 110

O-1040 Berlin

Prof.Dr.-Ing.Dr.-Ing.E.h.W. K a i s e r
Institut für Nachrichtenübertragung
der Universität Stuttgart
Breitscheidstr. 2

7000 Stuttgart 1

Dr.-Ing. H. O h n s o r g e
Standard Elektrik Lorenz AG
Forschungszentrum
Holderäckerstr. 35

7000 Stuttgart 31

Dr.-Ing. H. T h i e l m a n n
Philips Kommunikations Industrie AG
Postfach 4943

8500 Nürnberg 10

Dipl.-Ing. G. W i e s t
Siemens AG - ÖN ZL
Hofmannstr. 51

8000 München 70

Telecommunications

Veröffentlichungen des/Publications of the
Münchner Kreis
Übernationale Vereinigung für Kommunikationsforschung
Supranational Association for Communications Research

Band/Volume 1
W. Kaiser, H. Marko, E. Witte (Eds.)
Two-Way Cable Television
Experiences with Pilot Projects in North America, Japan, and Europe
Proceedings of a Symposium Held in Munich, April 27–29, 1977.
1977. V, 292 pp. 70 figs, 8 tabs. Brosch. DM 54,–
ISBN 3-540-08498-3

Band/Volume 3
E. Witte (Hrsg./Ed.)
Telekommunikation für den Menschen
Individuelle und gesellschaftliche Wirkungen
Human Aspects of Telecommunication
Individual and Social Consequences
Vorträge des Kongresses 29.–31. Oktober 1979, München
Proceedings of the Congress October 29–31, 1979, Munich
1980. XX, 335 S. (52 S. in Englisch). 71 Abb.
Brosch. DM 68,– ISBN 3-540-10036-9

Band/Volume 4
K. H. Vöge (Hrsg./Ed.)
Telekommunikation für Bildung und Ausbildung
Telecommunication for Education and Vocational Training
Vorträge des vom 11.–12. Juni 1980 zur VISODATA '80 in München abgehaltenen Kongresses
Proceedings of a Congress Held in Munich During VISODATA '80, June 11–12, 1980
1981. VII, 108 S. (10 S. in Englisch) Brosch. DM 38,–
ISBN 3-540-10645-6

Band/Volume 5
G. Seegmüller (Hrsg./Ed.)
Neue Formen der Datenkommunikation
New Forms of Data Communication
Vorträge des am 1./2. Juli 1980 in München abgehaltenen Symposiums
Proceedings of a Symposium, Held in Munich, July 1/2, 1980
1981. XIV, 159 S. (72 S. in Englisch) Brosch. DM 54,–
ISBN 3-540-10736-3

Band/Volume 6
W. Kaiser, U. Lohmar (Hrsg./Eds.)
Kommunikation über Satelliten
Communication via Satellites
Vorträge des am 23./24. Oktober 1980 in München abgehaltenen Kongresses
Proceedings of a Congress Held in Munich, October 23/24, 1980
1981. XIV, 219 S. (47 S. in Englisch). Brosch. DM 64,–
ISBN 3-540-10751-7

Band/Volume 7
W. Kaiser (Hrsg./Ed.)
Telekommunikation als Berufschance
Professional Chances in Telecommunications
Vorträge des am 19./20. April 1982 in München abgehaltenen Kongresses
Proceedings of a Congress Held in Munich, April 19/20, 1982
1982. XV, 348 S. (88 S. in Englisch) Brosch. DM 74,–
ISBN 3-540-11726-1

Band/Volume 8
W. Kaiser
Interaktive Breitbandkommunikation
Nutzungsformen und Technik von Systemen mit Rückkanälen
Unter Mitarbeit von H. Armbrüster, H. G. Bauer, K. Brepohl, J. Gerlach, H. T. Hagmeyer, L. I. Issing, H. Knüttel, H. Krahmer, W. Kurz, P. Mahnkopf, R. Schnee, R. Scholz, W. J. Thurl, W. Tinnefeldt, G. Vogt, M. Welzenbach, B. Wiest
1982. IX, 192 S. Brosch. DM 54,– ISBN 3-540-11895-0

Band/Volume 10
E. Witte, W. Lämmle (Hrsg./Eds.)
Elektronische Textkommunikation in Deutschland und Japan
Konzepte, Anwendungen, Soziale Wirkungen, Einführungsstrategien
Electronic Text Communication in Germany and Japan
Concepts, Applications, Social Impacts, Implementation Strategies
Vorträge des am 3./4. November 1983 in München durchgeführten 4. Deutsch-Japanischen Kommunikationswissenschaftlichen Seminars
Proceedings of the 4th German-Japanese Seminar on Communication Science Held in Munich, November 3/4, 1983
1984. X, 231 S. Brosch. DM 58,– ISBN 3-540-13647-9